普通高等教育农业部“十二五”规划教材

U0965035

牛生产学

实验实习教程

Niu Shengchanxue Shiyan Shixi Jiaocheng

周 贵　张拴林　主编

中国农业大学出版社
CHINA AGRICULTURAL UNIVERSITY PRESS

内容简介

本教材创新编写了奶牛生产性能测定(DHI)及其分析，全混合日粮(TMR)的生产与应用，奶牛体况评分，牛奶掺假的检验方法，牛胴体和牛肉的卫生检验与品质评定，奶牛健康与保健及环境舒适度和动物福利评价，奶牛行为学观察、记录与分析，奶牛挤奶与乳房护理等实验、实习项目。

全书内容分为11篇，包括38个课堂实验和4个教学实习项目。每个实习项目有9部分内容，其中新增了讨论与作业和生产应用。编写中大量应用了图片与表格资料，具有图文并茂、形象直观的视觉认知效果。

图书在版编目(CIP)数据

牛生产学实验实习教程/周贵，张拴林主编. —北京：中国农业大学出版社，2014.12

ISBN 978-7-5655-1144-8

Ⅰ.①牛… Ⅱ.①周…②张… Ⅲ.①养牛学-高等学校-教材 Ⅳ.①S823

中国版本图书馆CIP数据核字(2014)第286341号

书　名 牛生产学实验实习教程

作　者 周　贵　张拴林　主编

策划编辑 潘晓丽　　**责任编辑** 韩元凤

封面设计 郑　川　　**责任校对** 王晓凤

出版发行 中国农业大学出版社

社　址 北京市海淀区圆明园西路2号　　**邮政编码** 100193

电　话 发行部 010-62818525,8625　　读者服务部 010-62732336

编辑部 010-62732617,2618　　出　版　部 010-62733440

网　址 http://www.cau.edu.cn/caup　　**e-mail** cbsszs @ cau.edu.cn

经　销 新华书店

印　刷 北京时代华都印刷有限公司

版　次 2015年3月第1版　2015年3月第1次印刷

规　格 787×1 092　16开本　22.25印张　548千字　彩插1

定　价 48.00元

编 审 人 员

主　编　周　贵（吉林农业大学）
　　　　　张拴林（山西农业大学）

副主编　徐恢仲（西南大学）
　　　　　吴红翔（江西农业大学）
　　　　　张学炜（天津农学院）
　　　　　王光辉（吉林农业大学）

参　编　郗伟斌（沈阳农业大学）
　　　　　李彦猛（河北旅游职业学院）
　　　　　王丽丽（河北旅游职业学院）
　　　　　黄　雷（河北旅游职业学院）
　　　　　张　迪（吉林农业大学）
　　　　　曲桂娟（吉林农业大学）
　　　　　仲庆振（吉林农业大学）
　　　　　田雨佳（天津农学院）
　　　　　闫晓刚（吉林省农业科学院）
　　　　　兰旅涛（江西农业大学）

主　审　肖振铎（吉林农业大学）

前　　言

《牛生产学实验实习教程》是农业院校动物科学及相关本科专业"牛生产学"课程的重要配套教材，该门课程是本科学生重要的必修课。本书被评为普通高等教育农业部"十二五"规划教材，是在中国农业大学出版社 2006 年 6 月出版的《畜禽生产学实验教程》中"牛生产学实验"内容的基础上修订编写，独立成书。参加本次修订的主要编者为长期从事牛生产教学、科学研究和指导一线生产的专家、教授，编写内容是他们多年研究成果和宝贵经验的结晶和总结，新增的多个实验实习项目，都属于他们的原创性工作成果。

本次修订参考了大量国内外本学科最新的文献资料，编写原则是保证教材的全面性、先进性、科学性、实用性和创新性，力求编写出符合我国国情的权威精品教材。经过编者们的辛勤努力工作，精心创作，希望将其打造成为目前"牛生产学"课程方面国内最为全面的本科生实验实习教材和科学研究参考书。本书主要特点是内容丰富、全面，几乎涵盖了所有本课程中具有实践性和操作性的实训内容。另外，本书编写上理论密切联系实际，注重提高实验内容的可操作性，着力培养学生的动手操作能力。

在编写内容方面，为适应当前国家倡导的奶牛生产牧场化、规模化、规范化、标准化方向，本教材创新编写了奶牛生产性能测定（dairy herd improvement，DHI）及其分析、全混合日粮（total mixed ration，TMR）的生产与应用教学实习和奶牛体况评分等必要内容；针对我国奶产品质量安全的实际问题，增加了关于牛奶的卫生质量检测、牛奶掺假的检验方法；鲜牛奶的初步处理与分离实验项目；在肉牛生产方面，结合我国的生产和市场状况，增加编写了关于牛胴体和牛肉的卫生检验与品质评定实验项目；为保证牛的健康、生产安全和环境舒适度，推行动物福利的理念和有效实施，编写了奶牛健康与保健及环境舒适度和动物福利评价，母牛分娩与初生犊牛护理，奶牛的行为学观察、记录与分析，奶牛挤奶与乳房护理实验项目；为实现课堂理论教学与生产实践相结合，新增了现代化、集约化奶牛场，现代化、规模化肉牛场和现代化、规模化肉牛屠宰加工厂参观教学实习项目；为加强奶牛场生产管理的科学性、时效性，使学生能学以致用，新增了奶牛场饲养管理操作规程的制订、奶牛场建设规划设计与成本预算、肉牛场的规划与建设实验项目，其中重点强调了牛场生产中的粪尿污物处理和环境保护设施的设计方案；在牛的遗传育种和繁殖管理方面，新增加了牛的数量性状遗传参数的计算，牛近交系数和亲缘系数的计算，种公牛的后裔测定和母牛的发情鉴定、人工授精和妊娠检查实验项目。新增加的内容，使本教材具有全面、系统、配套和实用的特点。

本书共分为 11 篇，包括 38 个课堂实验项目和 4 个教学实习项目。每个实习项目有 9 部分内容，新增加了讨论与作业和生产应用两个部分，项目编写大量运用图片与表格的表达方式，达到了图文并茂、视觉直观的认知效果。

本书编写过程中有幸得到国内本学科多位知名专家、教授的热情支持、帮助和指教，在此一并表示衷心的感谢。

由于编写水平有限，虽经大家努力，但书中的错误、疏漏和不妥之处仍在所难免，恳请各位读者给予批评、指正。

编　者

2014 年 8 月

目　　录

第一篇　养牛学基础

实验一　牛的品种识别

一、实验目的和要求

(一)实验目的

1. 合理培育、选育不同用途牛品种是养牛行业的重要任务,只有熟悉品种特点,才能更好地利用国内外优良品种。

2. 通过本实验使学生认识国内外著名品种的外貌特征、生产性能、培育地、突出优点及地方适应性,以及在品种培育中的各自优势。

(二)实验要求

1. 不同品种的牛地方适应性不同,从而有特定的生产性能和优缺点,要求学生掌握乳用、乳肉兼用、役肉兼用、肉用品种类型外貌特性。

2. 认识国内外地方良种的品种特性、生产性能和培育利用情况,重点掌握国外良种和重要国内地方优良品种牛的品种特征和识别要点。

二、实验原理

牛的产地不同,生态条件不同,其地方适应性也不同,从而有特定的外貌特征和生产性能,这是品种识别的依据。牛的外貌是体躯结构的外部表现,其实质是牛体组织、器官和系统发育的反映。不同体质外貌的牛必然有与其相适应的生产类型,以保持和环境协调统一的整体性,如属于细致紧凑体质类型外貌的奶牛,其泌乳器官发育良好,属于细致疏松体质类型外貌的肉牛,机体脂肪则充分发育,这种共性的外貌特征是进行生产类型识别的依据。

三、实验器材与材料

VCD、多媒体投影仪、牛品种课件、图片或幻灯,有条件的可参观当地的牛品种改良站。

四、实验内容

1. 不同生产类型与品种牛的多媒体材料观看。

2. 不同生产类型与品种牛的实体识别。

五、方法和步骤

1. 收集资料

学习前，参阅相关品种部分的教材，熟悉各品种的外貌特征、生产性能以及在育种工作中的应用现状和前景。也可由学生分组自主收集各品种资料，在课堂上发表观点并讨论，教师总结，从而对品种的特征有深刻的认知，在观看多媒体或视频时，就有很深的感性认识，记忆深刻。

2. 观看讲解图片及影像资料

学生在课堂观看图片、模型、VCR，对不同品种牛产生感性认识。

教师按乳用牛、肉用牛、役用牛不同经济类型，讲解产地、育成史、外貌特征、生产性能及优缺点，阐述育种价值、利用成果，并进行对比讲解，加深学生对不同经济类型牛的印象。

3. 参观感受牛品种

在教师的指导下，到有关养牛场、种公牛站或屠宰场进行现场参观实习，鉴别不同经济类型牛的外形特征及品种特征，让学生分组仔细观察和记录，了解不同经济类型及品种特征，特别是观察头部、体型、毛色、蹄和尾帚的典型特点。

4. 我国黄牛品种改良

我国黄牛品种资源丰富，应在此基础上，培育有特色的肉牛品种，满足国内日益增长的牛肉需求，本实验使学生获得识别地方牛种的基本知识，在培育肉牛新品种时，学习国外先进的育种理论和经验，要在加强保护我国优良品种的同时，积极引进国外优良品种。

5. 牛品种资源丰富

经过人们长期有目的的选择与培育，形成了许多专门化的品种，按经济用途可分为乳用、肉用、兼用、役用品种。我国地方肉役兼用品种耐粗饲，适应我国的环境，皮薄、骨细，肉质细嫩、鲜美，育肥易形成雪花状牛肉。

不同牛品种外貌特征及生产性能见表 1-1 至表 1-4。

表 1-1　乳用品种外貌特征及生产性能

品种	原产地	外貌特征	公牛体重/kg	母牛体重/kg	生产性能
中国荷斯坦牛	中国	黑白花，花片分明，黑白相间。	1 100	600	年泌乳量 5 000～5 500 kg，乳脂率 3.2%～3.4%。
荷斯坦牛	荷兰	黑白相间，体型高大，骨细、皮薄而有弹性，乳房庞大，后躯较前躯发达，侧看呈楔形。	900～1 200，初生重 40～55	650～750，初生重 35～50	年泌乳量 6 000～8 000 kg，乳脂率 3.6%～3.8%。

续表 1-1

品种	原产地	外貌特征	公牛体重/kg	母牛体重/kg	生产性能
娟姗牛	英国	毛色有灰褐、浅褐和深褐色，以浅褐色为多；有角，角为琥珀色，角尖黑色；乳用品种中的高脂品种，体型较小，尾巴细长，尾帚、鼻镜和舌头为黑色。	650～750	360～400	年泌乳量 3 500～4 000 kg，乳脂率 5.5%～6.8%。
更赛牛	英国	毛色浅黄，个别浅褐，体、额、腹下、四肢、尾帚多为白毛；颈长而薄，体格中等，体躯较宽深，后躯发育好，乳房发达，耐粗饲，易放牧，以高乳蛋白以及奶中较高的胡萝卜素含量而著名。	568～1 023，平均 771	363～727，平均 499	年泌乳量 4 000～5 000 kg，最高个体年产 6 659 kg，乳脂率 4.48%～4.86%。
爱尔夏牛	英国	毛色红，白花，尾帚白色；被毛有小块的红斑或红白纱毛；体格中等，角细长、色蜡白，角尖黑色，角形奇特(角根部向外方凸出，逐渐向上弯)；胸深但较窄，关节粗壮；乳房匀称，乳头中等长，早熟，耐粗饲，适应性好。	800，初生重 30～40	550	平均产乳量 4 000～5 400 kg，最高个体达 7 718 kg，乳脂率 1.0%～5.0%。

表 1-2　肉用品种外貌特征及生产性能

品种	原产地	外貌特征	公牛体重/kg	母牛体重/kg	屠宰率/%
海福特牛	英国	早熟、中小型肉牛品种，体躯深宽，前胸发达，具有典型肉用牛的长方形体型。被毛有“六白”特征，除头、颈垂、鬐甲、腹下、四肢下部和尾端为白色外，全身均为棕红色，皮肤为橙红色。	成年 900～1 100，初生重 34	成年 600～700，初生重 32	60～65
安格斯牛	英国	无角，全身被毛黑色，舌面黑色，体型较小，体躯深、圆，具有典型的肉用体型。	700～900	500～600	60～65
夏洛来牛	法国	被毛乳白或枯草黄色，因含脂肪少的优质肉而著称，体型大，骨骼粗壮，全身肌肉很发达，称为“双肌牛”。	成年 1 100～1 200，初生重 45	成年 700～800，初生重 42	60～70
利木赞牛	法国	体型大，肌肉丰满，肩部和臀部肌肉发达，公牛肩峰隆起。被毛红色或黄色，腹下、四肢、尾部的毛色稍浅，毛粗，蹄为红色。	成年 950～1 100，初生重 36	成年 600，初生重 35	65～70

续表 1-2

品种	原产地	外貌特征	公牛体重/kg	母牛体重/kg	屠宰率/%
契安尼娜牛	意大利	被毛白色，尾帚黑色。体躯长、四肢高、体格大、结构良好。	1 500	800～1 100	65～70
皮埃蒙特牛	意大利	体格中等，背腰较长，肌肉良好。背部有黑色的背线，四肢前面被毛色深，其他部位呈粉白色。眼睛、耳壳、口鼻周围有黑褐色的环。	成年 1 000，公犊 42	成年 500～600，母犊 39	65～68
比利时蓝白花牛	比利时	被毛有白色、青蓝色和黑白花等毛色。体躯大部分多为白色，牛体型较大，呈长方形，皮薄，肌肉极发达而隆起，尤其臀部，是各品种之最，背宽腰圆，骨骼细而结实。	成年 1 250，初生重 46	成年 750，初生重 42	65
日本和牛	日本	体型中等大，肌肉丰满，骨骼较细，全身毛色为黑色，有时略显褐色，角短、向前向上弯。	700	400	60

表 1-3 兼用品种外貌特征及生产性能

品种	产地	外貌特征	公牛体重/kg	母牛体重/kg	屠宰率/%	年泌乳量/kg	乳脂率/%
西门塔尔牛	瑞士	体型大，骨骼粗壮坚实，肌肉丰满；背腰长平宽，尻宽而平，泌乳力强。被毛多为黄白花和红白花，头尾和四肢为白色。地方适应性强。	成年 1 000～1 200，初生重 45	成年 650～800，初生重 44	55～65	3 500～4 500	3.64～4.13
瑞士褐牛	瑞士	毛色灰褐或浅褐，头宽短，颈粗短，垂皮不发达，体格较小。	1 000～1 200	600～700	50～60	25	3.23～3.87
丹麦红牛	丹麦	被毛红色或深红色，体格较大，体躯方正深长，背腰平直，四肢粗短结实，乳房发达匀称。	1 000～1 300	660～720，初生犊牛 40	57	6 712	4.31
新疆褐牛	中国新疆	体格中等，角向侧前上方弯曲，被毛为深浅不一的褐色，鼻镜，眼睑、四蹄和尾帚为深褐色。	490，初生公犊 30	430，初生母犊 28		2 100～3 500，最高记录 5 162	4.03～4.08

续表 1-3

品种	产地	外貌特征	公牛体重/kg	母牛体重/kg	屠宰率/%	年泌乳量/kg	乳脂率/%
三河牛	内蒙古	红白花片，体大结实，骨骼粗壮，抗寒暑能力强，耐粗放。	1 050	547.9	50～55	2 868 ～ 3 205，最高记录 8 416.6	4.17
中国草原红牛	吉林、河北等	紫红色或红色，部分牛的腹下或乳房有小片白斑。体格中等大小，适应性强，耐寒，耐粗饲。	850～1 000	450～550	50.84		

表 1-4 我国主要黄牛品种外貌特征及生产性能

品种	产地	外貌特征	公牛体重/kg	母牛体重/kg	屠宰率/%	年泌乳量/kg	乳脂率/%
晋南牛	山西	肌肉发达，被毛以枣红色和红色居多，牛角发达，额宽嘴粗，俗称“狮子头”，颈短粗壮，肩峰隆起，蹄大坚实。	607	339	52.3	745.1	5.5～6.1
秦川牛	陕西	多为紫红色，在国内黄牛中属体型大，骨粗毛细，多为紫红色。头大小适中，眼圈和鼻镜一般呈红色，角短。	594，初生重 27.4	381，初生重 25	58.3	715.8	4.70
南阳牛	河南	毛色为黄、米黄、草白（草皮黄）等色；有角，角形以萝卜头角为主；鬐甲在五大黄牛中最高。	647.9	412	55.6	600～800	4.5～7.5
鲁西牛	山东	被毛以深黄色和淡黄色为主，具有“三粉”特征；有角且较大，角形多为龙门角；肩峰高而宽厚。	644.4	366	53～55		
延边牛	吉林	呈深浅不同的黄色，鼻镜一般呈淡褐色，带有黑斑点。	465	365	57.7	500～700	5.8～8.6
蒙古牛	内蒙古等	毛色黑色、黄色、红褐色为多，头粗重、额宽、眼大；角向前上方弯曲，鬐甲低平，腹大不垂，斜尻；蹄较小、坚实。	360.5	206～365	53	518	5.22

六、注意事项

因品种太多，学生一时记不住，只要认出著名品种和知道不同用途牛外貌及品种重要特征即可。参观实习时，学生务必遵守组织纪律及牛场的安全防疫规章制度。

七、实验结果

1. 在参观实验时，由教师对参观的品种作扼要介绍，介绍的内容包括：产地及分布、外貌特征、生产性能、主要优缺点及在本地的地位和作用。

2. 学生对所观察的不同品种牛体外貌特征（被毛、头型，颈、肩峰、背、腰、胸、腹、尻，尾、四肢、乳房及乳头和全身肌肉的发育情况等）进行描述记载，并进行鉴别比较。

3. 在进行本项实验时，应考虑到本地区牛的品种分布情况而有所侧重，对国内或世界著名品种，要一一介绍，当地地方品种，可以重点选择。

八、讨论与作业

1. 讨论题

在生产实践中，主要通过哪些方面的外部特征来现场鉴别牛的品种？

2. 作业

用不同品种牛的图片，回顾不同经济类型牛、地方良种的品种特征，了解有代表性的地方品种的特点，完成实验报告。

九、生产应用

夏洛来牛在改良我国黄牛中对提高日增重，加大体型等效果非常明显，用以改良我国非良种黄牛效果极佳，可大幅度提高肉用性能、泌乳性，同时保留耐粗饲、适应性好、放牧性好的特点。

参考文献：

[1]黑龙江省畜牧兽医学校. 养牛学实习指导. 北京：农业出版社，1981.
[2]刘明祥. 实用优质高效肉牛生产技术. 北京：中国农业出版社，2003.
[3]蒋兆春，汤春华. 奶牛健康养殖与疾病合理防控. 北京：中国农业出版社，2010.
[4]李建国，李胜利. 中国奶牛产业化. 北京：金盾出版社，2012.
[5]冀一伦. 实用养牛科学. 2 版. 北京：中国农业出版社，2005.
[6]昝林森. 牛生产学（畜牧专业用）. 北京：中国农业出版社，1999.

实验二　牛的编号、打号和去角

一、实验目的和要求

（一）实验目的

通过本次实验，使学生获得以下知识和技能：

1. 现代奶牛散放饲养的方式、理念与牛的编号、打号和去角的联系。
2. 了解牛的编号、打号和去角的原理。

(二)实验要求

1. 了解去角器的构造和工作原理。
2. 了解不同的打号、去角方法和操作要领。
3. 学生到牛场后,按照实习指导老师或牛场技术员安排,有序观摩,实地进行实际操作。

二、实验原理

牛的编号是为了简化饲养管理的过程而模拟人的名字设计的,打号就是利用物理方法(耳标、液氮冷冻法、烙号和剪耳)或物理结合化学方法(墨刺)把编号永久标识于牛体的操作,去角是利用外科手术法断角或化学方法破坏角组织从而使其失去生长能力,三者都是以加强饲养管理为目的。

三、实验器材与材料

1. 打号:塑料耳标、液氮罐、液态氮、专用打号器(与烙号的烙铁相似)、95%酒精、皮手套、毛剪、刷子、牛保定架等。
2. 去角:去角器、外用药物、牛保定架等。
3. 实验动物:若干头未打号和去角的牛。

四、实验内容

1. 对牛场不同品种、不同年龄段的牛进行编号。
2. 打号和去角的实际操作或观察。
3. 去角后护理方案制订。

五、方法和步骤

(一)牛的编号

牛的编号是人给牛的一个代号,对牛起着一个名字或身份证的作用,以便于进行管理和育种等工作。牛最简单的编号方法是按牛的出生年度和年内出生顺序编号。出生顺序于每年1月1日开始,从001号(或01,依据牛场规模而定)编排,在顺序编号前冠以年度号。简单的编号一般为四位数或六位数,当编号为四位数时,只反映出生年度和年内出生顺序,如0156就是2001年出生的、全场母牛编排顺序第56号的意思,当编号为六位数时,可反映出生年度、出生月份和年内出生顺序,如010856就是2001年8月出生的、全场母牛编排顺序第56号的意思。但在实际生产中,由于牛的出生地不同、同一牛场可能饲养的品种不同、出生牛的性别不同(奶牛场饲养母牛,肉牛场饲养公、母牛,种公牛站饲养公牛)等,还有近年来奶牛交易日趋频繁,为确保唯一性,中国奶业协会规定,中国荷斯坦奶牛采用编号方法为:

2位品种+3位国家代码+1位性别+12位牛只编号

12 位牛只编号分为 4 部分。第 1 部分为全国各省(市、区)编号,由两位数码组成,详见表 2-1;第 2 部分由 4 位数码组成,为省(市、区)内牛场编号;第 3 部分由两位数码组成,为出生年度的后两位数;第 4 部分由 4 位数码组成,为牛只年内出生的顺序号,不足 4 位数以 0 补齐。

表 2-1　我国不同省、自治区和直辖市牛只编号

省(市、区)	编号	省(市、区)	编号	省(市、区)	编号	省(市、区)	编号	省(市、区)	编号	省(市、区)	编号	省(市、区)	编号	省(市、区)	编号
北京	11	上海	31	天津	12	重庆	55	河北	13	山西	14	内蒙	15	辽宁	21
吉林	22	黑龙江	23	山东	37	安徽	34	江西	36	江苏	32	浙江	33	福建	35
湖北	42	河南	41	湖南	43	广东	44	广西	45	海南	46	四川	51	贵州	52
云南	53	陕西	61	甘肃	62	新疆	65	宁夏	64	青海	63	西藏	64	台湾	71

当同一牛场同时饲养公、母牛时,一般用单号表示公牛,双号表示母牛;不同品种的牛用下列符号表示,并把品种符号冠以编号前。当用塑料耳标时,可用不同颜色的耳标简单区别不同品种。

不同品种代码的符号:HS—荷斯坦;JS—娟姗;XM—西门塔尔;XH—新疆褐牛;HF—海福特;AG—安格斯;XL—夏洛来;LM—利木赞;JD—兼用短角;RD—肉用短角;MH—墨累灰;KH—抗旱王;JH—金色阿奎丹;QC—秦川;JN—晋南;NY—南阳;LX—鲁西;YB—延边等。

如果把 18 位牛只编码都标识于牛体显然是不可能的,中国奶业协会建议,最后 6 位数编码可以作为牛场内部管理编号。肉牛场可以参考奶牛编号方法。

(二)打号

把牛的编号标记在牛体身上就是打号。打号的方法有很多种,常用的有耳标、墨刺、烙号、剪耳和冷冻打号等方法。不管哪种方法均要求操作简便,耐久,成本低和易于辨认。

1. 耳标

耳标有许多种类和样式,金属耳标比较轻巧,把牛的编号用钢印打在金属耳标上,用耳号钳把它嵌在耳壳上打下的小孔上固定。塑料耳标(图 2-1)是把编号用不褪色的色笔写在塑料制耳标上,卡在牛耳壳上所打的孔中悬挂,塑料耳标较大,比金属耳标易辨认,并可使用不同颜色塑料耳标来表示不同内容,所以近年来使用比较广泛。耳标的成本低,使用方便,其缺点是不耐久,易脱落丢失,特别是金属耳环,距离稍远或牛头摇动时看不清。

塑料耳标的打号步骤是:

(1)保定　防止操作时牛顶撞。

(2)装耳标　在耳标钳(图 2-2)的夹片下水平安装已编号的耳标阴牌(较大的一片),阳牌(较小的一片)充分插入耳号钳的针上。

(3)消毒　把耳标钳连同耳标一起浸泡消毒。

(4)打耳标　一手固定耳朵,另一手执耳标钳,在无大血管的耳部中心用力一夹,使耳标阴牌下 1/3 露在耳朵外即可。

图 2-1 不同类型的塑料耳标

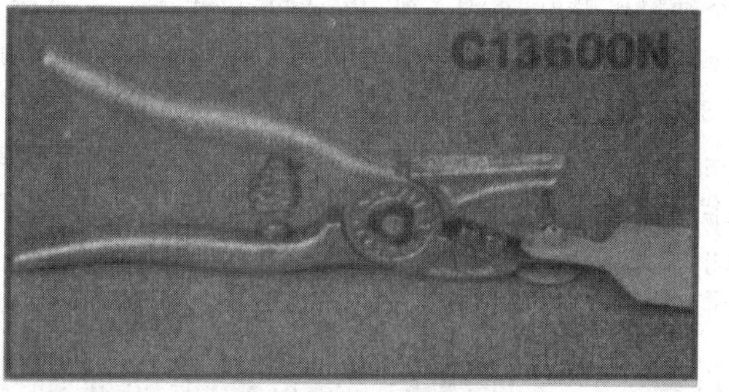

图 2-2 塑料耳标钳

2. 墨刺

用刺字钳(图 2-3)把编号用钢针排成的字形钳刺在耳壳内涂上墨,使碳素颗粒留在愈合的皮肤内,因而留下永久的印记,这方法的优点是简单,成本低,刺好后耐久性很好。缺点是耳壳小而刺墨字形不便,所以号码多时排不开,另外刺后如果感染则容易失败,使数码辨不清,不把牛抓住,则看不清标记。

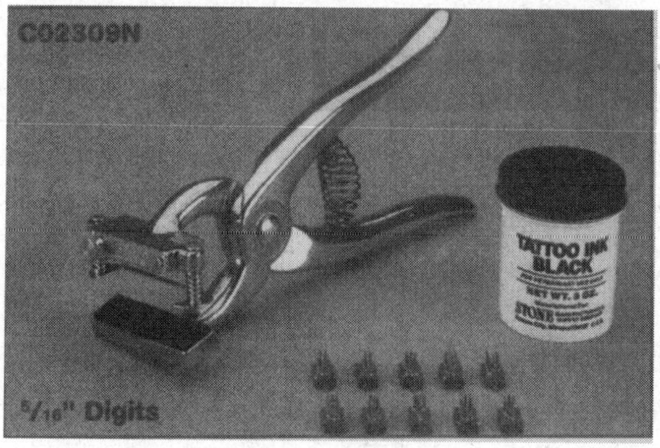

图 2-3 刺字钳

3. 烙号

烙号有两种,一种是烙角号,用烧热的铁号码把牛号的一个个数字烙在角上,这个方法成本低,但操作麻烦,牛痛苦。字迹随牛的长大和角的磨损而逐渐模糊消失,牛在打架或碰撞时,会使角的角质层脱落而失号,无角的牛也无法使用这个方法。另一种烙号法与马匹烙号相同,把编号烙在臀部或肩部,把皮肤烫坏结疤。痊愈后留下不长毛的疤痕。此法成本低,烙成功后字码清楚,并易辨认。缺点是操作麻烦,牛十分痛苦,因此打号时牛常拼命挣扎或温度过高等因素影响往往使号码笔画模糊,字迹不清,影响皮革质量,加上感染化脓等问题造成创痕一片,字迹模糊,难以识别,常常会使烙号失败。

4. 剪耳

用剪耳钳(图 2-4)把耳朵剪上一些豁口,不同位置豁口代表不同的数字,不同牛场的习惯表示方法不同，不过一般多采用左耳大，右耳小；下缘大，上缘小的原则。例如，左耳上缘的1个缺口代表10，右耳与此相对的缺口代表1；左耳下缘的1个缺口代表30，右耳与此相对的缺口代表3；左耳尖端的缺口代表200，右耳与此相对的缺口代表100；左耳中央的一个圆圈代表800，右耳与此相对的圆圈代表400等。

剪耳优点是简单，成本非常低，剪好后永久保存，缺点是可编数码仅能达到三位数，只能做最简单的编号，用于小型牛场，而且耳朵剪成许多豁口不美观，要看牛号同样也不方便，但由于简单和成本很低，所以仍在应用。

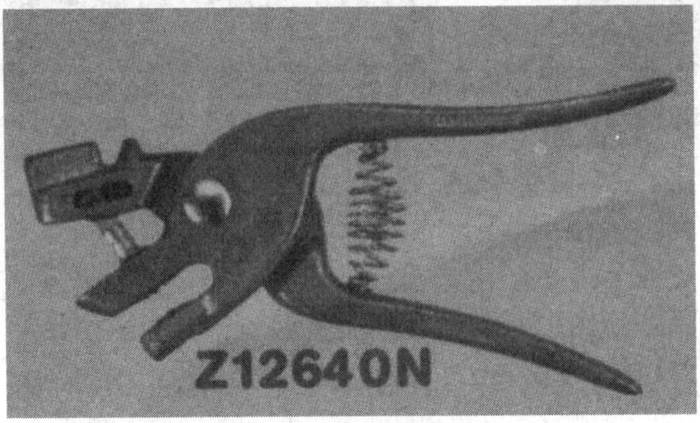

图 2-4　剪耳钳

剪豁口时注意掌握豁口的大小和位置，不宜太大和太小，太小时愈合后容易看不清，太大时耳朵走形，还应避开大的血管，以减少出血。剪耳钳和耳朵均应注意消毒。最好在犊牛阶段剪耳，以减少操作的困难。

5. 冷冻打号

利用超低温破坏皮肤中生产色素的色素细胞或造成毛囊冻伤，使重新长出白毛或不长毛，使编号在牛身上清楚地显示出来，即使距离牛体较远也能看清楚。打号时，牛不痛苦，所以易于按照操作进行，取得清晰的字码。这是目前较好的打号方法，缺点是操作烦琐，需要设备的投资较多。现把冷冻打号方法详细介绍一下。

(1)器材　液氮罐、液态氮、专用打号器(与烙号的烙铁相似)(图 2-5)、95%酒精、皮手套、毛剪、刷子、牛保定架等。

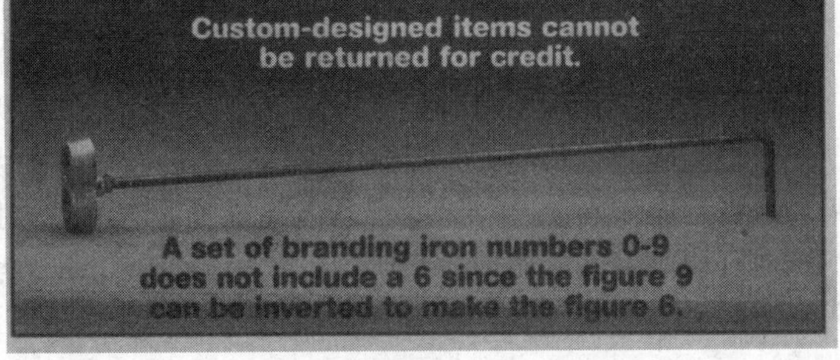

图 2-5　冷冻打号器

(2)方法　分剪毛和不剪毛两种，剪毛法费工，但省物质(酒精和液氮损耗少)，不剪毛法则省工。打号的部位最好是在平坦、肉多、打号时不易摆动的部位，例如尻部和肥牛的肩后，不应打在腰角、髋股关节、臀端和荐椎上。如畜体的被毛是黑白、黄白等花色时，应尽量避开在深浅被毛的界限处打号。

剪毛打号时应把打号部位的被毛剪掉，用毛刷刷掉皮屑污物，每打一个字码之前，用酒精湿润该码拟打的部位(用酒精作为冷却的介质)，不剪毛法在打号前必须把打号部位用毛刷刷掉污物、泥土等，同样要用酒精湿润打号部位。

打号时应把打号器泡在液氮中降温，须待沸腾基本停止后才能使用。打号完毕，打号字迹部位立即出现冻僵现象，发硬，凹进如烙印字号的形状一样。其症状如冻伤一样，皮肤变红而肿。大约 1 周白色毛发脱落，变为光秃，黑色毛发 6 周至 4 个月长出明显的白色被毛。

不剪毛打号时，奶牛的压力为 10 kg 左右，持续时间 15～20 s；剪毛打号时，其压力为 5～7 kg，持续时间 5～20 s，白毛的牛应增加 15～20 s。肉牛因为皮肤稍厚，应比奶牛增加 5 s。

(三)去角

牛角不是家养牛生命活动不可缺少的器官，反而由于用角打架造成人畜的损伤，引起不必要而又相当大的经济损失，因此无角品种牛在生产中很受欢迎，通过育种的原理，利用无角性状是个显性遗传的特性来逐步扩大无角牛的比例。

牛角也可以采取人工方法使其去掉。目前生产上采取的方法是破坏在犊牛期间正在生长发育、长出于皮肤之前的牛角的生长点，从而抑制了角的长出。破坏角的生长点的方法大体有以下几种：

1. 化学方法

10 日龄以前，把犊牛放倒保定好，剪去角周围的毛，并在角周围皮肤上涂上凡士林。用棒状苛性钾(钠)点水在膨起的角部摩擦，直到皮肤开始滑掉，并微有出血时为止，以后痂皮脱落，角也不再长出。去角时注意不可将苛性钾落入牛眼，以免使牛失明。

2. 去角钳法

在角长出之前用去角钳(图 2-6)把角的生长点夹掉，术前把犊牛保定好，剪去角膨出部位四周的毛，用 5%碘酊消毒，然后用消毒的去角钳夹掉角的生长点，药物止血，包扎。

3. 烙角器法

用烧热的烙角器(图 2-7)，把初生犊牛角生长点烫坏。

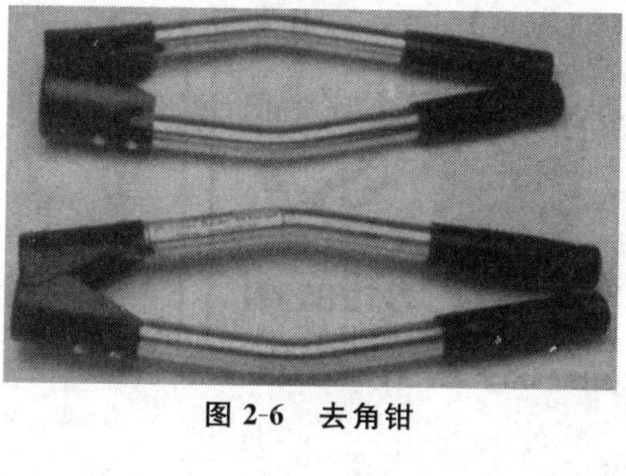

图 2-6　去角钳

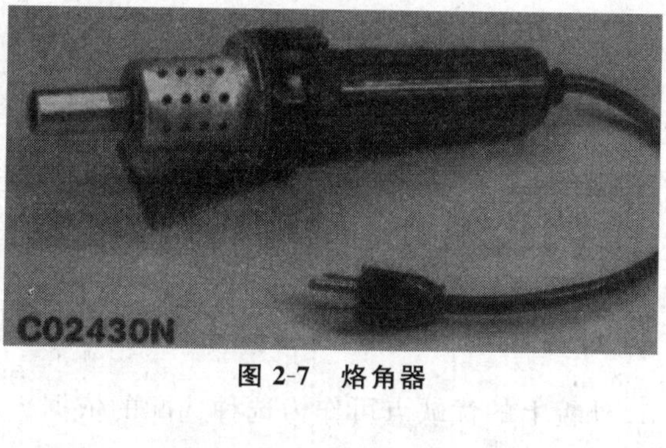

图 2-7　烙角器

这几种方法以化学方法为完全可靠,热烙法最简单,但痊愈慢。

六、注意事项

1. 实验中既要对牛实施保定,还要用到强碱的操作,操作时应注意人身安全。

2. 学生要先了解打号器和去角器的性能和构造,观摩技术人员或指导老师操作过程,熟悉后再行实习操作。

七、实验结果

根据实验内容,在任课教师指导下,学习实验方法,完成实验操作过程。

八、讨论与作业

(一)讨论题

1. 随着人们对牛肉和牛奶的质量安全的关注和质量安全追溯系统的实施,你认为牛的耳标应做哪些方面的改进?

2. 某头牛实施去角后,过段时间有一只角又生长出来,你认为是什么原因引起的? 如何避免?

(二)作业

现有放牧的肉用繁殖母牛和舍饲的泌乳奶牛两群牛,请你分别制订打号的方案。

九、生产应用

任课教师在实验课中介绍实验内容在生产实际中的应用,是作为本门课程理论密切联系实际的应用知识扩展内容,根据本实验项目内容,介绍讲解,说明牛的编号、打号和去角方法在牛场中的应用意义,发展历史和技术改进,使学生了解牛生产实际情况,开阔眼界,为将来从事本项工作打下良好基础。

参考文献:

[1]周贵,王立克,黄瑞华,等.畜禽生产学实验教程.北京:中国农业大学出版社,2006.

[2]昝林森.牛生产学.北京:中国农业出版社,2007.

实验三　牛体各部位形态特征、体尺测量与体型指数计算

一、实验目的和要求

(一)实验目的

1. 外貌上的优缺点可作为选种选配的依据。

2.熟悉牛体表部位名称，了解不同用途牛的外貌特点差异，并通过外貌鉴别其生产性能和生长发育状况，为外貌评分、生产性能鉴定及牛的育种工作打好基础。

(二)实验要求

1.掌握牛的保定方法。

2.认识牛的外貌部位名称，掌握通过外貌辨别牛的性别、生产性能和生长发育状况的基本方法。

3.掌握体尺测量部位、体尺测量方法及体型指数计算和分析方法。

二、实验原理

1.牛的外貌特点与生产性能、生长发育状况、经济用途密切相关。

2.牛的外貌可鉴别生产性能，外形良好的牛有较高的生产性能。

3.通过外貌可鉴别健康状况、年龄和性别，健康的牛胸宽深，背腰平直，骨骼结实，眼耳灵敏，精神好。

4.外貌可表现出品种特征与遗传性，任何牛都有其品种特征，从各部位的毛色、外貌区别不同的品种，还可区别其品种的纯度及遗传的稳定性。

三、实验器材与材料

不同类型牛各1头，牛体型外貌的课件、VCD、幻灯片等多媒体视频或挂图一套，卷尺，圆形测定器，测杖等。

四、实验内容

1.牛的保定方法。

2.牛体表部位的识别。

3.不同生产类型牛各部位的特征。

4.不同生产类型牛的体尺测量及体尺指数的计算。

五、方法和步骤

(一)牛的保定方法

(1)拴系　以缰绳拴牛需打结，绳结常用活结和猪蹄结。活结应系在横木条上，再结一个单结，如是垂木条，则要用猪蹄结，打结后再打一单结，或在猪蹄结上套个圈，这样不会下滑。

(2)戴笼头　科学管理的牛要求戴笼头，笼头一般有皮笼头和麻绳笼头。

(3)穿鼻　公牛在8个月至1岁时开始穿鼻，便于控制，常用的有牛鼻环、牛鼻圈、木条、侧棍。

(4)牛擒具　将牵绳拴在角根上，没有“扎鼻”的烈性牛，在调教使役时，可装戴牛擒具，装戴时把具口掰大，卡在鼻中隔上后，再将具口捏拢。

(5)临时保定　临时对那些不听使唤，没戴鼻环的牛，可使用牛鼻钳，也可用缰绳牵耳法牵拉，或将拴在角根上的缰绳扭成绳环，套在耳根上牵拉。

(6)颈枷保定法　对于奶牛场的母牛，可以借助奶牛舍内的颈枷将奶牛保定。

(7)六柱栏保定法　目前是一种较安全的保定方法，其缺点是结构比较复杂，将实验牛牵入时比较困难。

(二)牛的部位识别及特征

1. 牛体部位

牛体大致可分为四大部位：头颈部、前躯部、中躯部、后躯部。

(1)头颈部　包括头和颈两部分，头以枕骨嵴为界与颈部相连，它是全身的缩影，能表现出体型结构、品种特征、经济类型、性别和健康情况。要注意头的大小、形状以及头部与躯体的比例关系。

公牛头短、宽而重且有雄性悍威，母牛头长、细致、清秀，公牛母样或母牛雄性都是严重的缺陷，不得种用。

颈在躯体的最前端，它以鬐甲和肩端的连线与躯干分界，反映经济类型、性别以及发育情况。如公牛的颈比母牛粗短，颈上有隆起，乳用牛颈薄。

(2)前躯部　包括鬐甲、前肢、胸部等主要部位。它是在颈后、肩胛骨后缘垂直切线之前，是颈肩、前肢和躯干的连接点。通过它能鉴别牛的生产性能与健康状况。

鬐甲有高、低、长、短、宽、狭和尖鬐甲、双鬐甲之别。公牛鬐甲较母牛高而宽阔，肌肉附着充实而紧凑；母牛的鬐甲平直而厚度适中。由于营养水平差，肌肉不发达，致使牛形成锐鬐甲，体质衰弱；胸部两侧韧带松弛则形成双鬐甲，其生产性能也较低。

(3)中躯部　是肩胛骨后缘垂直切线至腰角前缘垂直切线之间的躯段，中部躯段包括背、腰、肋、腹四部位，该部位容纳消化器官，肋骨开阔，背腰宽深，说明消化系统发育良好，生产性能便好，牛的肩背、背腰、腰荐结合良好。

(4)后躯部　是从腰角的前缘与中躯分界，以荐骨及后肢诸骨为解剖基础，为体躯的后端，包括尻、臀、后肢、乳房和生殖器官等部位，生产性能好的牛后躯都呈现宽阔体型，牛的尻要求长、平、宽、方，仅役用牛尻稍倾斜。

2. 外貌观察

观察牛外貌前，让牛自然站在宽广的场地，鉴别者站在离牛 5～8 m 远处环视一周，分别从前面、右侧、后面、左侧观察，了解牛的总体轮廓及外貌特点。

从总体看牛体各部位发育是否匀称，从前面看头部及品种特征，前肢肢势，胸腹的宽度，肋骨的开张度，再从右侧看各部位结合是否良好，主要看鬐甲、背腰、尻、乳房等部位，从后面看后躯发育情况，然后从左边补充观察，要注意头与颈、颈与肩的结合，应连接自然而协调。

最后可接触牛体，用手触摸皮肤的厚度、弹性、皮下结缔组织，骨骼结构的状态，乳房的腺体发育情况，乳头的弛张程度，乳静脉的粗细、弯曲与乳井的大小等。

(1)奶牛的外貌特点　乳用牛头轻稍长、皮薄骨细，鬐甲、胸、腹宽深，后躯和乳房发达，前望、侧望、上望均呈“楔形”。乳用牛鬐甲长平而较狭，多与背线呈水平，触摸被毛软而密，皮肤弹性好。

(2)肉牛的外貌特点　头短而宽，全身肌肉丰满；鬐甲宽厚丰满，胸宽深，背腰宽阔不下垂，尻部宽阔、丰满；整体似圆筒状，前望、侧望、上望和后望均呈“矩形”。

(3)役用牛的外貌特点　头重而宽，皮薄骨粗，肌肉结实；鬐甲高、长、丰圆结实有力，高于背线，肩宽厚，胸深、宽；尻长、宽、略斜，总之前躯强大，而后躯结实呈“倒梯形”，“前山高一寸，力气使不尽”，役用牛行走时后蹄落在前蹄印前，说明步伐大，行走快。

(4)种公牛的外貌特点　体躯高大雄壮，颈粗壮，鬐甲宽广，胸深而宽，腹部充实，中躯呈圆筒状，生殖器官发育良好，睾丸大而对称。

3. 外貌鉴别

外貌鉴别时注意区分：

(1)狭长肩、短立肩、广长斜肩、瘦肩、肥肩和松弛肩；

(2)尖鬐甲、宽鬐甲、双鬐甲、正常鬐甲；

(3)长而平的背腰、凹背、凸背；

(4)卷腹、发育良好的腹、垂腹；

(5)高尻、尖斜尻、发育良好的尻；

(6)X形腿和O形腿。

4. 牛体外貌部位认识(图 3-1)

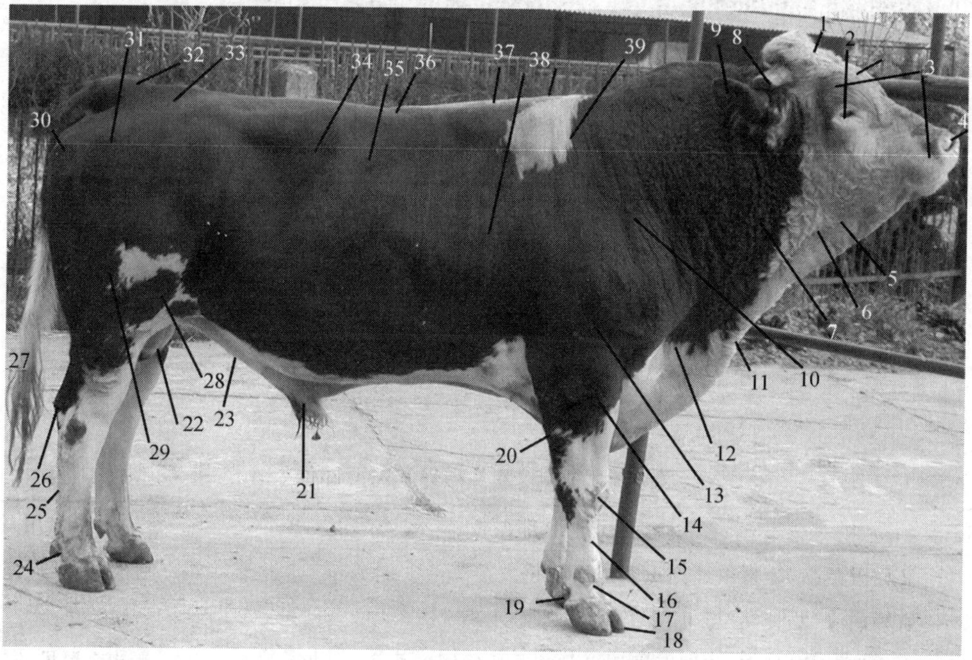

图 3-1　牛体部位名称

1. 额顶　2. 眼　3. 面部　4. 鼻镜　5. 下颌　6. 咽喉　7. 颈部　8. 角　9. 耳　10. 肩　11. 垂皮　12. 胸部　13. 臂　14. 前臂　15. 前膝　16. 前管　17. 系部　18. 蹄　19. 副蹄　20. 肘端　21. 尿道口　22. 阴囊　23. 阴茎　24. 球节　25. 后管　26. 飞节　27. 尾帚　28. 后膝　29. 大腿　30. 坐骨端　31. 髋(臀角)　32. 尾根　33. 尻　34. 肷　35. 后肋　36. 腰　37. 背　38. 胸侧　39. 鬐甲

(三)体尺测量与体型指数的计算与分析

1. 牛体尺的测量部位

为了检查牛在生产条件下的生长发育情况，测量部位可有5个(鬐甲高，体长，胸围，胸宽，管围)至8个(另加尻高，胸深，腰角宽)。

乳用牛应测量体高、体斜长、胸围、荐高和管围；肉牛测量体高、体直长、胸围、腿围和管围；役牛测量体高、体斜长、胸围和管围。

用于牛的品种资源普查或育种目的时，规定的测量部位为13～15个(另加头长，额大宽，背高，十字部高，尻长，髋关节宽及坐骨宽)。按图3-2及表3-1各主要部位的指标分别进行测量。

2. 牛的体尺测量

体尺测量主要部位如图3-2所示。

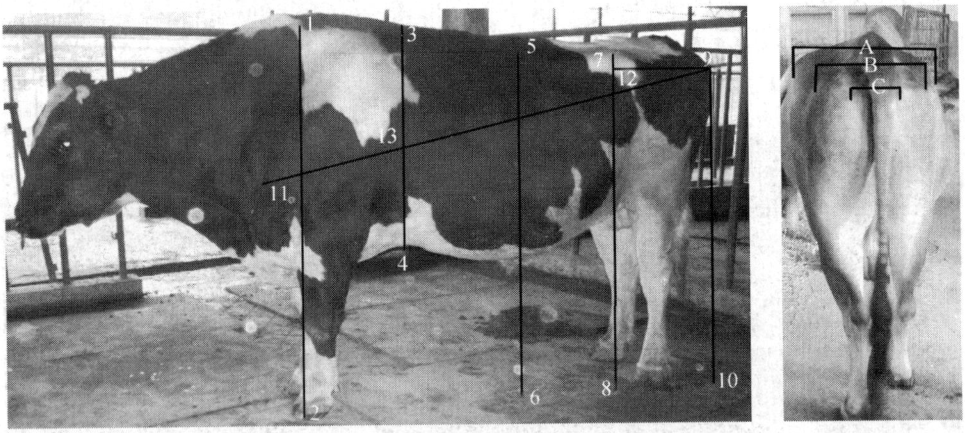

图3-2 牛体尺测量位置

1-2. 体高　3-4. 胸围　5-6. 背高　7-8. 腰高　9-10. 臀端高　9-11. 体斜长　9-12. 尻长　13. 胸宽

A. 后躯宽　B. 髋宽　C. 臀端宽

表3-1 牛体尺测量项目和主要部位

名 称	测 量 部 位	测量用具
体高	又称鬐甲高，为鬐甲最高点到地面的垂直距离	测杖
体直长	肩胛前缘(肱骨突)与坐骨结节间的水平距离	测杖
体斜长	由肩端(即肱骨突)前端至同侧坐骨结节后缘间的距离	测杖或卷尺(需注明)
头长	额顶至鼻镜上缘间的距离	卷尺或圆形测定器
额大宽	两眼眶的最远点的距离	圆形测定器
胸深	沿着肩胛骨后缘，从鬐甲至胸骨间的垂直距离	测杖
胸宽	沿两肩胛后缘量胸部最宽的距离	测杖或圆形测定器
胸围	肩胛骨后缘围体躯的周径，松紧度以能插入食指和中指为准	卷尺
背高	最后一个胸椎棘突到地面的垂直距离	测杖

续表 3-1

名　称	测　量　部　位	测量用具
腰高	又称十字部高，两腰角的中央到地面的垂直距离	测杖
腰角宽	两腰角外缘间的距离	测杖或圆形测定器
荐骨高	又称尻高，为荐骨最高点到地面的垂直距离	测杖
臀长	又称尻长，为腰角前缘至坐骨结节间的水平距离	测杖或圆形测定器
髋宽	两臀角外缘的最宽距离	圆形测定器
坐骨宽	两坐骨结节外缘间的距离	圆形测定器
后腿围	从右侧的后膝前缘沿水平方向(通过尾内侧)量到左(对)侧的后膝前缘的水平周径	卷尺
管围	两腰角外缘间前肢掌骨上 1/3 处(最细处)的周径	卷尺

3. 体型指数的计算与分析

体型指数是指畜体某部位体尺对另一部位体尺的百分比，可以显示出两个部位间的相互关系，是整理和分析体尺材料的一种方法，反映各部位相对发育程度、体型特征及生产性能，看该牛的发育是否匀称和符合其生产类型、品种等特征(表 3-2)。不同经济用途、品种、年龄、性别的牛，体型指数常不同。

表 3-2　体型指数的计算与说明的含义

指数名称	计算公式	指数说明的含义
体长指数	体斜长/体高×100%	体长与体高的相对发育情况
体躯指数	胸围/体长×100%	躯干围度与长度的相对发育程度
胸宽指数	胸宽/胸深×100%	胸部宽、深的相对发育情况
胸围指数	胸围/体高×100%	役牛役用能力的大小
管围指数	管围/体高×100%	体躯骨骼的相对发育情况
尻宽指数	坐骨端宽/腰角宽×100%	反映尻部发育是否匀称，尻宽指数越大，奶牛泌乳系统越发达
产肉指数	后腿围/体高×100%	后肢肌肉的发育程度，对肉牛具有重要意义，与净肉率关系较大
肢长指数	(体高－胸深)/体高×100%	牛四肢的相对长度
尻高指数	尻高/体高×100%	前后躯在高度上的相对发育情况
头长指数	头长/体高×100%	头部的相对发育情况
额宽指数	额大宽/头长×100%	头部宽和长的相对发育情况
髋胸指数	髋宽/胸宽×100%	反映前躯与后躯的相对发育情况

六、注意事项

1. 外貌识别前，要将牛保定好，动作柔和，不可激怒牛，以免被牛踢伤。

2. 外貌鉴别时，除要全面观察外貌，必要时要触摸，了解皮肤弹性、皮下脂肪厚度、肌肉骨骼、乳房发育情况，还要结合其行动，观察行走肢势与协调性。

3. 测量体尺时，被测牛只要求端正站立于宽敞、平坦的场地上，四肢直立，头自然前伸，姿势正常，每项测量 3 次，误差很小时，取其平均值，误差大时让牛保持好体位，重新测量，记录数据，测量时应保持迅速而准确。

4. 测具的校正。进行体尺测量前，用标准测具校对所用的测具，以确保数据准确。

七、实验结果

根据记录测定的体尺结果，计算各项体型指数，记录于表 3-3 和表 3-4 中，并对结果进行分析。

表 3-3　牛体尺测量记录表

cm

牛号	性别	品种	体高	体直长	体斜长	胸围	胸深	胸宽	管围	背高	腰高	腰角宽	荐骨高	腿围

表 3-4　牛体型指数记录表

%

牛号	性别	品种	年龄	体尺指数值										
				体长指数	体躯指数	胸宽指数	胸围指数	管围指数	尻宽指数	产肉指数	肢长指数	尻高指数	头长指数	额宽指数

实验人：　　姓名：　　班级：　　组别：　　实验组长：

八、讨论与作业

1. 讨论题

不同生长阶段与性别的牛存在哪些部位的体尺差别？讨论分析形成的原因。

2. 作业

用测得的数据来研究牛的体型结构，牛的生长发育，分析不同用途牛的外貌及体型结构的差异特点，完成实验报告。

九、生产应用

本项实验内容在牛生产中对牛的个体评价、选择培育优良种牛、牛群改良方面都具有重要意义。作为课程的实践知识扩展内容，由任课教师在实验课中，根据实验项目内容，介绍牛体各部位形态特征，体尺测量与体型指数计算在生产实际中的应用情况，说明讲解发展历史，分析在生产中的应用价值。

参考文献：

[1]华南农业大学.养牛学.北京：农业出版社，1987.
[2]冀一伦.实用养牛科学.2版.北京：中国农业出版社，2005.
[3]李建国，李胜利.中国奶牛产业化.北京：金盾出版社，2012.
[4]昝林森.牛生产学.北京：中国农业出版社，2007.
[5]邱怀.牛生产学.北京：中国农业出版社，1995.
[6]王根林.养牛学.北京：中国农业出版社，2002.

实验四　牛体重的称量与估测

一、实验目的和要求

牛的体重是衡量牛的生长发育及个体特征的重要指标，根据体尺测量结果来估算牛的体重，为衡量牛的生长发育、生产性能和日常管理水平提供依据。

掌握如何准确称重方法，学会估重的计算方法，了解自动体重记录系统。掌握称量牛体重和根据体尺估测体重方法，并能在生产实践中应用。

二、实验原理

牛体可被视为一个近似的圆柱体，利用计算圆柱体积的公式（$\pi R^2 H$）可以近似计算出牛体的体积；体积乘以牛体的比重，即为牛的体重。

称重以称净体重为主，尽量不增加附属食物饮水及分泌物（乳汁）、粪便等干扰为好。

三、实验器材与材料

成年母牛、测杖、圆形触测器、卷尺、地衡（磅秤）、自动体重记录系统。

四、实验内容

（一）体尺测量

估测牛的活重时只需测量体斜长、体直长和胸围3个部位；必要时，做一些腿围、管围的测量以参考。

（1）测杖　测量体直长。

（2）卷尺　测量体斜长、胸围、腿围，管围。传统饲喂方式下，犊牛的日增重多采用磅秤进行称量，而成乳牛多是采用皮尺丈量，然后按照经验公式计算其估测值。这种测量方式的缺点是烦琐与不准确。

(二)体重测定

(1)直接称重法　牛的体重测定,最好的方法是用地磅过秤,获得牛的实际重量,有条件的应进行实际称重。

(2)估重计算法　在没有称量设备的情况下,可通过测量牛的体尺,用计算公式来估计牛的体重。根据被测牛的类型,选用下列公式进行估重计算,并做记录。

(3)自动体重记录系统　电子秤与奶牛的自动识别系统相结合,形成了自动体重记录系统(图 4-1),利用自动识别技术,可记录牛采食前后的连续体重,只要牛走进电子秤称重区域,自动识别系统就能感应牛号码,计算机系统将其记录。该方法较先进、省时可进行大规模、多次、连续测定,特别是对小牛的生长发育及大牛突然重量减轻有很好的监控作用。

图 4-1　自动体重记录系统(摘自淘牛网,2014)

五、方法和步骤

(一)牛的体重称量

(1)牛的称重在早晨喂饲前进行,奶牛应在喂饲前,挤乳后进行。

(2)连续称重 3 d,取其平均数。在称重之前,地衡(磅秤)应调节零点及灵敏度,然后令牛只站于地衡中央称重,记录实际数据,要求称量准确,3 次结果之间的误差,不超过 0.5%(发育小牛可放松为 1%)。

(二)牛的体重估测

进行活体测尺及评定膘度,进行估测。

(1)在测定日的晨饲及饮水前(挤奶后),用体尺测量工具对被测牛只进行体尺测定。对体直长和体斜长的测定应分别用测杖和卷尺测量。

(2)保证测定资料的准确性,每头牛最好连续 3 d 测定,每次测量 3 次,测量结果相近,取平均值,3 次差距大,让老师辅导准确定位后,再重测。详细做好记录,计算连续 2 d 测定结果之间的误差,如果超过 3%,在第 3 天还应再测定 1 次,取 2 次比较接近数据的平均值作为最终结果。

(3)根据被测牛只的经济类型、品种、年龄和膘情等具体情况,选择适当的估测公式,用所测体尺数据,计算被测牛的体重,辅以计算机,设计系数,并与实际称重结果相对比,计算估测误差,一般要求不超过 5%。

估测系数是事先从同类牛群中选出有代表性的 6 头牛，实称其重量，再与体尺测量的结果比较而得出。在实际工作中，不论采用哪个估重公式，都应事先进行校正，对公式中的常数（系数），要做必要的修正，以求其准确。

(4)估测牛体重的常用公式

乳用牛及乳肉兼用牛估测公式：体重(kg)＝胸围^2(m)×体直长(m)×87.5

乳肉兼用牛估测公式体重(kg)＝胸围^2(cm)×体斜长(cm)/11 111

肉用牛体重估测公式：体重(kg)＝胸围^2(cm)×体斜长(cm)/10 800

水牛体重估测公式：体重(kg)＝胸围^2(m)×体斜长(m)×100

黄牛体重估测公式：体重(kg)＝胸围^2(cm)×体斜长(cm)×估测系数

估测系数＝实际体重(kg)/(胸围^2(cm)×体斜长(cm))

(三)自动体重记录系统

安装自动体重记录系统，要对每一头奶牛进行识别，是对奶牛的全面精细控制的前提。首先必须统一数据传输与编码方法，应用电子标签技术，常见的有项圈、耳牌式应答器。可在牛采食或挤奶单个进入自动体重记录系统时，记录多次连续体重，根据时间记录，统计不同牛只的重量。

六、注意事项

估测体重时，要考虑估测牛只的经济类型、品种、年龄和膘情等具体情况。

七、实验结果

记录于表 4-1。

表 4-1　体尺测量与体重测定记录表

牛号	体直长/cm	体斜长/cm	胸围/cm	体重测定/kg			误差原因
				称重	估重	误差	

实验人：　　姓名：　　班级：　　组别：　　实验组长：

八、讨论与作业

1. 讨论题

估重与称重间的差值产生原因有哪些？在生产实践中如何能缩小两者的差值？

2. 作业

在实验牛场选择两头成年牛，按实验项目方法分别进行体重的实测与估测，记录实验数据，分析实验结果，完成实验报告。

九、生产应用

牛体重的称量与估测是牛场生产中重要的例行工作。作为课程的实践知识扩展内容，要由任课教师在实验课中根据实验项目内容，具体进行介绍，说明它在生产实际中的重要意义以及实际操作中的程序和注意事项。

参考文献：

[1]冀一伦.实用养牛科学.北京：中国农业出版社，1999.

[2]昝林森.牛生产学.北京：中国农业出版社，2000.

[3]邱怀.牛生产学.北京：中国农业出版社，1995.

[4]王根林.养牛学.北京：中国农业出版社，2002.

[5]张玉，孙宪如，等.普通畜牧学.北京：农业出版社，1992.

实验五　牛的年龄鉴别

一、实验目的和要求

(一)实验目的

牛的年龄和牛的育种工作、饲养管理有密切关系，是评定牛经济价值和种用价值的重要指标，是制订牛场的生产计划和发展规划的基础，也是采取不同饲养管理措施的依据。

(二)实验要求

1.使学生了解牛年龄鉴定的意义和方法，掌握牛的牙齿结构、生长、脱换规律及角轮的变化规律。

2.能打开口腔观察牛齿生长、脱换和磨损的情况，掌握通过牛门齿和角轮鉴别年龄的基本方法，能大致估测牛的年龄。

3.能从牛的外貌、体型区别老年牛、青年牛、壮年牛及其生产性能高低。

二、实验原理

牛的外貌、牙齿结构、生长、脱换、磨损随牛的年龄增长，具有一定的规律性，牛角因怀孕母牛的生长营养差异而有凹陷，形成角轮，角轮形成就像树的年轮形成，是由于牛受四季营养丰欠及母牛怀孕和哺乳的影响，角生长快慢差异而致，形成长短、粗细相间的纹路，即角轮。因此，可以根据牙齿换生的规律及母牛角轮纹路大致判断牛的年龄。

三、实验器材与材料

不同年龄牛2～3头，或在牛场进行多头牛的鉴别，牛齿图像资料及牛齿标本，牛角标本和图片。

四、实验内容

1.根据档案查牛的年龄。

2.根据外貌判别牛的年龄。

3. 根据牙齿法鉴定牛的年龄。

4. 根据角轮法鉴定牛的年龄。

五、方法和步骤

牛年龄鉴定的方法很多,但其精确性、可靠性和所要求的条件及所应用的范围也不同。在缺乏记录的情况下,可根据门齿的变化鉴别其年龄。此外,通过角轮的观察和外貌的表现也可大致看出其年龄。

(一)根据记录资料了解牛的年龄

根据产犊记录是确定牛年龄的最准确方法,一般正规的奶牛场和种畜场,在牛出生时都进行测定和记录,并在牛身体上作明显的标记,通过识别出牛身上的标记,在相应的资料中查出牛的出生日期,确定牛的年龄。

(二)外貌鉴定法

不同年龄的牛在体型和外貌特征上有明显的差异(表 5-1),此法只能判断出牛的老幼,无法确定其确切的年龄,可作为鉴定年龄时的参考。

表 5-1 幼年牛、壮年牛、老年牛的区别

项目	幼年牛	壮年牛	老年牛
头面部	头短而宽,嘴细,脸部干净。	头大、嘴丰厚。	嘴粗糙,面部多皱纹。
眼部	眼睛活泼有神,眼皮较薄,反应敏锐。	眼明亮饱满,反应灵敏。	眼盂下陷,目光无神,黑色牛眼角周围开始出现白毛,进而颈部、躯干部也出现。
体型	体躯较短、浅而窄,四肢,后躯相对较高。	膘肥体壮,体躯长宽深。	比较清瘦,体躯宽深。
被毛皮肤	被毛光润,细软,皮肤富有弹性。	皮肤柔软,富于弹性,被毛柔软而光泽。	被毛粗硬,干燥无光泽,绒毛较少,皮肤粗硬无弹性,被毛色变浅。
牛角	质地粗糙。	质地较光滑。	质地光亮,有角轮。
行动	反应敏捷。	精力充沛,举动活泼。	行动迟缓。

(三)牙齿鉴定法

牛最初生有乳齿,随着牛的生长发育,乳齿脱落,更换为永久齿,永久齿在采食、咀嚼过程中不断磨损,根据乳齿与永久齿的更换、永久齿的磨损程度,可判断牛年龄。此法比外貌法和角轮法要准确得多。

1. 牛齿的构造

齿冠是齿上面露出的部分,齿根是埋于齿槽内的部分,齿颈位于齿冠与齿根中间的收缩部分。牙齿由象牙质、珐琅质、白垩质和齿髓构成。齿冠的象牙质外面覆以珐琅质，又称釉质，色青白而清晰光滑，是牙齿最坚固的部分，起保护牙齿的作用。齿颈下部的象牙质外面覆以白垩质，其作用为使牙齿固定而密着于齿槽内，呈黄色。其余裸露于齿颈与齿冠部分的白垩质，有的由于食物的腐蚀作用而呈褐黑色。牛切齿纵切面构造见图 5-1，牛臼齿磨损面构造见图5-2，牛切齿构造见图 5-3。

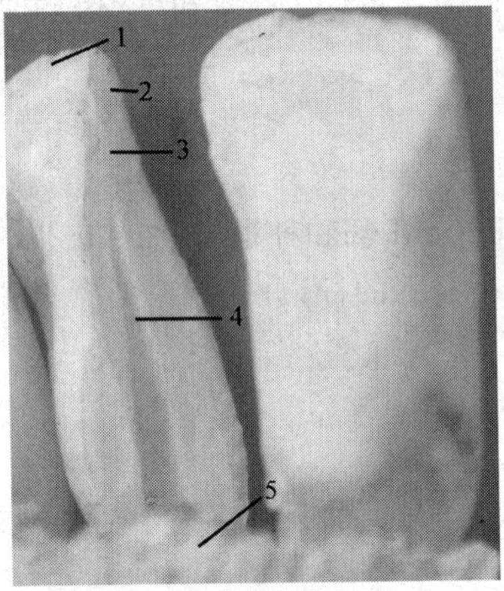

图 5-1　牛齿纵切面

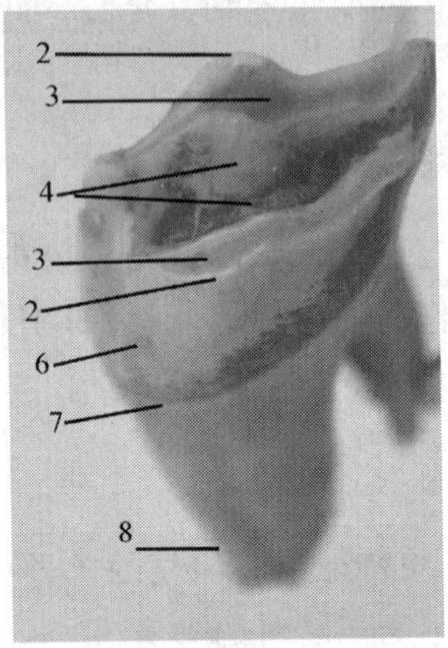

图 5-2　牛臼齿磨损面构造

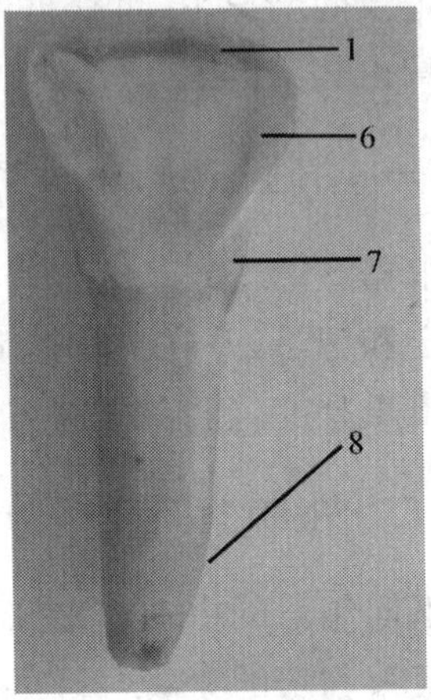

图 5-3　牛切齿构造

1.咀嚼面　2.釉质(珐琅质)　3.齿质(象牙质)　4.齿髓　5.白垩质　6.齿冠　7.齿颈　8.齿根

2.牛牙齿的种类、数目、排列方式

根据牛牙齿出生的先后顺序，将其分为乳齿与永久齿(恒齿)。最先出生的是乳齿，随着年龄的增长，逐渐被永久齿代替。乳齿与永久齿的区别见表 5-2。两岁后逐渐脱换为永久齿，永久齿有 32 枚。牛没有上切齿和犬齿，乳齿还没有后臼齿，乳齿与永久齿在颜色、形态、排列上有较大的区别(表 5-2)。牛的下切齿有 4 对，当中一对称钳齿，钳齿两侧有一对称内中间齿，再外的一对称外中间齿，最边上的一对称隅齿，牛齿的排列方式如下：

$$\text{牛乳齿齿式：}\frac{003(\text{上切齿}+\text{上犬齿}+\text{前臼齿})}{403(\text{下切齿}+\text{下犬齿}+\text{前臼齿})}$$

$$\text{牛永久齿齿式：}\frac{0033(\text{上切齿}+\text{上犬齿}+\text{前臼齿}+\text{后臼齿})}{4033(\text{下切齿}+\text{下犬齿}+\text{前臼齿}+\text{后臼齿})}$$

表 5-2　乳齿与永久齿的区别

区别项目	乳 齿	永久齿
色泽	白色	齿冠乳黄色，齿根棕黄色
齿颈	明显	不明显
数量	20 枚	32 枚
形状	齿冠小而薄，有齿间隙	齿冠大而厚，无齿间隙
齿根	插入齿槽较浅，附着不稳	插入齿槽较深，附着很稳定
排列	排列不太整齐，齿间空隙大	排列整齐，齿间紧密无空隙

3. 牛的开嘴方法

牙齿鉴别首先必须学会开嘴，否则打不开嘴或被牛咬伤手。

人站在牛头部的左前侧，左手抓住鼻孔或鼻环，右手从牛左嘴角与舌头呈直角伸入口嘴中，抓住舌头，将牛舌拉向左口角外边，口自然张开，右手拇指剥开下嘴唇，门齿露出，即可看见牙长出、磨损、牙缝、动摇与否等情况，进行牙齿鉴别。

注意右手插入时，是利用该处牛没有犬齿，不可往嘴的深处插，那样会被牛的上下臼齿咬伤，如抓不住舌头，四指压住舌头，大拇指顶起上腭也可把嘴打开。

4. 牙齿鉴别的方法

依据牙齿的发生更换磨损的规律进行年龄鉴别，比较准确。但 5 岁后，由于齿线和齿星磨损受到营养饲料、环境生理因素还有一些畸形齿的影响，鉴别时要依实际情况综合考虑。

(1)门齿变化次序　门齿长出、脱换和磨损都是从最中间的钳齿开始的，接着是内中间齿、外中间齿，最后是隅齿。

(2)门齿咀嚼面形态变化规律　门齿由于磨损而形成咀嚼面，磨损程度不同，咀嚼面形成的形态也不同，当磨损到齿髓上部时，齿髓受到刺激而从上到下，逐渐沉淀齿质，即发生齿髓的齿质化过程，在咀嚼面上可以看到象牙质中间有一颜色较浅的线，称齿线。继续磨损，线变宽变短，成矩形或椭圆形，这就是齿星，齿星磨损后又逐渐变大。牛切齿咀嚼面构造见图 5-4。

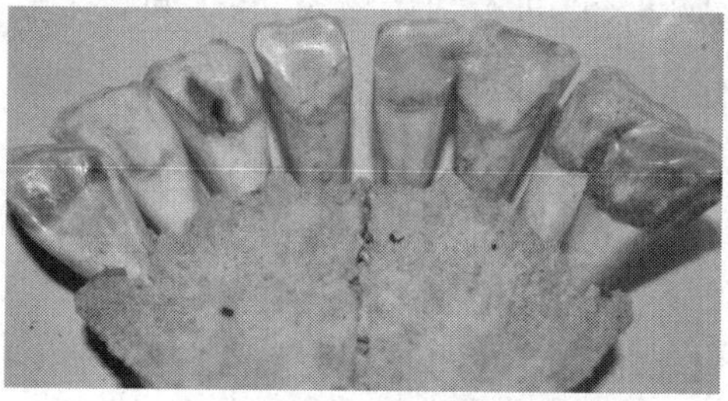

水牛 5～6 岁下切齿咀嚼面

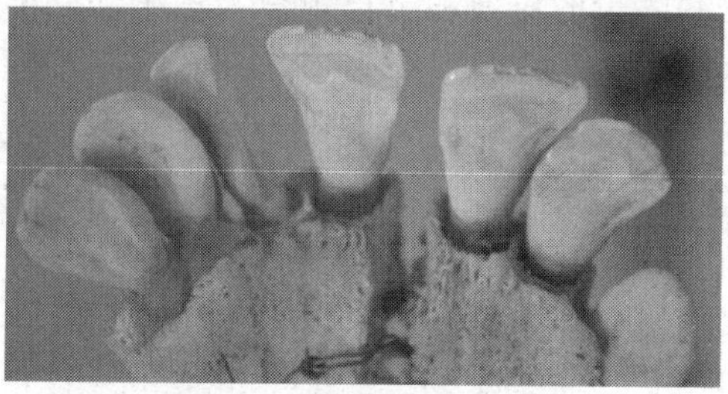

黄牛 3～4 岁下切齿咀嚼面

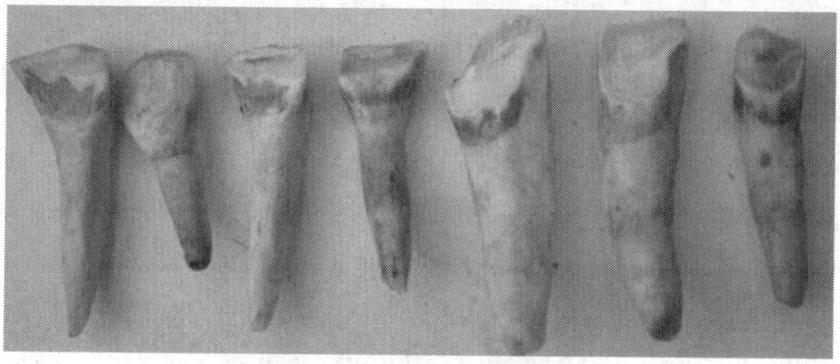

牛切齿咀嚼面从左到右逐渐磨损情况

图 5-4　牛切齿咀嚼面构造

(3)臼齿　臼齿也会脱换、磨损，但因观察不便，一般只观察门齿，乳前臼齿在生时或生后 2～3 周长出，2～2.5 岁脱换，第 3 对乳前臼齿要晚半年脱换，第 1 对后臼齿在生后 6～9 个月长出，第 2 对后臼齿在 1.5～2 岁长出，第 3 对后臼齿在 4～5 岁长出。后臼齿长出即为永久齿，不会更换，臼齿长出后都有其磨损规律，见图 5-5，注意图中小的 3 个是前臼齿，大的多为对称双根的 3 个是后臼齿。

4～5 岁牛下臼齿咀嚼面(较坚固)

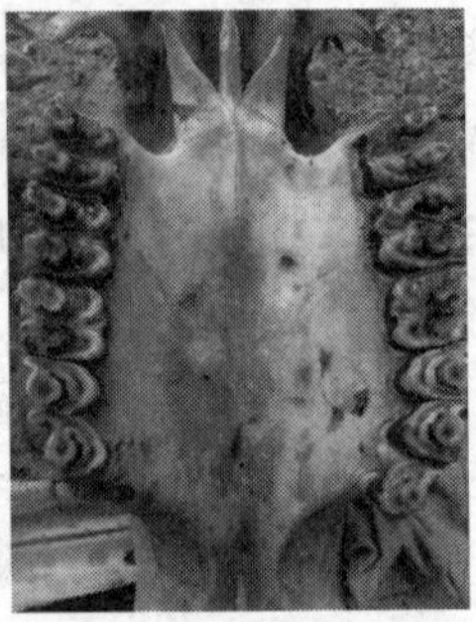

4～5 岁牛上臼齿咀嚼面

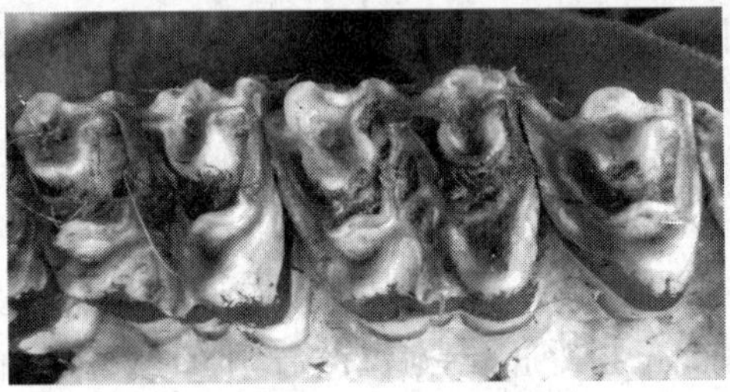

5～6 岁牛上臼齿咀嚼面

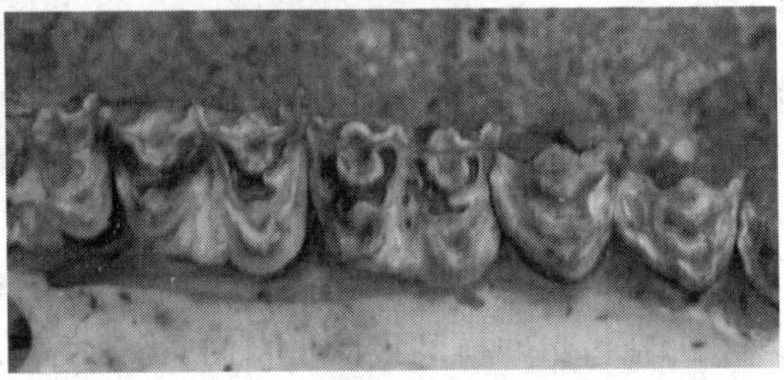

7 岁以上臼齿咀嚼面

图 5-5　牛臼齿咀嚼面构造

(4)牛齿的更换和磨损规律　肉牛和奶牛可依照表 5-3 进行年龄鉴定,水牛和黄牛要在此基础上加半岁。

表 5-3　牙齿的发生更换磨损期

年龄	钳齿	内中间齿	外中间齿	隅齿
出生	乳齿已长出	乳齿已长出	乳齿已长出	
2～3 周				乳齿已长出
4～6 个月	长形咀嚼面	长形咀嚼面	长形咀嚼面	乳齿长齐
1 岁	方形咀嚼面有齿星(重磨)	方形咀嚼面有齿星(重磨)	长形咀嚼面有齿星(较重磨)	长形咀嚼面
1.5～2 岁	乳钳齿换生永久齿“对牙”			
2.5～3 岁	形成咀嚼面	内中间齿换生永久齿“四牙”		
3～3.5 岁	长形咀嚼面	形成咀嚼面	外中间齿换生永久齿“六牙/四六并扎”	方形咀嚼面
4～4.5 岁	长形咀嚼面	长形咀嚼面	永久齿长齐	隅齿换生永久齿
5 岁	长形咀嚼面有齿线	长形咀嚼面	长形咀嚼面	永久齿长齐“齐口”

续表 5-3

年龄	钳齿	内中间齿	外中间齿	隅齿
6 岁	长形咀嚼面有齿线	长方形咀嚼面有齿线	长形咀嚼面	形成咀嚼面
7 岁	近方形咀嚼面齿线变粗	长方形咀嚼面有齿线	长形咀嚼面有齿线	长形咀嚼面
8 岁	方形咀嚼面齿线变粗	近方形咀嚼面有齿线	长方形咀嚼面有齿线	长形咀嚼面有齿线
9 岁	方形咀嚼面有椭圆齿星	方形咀嚼面	方形咀嚼面	长方形咀嚼面
10 岁	方形咀嚼面椭圆形齿星	方形咀嚼面椭圆形齿星	近方形咀嚼面齿线变粗	长方形咀嚼面有齿线
11 岁	方形咀嚼面近圆形齿星	方形咀嚼面椭圆形齿星	方形咀嚼面椭圆形齿星	方形咀嚼面
12 岁	三角形咀嚼面圆形齿星	方形咀嚼面近圆形齿星	方形咀嚼面椭圆形齿星	方形咀嚼面椭圆形齿星

5. 影响牛齿变化的因素

5 岁前依门齿的脱换规律鉴别年龄较准确，5 岁后，齿线和齿星磨损受到营养饲料、自然环境、个体因素还有一些畸形齿的影响，鉴别时要依实际情况综合考虑。

(1)饲料影响　饲料粗糙磨损快，饲料细软磨损慢，天然放牧比舍饲磨损快。

(2)营养水平　营养水平高，矿物质充足，体质发育好的牛，齿质坚硬，牙齿脱换正常，磨损慢，反之，牙齿脱换迟，磨损快。

(3)自然条件　在风沙多的山区磨损快，在湖泊潮湿地区磨损慢。

(4)受个体品种因素影响　早熟品种比中熟品种牙齿长出、磨损时期早 3～6 个月，中熟品种又比晚熟品种牙齿长出、磨损早 3～6 个月时间，有些牛因遗传因素，齿质坚硬，这种牙齿比一般的牙齿较小(俗称麦子牙)，白而光滑，排列紧密，较难磨损。

(5)牙齿排列异常　门齿和上颌骨齿板之间成的角度小，磨损慢，部分山区的黄牛易生竹板牙，竹板牙齿形大而长，阔而薄，向外倾倒生长，磨损时，始终不能形成圆珠形，只呈现月牙或半月状，在鉴别时要给牛加上半岁到 1 岁。

(6)畸形齿　由于各种原因，部分牙齿不长出，形成所谓“老五个牙，老六个牙”，还有湖泊地区水牛易生马齿。

(四)角轮鉴定法

1. 牛角的生长规律

角轮是从角的基部向角尖方向形成的表面凹陷的环形痕迹，牛生后两个月即出现 1 cm 角，以后直到 20 月龄为止，每个月大约生长 1 cm，因此沿着角的外缘测量从角根到角尖的厘米数加 1，即为该牛的大致月龄。在 20 月龄以后，角的生长速度受品种、营养及个体遗传因素影响，再根据角的长度判断牛的年龄就很难准确。水牛角轮见图 5-6。

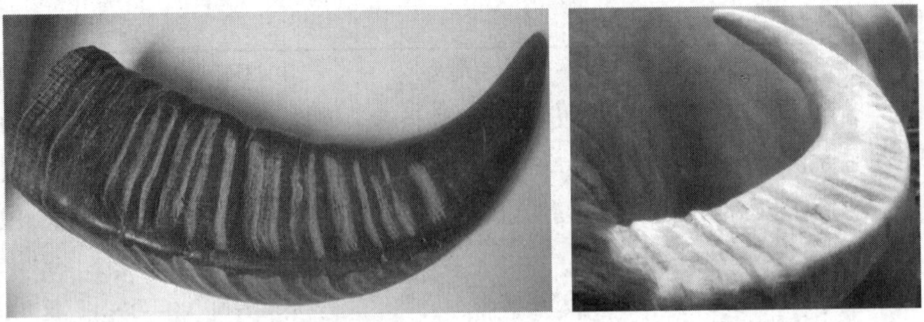

图 5-6　水牛角轮

2. 角轮的形成原理

所有牛的角尖都是光滑无纹的，这是因为角尖生长阶段，是牛的生长期，营养供应稳定。由于牛受四季营养丰欠的影响，青草季节由于营养丰富，角生长快，枯草季节营养不良，角生长慢；母牛由于怀孕和哺乳，需要有更多的营养，常使角组织发育不充分，也引起角的生长程度的变化，疾病也会致牛角凹陷的环形，一般种公牛和阉牛没有角轮，只有在极其不良的饲养条件下，才会有角轮。

3. 母牛角轮估算方法

母牛的角轮数大体与产犊数相一致，通常母牛多在 2.5～3 岁产犊，且每年产犊一次，这样一年一个角轮，由于母牛的妊娠期将近 1 年，因此可依角轮数，加上初产年龄即第一次产犊年龄减去妊娠期 1 年，就可估算出牛的大致年龄。若第一次产犊年龄不详，则可把角尖部分生长期约 2 年，加上角轮数来估算牛的年龄。具体方法如下：

母牛年龄＝角轮数＋(2.5 或 3－1)

母牛年龄＝角轮数＋角尖部位的生长期(约 2 年)

母牛年龄＝第一次产犊年龄＋(角轮数－1)

4. 角轮鉴别法不准确的原因

这种方法也不十分可靠，因为由于母牛流产、饲料不足、空怀、疾病等原因，角轮的深浅、宽窄都不一样。如母牛在中途流产，角轮比正常产犊时要窄得多(在 4～5 个月流产，角轮平均宽度为 0.5 cm，在妊娠足月的情况下，则为 1.2 cm)。母牛在不良的饲养条件下，则出现较浅的角轮，彼此汇合，不易辨别。如果空怀，则角轮间距极不规则，在最近妊娠期所形成的角轮距离上次妊娠期形成的角轮甚远。因此，在鉴别时，不仅要用肉眼观察角轮的深浅和距离，用手触摸大而深的角轮数目，还要根据角轮的具体情况判断牛的年龄。另外，母牛不一定保证每年产犊一次，有时会长于一年。

5. 正确计算角轮的数目

由于角轮形成原因复杂，角轮也常常不规则，在鉴别时，不仅要用肉眼观察角轮的深浅和距离，还可用手从角的基部向尾部触摸一遍，当感觉到宽而有规律的凹陷时，即为角轮的数目，根据角轮的具体情况，通常只计算大而明显的角轮，角轮鉴别法只能作为参考，要准确判断牛的年龄，还要结合牙齿鉴别年龄的方法综合判断。

六、注意事项

1. 牙齿鉴别时，要考虑牛的品种与饲养管理条件等其他影响牛齿变化的原因，在鉴别时适当加减半年。

2. 实践中，可依角轮的变化来进行判定，但不及鉴别牙齿准确；在鉴定时，须注意角轮间的间距和轮环的清晰度，来予以推断。角轮鉴别时，当出现浅细、彼此会合、不易分辨的角轮，还要用手触摸角轮的数目。要依不同品种、不同实际生长环境（放养、圈养）等具体情况判定，否则容易发生误差。

3. 此外，还可以看牛的外貌，如皮毛色泽、站立姿势、饲养状况、眼圈上有无混生白毛、眼盂是否塌陷，以及行动表现等，作为判定年龄的参考。

七、实验结果

将估测的年龄与实际年龄相比，是否产生误差，分析产生误差的原因，填入表 5-4。

表 5-4　牛年龄鉴别记录表

牛编号	门齿换生	磨损情况	角轮数	年龄判断	真实年龄记录	误差原因分析

实验人：　　姓名：　　班级：　　组别：　　实验组长：

八、讨论与作业

（一）讨论题

1. 地方黄牛、水牛、奶牛在判定年龄上有什么相同与不同之处，年龄鉴别误差的原因有哪些？

2. 实验项目中，哪种方法的误差较小，能更为准确地鉴别牛的真实年龄？

（二）作业

1. 根据牛牙齿的标本，或活牛打开口腔鉴别其年龄。

2. 参看牛角的标本，认识角轮数目，并大致估测其年龄。

九、生产应用

牛的年龄鉴别在牛的购买选择和鉴定方面是重要的项目内容。在本实验课中由任课教师根据实验项目内容，举例说明，具体介绍，说明它在牛鉴定中的重要意义以及实际操作中的程序和需要注意的问题。

参考文献:

[1]冀一伦.实用养牛科学.北京:中国农业出版社,1999.
[2]昝林森.牛生产学.北京:中国农业出版社,2000.
[3]邱怀.牛生产学.北京:中国农业出版社,1995.
[4]王根林.养牛学.北京:中国农业出版社,2002.
[5]张玉,孙宪如,等.普通畜牧学.北京:农业出版社,1992.

第二篇　牛的体貌、体况评定

实验六　牛的体型外貌评定

一、实验目的和要求

使学生理解和掌握奶牛体型外貌评定的原理、内容及方法。

二、实验原理

按照生产性能、体质和品种特征的系统性，将牛体的外貌性状分成若干项目，根据外貌与生产性能的线性关系，制订每个项目的评分标准，根据其相对重要性、选种方向及遗传力的大小规定其权数，使所有项目的总分为100分，对每头牛按标准进行评定，然后汇总，根据所得总分对牛分级。

三、实验器材与材料

牛测杖，圆测器，卷尺，测角计，计算器，计算机，打印机，中国荷斯坦奶牛，中国黄牛，中国水牛等。

四、实验内容

1. 中国荷斯坦牛外貌评定。
2. 肉用牛外貌评定标准。
3. 良种黄牛外貌评定。
4. 水牛外貌评定。

五、方法和步骤

(一)各类牛外貌评定标准

1. 中国荷斯坦牛外貌评定标准

中国荷斯坦牛外貌评定的国家标准已于1983年5月1日由国家标准局试颁布实施。中国荷斯坦母牛和公牛的外貌评定包括一般外貌与乳用特征(公牛仅为一般外貌)、体躯、泌乳系统和肢蹄4个大项共16个小项目，各项目的评分标准分别见表6-1和表6-2。该标准规定，中国荷斯坦牛依外貌优劣程度分为4个等级，即特等、一等、二等和三等，各等级的外貌得分标准见表6-3。该标准还规定，母牛的评定时间为第一、第三、第五胎的第二个泌乳月各一次；公牛的评定时间为12月龄和16月龄各一次。

表 6-1　中国荷斯坦母牛外貌评定评分表

项目	项目与给分标准	标准分
一般外貌与乳用特征	1. 头、颈、鬐甲、后大腿等部位棱角和轮廓明显。	15
	2. 皮肤薄而有弹性，毛细而有光泽。	5
	3. 体高大而结实，各部结构匀称，结合良好。	5
	4. 毛色黑白花，界线分明。	5
	小计	30
体躯	5. 长、宽、深。	5
	6. 肋骨间距宽，长而开张。	5
	7. 背腰平直。	5
	8. 腹大而不下垂。	5
	9. 尻长、平、宽。	5
	小计	25
泌乳系统	10. 乳房形状好，向前后延伸，附着紧凑。	12
	11. 乳房质地：乳腺发达，柔软而有弹性。	6
	12. 四乳区：前乳区中等大，四个乳区匀称，后乳区高、宽而圆，乳镜宽。	6
	13. 乳头：大小适中，垂直呈柱形，间距匀称。	3
	14. 乳静脉弯曲而明显，乳井大，乳房静脉明显。	3
	小计	30
肢蹄	15. 前肢：结实，肢势良好，关节明显，蹄质坚实，蹄底呈圆形。	5
	16. 后肢：结实，肢势良好，左右两肋间宽，系部有力，蹄形正，蹄质坚实，蹄底呈圆形。	10
	小计	15
总计		100

表 6-2　中国荷斯坦公牛外貌评定评分表

项目	项目与给分标准	标准分
一般外貌	1. 毛色黑白花，体格高大。	7
	2. 有雄相，肩峰中等，前躯较发达。	8
	3. 各部位结合良好而匀称。	7
	4. 背腰平直而结实，腰宽而平。	5
	5. 尾长而细，尾根与背线呈水平。	3
	小计	30
体躯	6. 中躯：长、宽、深。	10
	7. 胸部：胸围大，宽而深。	5
	8. 腹部紧凑，大小适中。	5
	9. 后躯：尻部长、平、宽。	10
	小计	30

续表 6-2

项目	项目与给分标准	标准分
乳用特征	10. 头、体型、后大腿的棱角明显，皮下脂肪少。	6
	11. 颈长适中，垂皮少，鬐甲呈楔形，肋骨扁长。	4
	12. 皮肤薄而有弹性，毛细而有光泽。	3
	13. 乳头呈柱形，排列距离大，呈方形。	4
	14. 睾丸大而左右对称。	3
	小计	20
肢蹄	15. 前肢：肢势良好，结实有力，左右两肢间距宽，蹄形正，蹄质坚实，系部有力。	10
	16. 后肢：肢势良好，结实有力，左右两肢间距宽，飞节轮廓明显，系部有力，蹄形正，蹄质结实。	10
	小计	20
总计		100

表 6-3　中国荷斯坦奶牛、良种黄牛、水牛及引进纯种肉牛外貌等级评定表

性别	特等	一等	二等	三等
公	≥85	80～84.9	75～79.9	70～74.9
母	≥80	75～79.9	70～74.9	65～69.9

注：中国荷斯坦奶牛公、母牛的乳房、四肢和体躯中的任何一项有明显生理缺陷时，不能评为特级，有两项时不能评为一级，有三项时不能评为二级。

2. 肉用牛外貌评定标准

我国肉牛繁育协作组制定的纯种肉牛外貌评定标准见表 6-4。

表 6-4　肉用牛外貌评定评分表

部位	评定要求	评分	
		公	母
整体结构	品种特征明显，结构匀称，体质结实，肉用体型明显，肌肉丰满，皮肤柔软有弹性。	25	25
前躯	胸深宽，前胸突出，肩胛平宽，肌肉丰满。	15	15
中躯	肋骨开张，背腰宽而平直，中躯呈圆筒形，公牛腹部不下垂。	15	20
后躯	尻部长、平、宽，大腿肌肉突出伸延，母牛乳房发育良好。	25	25
肢蹄	肢蹄端正，两肢间距宽，蹄形正，蹄质坚实，运步正常。	20	15
合计		100	100

注：本表适用于海福特、夏洛来、利木赞等纯种肉牛。

纯种肉牛外貌等级评定参见表 6-3。

3. 良种黄牛外貌评定标准

我国良种黄牛育种委员会制定的良种黄牛外貌评定标准见表6-5。

表6-5　我国良种黄牛外貌评定评分表

项目	评定标准	评分	
		公	母
品种特征及整体结构	根据品种特征，要求该品种全身被毛、眼圈、鼻镜、蹄趾等的颜色、角的形状、长短和色泽符合该品种要求。体质结实、结构匀称、体躯宽深，发育良好，皮肤粗厚，毛细短、光亮，头形良好，公牛有雄相，母牛俊秀。	30	30
前躯	公牛鬐甲高而宽，母牛较低但宽。胸部深宽，肋弯曲扩张，肩长而斜。	20	15
中躯	背腰平直宽广，长短适中，接合良好，公牛腹部呈圆筒形，母牛腹大不下垂。	15	15
后躯	尻宽长不过斜，肌肉丰满，公牛睾丸两侧对称，大小适中，附睾发育良好，母牛乳房呈球形，发育良好，乳头较长，排列整齐。	15	20
四肢	健壮结实，肢势良好，蹄大、圆、坚实，蹄缝紧，动作灵活有力，行走时后蹄能赶过前蹄。	20	20
合计		100	100

注：(1)凡品种特征不符合表6-5规定者，不予评定，但基本符合品种特征要求，而与标准尚有一定差距者，可根据表现程度在“品种特征及整体结构”中适当扣分。

(2)在评分时，为了便于掌握，每一大项可先按三级初步定出最低分数，如“品种特征及整体结构”，公牛三级为21分(30×70%)，然后根据该项外貌表现程度，适当增减分数。其他各项均可按此法进行评分。

(3)凡具有严重的狭胸、靠膝、交突、跛行、凹背、凹腰、尖尻、立系、卧系等缺陷的母牛，只能评为二级以下(包括二级)，具有上述表现的公牛只能评为三级以下(包括三级)。

4. 水牛的外貌评定标准

全国水牛改良及育种协作组制定的水牛外貌评定评分表见表6-6，外貌等级评定见表6-3。

表6-6　水牛外貌评定评分表

项目	评定标准	评分	
		公	母
整体结构	头形良好，体质结实，前躯高于后躯，结构匀称，体躯宽深，发育良好，毛色、体态、头形和角形等具有品种特征。	30	30
体躯	公牛鬐甲高而宽，母牛较低，肩长而斜，胸部宽深，肋弯曲扩张，肋骨长，弯曲良好，背腰宽广平直，长短适中。腹部公牛充实似圆筒，母牛大而不垂。尻部肌肉发达，长宽而略斜。公牛睾丸大小适中而对称，发育良好，母牛乳房呈球形，发育良好，乳头长短适中，排列对称。	50	50
四肢	肢势良好，壮健有力，行走时后蹄超前蹄，动作灵活稳健，蹄形正，质地坚实。	20	20
合计		100	100

注：母牛后躯应比公牛标准多5分，而公牛前躯要比母牛多5分，体躯总分不变。

(二)体形外貌的评定

(1)准备被评定牛的基本资料,包括牛号、年龄、胎次、产犊日期、产奶量、怀孕与否等,以备评定时参考。同时准备好评定表格。

(2)对评定场地的要求:评定一般在牛场的运动场进行,最好在运动场内临时设一个小围栏,把牛圈在小围栏内进行。要求地面平坦宽敞,光线充足。

(3)对牛外貌评定:外貌评定评分一般数人一组,逐头进行评定;将一头被评定的牛小心驱赶到小围栏内,评定小组成员在小围栏外评定。在运动场评定时,使牛站在场地中央,自然站立,可以活动。评定小组成员在牛的周围形成一个松散圆圈,这样既有利于评定成员从各个角度观察牛外貌,又可防止在评定过程中被评定的牛跑掉或运动场上其他牛产生干扰。

(4)对评定人员的要求:评定人员首先站在距被评定牛适当距离的地方,对牛的整体进行观察(包括静止和随意运动状态),以便对该牛有一个大致笼统印象,从整体上看该牛大体上是属于哪一层次的牛。根据外貌评定评分表的内容,分别按项目逐一进行评定。根据评定项目的要求可调整评定人员与牛之间的距离,甚至可以走近牛体,对牛体进行触摸;也可根据评定要求,调整牛的站立姿势和使牛做必要的运动,其目的是全面客观地了解被评定牛每个评定细目的详细情况,做出正确判断。根据被评定牛各评定项目的实际情况与评定评分表中的理想型要求之差距和评分标准,给出每一项目的评定分数,记录于相应的表格内。

(5)评定完每一个细目后,将各细目的得分按项目汇总,得到总分。

六、注意事项

1.指导教师须先通过饲养员或场里技术人员了解每头牛特性,挑选老实、不踢人的牛作为实验动物。

2.指导教师预先详细讲解外貌评定的标准,使学生对每个小项可能出现的多种形态做到心中有数。

3.指导教师示范评定两三头牛,对于每一项的评定结果要详细说明其理由。

4.把学生若干人分为1组,每个学生独立评定,最后把该组学生对每个小项和大项的评分及总分求出平均数,即为该牛的评分。

5.每组至少评定5头母牛,指导教师监督评定的可重复性,对分歧较大的小项由指导教师进行校正,然后重新评定,直至相对一致即可。

七、实验结果

根据实验内容,记录、分析实验结果。

八、讨论与作业

1.讨论题

根据牛的解剖特点(尤其是后肢关节)和体躯平衡的原理,牛踢人的先兆有哪些?与马属动物踢人的区别有哪些?如果某头牛有踢人的恶癖,你又不幸选择了它,如果你在该牛体的后方进行外貌评定,请问哪些范围(区域)是安全区?

2. 作业

某一个牛场，在实施外貌评定时发现，有较多的成年牛出现以下体躯特征：体躯高大，体躯深度、长度和宽度发育比较差，母牛的乳房体积也比较小。请你根据生长发育不平衡性原理，判断是在哪个阶段出现的问题？今后如何纠正？

九、生产应用

牛的体型外貌评定是牛场生产中进行牛鉴定的一项重要工作。作为课程的实践知识扩展内容，要由任课教师在实验课中结合生产实际，具体进行介绍，说明它在生产实际中的重要意义，以及实际操作中的程序和方法。

参考文献：

[1]周贵，王立克，黄瑞华，等. 畜禽生产学实验教程. 北京：中国农业大学出版社，2006.

[2]昝林森. 牛生产学. 北京：中国农业出版社，2007.

实验七　奶牛体型线性评定

一、实验目的和要求

使学生理解奶牛体型线性评定的基本原理，掌握奶牛体型线性评定的基本方法和要领。

二、实验原理

奶牛体型性状线性分析的概念最早于1976年由美国提出，1980年制订出奶牛体型线性评定方法，1983年正式应用于美国荷斯坦奶牛的评定。我国在1990年制定了《奶牛体型线性评定标准》，以后根据国际标准和在我国试行情况进行了多次修改，并一直应用至今。它是根据奶牛的生物学特性，确定具有重要经济价值和生理功能价值的各性状的评定标准，按1～9分的范围从性状的一个极端到另一个极端作衡量（1分和9分为两个极端，5分是中间分），确定该性状的线性评分，通过转换将线性评分转换为该性状的功能分，再根据各性状与生产性能的相关性大小，对每个性状赋予一加权系数，通过加权系数将各功能分总和为一个百分制的总体评分，根据总体评分评定该奶牛的外貌等级。和以往的描述性外貌评定方法相比较，它克服了易受鉴定员主观意志、个人爱好、牛群概况、实践经验所影响的缺点，具有客观性和可重复性，对于迅速提高奶牛生产性能，指导奶牛育种工作具有重要的意义。

三、实验器材与材料

牛测杖，圆测器，卷尺，测角计，计算器，计算机，打印机，中国荷斯坦奶牛。

四、实验内容

1. 各线性性状评定方法。

2.线性评分转化为功能分。

3.外貌等级评定。

五、方法和步骤

(一)性状评定方法

奶牛体型线性评定共涉及体型部分、尻部、肢蹄部分、乳房部分和乳用特征5个特征性状中的23个主要性状的评定。

1.体型部分

(1)体高　体高根据尻高(十字部高)评分。30月龄以下尻高为140 cm者属中等,得5分,130 cm评1分,150 cm评9分;30月龄以上尻高为142 cm者属中等,得5分,132 cm评1分,152 cm评9分,在此范围内每±2.5 cm,±1个线性分。

(2)前段　髻甲与十字部的相对高度差,髻甲低于十字部5 cm为1分,髻甲高于十字部5 cm为9分,在此范围内每±1.25 cm,±1个线性分。

(3)体躯大小(体重)　以胸围为依据。1胎和3胎的母牛分别以188 cm和194 cm为5分,1胎母牛在173～188 cm时,每±3.75 cm,±1个线性分,188～200 cm时,每±3.00 cm,±1个线性分;3胎母牛在181～194 cm时,每±3.25 cm,±1个线性分,194～206 cm时,每±3.00 cm,±1个线性分。

(4)胸宽　胸宽是两肩胛骨后缘周径之间的最大距离。这里用前内裆宽表示,前内裆宽为25 cm时属中等,得5分,13 cm评1分,37 cm评9分,在此范围内每±3 cm,±1个线性分。

(5)体深　体深与容纳粗饲料的能力相关。它以体躯最后一根肋骨处、腹下沿的深度(腹下线)表示,卷腹(犬腹)评1分,平直腹3分,充实腹部得5分,草腹7分,垂腹9分。

(6)腰强度　观察腰部结实程度,即臀部的荐椎至第1腰椎之间的连接强度和腰部短肋的发育状态。腰部平直为5分,腰部下凹,短骨发育短而细为1分,腰部的腰椎骨微有隆起,短骨发育长为9分。

2.尻部

(7)尻角度　尻角度与牛的生产和繁殖性能有关。为腰角至同侧坐骨端的倾斜度,即坐骨端与腰角的相对高度,腰角高于坐骨端4 cm时为中等,得5分,腰角低于坐骨端5 cm时评1分,腰角高于坐骨端8 cm时评9分,在高于4～8 cm范围内每±1 cm,±1个线性分。在高于4～－5 cm范围内每±2.25 cm,±1个线性分。

(8)尻宽　尻宽与易产性有关,尻部越宽,产犊越顺利。尻宽用两坐骨端之间的距离来表示,尻宽为18 cm时属中等,得5分,10 cm时评1分,26 cm时评9分,每±2 cm,±1个线性分。

3.肢蹄部分

(9)蹄角度　它指蹄壁与蹄底所呈角度。蹄角度为45°时属中等,评5分,15°评1分,75°评9分,在25°～45°范围内每±7.5°,±1个线性分。方法是把蹄壁上沿的蹄线做一条延伸线,看其达到乳牛前肢的部位进行评分。如延伸线达到前肢肘部,及表示蹄角度很小(15°角),达到前肢膝关节处为中等(45°角),评5分,达到前膝关节下,蹄角度大(75°角),评9分。

(10)蹄踵深度　指后蹄踵上沿与地面间的相对高度。为2.5 cm时为中等,得5分,0.5 cm时,1分,4.5 cm时,9分。每±0.5 cm,±1个线性分。

(11)骨质地　指后肢骨骼的细致与结实程度。股骨(后大腿)粗厚疏松1分,宽、扁平、细致9分。中等,得5分。

(12)后肢侧视　后肢姿势可直接影响肢蹄部的耐力。它以飞节角度表示,飞节角度为145°时属中等,评5分,165°评1分,125°评9分,在此范围内每±5°,∓1个线性分。

(13)后肢后视　后肢两个飞节平行垂直于地面,得9分,两个飞节之间距离较宽,得5分,两个飞节之间内向,得1～8分。

4.乳房部分

分泌乳系统、前、后乳房3部分。

1)泌乳系统

(14)乳房深度　乳房深度关系到乳房容积大小,一定的乳房深度有利于乳房容积,乳房太深时易引起损伤和乳房炎,是下垂的表现。一胎牛乳房底部高于飞节连线12 cm时属中等,评5分,18 cm时评8分;三胎牛当乳房底部高于飞节连线5 cm时属中等,评5分,12 cm时评8分。在此范围内,每±2 cm,±1个线性分。

(15)乳房质地　乳房皮肤薄、手触摸乳房富有弹性、挤奶前后体积差异很大为腺乳房,9分,结缔组织乳房为1分,半腺乳房为5分。

(16)悬韧带　中央悬韧带的强弱直接决定了乳房的悬垂状况。中央悬韧带的强弱,用后乳房基部到中央悬韧带的深度表示。沟深为3 cm时属中等,评5分,沟深为0 cm以下时评1分,沟深为6 cm时评9分,在此范围内,沟深每±0.75 cm,±1个线性分。

2)前乳房

(17)前乳房附着　它反映了乳房侧悬韧带附着的坚实程度,用手伸入前乳房与腹壁的难易程度表示,手很难伸入前乳房与腹壁时评9分,很容易时评1分,中等程度时评5分。

(18)前乳头位置　它反映了乳头分布的均匀程度,乳头位置关系到挤奶操作的难易和是否容易发生损伤。乳头的中央分布为:把前乳房宽三等分,前乳头的位置恰好处于三等分线上。乳头为中央分布时属中等,评5分,乳头分布越集中,分数越高,评9分,越离散,分数越低,评1分。

(19)前乳头长度　乳头长度关系到挤奶操作的难易程度。乳头长度为5 cm时评5分,10 cm评9分,2.5 cm评1分,在5～10 cm每长1.25 cm加1个线性分,在5～2.5 cm每少0.625 cm减1个线性分。

3)后乳房

(20)后乳房高　它是乳房容积大小的因素之一,与产奶、贮奶能力直接相关。后乳房高用乳腺组织上缘与阴门基部的距离评定。当距离为24 cm时属中等,评5分,大于32 cm时评1分,小于16 cm时评9分,在24～16 cm范围内每减少0.5 cm,增加1个线性分,在24～32 cm范围内每增加0.5 cm,减少1个线性分。

(21)后乳房宽　它是乳房另一个潜在产奶、贮奶能力的标志。用乳腺组织上缘的距离表示。距离为15 cm时属中等,评5分,小于7 cm时评1分,大于23 cm时评9分,在此范围内每±2 cm,±1个线性分。由于后乳房宽与母牛所处泌乳月有关,处于泌乳高峰期时后乳房越宽，接近干乳期时后乳房宽度变窄，所以评定时应尽量在第3～5泌乳月期间和挤奶前进行，并参考乳房皱褶数，每出现一条乳房皱褶，可加1分，超过3条以上者，仍以3条计。

(22)后乳头位置 它反映了乳头分布的均匀程度，乳头位置关系到挤奶操作的难易和是否容易发生损伤。乳头的中央分布为：把后乳房宽三等分，4个乳头的位置恰好处于三等分线上。乳头为中央分布时属中等，评5分，乳头分布越集中，分数越高，评9分，越离散，分数越低，评1分。

5. 乳用特征

(23)棱角性(乳用性，清秀度) 棱角性是乳用特征的反映。中等程度为：头狭长清秀，颈细长，鬐甲棘突高出肩胛，鬐甲角度60°左右，从侧面能隐隐约约看到胸椎棘突突起和2～3根肋骨，大腿薄，四肢关节明显，全身皮肤薄，骨骼细，具有细致紧凑体型。极端肥胖的评1分，极端清秀的评9分。

(二)性状的评定

根据上述性状的评定要点，借助测杖、圆测器等逐一评定，对于其中的几个描述性性状，主要依赖于评定人员的观察判断，将每项评分填入记录表7-2至表7-6相应表格内。

(三)外貌等级评定

根据线性评分转换百分表7-1，将线性评分转换成百分制功能分，对应填入表7-2至表7-7相应表格内，并依据所列性状的分类和权重计算出体躯结构/容量、尻部、肢蹄、乳房、乳用特征和整体评分，根据表7-8进行外貌等级评定。

表7-1 线性评分转换百分表

项目	代号	9	8	7	6	5	4	3	2	1
体高	V_1	95	100	95	90	85	75	70	64	57
前段	V_2	85	90	100	90	80	76	68	64	56
体躯大小	V_3	100	95	90	85	80	75	65	60	55
胸宽	V_4	95	90	85	80	75	70	65	60	55
体深	V_5	85	90	95	90	80	75	68	64	56
腰强度	V_6	95	90	85	80	75	70	65	60	55
尻角度	W_1	65	70	75	80	90	80	70	62	55
尻宽	W_2	95	90	82	79	75	70	65	60	55
蹄角度	X_1	85	95	100	90	81	76	70	64	56
蹄踵深度	X_2	100	95	90	85	80	75	69	64	57
骨质地	X_3	100	95	90	85	80	75	69	64	57
后肢侧视	X_4	55	65	75	80	95	80	75	65	55
后肢后视	X_5	100	90	85	81	78	74	69	64	57

续表 7-1

项目	代号	9	8	7	6	5	4	3	2	1
乳房深度	Y_1	55	65	75	85	95	85	75	65	55
乳房质地	Y_2	95	90	85	80	75	70	65	60	55
悬韧带	Y_3	95	90	85	80	75	70	65	60	55
前乳房附着	Y_4	95	90	85	80	75	70	65	60	55
前乳头位置	Y_5	75	80	85	90	85	80	75	65	57
前乳头长度	Y_6	55	65	70	75	80	75	65	60	55
后乳房高	Y_7	100	95	90	85	80	75	70	65	55
后乳房宽	Y_8	100	95	90	85	80	75	70	65	55
后乳头位置	Y_9	55	65	70	75	90	75	65	60	55
棱角性	Z_1	95	90	85	81	78	74	69	64	57

表 7-2 体躯结构/容量和尻部评分表

项目	体躯结构/容量							尻部			
	体高	前段	体躯大小	胸宽	体深	腰强度	合计	尻角度	尻宽	腰强度	合计
权重/%	15	8	20	29	20	8	100	36	42	22	100
评分											
功能分											
加权分											

表 7-3 肢蹄和泌乳系统评分表

项目	肢蹄						泌乳系统			
	蹄角度	蹄踵深度	骨质地	后肢侧视	后肢后视	合计	乳房深度	乳房质地	中央悬韧带	合计
权重/%	20	20	20	20	20	100	30	35	35	100
评分										
功能分										
加权分										

表 7-4 前乳房评分表

项目	前乳房附着	前乳头位置	前乳头长度	乳房深度	乳房质地	中央悬韧带	合计
权重/%	45	20	5	8	12	10	100
评分							
功能分							
加权分							

表 7-5　后乳房评分表

项目	后乳房高度	后乳房宽度	后乳头位置	乳房深度	乳房质地	中央悬韧带	合计
权重/%	23	23	14	12	14	14	100
评分							
功能分							
加权分							

表 7-6　乳房和乳用特征评分表

项目	乳房				乳用特征				
	泌乳系统	前乳房	后乳房	合计	棱角性	骨质地	乳房质地	胸宽	合计
权重/%	20	35	45	100	60	10	15	15	100
评分									
加权分									

表 7-7　体型外貌总分表

项目	体躯结构/容量	尻部	肢蹄	乳房	乳用特征
权重/%	18	10	20	40	12
评分					
加权分					

表 7-8　母牛外貌等级评定

整体评分	≥90	85～90	80～84	75～79	65～74	64 以下
等级	优	良	佳	好	中	差

六、注意事项

1. 奶牛线性外貌评定的主要对象是母牛，从第一胎开始到第四胎止，每胎评定一次，从中取一最高成绩认定为该牛终身的成绩。

2. 评定季节以春秋为宜，冬夏季会掩盖或夸大其棱角性，影响等级评定的准确性。

3. 评定时间为每胎产后 60～150 d，即第 3～5 泌乳月，以产后 60 d 评定为最佳，并在挤奶前评定，在干乳期、围产期、疾病期等不评定。

4. 对于体躯左右侧均出现的某些性状，如蹄角度、后肢侧视等，应评定健康的、最佳的一侧。

5. 鉴定人员要注意安全，可用自身的体尺（如体高、臂长、拃长等）作为对照标准，估计各性状。

七、实验结果

把每个性状的线性分转化为功能分，再应用下列公式对数据进行处理，根据表 7-8 进行母牛外貌等级评定。

体躯结构(BC)$=15V_1+8V_2+20V_3+29V_4+20V_5+8V_6$

尻部(RU)$=36W_1+42W_2+22V_6$

肢蹄(LF)$=20(X_1+X_2+X_3+X_4+X_5)$

泌乳系统(MS)$=30Y_1+35Y_2+35Y_3$

前乳房(FU)$=45Y_4+20Y_5+5Y_6+8Y_1+12Y_2+10Y_3$

后乳房(RU)$=23Y_7+23Y_8+14Y_9+12Y_1+14Y_2+14Y_3$

乳房(UD)$=20MS+35FU+45RU$

乳用特征(DC)$=60Z_1+10X_3+15Y_2+15V_4$

最后得分$=18BC+10RU+20LF+40UD+12DC$

八、讨论与作业

(一)讨论题

对于初学者来说，实验六的“牛的体型外貌评定”和本实验的“奶牛体型线性评定”两种方法哪种更容易入门？为什么？

(二)作业

1. 有甲乙两头相同胎次的奶牛，且乳房体积相等，甲牛的乳房深度较乙牛深，乙牛的后乳房附着比甲牛高，你认为哪头牛更优秀？

2. 如果某奶牛场的奶牛的蹄角度都偏小，你认为是哪几个环节出现了问题？从饲养管理角度采取何种措施来预防？

九、生产应用

本实验在学习奶牛体型线性评定方法的同时，由任课教师在实验课中结合生产实际，具体讲解分析，说明它在生产实际中的重要意义以及实际操作中的程序和注意事项。使学生能够理解本实验项目的基本原理，掌握操作方法和要领。

参考文献：

[1]周贵，王永军. 牛生产学. 长春：吉林科学技术出版社，2007.

[2]昝林森. 牛生产学. 北京：中国农业出版社，2007.

[3]莫放. 牛生产学. 2 版. 北京：中国农业大学出版社，2010.

实验八　奶牛体况评分

牛的体况评分(body condition scoring,BCS)是评价牛体状况或脂肪沉积量,即膘情的一种方法,是推测牛群生产力的一项重要指标。体况评分方法是用一系列的分数单位来描述牛的体况,在估测牛机体能量储备方面远优于现行的目测法或体重身高比率计算等方法。其最大优点是简便易行、易学、易于推广普及,不需要任何特殊的工具和设备,就可快速得出评价结果。并且对于普遍的生产管理和研究来说,都具有可信的准确性。更重要的是当描述牛体况时,每个评价者都能应用同一种语言来表达,这就比用那些含糊其辞的级别术语,例如"肥"、"中等肥"、"稍肥"或"瘦"、"较瘦"等来描述,更为准确规范和统一。

一、实验目的和要求

通过本实验,使学生掌握奶牛体况评分的基本原理和方法,了解其在奶牛生产中应用的意义。

二、实验原理

奶牛体况评分的基本原理是当奶牛从日粮所获得的营养物质超过本身维持生长发育、泌乳和妊娠等营养需要时,多余的营养物质以脂肪的形式贮存于体内。按照奶牛生长发育的规律和脂肪沉积的原理与顺序,脂肪在充分沉积于腹腔、盆腔和肌肉间的前提下,如果还有多余的脂肪时,其下一步是沉积于皮下,提高奶牛的体况水平;反之,如果奶牛在泌乳初期,需要的营养物质超过所摄食量时,体脂肪组织就会被分解用于维持泌乳,使体况水平下降。在一个泌乳周期中,奶牛的体重和体况处于规律性变化中,因此,可根据观察和触摸某些骨骼突出的部位(髋结节、坐骨端等)鉴定皮下脂肪的厚度,评价奶牛的营养供给与需求的平衡状况。

三、实验器材与材料

1. 实验器材:体况评分记录表格,日历表,记录工具,计算机,打印机等。
2. 本实验在标准化饲养管理的奶牛场进行,选择具有代表性的实验牛约 10 头。

四、实验内容

1. 学习和了解体况评分的指标体系。
2. 学习体况评分的标准,掌握评分的方法。
3. 进行体况评分的结果分析与评价。

五、方法和步骤

实验指导教师先给学生讲解实验原理和方法,并选择 3～4 头典型牛进行示范评定,对每一评定部位逐一说明,最后给出评分。具体方法如下。

(一)体况评分的主要部位和评定方法

牛体况评分的方法是通过观察和用手触摸牛体的某些特定部位(图 8-1 和图 8-2),评价其皮下脂肪的沉积程度,依此评价牛体的膘情状况。评价的主要部位和方法如下:

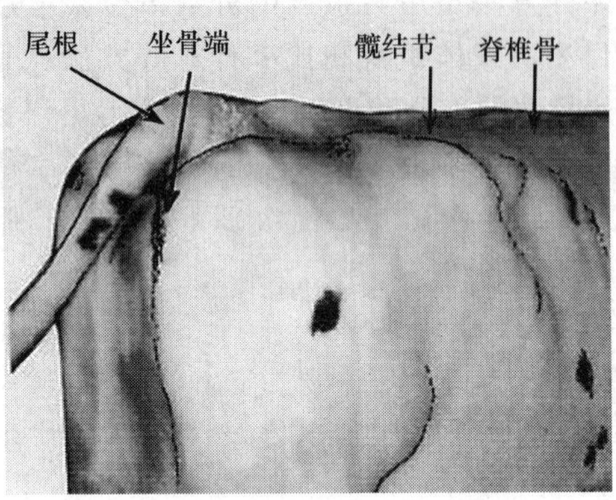

图 8-1　奶牛体况评分的主要部位

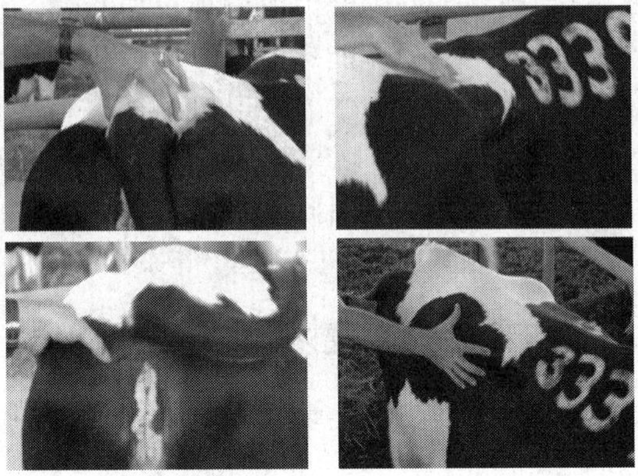

图 8-2　奶牛体况评分的基本操作方法

(1)尾根　是指观察和触摸牛尾根部与骨盆交接处周围皮下脂肪的沉积情况。

(2)坐骨端(坐骨结节)　用手触摸和挤压这一部位,感觉脂肪的覆盖程度。

(3)三角区　是指坐骨结节与髋结节之间,荐骨两侧的区域,用手触摸和按压,估测皮下脂肪含量。

(4)荐骨部　观察、触摸和评价荐骨上部的脂肪覆盖量。

(5)韧带　主要包括坐骨与尾根连接的韧带和荐骨与脊椎骨之间的韧带区域,确定其脂肪覆盖厚度。

(6)脊椎骨(背线)　目测和用手掌在该部移动按压,检查脊椎骨的突出程度,用以估测该部位的脂肪沉积量。

(7)短肋骨(腰椎肋横突)　将手放在牛的腰部,手指的指向与髋结节相对,用大拇指去触摸和感觉短肋骨部末端的脂肪覆盖量,观察并触摸短肋骨下方肷窝处的脂肪填充情况。

(8)肋骨　观察并用手抚摩检查肋骨表面脂肪的覆盖程度。

(二)体况评分标准

按照国际通行的英国评分标准体系为 5 分制,即牛体况的评分级别是从 1 分(非常瘦)到 5 分(较肥)。具体评分标准见表 8-1。

表 8-1　奶牛体况评分标准

评分	体脂肪含量/%	体况类型	评价方法
1.0	3.8	过瘦	观察肩胛骨,肋骨,脊骨,髋结节,尾根,坐骨端清晰可见,突出明显。这些部位几乎看不到脂肪沉积或组织附着。用手触摸每一短肋骨(腰椎肋横突),感觉轮廓清晰明显凸出,呈锐角,没有脂肪覆盖其周围。

续表 8-1

评分	体脂肪含量/%	体况类型	评价方法
1.5	7.5	很瘦	观察体表几乎没有脂肪沉积，触摸短肋骨可感觉到突出，短肋骨间存在一定凹陷。触摸每一短肋骨，和 1 分体况比较，开始有些组织覆盖。
2.0	11.3	瘦	观察腰部、背部及胸肋有些脂肪存在，可触摸到脊椎骨，短肋骨间的空隙很明显。用手触摸，可分清每一单独的短肋骨，但感觉其端部不如 1 分体况那样锐利，有一些脂肪覆盖于尾根周围，髋结节和肋骨不明显。
2.5	15.1	中等	看不到胸骨，第 12、13 肋骨肉眼可见，肋骨之间距离较宽，轻压能感觉到短肋骨圆滚，后腿部有些脂肪覆盖。
3.0	18.9	适度	观察不到第 12、13 肋骨，短肋骨之间看不到间隙，尾根部与身体平滑衔接，牛体不见突出棱角。只有当用力下压时，才能触摸到短肋骨，很容易触摸到尾根部两侧区域有一些脂肪覆盖。
3.5	22.6	良好	观察肋骨完全被脂肪覆盖，难以区分，后腿部脂肪丰满充实，可见有脂肪覆盖于胸肋骨及尾根两侧，用力下压才能感觉到短肋骨。
4.0	26.4	肥	无法观察分辨短肋骨间隙，尾根部有丰富的脂肪覆盖，触摸尾根周围覆盖的脂肪柔软，略呈圆形，尽管用力下压也难以触摸到短肋骨，可见更多的脂肪覆盖于肋骨，牛的整体脂肪量较多。
4.5	30.1	很肥	牛体呈现圆滚平滑状，体躯宽深，牛体的骨架结构不明显，触摸体表脂肪覆盖很厚。因体脂肪的积累而不能灵活运动。
5.0	33.9	过肥	牛体的骨骼结构不可见，躯体呈短粗的圆筒状，尾根和髋结节几乎完全埋在脂肪里，肋骨和大腿部明显沉积大量脂肪，短肋骨被脂肪包围，牛体因沉积大量过多的脂肪而影响其运动。

各种典型不同体况评分奶牛的参考示例见图 8-3 和图 8-4。

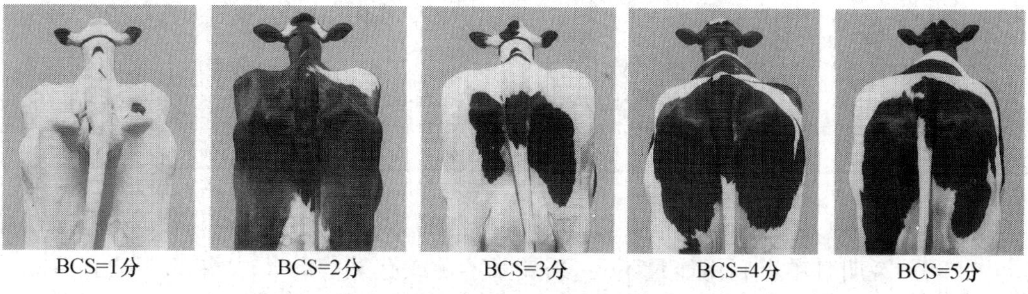

图 8-3　奶牛体况评分参考示例(体后观)

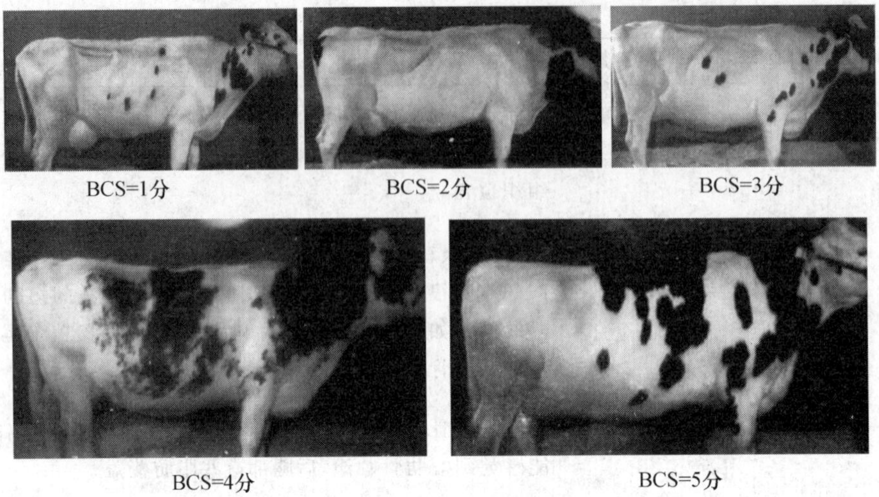

图 8-4　奶牛体况评分参考示例(体侧观)

(三)体况评分时间和结果评价

成年母牛需要在每个生产年度的如下三个时期必须进行一次体况评分：

(1)秋季妊娠检查时或冬季饲养开始前进行一次评分，其理想分数为 3.0；

(2)产犊时评分一次，成年母牛的适宜分数应为 3.5，初产母牛为 3.75；

(3)配种开始前的 30 d 评分一次，此时以 2.5 为宜。

牛体况评分时间和理想的评分，见表 8-2。

表 8-2　评分时间和理想的评分

牛的类型	评分时间	理想的评分	变动范围
成年母牛	产犊期	3.5	3.25～3.75
	泌乳早期	3.0	2.75～3.25
	泌乳中期	2.75	2.5～3.0
	泌乳后期	3.25	3.0～3.5
	干乳期	3.5	3.25～3.75
后备母牛	6 月龄	3.0	2.75～3.25
	12 月龄(性成熟期)	3.25	3.0～3.5
	15 月龄(初配期)	3.5	3.25～3.75
	24 月龄(初产期)	3.5	3.25～3.75

合理的饲喂日粮，应该能保证奶牛在各个时期都能达到相应的理想体况分值。如果低于适宜值 0.5 分，说明日粮可利用能量不足，采食量不足或有某些疾病；如果高于适宜值 0.5 分，则说明日粮能量浓度过高；如果一个牛群体况不均匀，提示调群不及时或牛群存在繁殖障碍等问题。

六、注意事项

1. 在操作过程中，某一动物的体况可能介于两个等级之间，上下为半分之差，如 2.5 分，表示被测动物的体况是介于 2 分与 3 分之间。由于被毛丰满时，会从视觉上掩盖较差的体况，所以，体况评分不仅要靠眼观，更主要的是根据手的触觉，对动物体表某些特定部位的脂肪覆盖程度进行衡量而决定评分。

2. 本实验是以奶牛作为实验评价对象，其基本方法完全适用于肉用母牛和其他各类型牛的体况评分。

七、实验结果

1. 将实验结果数据填入记录表格，见表 8-3。

2. 应用计算机 Excel 电子表格处理实验数据，绘制实验牛在一定时间内的体况变化曲线图，进行评价、分析和比较。确定体况不够理想状态的原因，为实验牛体况的调整提供科学依据。

表 8-3　××××年××牛体况评分记录表

评分次数	评分时间	品种	类型	年龄	胎次	理想评分	实际评分	差数	分析
第 1 次	年　月　日								
第 2 次	年　月　日								
第 3 次	年　月　日								

八、讨论与作业

1. 讨论题

在母牛体况评分的实际操作中，如何提高评分的准确度？

2. 作业

1. 将学生分为若干实验小组，每组选择 5 头实验奶牛进行评分。要求详细记录每头牛的评分过程、体况的文字描述和评分，指导教师对部分学生的评定结果进行现场讲评。

2. 要求每个学生完成 5 头实验奶牛的体况评分操作，完成实验报告。

九、生产应用

某奶牛场多年进行牛体况评分，分析体况评分的变化，对体况不够理想的母牛进行分析与研究，找到原因，根据分析结果及时按照饲养标准进行营养调整，改进饲料配合，加强饲养管理，取得了理想的效果，保证了奶牛群的整体健康水平，改善繁殖性能，不断提高了牛奶的产量和质量。

参考文献：

[1]周贵，王立克，黄瑞华，等. 畜禽生产学实验教程. 北京：中国农业大学出版社，2006.
[2]莫放. 牛生产学. 2 版. 北京：中国农业大学出版社，2010.
[3]昝林森. 牛生产学. 北京：中国农业出版社，2007.

第三篇　牛的饲养与生产管理

实验九　泌乳奶牛的日粮配方制订

一、实验目的和要求

通过学习日粮配制的原理和方法，经过计算和操作，使学生掌握奶牛日粮配方制订的一般原则和利用试差法配制奶牛日粮的方法。

二、实验原理

根据奶牛的体重、生产性能和环境温度等，按照国家奶牛饲养标准，奶牛饲料成分及营养价值表（最好是根据本场现有饲料原料及分析测定的成分和营养价值），规划计算奶牛的日粮，说明应用方法。

三、实验器材与材料

1. 实验器材：计算器，计算机，打印机。

2. 实验材料

(1)中国奶牛饲养标准，美国 NRC 奶牛饲养标准。

(2)奶牛群生产情况（包括体重、胎次、产奶水平、牛乳成分和妊娠月份等）。

(3)奶牛场现有饲料种类、成分及营养价值情况。

(4)预混料的规格说明资料。

四、实验内容

为一头体重 600 kg（第三胎，第三个泌乳月）日平均产奶 20 kg（乳脂率 3.5%，乳蛋白率 3.0%）的中国荷斯坦奶牛配制日粮。

五、方法和步骤

（一）奶牛日粮配合原则

(1)日粮配合必须参照奶牛饲养标准，如 NRC 奶牛饲养标准(1989，2001)或中国奶牛饲养标准(2001)，但饲养当中要根据奶牛生产性能和体况进行调整。

(2)注意日粮浓度和体积的平衡，一般而言配合日粮前要估测奶牛的干物质采食量。可以通过公式计算，也可查表。日粮的计算应以干物质为基础。

(3)奶牛日粮应该以青粗饲料为主，体重 600 kg 的成年泌乳牛每天至少饲喂 3 kg 的长干草。日粮干物质中必须有 40%为粗饲料，即粗饲料干物质采食量为体重的 1.5%，而精料补充料一般最大可占体重的2.0%。一般日粮中的粗纤维应占日粮干物质的15%～24%。中性洗涤纤维(NDF)最少占到日粮的28%,其中来源于粗饲料的NDF要占到总NDF的75%,即体重的1.2%或日粮的21%。

(4)高产奶牛特别是在泌乳的早期,需要额外补充脂肪才能满足奶牛能量需要,但日粮干物质中脂肪含量不要超过7%,额外添加的脂肪不要超过日粮干物质的2%。当额外添加脂肪时,可以将日粮钙水平提高到1%,镁提高到0.3%,日粮酸性洗涤纤维(ADF)提高到20%或更高。

(5)对牛奶无不良影响。有些饲料对牛奶的味道有不良影响,如葱、蒜类,所以应避免添加到饲料中。

(6)配合日粮要注意适口性和多样性。

(7)原料选择方面应尽量选择营养丰富、价格低廉的当地饲料。

(二)配合奶牛日粮的步骤

应用奶牛饲养标准配合日粮时,首先,要根据奶牛体重、生产水平,确定饲养标准规定的营养需要量;第二,可根据经验和饲料原料的可获得性确定粗饲料的种类和饲喂量;第三,计算粗饲料、副料提供的营养素,不足部分由精料补充料满足;第四,确定精料补充料的种类和数量,一般是用混合精料来满足能量和蛋白质需要量的不足部分;最后用矿物质补充饲料来平衡日粮中的钙、磷等矿物质元素的需要量。

(三)实验例题

下面以600 kg体重(第三胎,第三个泌乳月)日平均产奶20 kg(乳脂率3.5%,乳蛋白率3.0%)的中国荷斯坦奶牛为例,应用中国《奶牛营养需要和饲养标准》(2001)(以下简称《标准》)配合奶牛日粮。

1.根据饲养标准计算奶牛营养需要量

确定奶牛营养需要可以通过公式计算,计算方法可参照《标准》,也可以参考标准中的表10.1成年母牛维持的营养需要和表10.2每产1 kg奶的营养需要。根据查表结果计算出该奶牛的营养需要。结果如表9-1所示。

表9-1　该牛的营养需要

日营养需要	干物质/kg	奶牛能量单位	可消化蛋白/g	钙/g	磷/g
维持	7.52	13.73	364	36	27
产奶	8.2	18.6	1 060	84	56
总计	15.72	32.33	1 424	120	83

2.计算粗饲料、副料提供营养量

根据经验,600 kg体重日产奶20 kg的奶牛可采食25 kg鲜玉米青贮饲料和3 kg羊草。查《标准》可知玉米青贮和羊草的营养物质含量并计算由粗饲料提供营养物质总量。计算需要由精料补充料补充的营养物质量,即饲喂粗饲料后尚缺的营养部分。计算方法是由奶牛的营养需要总量减去从粗饲料得到的营养物质的总量。结果如表9-2所示。

表 9-2　青粗饲料提供的营养物质

原 料	干物质/kg	奶牛能量单位	可消化蛋白/(g/kg DM)	钙/(g/kg DM)	磷/(g/kg DM)
羊草	0.916	1.51	48	4.0	0.2
玉米青贮	0.227	1.59	42	4.4	0.26
总量	8.42	13.17	370.25	35.96	20.25
尚缺营养	15.72－8.42＝7.30	32.33－13.17＝19.16	1 424－370.25＝1 053.75	120－35.96＝84.04	83－20.25＝62.75

3. 确定精料补充料的组成

如奶牛场现有原料为玉米、豆粕、小麦麸、磷酸氢钙和石粉。查表知各种原料营养物质含量结果如表 9-3 所示。

表 9-3　所用原料的成分及营养价值表

原 料	干物质/kg	奶牛能量单位	可消化蛋白/(g/kg DM)	钙/(g/kg DM)	磷/(g/kg DM)
玉米	87.6	2.58	63	0.9	2.4
豆粕	88.4	2.93	322	3.4	5.7
小麦麸	84.2	2.21	106	2.4	9.3
磷酸氢钙	99.8	0	0	210	160
石粉	92.1			330	

如喂以 4.6 kg 玉米，2.6 kg 豆粕，小麦麸 1 kg，磷酸氢钙 0.20 kg，石粉 0.10 kg，计算其营养物质含量结果如表 9-4 所示。

表 9-4　精补料提供的营养物质

	干物质/kg	奶牛能量单位	可消化蛋白/(g/kg DM)	钙/(g/kg DM)	磷/(g/kg DM)
精料营养物质总和	7.23	19.12	1 083	85.83	62.89
需从精料中补充量	7.30	19.16	1 053.75	84.04	62.75
与需要相比	－0.07	－0.04	＋29.25	＋1.79	＋0.14

从计算可见，上述日粮组成基本能满足各项营养需要，实践中如不能满足可进行进一步调整。另外要在精料中添加 1%的食盐和 1%的预混料。

确定精饲料也可以用对角线法计算配方中各种原料的比例。首先用需要从精饲料中补充的营养物质除以精料的总的干物质，即可计算出精料中各种营养物质的比例，然后采用对角线形法进行计算(具体方法略)。

根据以上计算，该牛(群)日粮组成如下：

羊草	3.0 kg
玉米青贮	25.0 kg
玉米	4.6 kg
豆粕	2.6 kg
小麦麸	1.0 kg
磷酸氢钙	200 g
石粉	100 g
食盐	73 g
预混料	100 g

六、注意事项

1. 3 胎之前奶牛体重变化比较大，之后奶牛体重波动范围较小。

2. 牛乳成分会随着季节、饲料等变化，因此日粮也必须随着牛乳成分变化而相应改变。

3. 牛的饲粮的组成应多元化，大宗饲料要本地化，这样可提高饲粮的适口性和使用效果，并降低饲粮的成本。

4. 奶牛饲粮组成应相对稳定，即原料种类、原料成分均要求相对稳定，这在客观上就要求饲料原料供应厂家的相对稳定。

5. 饲料原料的正确采样和分析测定饲料原料成分是制订饲粮配方的前提，每批原料必须采样分析。

七、实验结果

根据实验内容要求，制作奶牛日粮配方。

八、讨论与作业

1. 讨论题

一头中国荷斯坦奶牛体重为 600 kg，现为第三胎，处于第三个泌乳月，日平均产奶 20 kg，其乳脂率和乳蛋白率分别为 3.5%和 3.0%(与实验例题奶牛一样)，计算该奶牛每日的净蛋白需要量、瘤胃微生物蛋白产量、日粮降解蛋白和非降解蛋白需要量(假定奶牛瘤胃微生物对瘤胃降解蛋白的利用率为 0.9，微生物蛋白中真蛋白含量为 0.8，微生物蛋白与瘤胃非降解蛋白的消化率为 0.7，可消化微生物蛋白与瘤胃非降解蛋白的利用率均为 0.7)；请应用瘤胃能氮平衡原理为该奶牛制订日粮配方(该奶牛场现有原料为鲜玉米青贮、羊草、玉米、豆粕、小麦麸、磷酸氢钙和石粉，玉米青贮、羊草、玉米、豆粕和小麦麸的粗蛋白瘤胃降解率分别为 55%、57%、39%、47%和 79%)。

2. 作业

一头中国荷斯坦奶牛，体重 550 kg(第一胎，第九个泌乳月)日平均产奶 15 kg(乳脂率 3.5%，乳蛋白率 3.0%)。牛场可利用的饲料有：羊草、玉米青贮、玉米、豆粕、小麦麸、磷酸氢钙、石粉、食盐、预混料，为该奶牛制订日粮配方。

九、生产应用

根据成年泌乳母牛平均体重、日产奶量和乳脂率，计算出营养需要量；再根据随意采食粗饲料量，计算出粗饲料提供的营养物质量；最后以配合精饲料满足其不足的部分。

例如，一头体重500 kg的奶牛，日泌乳量20 kg，乳脂率为3.5%，查找成母牛维持营养需要表（表9-5），计算其每日营养需要量：

表 9-5　该牛的营养需要量

日营养需要	产奶净能/MJ	粗蛋白质/g	钙/g	磷/g
维持需要	37.57	488	30	22
生产需要	58.60	1 600	84	56
合计	96.17	2 088	114	78

首先供给粗饲料、青贮或青绿饲料，通常每100 kg体重按1.5～2.0 kg干草或者相当于干草量的其他粗饲料供给，3 kg青贮饲料的干物质大约相当于1 kg干草的干物质。在此供给秋白干草5 kg和15 kg玉米青贮，查找饲料成分与营养价值表，计算结果见表9-6：

表 9-6　秋白草和青贮提供的营养物质

饲料	产奶净能/MJ	粗蛋白质/g	钙/g	磷/g
秋白草 5 kg	16.74	340	20.5	15.5
玉米青贮 15 kg	16.95	240	15.0	9.0
合计	33.69	580	35.5	24.5
与需要量相比尚缺	−62.48	−1 508	−78.5	−53.5

混合能量饲料由玉米33%，麸皮34%、高粱33%组成，每千克混合能量饲料含产奶净能6.84 MJ，粗蛋白质111.8 g、钙0.87 g、磷5.21 g。

混合蛋白质饲料由豆粕25%、棉仁饼25%、亚麻饼50%组成，每千克混合蛋白质饲料含产奶净能7.47 MJ、粗蛋白质364.6 g、钙3.23 g、磷7.71 g。

设混合能量饲料需要 x；混合蛋白质饲料需要 y，解下列方程：

$6.84x+7.47y=62.48$

$111.8x+364.6y=1\,508$

$x=6.95$ kg

$y=2.0$ kg

磷酸氢钙含磷18.6%，含钙23.2%，用磷酸氢钙15 g补足磷，同时提供钙3.48 g，尚欠钙62.59 g，用石粉185 g补充。加食盐量占精料的0.5%～1.0%。

混合能量饲料：6.95/9.18=75.7%

混合蛋白饲料：2.0/9.18=21.79%

磷酸氢钙：0.015/9.18=0.16%

石粉：0.185/9.18=2.02%

食盐：0.047/9.18=0.51%

100%

精饲料配方如下：

玉　　米：25.0%
高　　粱：25.0%
麸　　皮：25.51%
豆　　粕：5.5%
棉 仁 饼：5.5%
亚 麻 饼：10.8%
磷酸氢钙：0.16%
石　　粉：2.02%
食　　盐：0.51%
　　　　　100%

(注：微量元素按产品说明书添加)

该配方提供的营养与实际需要差值见表 9-7。

表 9-7　日粮营养水平的检查

饲 料	产奶净能/MJ	粗蛋白质/g	钙/g	磷/g
秋白草 5 kg	16.74	340	20.5	15.5
玉米青贮 15 kg	16.95	240	15.0	9.0
能量饲料 6.95 kg	47.54	777	6.05	36.21
蛋白饲料 2.0 kg	14.94	729	6.46	15.42
合计	96.17	2 088	48.01	76.13
与需要量比较	0	0	—66	—2

在泌乳牛群中，根据每头奶牛的泌乳量供给精饲料，通常每产 2.5～3.0 kg 奶，供给 1 kg 配合精料。

参考文献：

[1]中央农业广播电视学校.家畜饲养学.北京：中国农业出版社，1998.
[2]冯仰廉.奶牛营养需要和饲料成分.北京：中国农业大学出版社，2007.
[3]周贵，王立克，黄瑞华，等.畜禽生产学实验教程.北京：中国农业大学出版社，2006.
[4]莫放.牛生产学.北京：中国农业大学出版社，2010.

实验十　育肥肉牛的日粮配方制订

一、实验目的和要求

使学生了解制订肉牛日粮配方的重要性和基本原理，掌握肉牛日粮配方制订的方法，并在生产实践中进行验证，以便把肉牛营养需要的理论和知识应用于肉牛饲养管理实践中。

二、实验原理

按照"肉牛营养需要和饲养标准"理论，根据育肥肉牛的具体条件（体重、生产类型、日增重、当地年平均气温等）和饲草料种类，在确定日增重目标后，制订日粮配方。

三、实验器材与材料

各类育肥牛的体重；所用的各类饲料原料的饲料成分、营养价值及价格等数据；预混料的规格等；计算器或计算机。

四、实验内容

为一体重为 300 kg，日增重 1.0 kg 的生长育肥牛配合日粮。

五、方法和步骤

（1）根据肉牛的营养需要，计算或查出各种营养物质需求。该肉牛的营养需要见表 10-1。

表 10-1　该牛的营养需要

干物质/kg	肉牛能量单位/NND	综合净能/MJ	粗蛋白/g	钙/g	磷/g
7.11	4.92	39.71	785	34	18

每千克干物质中应含粗蛋白质为 785÷7.11＝110.407 9(g)，含综合净能 39.71÷7.11＝5.585 1(MJ)。

（2）根据饲料成分及营养价值表列出所采用的多种饲草料的营养价值（表 10-2）。

表 10-2　常用饲料原料的营养价值表

饲料	干物质/%	综合净能/(MJ/kg)	粗蛋白质/%	钙/%	磷/%
玉米	88.4	8.06	8.6	0.08	0.21
麸皮	88.6	5.86	14.4	0.18	0.78
棉籽饼	89.6	6.62	32.5	0.27	0.81
胡麻饼	92.0	7.01	33.1	0.58	0.77
菜籽饼	92.2	6.77	36.4	0.73	0.95
玉米青贮	22.7	1.00	1.6	0.10	0.06
玉米秸	90.0	2.53	5.9	—	—
磷酸氢钙	99.8			23.20	18.60
石粉	92.1			33.98	0

（3）根据各种饲料用量的上限，参考饲料原料价格，结合经验，初步拟定出精料补充料配方，并进而计算精粗比（精补料与粗料之比）。

本例以青贮作为粗饲料，青贮中的粗蛋白质和综合净能以干物质计算时，分别为 7% 和 4.40 MJ/kg。精饲料由于饲料原料种类多，需先拟定一个配方，虚拟配方为：玉米 50%，麸皮 10%，棉籽饼 15%，菜籽饼 5%，胡麻饼 20%（表 10-3）。

表 10-3　虚拟配方的营养水平

项目	比例/%	干物质/kg	综合净能/(MJ/kg)	粗蛋白质/g	钙/g	磷/g
玉米	50	0.442	4.030	43.00	0.400 0	0.050 0
麸皮	10	0.089	0.586	14.40	0.180 0	0.780 0
棉籽饼	15	0.134	0.993	48.75	0.405 0	1.215 0
菜籽饼	5	0.046	0.339	18.20	0.365 0	0.475 0
胡麻饼	20	0.184	1.402	66.20	1.160 0	1.540 0
合计	100	0.895	7.350	190.55	2.510 0	5.060 0

虚拟配方的浓度(以干物质计)为:粗蛋白质 212.88 g/kg,8.21 MJ/kg。

根据青贮和精料补充料中综合净能分别为 4.40 MJ/kg 和 8.21 MJ/kg、日粮要求为 5.59 MJ/kg 的情况,用对角线法计算精粗比。

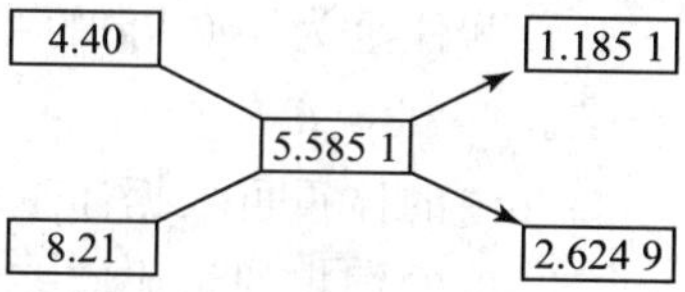

日粮中的精料所占比例为:$\frac{1.185\ 1}{1.185\ 1+2.624\ 9}\times 100\%=31.10\%$

日粮中的粗料所占比例则为 68.90%。

(4)根据精粗比,测算精补料中粗蛋白质的浓度。由于精补料配方中一般有 1%～5%的预混料比例,本实验以 2%为例,因此整个日粮中的蛋白质的浓度为:31.1%×212.88×98%+68.9%×70=113.11,与需要的量不吻合。精料中的蛋白质浓度应为:(110.407 9−68.9%×70)÷31.1%=199.93。

(5)调整精补料配方,使在能量和蛋白质浓度两方面满足需要。根据拟定的配方的粗蛋白质为 212.88×98%=208.62,需要用其他蛋白质含量低的饲料稀释,这里用玉米,每千克玉米的粗蛋白质为 97.29。

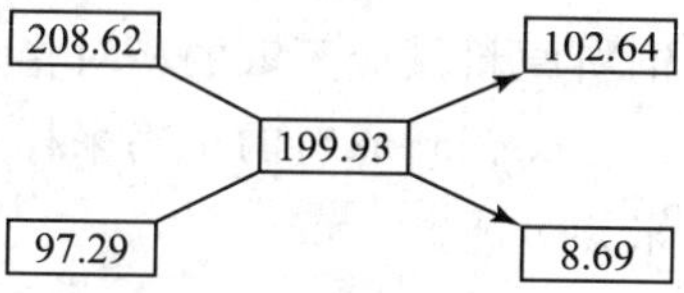

为了达到上述的蛋白质含量,须用原配方的 92.2%和 7.8%玉米组成新配方。

这样新配方(以干物质计)将调整为(%):玉米 52.9(50×92.2%×98%+7.8),麸皮 9,棉籽饼 13.6,菜籽饼 4.5,胡麻饼 18.0,预混料 2.0。因为粗饲料的比例为 68.9%,折合为青贮干物质为 7.11×68.9%=4.899(kg),即 4.9 kg,自然状态下为 21.58 kg,精料干物质 7.11×31.1%=2.211 2(kg),按照比例,日粮的营养含量见表 10-4。

表 10-4　日粮营养水平的检查

饲料	干物质/kg	风干物/kg	综合净能/kg	粗蛋白质/g	钙/g	磷/g
青贮	4.900	21.580	21.580	345.280	21.580	12.948
玉米	1.172	1.326	10.688	114.036	1.060 8	2.784 6
麸皮	0.199	0.225	1.319	32.400	0.405 0	1.755 0
棉籽饼	0.301	0.336	2.224	109.200	0.907 2	2.721 6
菜籽饼	0.099	0.107	0.724	38.948	0.781 1	1.016 5
胡麻饼	0.400	0.435	3.049	143.985	2.523 0	3.349 5
石粉	0.018	0.020			6.796	

续表 10-4

饲料	干物质/kg	风干物/kg	综合净能/kg	粗蛋白质/g	钙/g	磷/g
食盐	0.021	0.021				
合计	7.11		39.584	783.849	34.053 1	24.575 2
营养标准	7.11		39.71	785.000	34.000 0	18.000 0
相差	0		—0.126	—1.151	0.053 1	6.575 2

(6)以风干物计算配方:玉米 53.7%,麸皮 9.1%,棉籽饼 13.6%,菜籽饼 4.3%,胡麻饼 17.6%,石粉 0.81%,食盐 0.89%。

该牛日喂 21.58 kg 青贮,精料 2.47 kg。

六、注意事项

1.为体重为 400 kg 的牛制订的饲粮配方,其适用体重范围为 350～450 kg,其余可以类推。

2.牛的体重可根据体重估测公式测算的值计算。

3.牛的饲粮的组成应多元化,大宗饲料要本地化,这样可提高饲粮的适口性和使用效果,并降低饲粮的成本。

4.制订饲粮配方时要体现阶段性,即过渡期、育肥前期和育肥后期的日增重应逐步提高。

5.肉牛饲粮组成应相对稳定,即原料种类、原料成分均要求相对稳定,这在客观上就要求饲料原料供应厂家的相对稳定。

6.饲料原料的正确采样和分析测定饲料原料成分是制订饲粮配方的前提,每批原料必须采样分析。

七、实验结果

从上面制订的饲粮配方来看,其中的干物质采食量与标准完全一致,意味着育肥牛可完全吃完,并没有饥饿感,当饲粮组成多样化时,由于适口性提高,采食量可能增加而提高育肥效果,反之也对。

饲粮提供的粗蛋白质和综合净能分别为 783.85 g 和 39.58 MJ,与标准的 785.00 g 和 39.71 MJ 相差无几,应该能满足育肥牛的粗蛋白质和综合净能的需要。

饲粮提供的钙为 34.05 g,略高于标准的 34.00 g,提供的磷比标准高出 6.58 g,分析其原因可能是使用了较高比例的麸皮所致。麸皮体积大、容重小,饲粮中比例较大时会留给消费者一些负面影响,需延长搅拌时间以提高饲粮的均匀度,饲粮没有麸皮时,则必须使用其他磷源(如磷酸氢钙等)补充磷,如果适当降低比例,既可以保护环境,还能降低饲料成本,所以,还是以使用麸皮较好,但应降低比例。

八、讨论与作业

1.讨论题

制订育肥肉牛日粮配方需要遵循哪些主要原则?

2. 作业

为一头体重 400 kg、日增重为 1.2 kg 的肉牛制订饲粮配方。

九、生产应用

育肥肉牛的日粮配方制订是肉牛育肥场生产中进行饲养管理的一项重要的工作内容。在生产实际中要根据牛场的饲料资源情况，按照肉牛饲养标准和育肥肉牛的营养需要及常用饲料成分，进行科学合理的设计与计算，保证肉牛的增重和牛肉质量。实验课指导教师要结合肉牛场生产实际，举例介绍说明，示范操作，讲解分析应用案例，使学生理解基本原理，掌握计算方法和实际应用。

参考文献：

[1]冯仰廉. 肉牛营养需要和饲养标准. 北京：中国农业大学出版社，2000.
[2]周贵，王永军. 牛生产学. 长春：吉林科学技术出版社，2007.
[3]昝林森. 牛生产学. 北京：中国农业出版社，2007.

实验十一　母牛的发情鉴定、输精和妊娠诊断

一、实验目的和要求

掌握母牛发情鉴定的方法，确定配种的时间；掌握母牛输精过程和方法，提高配种受胎效率；掌握妊娠诊断的方法，确定母牛是否妊娠，以便对空怀母牛进行复配，对妊娠母牛加强饲养管理。

二、实验原理

生殖激素是激发、抑制和调节生殖过程的重要物质，其浓度在血液中周期性变化是生殖过程中（发情、妊娠和分泌等）行为、生殖器官变化及胎儿发育的内在原因，神经和感官等因素对发情表现具有协同作用，外部征状是发情表现和妊娠生理的现象，因而可根据生殖器官、胎儿发育等的变化，对母牛进行发情鉴定、确定配种时间而适时输精，并进行妊娠诊断。

三、实验器材与材料

试情公牛、精液、妊娠母牛、保定架、保定绳、缠尾绷带、开张器、输精器（金属的或玻璃的）、卡苏枪、额灯或手电筒、听诊器、润滑剂、石蜡油、工作服、毛巾、盆、肥皂、洗衣粉、75％酒精棉球、95％酒精、生理盐水等。

四、实验内容

1. 牛的发情鉴定方法及技术。
2. 牛的人工输精方法及技术。
3. 牛的妊娠鉴定方法及技术。

五、方法和步骤

（一）母牛的发情鉴定

1. 发情行为的观察

（1）将母牛放于运动场内，让其自由活动，注意观察其精神状态和行为表现。发情母牛兴奋不安，不断爬跨其他母牛或被其他母牛爬跨而站立不动（图 11-1）。

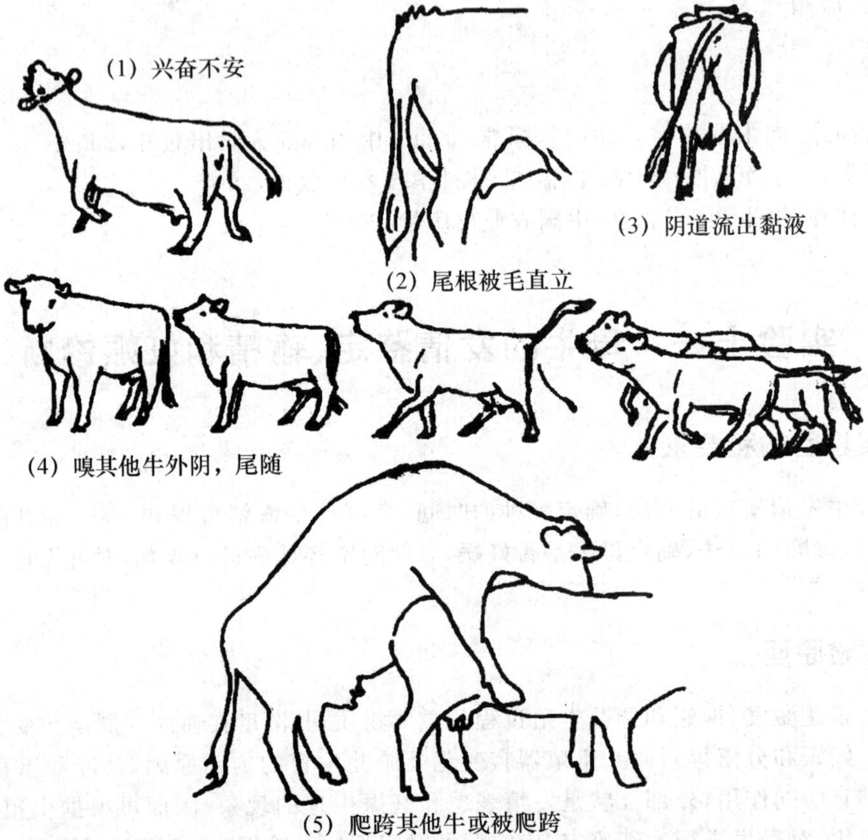

图 11-1　牛的发情征状

（2）放入试情公牛（一般为结扎输精管的公牛），使其与母牛在一起活动，观察母牛的行为表现，根据主动接近公牛，阴道流出黏液、频频排尿，试情公牛的行为表现，母牛对公牛的反应等情况，判断母牛是否发情及发情阶段。

2. 生殖道的检查

（1）先将母牛保定，用洗衣粉水清洗外阴部，再用 75% 的酒精消毒。

（2）用右手拇指和食指分开阴唇，观察阴唇是否肿胀充血、湿润，阴门有无黏液流出及黏液的性状。

（3）用消毒的开张器打开阴道，借额灯或手电筒找到子宫颈阴道部。

(4)仔细观察子宫颈阴道部是否充血,子宫颈口的状态,开口的大小,有无黏液等。

(5)当抽出开张器时,要注意是否有黏液流出,黏液的量、颜色及牵缕性等。

(6)根据上述观察结果,判定母牛的发情阶段并确定输精的时间。

3. 直肠检查法

(1)将母牛牵入保定架内进行保定。

(2)检查者站立于母牛后一侧,涂有润滑剂的手呈楔形缓缓插入肛门并逐渐伸入直肠内部。

(3)尽量掏尽直肠内的宿粪。

(4)将四指越过直肠狭窄部,拇指留在狭窄部后方,这样可加大手在直肠内的活动范围。

(5)可以用两种方法寻找子宫和卵巢。可将手展平,掌心靠向肷窝,在这个部位探摸卵巢,摸到卵巢后沿卵巢系膜后移即可摸到该侧子宫角。也可先将骨盆腔内的肠道向前推进,然后掌心向下,四指弯曲并向后移动即可兜住子宫底,沿一侧向前即可摸到该侧子宫角和卵巢。

(6)根据卵巢的形状,有无卵泡,卵泡的大小,质地等情况,判断母牛是否发情,卵泡发育阶段,确定输精的时间。

4. 计步器

发情奶牛由于性兴奋而追赶和爬跨其他母牛,导致运动量增加。计步器是佩戴于牛颈部的微型仪器,通过记录奶牛的行走步伐,并结合电脑管理软件估测出奶牛是否发情,然后寻找到该牛,结合外表观察法进行发情鉴定。

5. 发情鉴定笔

是一种类似于蜡笔的颜料笔,每天定时涂抹于牛场所有能繁母牛的尾根部,当该牛接受其他牛爬跨时掉色,所以发现尾根部掉色的母牛疑为发情牛,再进一步结合外表观察法进行发情鉴定。

(二)牛的输精

1. 母牛最佳输精时间的发情特征

母牛最佳输精时间外部表现为发情行为已终止,多数已无症状,后躯沾有糨糊状黏液,呈干巴样,有的牛不见黏液迹象;阴门微肿或不肿,可视黏膜呈粉红色或淡红白色,两侧阴唇干湿不润滑;黏液黄白色,黏稠呈块状,有的呈不透明玻璃棒状流出,有的呈透明条状夹有豆脑样片状物;一般在明显发情(爬跨、鸣叫,有的牛流出稀薄黏液)后 24 h。

进行直肠检查时,卵泡处于成熟期,卵泡体积不再增大,卵泡壁变薄,紧张性增强,有一触即破之感。当出现卵子排出即刻输精,受胎率较高。

2. 输精前的准备工作

(1)输精器械的清洗消毒:金属开张器先以火焰消毒,再以 75%酒精棉球消毒,塑料或有机玻璃的可直接用 75%酒精消毒,再以生理盐水冲洗 2～3 次。

(2)做好母畜的发情鉴定,检查有无生殖器官疾病。

(3)检查精液品质:鲜精活率达到 0.6～0.7,冻精活率在 0.3 以上才能用于输精。

3. 母牛的输精

(1)阴道开张器法　将母牛保定在配种架或牛床颈枷上,把尾部拉向一侧,用温水洗净外阴部并擦干。输精时,阴道开张器保持25～30℃,涂抹少量润滑剂,一手持开张器,打开阴道,找到子宫颈外口,另一手将事先吸有精液的输精器尖端插入子宫颈口内1～2 cm深处,徐徐将精液注入,输精量一般为1～2 mL。输精完毕,小心取出输精器和开张器,捏其脊背,以防母牛拱背使精液倒流。

(2)直肠把握法　母牛的准备与阴道开张器法相同。将右手臂清洗润滑,先将右手伸入直肠,排除宿粪,手握住子宫颈管,然后左手将吸有精液的输精管从阴门斜上方插入阴道,而后水平插入直抵子宫颈外口,两手协同动作将输精器插入子宫5～10 cm深处,接近子宫体,然后徐徐注入精液(图11-2)。直肠把握法技术性强,受胎率高,是目前较普遍的使用方法。

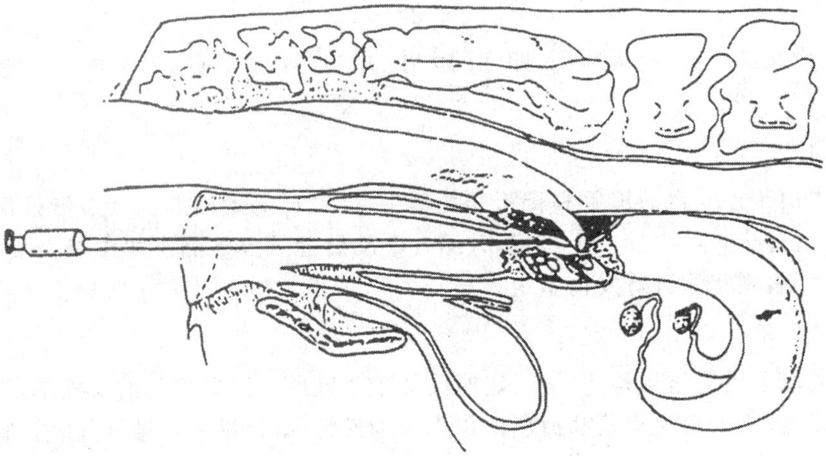

图11-2　牛人工授精示意图(直肠把握法)

(三)牛的妊娠诊断

1. 外部检查法

包括视诊、触诊和听诊。

(1)视诊　母牛的怀孕中、后期一般腹围增大,左半腹腔由瘤胃占据,当站在妊娠母牛后侧观察时,可见到右侧腹壁突出。但在妊娠早期不易观察到明显的变化。

(2)触诊　妊娠后期,可通过腹壁触摸胎儿判断妊娠时间。在早晨喂饮之前,用手掌在右腹壁前方,肷部下方按压可诱发胎儿活动。也可用拳在肷部轻轻往返抵动,可触知胎儿。可触到的时间一般在妊娠6个月后。

(3)听诊　听取胎心音,在妊娠6个月以后,在安静的场所于右肷部下方或腹壁内侧听取。胎心音数为母畜的2倍以上。

2. 阴道检查法

(1)准备工作　置母牛于保定架内保定,将尾缠绷带后系于一侧。母畜阴唇及肛门附近先用温水洗净，再用 75%的酒精消毒。手臂或检查用具事前必须进行消毒。

(2)检查方法及妊娠母牛阴道的变化 将消毒过的开张器前端约 5 cm 处向后涂以消毒的石蜡油(润滑剂)。在使用前用消毒纱布覆盖，避免灰尘污染。

检查者站于母牛左后侧，右手持开张器，左手拇指和食指将阴唇分开，将开张器合拢呈侧向，送入阴道后，转向 90°使手柄向下，然后打开开张器进行观察。先观察阴道黏膜，妊娠者黏膜苍白、干涩、无光泽；再观察子宫颈和子宫颈黏液，妊娠者子宫颈口收缩，紧闭，偏向一侧，子宫颈黏液黏稠封住子宫颈外口，形成子宫栓。最后在取出开张器时可发现妊娠母畜的阴道黏液是灰白或黄色黏稠状。

检查结束，抽出开张器时切勿将其闭合，缓慢抽出，以免损伤阴道黏膜。

3. 牛的直肠检查法

检查前的准备工作和发情鉴定的直肠检查法相同。触摸卵巢和子宫的方法同发情鉴定。

触摸子宫动脉时，手伸入直肠后，手掌向上，用手指贴于骨盆顶部的荐骨，从后向前找到腹主动脉末端的两条分支，即髂内动脉及前面的第二分支髂外动脉，在髂外动脉之基部，即可摸到由此分出并走向阔韧带的子宫动脉。

在触摸检查时要注意以下方面：卵巢的位置、大小和有无黄体；子宫角的大小、形状、对称程度、质地和位置(图 11-3)；胎盘的有无和大小；胎儿的大小和活动情况；子宫动脉的粗细和妊娠特异搏动的有无。母牛妊娠各月份卵巢、子宫及胎儿的变化情况见表 11-1。

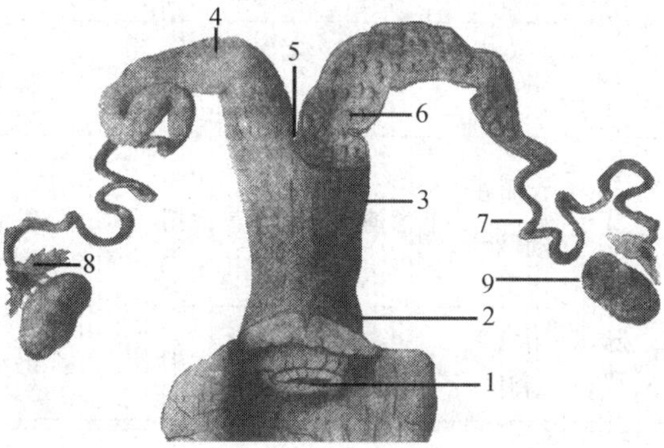

图 11-3 母牛子宫的结构

1. 子宫颈外口 2. 子宫颈 3. 子宫体 4. 子宫角 5. 角间沟 6. 子宫阜(子叶) 7. 输卵管 8. 输卵管伞部 9. 卵巢

表 11-1 牛怀孕各阶段卵巢、子宫及胎儿的变化

时期		未孕且不发情	20～25 d	1 个月	2 个月	3 个月	4 个月
卵巢	大小	往往一侧因有黄体而增大	黄体侧增大	黄体侧增大	黄体侧增大	黄体侧增大	黄体侧增大
	位置	耻骨前缘，子宫角两侧	耻骨前缘，子宫角两侧	耻骨前缘，子宫角两侧	孕角卵巢移至耻骨前缘	孕角卵巢进而下垂	能摸到卵巢
子宫角及子宫体	形状	绵羊角状，经产牛较伸展	孕角弯曲，圆筒状	弯曲有变化	孕角增大，空角不明显	孕角及子宫体呈袋状	子宫进一步增大，下垂
	粗细大小	二角基本一致	二角基本一致	孕角稍粗	孕角为空角的 2 倍	孕角增大不能完全摸到	呈囊状
	角间沟	明显	明显	明显	只有两角分叉处清楚	基本消失	完全消失

续表 11-1

	时期	未孕且不发情	20～25 d	1个月	2个月	3个月	4个月
子宫角及子宫体	质地	松软	壁厚而有弹性	孕角松软有波动，空角有弹性	壁薄软，波动明显	波动明显	波动明显
	收缩反应	触摸时收缩有弹性	触摸时收缩有弹性	孕角收缩反应差	孕角收缩反应差	不易感觉	不易感觉
	子叶	无	无	无	很小不易感觉	蚕豆大	拇指肚大
	位置	骨盆腔，经产牛入腹腔	骨盆腔或腹腔	骨盆腔或腹腔	耻骨前缘	腹腔	腹腔
	胎儿	无	摸不到	摸不到	摸不到	胃肠充满时可摸到	偶尔摸到
子宫动脉脉搏	子宫中动脉	正常搏动	正常搏动	正常搏动	正常搏动	子宫中动脉轻微特异搏动	孕角侧开始出现特异搏动
	子宫后动脉	正常搏动	正常搏动	正常搏动	正常搏动	正常搏动	正常搏动

	时期	5个月	6个月	7个月	8个月	9个月
卵巢	大小	摸不到	摸不到	摸不到	摸不到	摸不到
	位置					
子宫角及子宫体	形状					
	粗细大小	沉入腹腔只能摸到一部分	沉入腹腔	沉入腹腔	沉入腹腔	沉入腹腔
	角间沟	消失	消失	消失	消失	消失
	质地	无	薄软	薄软	薄软	薄软
	收缩反应	无	无	无	无	无
	子叶	进而增大	鸽蛋大	鸽蛋大	鸡蛋大	鸡蛋大
	位置	腹腔	腹腔	腹腔	腹腔	部分入骨盆腔
	胎儿	容易摸到	下沉不易摸到	易摸到	易摸到	部分入骨盆腔
子宫动脉脉搏	子宫中动脉	孕角侧有特异搏动	空角侧轻微特异搏动	空角侧特异搏动明显	两侧明显	两侧明显
	子宫后动脉	正常搏动	正常搏动	孕角侧轻微特异搏动	孕角侧清楚	两侧均清楚

4. 妊娠诊断的其他方法

(1)超声波诊断法(ultrasonography) 是利用超声波的物理特性,及其在传播过程中遇到母牛子宫不同组织结构出现不同的反射,来探知胚胎的存在、胎动、胎儿心音和胎儿脉搏等情况来进行妊娠诊断的方法。使用时需要将探头伸入阴道或直肠内,紧贴在子宫和卵巢上进行探查和影像扫描。在配种 20 d 即可进行超声波诊断,在 60 d 左右能够做到准确判断。因为超声波扫描仪的价格不菲,这种方法在国内主要应用于科研,在生产上使用较少。

(2)血或奶中孕酮水平测定法 母牛妊娠后,由于妊娠黄体的存在,相当于下一个情期到来的阶段,其血和奶中孕酮含量明显高于未孕母牛,因此,此时测定血液或奶中孕酮含量,可以进行妊娠诊断,准确率可达 80%～95%。但由于这种方法需要昂贵的设备,且从采样至得到结果需要几天时间,所以很难在生产中推广。

六、注意事项

1. 任何发情鉴定辅助法方法都不能代替外表观察法和直肠检查法。外表观察法 6～8 h 一次,2～3 h 最好,生产条件下的直肠检查法是确定发情的较好的方法。

2. 发情鉴定需要建立标准的操作程序,即固定观察发情时间与频率,观察地点,有哪些征兆,观察结果并记录。

3. 充分利用发情鉴定和输精的记录结果进行发情鉴定,因为本次输精没有妊娠情况下,一般 21 d 后出现再一次发情。

4. 肢蹄疾病、湿滑的地面是影响牛爬跨的最重要的因素,要积极介入和治疗肢蹄疾病,牛群活动频繁的运动场的空间要充足,地面需做防滑处理。

5. 每一头待输精的牛应准备一支输精管,禁止用未消毒的输精管连续给几头母牛输精。

6. 应做好分娩母牛的生殖器官护理。

七、实验结果

根据实验内容,记录,分析实验结果。

八、讨论与作业

(一)讨论题

1. 你认为最实用的或最准确的发情鉴定方法分别是哪种?

2. 在一个大型奶牛场,如果妊娠母牛在妊娠后 2～3 个月流产较多,你认为可能的原因有哪些?应采取哪些措施改进?

(二)作业

1. 记录母牛发情鉴定的检查结果,分析其处于发情期的哪一阶段?

2. 母牛输精的特点,怎样输精才能提高受胎率?

3. 将检查结果写出实习报告,指出该牛是否妊娠及妊娠时间。

4. 比较各种妊娠检查方法的使用时间、准确性和优缺点。

九、生产应用

本实验是在动物繁殖课基础上开设的重要专业课实验项目，由任课教师在实验课中讲解在牛场生产中进行母牛的发情鉴定、输精和妊娠鉴定的重要意义。讲解操作程序，方法和技术要领，做到课堂教学与生产实际密切结合，扩展学生的知识面，使学生掌握牛的繁殖技术。

参考文献：

[1]周贵，王立克，黄瑞华，等.畜禽生产学实验教程.北京：中国农业大学出版社，2006.

[2]莫放.牛生产学.2版.北京：中国农业大学出版社，2010.

[3]黄应祥.图说养牛新技术.北京：科学技术出版社，1998.

实验十二　母牛分娩与初生犊牛护理

一、实验目的和要求

（一）实验目的

母牛分娩是养牛业的一个重要技术工作，通过本实验，学会计算母牛的预产期，熟悉母牛正常分娩的预兆及过程。

（二）实验要求

1.通过本实验，了解母牛的产前表现。

2.熟悉产道中胎儿的胎位，适当助产，沉着应对分娩危急情况。

3.掌握胎儿的断脐、清洁护理和喂初乳操作方法。

二、实验原理

母牛怀孕期即胎儿生长发育期，发育成熟就会分娩，母牛分娩即是“瓜熟蒂落”的过程，要记录好母牛怀孕期的最后一次配种或输精日期，以此计算母牛的预产期。

随着胎儿的发育成熟，母牛体征在临产前发生变化，可以根据这些变化及接产经验，估计分娩来临，接产工作应在严格消毒的原则下进行。

三、实验器材与材料

1.根据配种记录选择临产乳牛2～3头，已产犊牛1～2头，视频文件等。

2.产房应清洁、温暖、干燥、安静，铺以清洁、干燥、柔软的垫草并消毒好。

3.牛临盆的接生及助产器械、常用消毒药品及用品、催产药、保温用品、取暖设施等，如剪刀、纱布、脸盆或水桶、干净毛巾或擦布、热水、结扎细绳，以及碘伏、酒精棉球、高锰酸钾等消毒药品，产科钳、产科绳、工作服等。

四、实验内容

1. 根据档案推算预产期，判断是否吻合。
2. 妊娠征兆的观察与判断。
3. 助产技术。
4. 初生犊牛的护理。

五、方法和步骤

可在乳牛场进行实习，也可借视频文件进行讲解。

(一)母牛预产期计算

奶牛妊娠期为 280 d，黄牛的妊娠期为 270～285 d，水牛 320～327 d。首先要记录好母牛怀孕期的最后一次配种或输精日期，将最后一次配种或输精的月份减 3、日期加 7，或将月份加 9、日期加 7，所得出的月份和日期就是母牛的预产期。

记录好预产期，按照已计算出的预产日期和母牛临产前征状表现，事先做好接产准备工作。

(二)妊娠母牛产前饲养管理

(1)新鲜优质饲料　产前应充足供给高蛋白质精饲料和青绿饲料或青贮料及钙、磷等矿物质、多维含量高的饲料，以确保胎儿生长的需要，防止造成母牛生产前后瘫痪疾患。

(2)合理的管理　孕牛生活环境舒适安静，不受冷热应激，运动要适当，经常安抚、刷拭，严防惊吓、滑跌、挤撞、鞭打、顶架等。耕牛要合理使役，不宜重负，产前 1 个月应停止使役。

(三)临产征状观察与分娩

母牛分娩前有如下特征：

(1)母牛乳房膨大　母牛乳房约在产前半个月膨大，2 个前乳头挤出黏稠的淡黄色乳汁，之后 4 个乳头都可挤出白乳汁。

(2)母牛外阴部变化　母牛外阴唇开始肿胀，变柔软，皱褶平展，臀部塌陷。子宫颈口的黏液塞被溶化，在临产前一两天流出透明的索状物。

(3)骨盆的变化　在母牛怀孕后期，骨盆韧带松弛变软，致使母牛臀部的尾根两侧出现凹陷现象。可使骨盆腔在分娩时稍增大。

(4)母牛的精神变化　母牛在临产时，由于子宫颈的高度扩张，出现阵痛现象，表现出精神不安，时起时卧，频频排尿，头经常回顾腹部，这表明母牛即将分娩，接产人员不得离开母牛，并做好接产准备。

(5)体温变化　母牛产前 1 周体温升高 0.5～1℃，但产前 12 h 左右又降低 0.5～1.2℃。

(四)接产技术

(1)接产人员应当受过专业接产训练，熟悉牛的分娩规律，严格遵守接产的操作规程，专人专管，并加强夜间值班制度。

(2)在母牛临产前10多天，就要注意观察母牛的变化，并要在母牛临产前1周左右，做好准备用具和有关药品。

(3)临产准备：在母牛临产时，先用2%来苏儿水或0.1%高锰酸钾水洗净、消毒母牛的外阴部、尾根及整个后躯，让母牛呈右侧卧姿势，固定尾根防挡住阴道，准备接产。

(4)胎向、胎位及胎姿的检查：从母牛阴门露出羊膜囊时，消毒手臂，伸入阴门，判定胎儿位置、胎姿，选择接产方法。母牛分娩正产(胎儿两蹄叉朝下)，胎儿两前肢夹着头先露出；如果是倒产则胎儿两蹄叉朝上，后肢和臀部先露出。正产时接产人员检查一下胎姿，是否两前肢夹着头；如果正常，接产人员只要两手拉着两前肢的系部稍加拉力就能顺利产出，不能强拉，注意保护母牛会阴，防止破裂。如胎势、胎位、胎向异常，应矫正胎位，先推后拉，推拉结合，将异常部位矫正后，再应用牵引术拉出胎儿，如再不能拉出，根据情况采取措施，防止发生难产。

(5)分娩：子宫肌在体内催产素的作用下，开始出现阵缩，阵缩时将胎儿和胎膜，推入子宫颈，迫使子宫颈开放同时产道的胎膜挤破。胎儿的前置部分顺着胎水流入产道、胎儿随着阵缩腹内压升高，使胎儿从子宫内经产道排出。胎儿产出后，经12 h的间歇，子宫肌开始新一轮收缩，直到完全排出胎衣为止，如12 h后胎衣不下，可注射催产素50万～100万IU，间隔2 h后再注射一次。

(6)难产与助产

①犊牛头和前肢露出时，注意前肢的蹄底是否向下，并注意母牛的努责情况。如果母牛阵缩及努责正常，但长时间不见胎膜及胎儿排出，或阵缩和努责微弱，或倒生，或其他原因(产道狭窄、胎儿过大等)造成产仔滞缓，如子宫颈开张不完全，可先注射雌激素使子宫颈口开张，然后再注射催产素30～100 IU。子宫颈口扩张后，向产道内灌入温热的肥皂水或石蜡油润滑，用产科绳拴住胎儿两前肢系部，牵引助产。

②产力不足时，应迅速给牛输液：催产素300 IU、50%葡萄糖500 mL，10%葡萄糖500 mL，20%安钠咖10 mL。用产科绳拴住胎儿两前肢系部，牵引助产，以免胎儿因氧气供应受阻。一人双手消毒后伸入产道(阴道)，用大拇指插入胎儿的口角，然后捏住下颚，乘母牛努责时交替用力，顺着骨盆轴的方向慢慢拉出，一人要用手捂住母牛阴唇和会阴部，以避免造成阴门破裂，当胎儿头部被拉出阴门，动作要放缓慢，防止子宫脱出。

③胎儿的前部已进入产道，因过大或胎向、胎位、胎势异常，无法通过产道，且矫正胎位、牵引助产不成功，可考虑剖腹产或分割胎儿排出。

(五)犊牛护理

(1)擦干净黏液、控羊水、促呼吸。先将口、鼻周围及身上的黏液擦净，以利呼吸，避免羊水吸入肺内，若假死(心脏仍在跳动)，将牛倒提，吐出羊水，并进行人工呼吸。

(2)断脐、称重、编号。自行扯断的可在断端涂抹碘伏，未断脐时应将脐带内的血液挤入仔畜体内，距腹部8 cm剪断脐带，在脐部的断端用碘伏溶液浸泡消毒1 min，以预防脐带炎和脐带疯(破伤风)。剥去软蹄，进行称重，编号。

(3)母牛舐犊牛黏液。使母牛舐犊牛黏液，吸入羊水(内含催产素)利于胎衣的排出，还可增强母子关系。

(4)及时让犊牛吃上、吃足初乳。1 h内帮助它吮取母牛的初乳，没有初乳，用人工奶来代替初乳，主要成分为鲜牛奶、鸡蛋、新鲜鱼肝油、葡萄糖、盐、多维等补充营养与电解质。一天喂

4～5次。

(六)母牛产后护理

(1)母牛产后让它饮温热的麦麸水(或收集的羊水)外，喂给母牛温热、足量的米粥加适量红糖，换上干净垫草，让牛休息。还可饮一些生理盐水与葡萄糖水及益母草药水或益母草膏。

(2)母牛分娩后要注意胎衣是否完全排出，排出不全者，不可急扯胎衣。如胎衣滞留24 h(夏季12 h)以上，应进行手术剥离，或注射催产素，促进排出。

(3)注意外阴损伤，消毒母牛的外阴部，以防受细菌污染而发生子宫炎症，保持产房和牛体卫生，加速母牛体质恢复，补充适量钙、葡萄糖、益母膏等，预防子宫外翻、产后瘫痪等。

(4)产后1～7 d大量排出恶露，注意恶露颜色、气味、内含物等变化及子宫自净情况；注意母牛的精神状态、食欲、体温及体重变化，如子宫有炎症，可用少量、高效、高浓度药物洗浴，并注射抗生素。

(5)产后1个月对母牛进行直肠检查；子宫复旧、卵巢状态，阴道检查宫颈、阴道情况等。

(七)防疫

对母牛和新生犊牛注射破伤风抗毒素，以防感染破伤风。

六、注意事项

1.接产目的是帮助母牛安全产出胎儿，沉着熟练应对分娩是关键，这要充分确定胎儿位置，避免接产不当，头伸出，膜未破时，要人为适时破膜，不要过早撕破，以免胎水过早流失。

2.充分保护母、犊安全，接产工作一定要根据分娩的生理特点进行，以顺其自然为好，不要过早过多地干预，但如是难产则要及早处理，防止胎儿窒息。

3.接产后工作处理不得轻视，严格按要求消毒护理。

七、实验结果

根据实验内容，记录，分析实验结果。

八、讨论与作业

(一)讨论题

1.母牛产后护理的关键措施有哪些？如何进行合理的饲养管理？

2.如何通过加强新生犊牛护理，提高犊牛的健康水平和成活率？

(二)作业

试撰写一份母牛产科病历，将母牛产前情况，产后接产护理及犊牛护理做一概述。

九、生产应用

例如，一头母牛最后一次配种日期是2013年4月5日，那么这头母牛的预产期为4－3＝1，

5＋7＝12,即2014年1月12日。

也可这样计算:4＋9＝12＋1,5＋7＝12,即2014年1月12日,结果同上。

参考文献:

[1]黑龙江省双城农业学校.养牛学.北京:农业出版社,1979.
[2]左福元,徐恢仲.南方肉牛生产技术,贵阳:贵州人民出版社,2006.
[3]胡松庭.奶牛生产实用技术.济南:山东科学技术出版社,2001.
[4]王恬,陈桂银.畜禽生产.北京:高等教育出版社,2002.
[5]杨慧芳,王子轼.畜牧兽医综合技能.2版.北京:中国农业出版社,2007.
[6]冀一伦,王春元.奶牛管理技术.北京:中国农业出版社,2011.

实验十三　奶牛挤奶与乳房护理

一、实验目的和要求

(一)实验目的

通过本次实验,要求学生了解和掌握:

1.手工挤奶的方法和要领。

2.挤奶机的种类和使用。

3.机器挤奶的操作规程。

4.奶牛乳房护理要求。

(二)实验要求

在实验之前要求学生:

1.复习和掌握奶牛泌乳和排乳的生理知识。

2.了解挤奶机的构造和工作原理。

3.学生到实习奶牛场后,按照实习指导老师或牛场技术员安排,有序观摩,实地进行挤奶操作。

二、挤奶原理

不管是手工挤奶还是机器挤奶,其原理都是利用奶牛的排乳反射,模拟犊牛吮奶的动作将牛奶从奶牛乳房榨出。因此可以说,挤奶就是利用奶牛的排乳反射在适当的刺激和挤奶条件下(真空度和脉动频率),按照手工方法或机器挤奶操作规程将牛奶从奶牛乳房中取出来的作业过程。

学生在进行挤奶之前,首先要复习奶牛泌乳和排乳的生理知识,了解挤奶机的种类与构造,学习挤奶机工作原理和维护方法。

(一)奶牛泌乳和排乳的生理知识

奶牛泌乳是成年健康奶牛在分娩后由体内催乳激素和其他激素相互作用下维持的一种持续的乳腺分泌活动。在生殖与内分泌系统的调节下,乳腺上皮细胞与乳腺血管发生物质交换,经过选择性吸收、分解与重新合成,将从血液获得的游离氨基酸、白蛋白、葡萄糖、乙酸等物质在乳腺上皮细胞内转变为乳蛋白(主要为酪蛋白)、乳糖和乳脂肪等,并分泌到乳腺泡腔,再经由乳腺导管系统逐渐汇集到乳腺乳池保存。泌乳过程受乳腺泡和乳腺乳池的充盈程度或压力感受器调控。

奶牛排乳是泌乳母牛在受到犊牛哞叫、挤奶员呼唤和挤奶器具声响等外界因素刺激下,开始大量分泌催产素,导致乳腺导管和乳头肌肉松弛处于排乳状态,然后在犊牛嘴巴、挤奶员双手或挤奶机杯组有规律地吸吮、按摩和挤奶动作作用下,乳汁经由乳头乳池和乳头管排出体外的过程。

(二)挤奶机种类

目前,我国奶牛养殖业采用的挤奶设备种类繁多,包括:提桶式、推车式、管道式、坑道式、转盘式挤奶机和挤奶机器人。提桶式和推车式常用于小规模的奶牛养殖户,管道式常用在传统的拴系式饲养条件下。现代家庭牧场和大规模奶牛养殖(牧业)公司以坑道鱼骨式和坑道并列式挤奶台为主,特大规模奶牛场多采用转盘式挤奶台,在我国,机器人挤奶机尚处在实验示范阶段。

提桶式(图 13-1)挤奶机配合管道式或坑道式挤奶系统使用,主要用在奶牛患有乳房炎等疾病需要单独挤奶,或者进行科学实验时需要进行单头采集奶样的情况。推车式挤奶机(图 13-2)由真空泵、脉动器、奶杯组、奶桶和推车系统构成,可以移动作业,适于个体奶牛户使用。

图 13-1　提桶式挤奶机

图 13-2　推车式挤奶机

坑道鱼骨式(图 13-3)和坑道并列式(图 13-4)挤奶机,分别是完整的挤奶系统,由挤奶坑道、挤奶台、挤奶设备机组和信息化识别门等部分组成,主要在现代化大、中型规模的牧场使用。

图 13-3　坑道鱼骨式挤奶系统

图 13-4　坑道并列式挤奶系统

现代化超大规模奶牛场为了节约劳动力成本，提高生产效率，常采用转盘式挤奶系统（图 13-5）。转盘式挤奶系统由奶牛信息识别通道、转盘式挤奶台、挤奶设备机组和挤奶员操作平台组成。

图 13-5　转盘式挤奶系统

（三）挤奶机工作原理

挤奶机挤奶的工作原理是模仿犊牛吃奶的动作和条件。挤奶作业由真空泵和脉动器协同完成，在脉动器作用下，由一个挤奶节拍和一个休息节拍（图 13-6）完成一次挤奶动作。

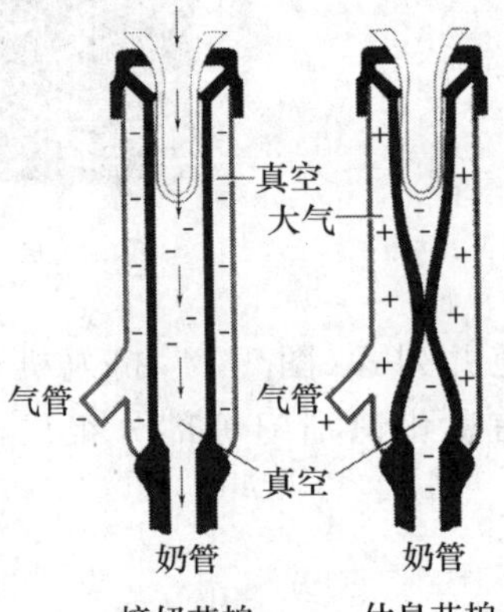

图 13-6　挤奶工作原理

挤奶杯由内外双层橡胶套管组成。在挤奶节拍时，真空泵经气管将奶杯双层套管内空气抽出，乳杯口收紧，套管内和乳杯内形成约半个大气压的真空（46.7～50.7 kPa），通过真空负压形成一定吸力使乳头孔开张，从而将贮存于乳头孔内的乳汁挤出；在休息节拍时，脉动器换挡，空气进入奶杯双层套管内，套管内形成正压，乳杯口放松，乳杯下部封闭，处于休息状态。通过脉动器设定，将每分钟挤奶节拍设定为 60～80 次，使奶牛在 4～7 min 内将奶全部挤出。

三、实验器材与材料

1. 手工挤奶：挤乳桶或提桶式挤奶机、消毒毛巾或纸巾、一次性塑料手套、滤布、温水、乳头药浴液等。

2. 机器挤奶：奶牛挤奶成套设备，实验奶牛场或规模化奶牛养殖场均有配套安装，包括奶牛识别门、挤奶台、挤奶坑道、挤奶设备、自动流量计、清洗设备、贮奶罐、计算机以及消毒毛巾或纸巾、乳汁检查杯、乳头药浴液、自来水等。学生可利用奶牛场器材现场参观实习。

3. 实验动物：若干头处于不同生理阶段的中国荷斯坦泌乳牛。

四、实验内容

1. 手工挤奶训练。

2. 挤奶机挤奶操作。

3. 乳房护理方案制订。

五、方法和步骤

（一）手工挤奶

手工挤奶适用于产后奶牛或患病奶牛的护理阶段，在奶牛场实习时挤奶要格外仔细。手工挤奶实习也可选择 1～3 头处于泌乳期的淘汰母牛分组进行。

1. 挤奶前准备

（1）人员准备　学生实习要像挤奶员一样，按要求穿戴好工作服，剪短指甲，洗净手，戴好防护手套。

（2）挤奶器具和用品准备　刷洗好挤奶桶，准备好消毒毛巾或纸巾，配制好乳头药浴液。

（3）奶牛准备　手工挤奶一般在拴系式牛舍或产房的牛床上进行。在奶牛站定后，迅速将每个乳头的前三把乳汁挤入专用的乳汁检查杯中，检查是否有絮状凝块或血乳，以判断奶牛是否患有临床或隐性乳腺炎，如果正常则迅速进入下一环节。

2. 乳头前药浴

用新配制的乳头药浴液（含有效碘浓度不低于 0.5%）浸泡乳头。浸泡深度至少达乳头 2/3 以上，保持 30～40 s。

3. 开始挤奶

在药浴到时后，用消过毒的干毛巾或消毒纸巾将乳头擦干，迅速开始挤奶。从奶牛开始准备到开始挤奶最好不要超过 90 s。

手工挤奶时挤奶员应蹲于奶牛左侧后方 1/3 处，面向乳房，精神集中，两腿夹桶，两臂开张，两手握住同侧乳头，交替挤奶。挤奶要求采用拳握法挤奶，具体操作是用大拇指和食指紧扣乳头基部，接着用中指、无名指和小指依次压榨乳头，将乳汁挤出。挤奶节奏是先慢、再快、后挤净，每分钟握拳频率 80～120 次，整个挤奶过程不宜超过 7 min。

挤奶时要注意安全，一要将奶牛头部拴系固定好，防止奶牛头部向后弯曲用犄角顶人；二要时刻用右胳膊抵挡奶牛后肢，防止奶牛后肢向前踢动伤人或将奶桶踢翻。

(二)机器挤奶

机器挤奶实习一般在规模化奶牛场或实习牧场进行。步骤要求如下：

1.挤奶设备检查

挤奶前，对挤奶设备和用具进行常规检查。包括挤奶机工作参数检查和卫生检查。

(1)挤奶设备工作参数检查　打开挤奶机，检查挤奶机工作参数，看真空泵压力是否合理稳定在 46.7～50.7 kPa 中的某一固定值，脉动器参数是否合格(60～80 次/min)，信息识别器显示是否正常等。

(2)挤奶卫生检查　每次挤奶前要检查毛巾是否消毒彻底、药浴液配制是否符合要求、乳头杯内衬是否光滑完整，乳头杯的内口有无污垢污染等。

2.挤奶顺序安排

机器挤奶时，要安排头胎牛和健康奶牛先挤奶，从高产群、中产群到低产群依次进行，最后是患病奶牛，患病奶牛的牛奶要单独收集，不能混入贮奶罐，否则会影响原料奶质量，遭乳品厂拒收。

3.挤奶操作规程

奶牛挤奶必须按照以下操作规程进行。

(1)挤掉头三把奶　将奶牛驱入挤奶厅锁定后，挤奶员应立即按顺序对每头奶牛进行挤奶前处理。挤奶员一手持专用的奶汁检查杯，另一手对奶牛每个乳区挤出 3 把奶，一边挤一边检查并初步判断有无临床乳房炎发生，如有明显类似豆腐脑状凝块或血乳，则当班不予挤奶，待其他牛只挤奶完成后一同放出，另行处理。

(2)前药浴　用专用的药浴杯或喷枪对每个乳头进行药浴，药浴液应浸没整个乳头，至少达乳头 2/3 以上。

(3)擦干　药浴 30 s 后用消毒毛巾或纸巾擦干。毛巾要清洁卫生并严格消毒，一头奶牛一条毛巾；或使用符合要求的一次性消毒纸巾。毛巾和纸巾不可交叉使用。

(4)套杯　擦干乳头后立即套杯并将乳杯及橡胶奶管摆正，开始挤奶。从第一步挤三把奶开始到套杯所用时间不得超过 90 s。在挤奶过程中，挤奶员应密切注意挤奶进程，发现异常情况应及时处理。

(5)调整挤奶杯组　挤奶过程中，由于奶牛的走动、抬蹄等动作，使得挤奶杯和输奶管位置发生移动或扭转，会影响挤奶顺利完成。如发现此类情况，挤奶员要立即给予调整和纠正。

(6)脱杯　当牛奶流速低于每分钟 200～400 g 时，挤奶杯会自动脱杯；对于没有自动脱杯功能的挤奶机，应人工脱杯。挤奶结束，应及时脱杯，以免过度挤奶诱发乳房炎。

(7)后药浴　脱杯后，再次用药浴液药浴乳头(图 13-7)，然后放牛。

挤奶前乳头药浴

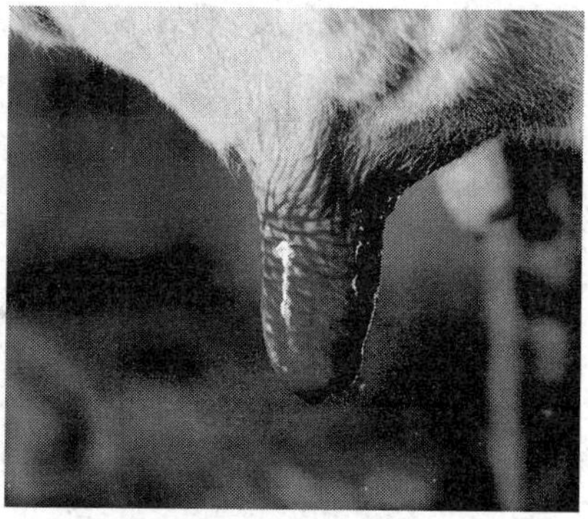

挤奶后乳头药浴

图 13-7　奶牛乳头药浴

4. 挤奶设备清洗与维护

(1)挤奶设备清洗　清洗挤奶设备及管道的目的主要是去除残留在管道中的牛奶和细菌，防止残留的乳脂肪、乳蛋白和乳糖等腐败变质，保持管道经常处于干净卫生状态，保证每次挤奶的正常进行，延长挤奶机使用寿命。

具体要求是当每个班次的最后一群(批)奶牛挤奶结束后，要及时对挤奶设备和管道进行清洗。目前每天采用“两碱一酸”的清洗程序，即早、晚班挤奶后碱洗而中班挤奶后酸洗。

各步骤要求如下：

①预冲洗　在碱洗、酸洗之前都要进行预冲洗。其要求为:先将奶杯组洗净再装入底座，做不循环水冲洗，水温控制在 35～45℃(水温太低乳脂肪容易凝固附着管壁，而水温太高乳蛋白容易变性沉淀)，用水量以冲洗后水变清为宜。

②碱洗　在 75～85℃的热水中加入适量碱性清洗液(碱液浓度 pH 为 11)循环清洗，时间为 8～15 min，循环清洗后水温不能低于 40℃。之后再用 35～45℃温水做不循环冲洗，用水量以 pH 试纸检测显中性为宜。

③酸洗　酸洗时，水温 35～45℃，加入适量酸性清洗液(酸液浓度 pH 为 3)循环清洗，时间为 5～8 min。之后再用 35～45℃温水做不循环冲洗，用水量以 pH 试纸检测显中性为宜。

(2)挤奶机维护　包括经常检查和更换挤奶杯(挤奶杯橡胶垫应根据挤奶设备厂家建议在挤奶 5 000 头次后及时更换)和橡胶管、定期检查真空泵压力和脉动器频率的稳定性(对设备连接处及时上油保护)、及时检查信息识别装置和自动流量计的灵敏性和准确性等性能。

5. 挤奶环境消毒

每班挤奶结束，要及时清理挤奶厅卫生，定期做环境消毒。

(三)奶牛乳房护理

只有健康的奶牛才能生产出优质的牛奶。奶牛的健康受到严格的遗传选择、饲料的安全品控、合理的饲养管理、正确的挤奶操作和环境卫生整治等多个环节的影响。奶牛乳房的护理也是一个极为重要的方面，乳房护理与以上环节息息相关，实践中应从多方面加以保护。

1. 遗传因素

良好的乳房结构有利于健康护理。对易患乳腺炎的奶牛，要结合奶牛体型外貌线性评分对乳房的结构、中悬韧带强度、乳头配置、乳头长度及乳用特征等性状进行检查，找出缺陷性状进行改良。

2. 饲料营养

营养平衡和饲料卫生是预防奶牛乳房炎的有效途径之一。实行标准化养殖，对奶牛实行分阶段分群饲养，根据不同牛群产奶水平，按照奶牛营养需要配制全混日粮（TMR）。在配制TMR时，一定要按照TMR的规范进行操作，并对每一原料和配制后的成品进行严格的品控，最大限度地保证奶牛每天吃到嘴里的营养和电脑计算的日粮营养是一致的。保持能蛋（碳氮）平衡、氨基酸平衡、钙磷和微量元素平衡可促进奶牛健康和高产，预防奶牛各种疾病的发生。

3. 牛群管理

牛群的合理分群、口蹄疫的及时有效防控、布病和结核的不断净化有利于对奶牛乳房的保护。

4. 环境卫生

加强对牛场尘埃、泥泞、潮湿、污秽，砖石、瓦砾、铁丝、玻璃、针头的清理和治理，可防止乳头外伤和感染；提供干净、卫生的牛舍和柔软舒适的牛床，可防止细菌的大量繁殖，有利于奶牛乳房健康。在寒冷的冬季，要防止奶牛在雪地躺卧过夜，以免乳房冻伤或皴裂。

5. 挤奶操作

保证挤奶设备的真空度和脉动频率稳定，严格有效的前、后药浴，充分的前处理、适时的脱杯等操作有利于保证乳房健康。

6. 隐性乳腺炎检测

定期利用CMT检测盘对奶牛进行隐性乳腺炎检测，对患病奶牛进行严格治疗，对奶牛乳腺炎预防有重要作用。

7. 干奶期治疗

对于即将干奶的奶牛，检查并彻底治愈乳房炎，严格按照干奶程序进行干奶，是保证乳房健康的关键。

8. 产后护理

加强奶牛产后护理，灌服产后料以促进胎衣、恶露排出和阴道、子宫复旧，有利于防止乳房炎，保证乳房健康。

六、注意事项

1. 挤奶实习学生要进入挤奶厅，要接触奶牛，会给奶牛带来一定应激。故最好分成小组，小组进入奶厅后要保持安静，尽量不要扰乱奶牛的排乳反射。

2. 学生要先了解挤奶设备性能和构造，观摩挤奶人员挤奶操作过程，熟悉后再进行实习操作。

3. 实习前注意个人卫生，以免给奶牛带来病菌。

4. 对调查的内容，一定要向挤奶人员详细询问和虚心学习。

5. 手工挤奶时，要固定于左侧挤奶，否则使奶牛产生混淆的条件反射，降低挤奶的安全性。

6. 手工挤奶时，一般先挤前乳房，再挤后乳房，最后再集中收奶。

七、实验结果

1. 对当班当次挤奶数据进行记录和分析，包括挤奶牛群、挤奶头数、挤奶时间、挤奶条件、产奶量等数据。

2. 对奶牛场一个月的挤奶数据进行了解，对奶牛产奶量、乳成分及牛奶卫生指标（体细胞数或细菌数）进行相关分析。

八、讨论与作业

1. 讨论题

奶牛场挤奶操作中存在什么样的问题？生产优质牛奶都应采取哪些措施？

2. 作业

写出完整的机器挤奶操作规程和体会。

九、生产应用

奶牛挤奶是奶牛生产中的日常工作，挤奶设备的应用和技术水平的差异，都会直接影响到牛奶的产量和质量。乳房护理是提高牛奶产量和质量，保证奶牛乳房健康，预防乳腺疾病的有效措施。在实验课中由任课教师结合生产实际，讲解课程内容，操作技术和需要注意的问题等，加强学生的学习效果。

参考文献：

[1]樊航奇，张学炜．无公害奶牛标准化生产．2 版．北京：中国农业出版社，2014.
[2]周贵，王永军．牛生产学．长春：吉林科学技术出版社，2007.
[3]李建国．现代奶牛生产．北京：中国农业大学出版社，2007.

实验十四　奶牛的行为学观察、记录与分析

一、实验目的和要求

（一）实验目的

牛行为学是研究牛和周围环境条件的关系以及牛群体内个体之间相互关系的科学。它是动物和家畜行为学的一部分，主要研究牛在人工饲养条件下的正常行为、异常行为和疾病等。了解和掌握牛的行为特征，对于防病治病，建立人与牛的良好关系，搞好繁殖和饲养管理工作，使牛体内能量代谢正常进行，保障动物福利，保持牛体健康，提高生产效率都具有重要的意义。

人类饲养奶牛的主要目的是获得牛奶，而如何获得最大产奶量，就有必要了解奶牛的各种行为表现。正确地了解和掌握奶牛的行为特点和规律，可以提高生产效率，在很大的程度上提

高奶牛的生产力。通过行为学研究来不断认识奶牛的行为特征和适应能力，以便改善环境条件，优化生产工艺，提高经济效益。通过本实验的学习和训练可使学生掌握奶牛行为学的基本研究方法和应用技术。

(二)实验要求

1. 通过实验课的学习和操作，认识和了解奶牛行为学在生产实践中的重要意义。
2. 学习和掌握奶牛行为学研究在生产实际中的应用方法。
3. 通过实验学习，能深刻理解动物福利的概念及其在奶牛生产中的重要应用价值。

二、实验原理

奶牛的生活行为是多种多样的，通常主要有如下表现：

1. 摄食行为

在放牧饲养的环境下，一天 24 h 中，牛牧食时间为 4～9 h(表 14-1)。通常牛在一天中，有四个主要的牧食高峰期：①日出前不久；②上午的中段时间；③下午的早期；④近黄昏时(图 14-1)。日出前和近黄昏时牧食持续时间最长。在其他时间，牛间歇地吃草、游走、休息或反刍。采食量大小会受牛只年龄大小、生理状态、牧草植被和气候情况的制约。牛日采食鲜草量约为其体重的 10%，折合干物质量约为其体重的 2%左右。牛在牧食活动中具有选择性，喜食青绿和块根类饲料，通常会避免采食被排泄物污染的、绒毛多的或者外表粗糙的牧草。牛可用嗅觉选择各种类型的牧草，但味觉的刺激是决定选择的主要因素。尽管牛通过训练能消耗大量的含有酸性成分的饲料，但仍喜食带甜、咸味道的饲料。

表 14-1　牛的牧食行为(刘敏雄，1984)

表现行为		数值(24 h)
牧食	牧食时间/h	4～9
	啃咬总次数	24 000
	牧食率/(采食次数/min)	50～80
	牧草采食量(鲜牧草)	体重的 10%
	牧草采食量(干物质)/kg	5.9～12.3
	牧食距离/km	3.2～4.8
反刍	反刍时间/h	4～9
	反刍周期/次	15～20
	逆呕食团数	360
	每食团咀嚼次数	48
饮水	饮水次数	1～4
活动	卧下休息时间/h	9～12
	自由运动时间/h	8～9

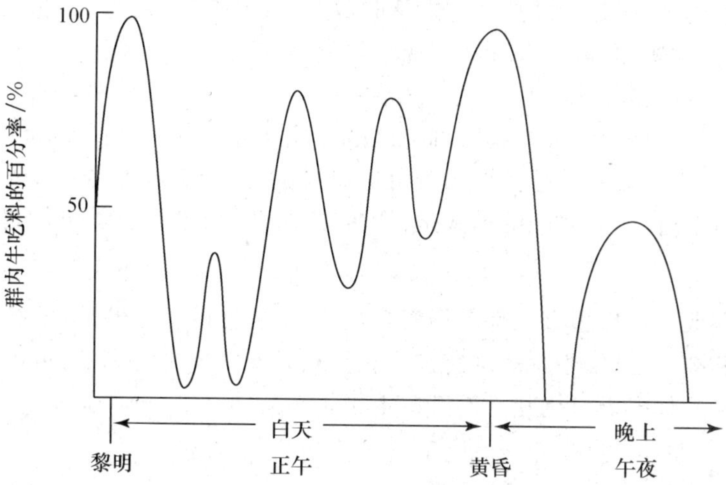

图 14-1 牛每日牧食活动的典型模式

2. 饮水

牛的饮水量包括饲料中含有的水分。在温暖天气，牛通常每天饮水 1～4 次；在热天或当饲料中精料比率较高时，饮水次数会增多。牛用其口笼饮水，这时舌的作用与在牧食或摄食时不一样。在饮水过程中舌只发挥较小的作用，并且鼻孔保持在水面之上。牛通常在午前、下午早期和傍晚时饮水，而晚上和黎明时很少饮水。牛在老牧场放牧比在营养丰富的牧场放牧饮水量大。给牛丰富的饲料，在舍饲时可出现比一般情况下消耗更多水的趋向。除热天和各种丰富饲料供给的情况外，挤奶也能增加母牛的饮水量。在挤奶后，特别是在傍晚挤奶后不久，牛会大量饮水，因为牛奶中含 86%～89%的水分，所以水的及时补充是重要的。

其他一些因素也可改变或抑制牛的饮水活动。在怀孕后期和哺乳期，牛的饮水量大大增加。饮水量也随环境温度、品种、年龄、体型大小、牧草采食量以及提供的饲料中营养水平和含盐量不同而变化。欧洲品种的牛，无论在气候温暖时或在炎热天气都比热带品种牛饮水多；喂以高蛋白饲料的牛，饮水量比饲喂低蛋白饲料的牛要多。据统计，初孕小母牛每天的饮水量是 28～32 kg。而成年母牛每天平均饮水量约为 14 kg。

3. 反刍行为

牛在摄食时，饲料一般不经充分咀嚼，就匆匆吞咽进入瘤胃，通常在休息时返回到口腔再仔细地咀嚼，这种独特的消化活动，叫作反刍。反刍可分四个阶段，即逆呕（食物自胃返回口腔的过程）、再咀嚼、再混合唾液和再吞咽。饲喂后通常经过 0.5～1.0 h 才出现反刍。每一次反刍的持续时间平均为 40～50 min，然后间歇一段时间再开始第二次反刍。这样，一昼夜约进行 6～8 次反刍，而犊牛的次数则更多。牛每天花在反刍的时间累计起来有 6～8 h 之多。犊牛大约在出生后第三周开始出现反刍行为，这时犊牛开始选食草料，瘤胃内有微生物开始滋生繁殖，腮腺开始分泌唾液。犊牛提早采食粗饲料或喂以成年牛逆呕出来的食团，则犊牛的反刍可提前出现。

4. 性行为

公母牛的发情征状有很大差异。公牛通过听觉、嗅觉判别母牛的发情状态，不需特殊环境便可产生求偶行为，表现为追逐，与母牛靠近，阴茎勃起，并试图爬跨。公牛发情无周期性，而母牛的发情则不同，具有明显的周期性。发情时，母牛变得不安、兴奋，食欲降低、采食量下降，外阴红肿、阴道分泌物增加，常伴有“吊线”现象，愿意接近公牛，并接受公牛爬跨。

放牧的牛群中，母牛发情前期，公牛就开始在母牛附近采食，并保护它。处于发情前期的母牛，对公牛有吸引力，但拒绝公牛爬跨，此时公牛间歇性地舔母牛的外阴部，并常常追逐。当母牛进入发情期，公牛对母牛的保护作用变得更加明显，且不让其他公牛与母牛靠近。公牛的交配具有特定的行为过程，其典型的模式是：性激动，求偶，勃起，爬跨，交合，射精和交配结束。

5. 运动行为

牛在开始放牧或舍饲后刚进入运动场时，常表现嬉耍性的行为特征，如腾跃、蹴踢、用前肢抓扒、喷鼻、鸣叫和摇头，且幼牛常表现特别活跃。这对于幼牛是有利的，可以促使其获得放牧时如遭遇到食肉动物侵害而对抗敌手的某些本领。

6. 休息行为

牛一天中休息 9～12 h，有时游走，有时躺卧。通常在腹位卧下时进行咀嚼，以增加腹部压力来促进反刍。躺卧时，经常表现出个体的偏好，有的喜欢左侧卧下，有的喜欢右侧卧下。前肢蜷曲在身体下面，一条后腿向前塞在身体下，大部分体重由坐骨结节上面、后腿的膝关节和跗关节下面围起来的三角形面支撑。另一条后肢伸向身体的一边，膝关节和跗关节部分屈曲。牛以单一姿势游走，它们不像马匹，不能够持续较长时间用直立姿势很好地休息。在长途运输 12 h 以上时，停息时牛往往躺卧休息。因此，为了保持健康，牛一昼夜至少需卧息睡眠 3 h。

7. 排泄行为

牛排粪前会停止正在进行的活动，后肢分开、静立，抬尾弓背，排粪结束后 1～2 min 恢复原样，走动时偶尔有排粪。排尿动作与排粪近似，但行走中未见排尿现象。据观察研究，成年奶牛每昼夜排粪平均为 15.8 次，排粪量达 33.3 kg，排粪的间隔时间为 71.9 min。排尿次数平均为 10.3 次。

8. 群体行为

牛群在长期共处过程中，会形成群体等级制度和群体优胜序列。这种群体行为在规定牛群的放牧游走路线，按时归牧，有次序进入挤奶厅以及防御敌害等方面都有重要意义。在一个大的开放牛群体中，在初期，各种年龄牛可能互相交锋，等级地位通常根据强弱和体重而定。经观察表明，通常爱尔夏牛群体地位优胜于娟姗牛，安格斯牛优胜于短角牛，而后者又优于海福特牛。在这种情况下，不同品种牛的遗传特征起一定作用。

9. 异常行为

奶牛的异常习性表现为某种恶癖，如有的奶牛有异食癖，吃沙、吃土、吃布条，甚至吃塑料布、啃木头等。经常可能观察到奶牛群体中，个别牛发生吃土的异常行为，运动场边上的护栏上挂有舔砖，但它视而不见，将头伸出栏外舔土。奶牛发生异食癖，可能与饲料中缺乏微量元素钴、铜，常量元素磷有关，应注意及时补充这些元素。

三、实验器材与材料

1. 实验器材：计时器（电子表），计时秒表，计数器，卷尺，牛场（牛舍，运动场等奶牛的生活环境场所），监控照相、录像设备。

2. 实验动物：在实验奶牛场，随机选择 10 头体质健康的中国荷斯坦奶牛，要求月龄为 13～15 个月的育成母牛，记录牛号供实验观察。

3. 饲养管理方式：为便于观察每头实验牛的单独行为，采取拴系式饲养，全封闭舍饲，供给 TMR 饲料，定栏定位喂饲，自由饮水，定时在群体运动场自由活动。

四、实验内容

实验观察项目：包括采食、饮水、反刍、排粪、排尿、站立和游走等 11 项行为。利用计时器、秒表、计数器等工具进行测量，记录观察牛的行为现象。

五、方法和步骤

（一）实验方法

奶牛行为学的研究方法大体可分为定性分析与定量分析两种。

1. 定性分析法

通过对奶牛行为的直接观察，通过描述的方法定义行为的意义或性质。这种方法适用于规律性较强的个体行为，即同类行为在不同个体之间表现基本一致。这种观察方法不适用于对非规律性或不规则的行为进行观察描述，因为非规律性的行为一般在个体间的表现差异较大，所以描述的结果具有不确定性。

2. 定量观察法

对非规律性行为的观察，通常采用定量观察法。是指通过对多个个体的行为同时进行观察记录，并对所观察到的所有个体的行为进行统计分析，然后再对分析后的结果进行定性。通常将被观察的行为分解成若干部分行为参数，并将被观察到的参数通过已设定的实验设计进行生物统计处理，只有这样结果才可靠。

因此，在确定采用哪一种行为分析法时，应首先了解被观察动物行为的特性。

（二）实验步骤

(1)观察奶牛在实验期间发生的各种行为，重点观察牛的各种行为发生的次数和持续时间。观察，测定，记录方法如下：

①采食　从实验牛采食第一口饲料开始计时，到停止采食时停止计时，记录全部采食时间。

②反刍　观察记录采食后至反刍开始的时间，即采食停止后至出现第一次反刍动作的时间；反刍周期；每个反刍周期观察 5 个食团，记录每食团咀嚼的次数、时间，计算记录其平均值；上一反刍食团吞咽至下一反刍食团逆呕的间隔时间。

③卧地、站立或游走　以计时器记录实验牛每次从躯体接触地面到四肢完全站直时的时间为卧地时间，其余为站立或游走时间。

其他行为的观察、测定、记录方法由指导教师讲解说明，按统一标准进行操作。

(2)仔细观察记录，将所得的数据填入实验记录表格并按要求进行计算。

(3)本实验要求观察和连续记录的时间为 2～4 h。

(4)如进行长时间的观察实验,则可通过设置在牛舍和运动场的摄像系统全程记录实验奶牛的行为活动。

六、注意事项

1. 实验前做好实验人员个体保护,穿着实验服、胶底硬质鞋,必要时需佩戴保护眼镜。
2. 注意人畜安全,尽量避免与实验牛正面接触,以免引起牛的防御反射,被牛顶撞。
3. 实验人员应做好自身的夏季防暑或冬季的防寒保护。
4. 仔细进行观察和记录,避免遗漏或错过记录的行为项目和时间。
5. 分组实验,分工合作,各自负责观察、计时或记录等任务。

七、实验结果

动物行为学研究的实验数据通常可以归为两类:一是对动物行为的客观观察记录;二是与行为相关的不同层次的生物学变化的数据。它们分属不同的变量范畴,前一类数据属于行为变量,例如,动物的运动量、反应时间、行为的正确率等;而后一类属于生物学变量的范畴,比如,神经中枢活动、细胞分子、基因或激素水平等的活动变化。

(一)实验数据处理

1. 收集、归纳和整理实验记录数据。
2. 填写实验记录表格(表 14-2),再输入计算机 Excel 电子表格进行数据处理。
3. 将实验中遇到的和需要讨论的问题等,填入表 14-2 的备注栏。

表 14-2　××号奶牛行为观察记录表　(实验时间:　时　分—　时　分　　年　月　日)

项　目	采食	饮水	反刍	排粪	排尿	站立	游走	趴卧	蹭栏杆	舔身体	爬跨其他牛
次数											
持续时间/s											
占实验时间比例/%											
备注											

实验人:　　姓名:　　年级:　　班:　　组别:　　实验组长:　　指导教师:

(二)实验结果分析

1. 按照各种行为计算在实验观察期间的百分比(%)。
2. 应用计算机 Excel 电子表格处理绘制牛的各种行为分布比例的饼状比例图(图 14-2),以供分析、比较和研究。
3. 计算和比较全部实验牛的行为规律和差异,分析其产生和变化的原因,为牛群的科学合理饲养管理提供可靠的数据。
4. 长时间的观察实验,可通过监控摄像系统的记录回放对实验牛的行为进行观察和分析。

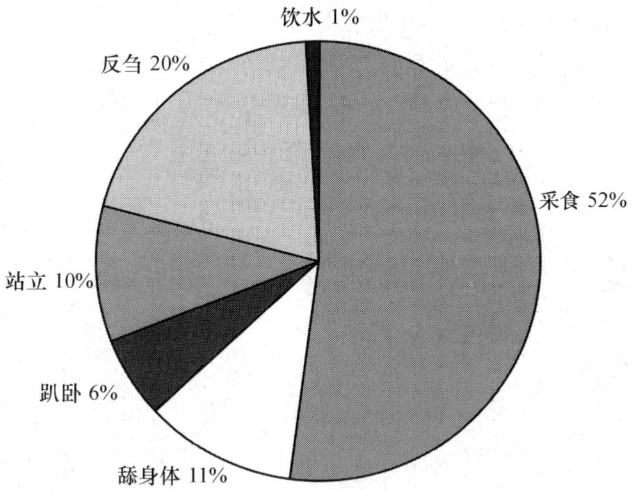

图 14-2　牛行为比例示例图

八、讨论与作业

(一)讨论题

1. 进行牛的行为学研究有何实用意义和价值？如何正确理解动物福利的概念？

2. 通过本实验观察和结果分析，如何提高奶牛生活的舒适程度，有利于使奶牛提高采食量和产奶量。

3. 说明改善和提高动物福利水平在奶牛生产中的实际应用效果。

(二)作业

1. 按以上要求完成实验内容，分析实验结果，完成实验报告。

2. 指导教师安排学生自己思考设计有关动物行为学研究的其他实验内容，在本课的教学实习期间，在实验奶牛场进行实验研究。

九、生产应用

自 2012 年开始，某奶牛场进行了奶牛行为学的试验研究与应用，了解和掌握了奶牛行为的基本规律，根据本场奶牛的行为学特点，改善了牛舍环境条件，调整和改变了饲养管理方法，有效地控制了奶牛各种常见病和多发病的发生，维持了奶牛群的健康状况。同时提高了牛群的繁殖性能，提高了奶牛个体及群体质量和生产性能，大幅度提高了牛奶的产量和质量，显著增加了牛场的经济效益。

参考文献：

[1]李世安. 应用动物行为学. 哈尔滨：黑龙江人民出版社，1985.

[2]A · F · 弗雷泽. 家畜行为学(Farm Animal Behaviour). 上海：上海科学技术文献出版社，1985.

[3]刘敏雄.家畜行为学.北京：农业出版社,1984.
[4]包军.家畜行为学.北京:高等教育出版社,2008.
[5]蒋志刚,梅兵,等.动物行为学方法.北京:科学出版社,2012.
[6]王根林.养牛学.北京:中国农业出版社,2002.

实验十五　奶牛健康与保健及环境舒适度和动物福利评价

一、实验目的和要求

(一)实验目的

动物福利是指满足动物个体康乐(wellbeing)的外部条件。即家畜个体在服务人类过程中免受不必要的痛苦,同时满足动物福利就是安全健康生产,这要求奶牛养殖业不断提高饲养环境舒适度,以保证动物福利,解决集约化生产与动物福利间的矛盾,建立两者的平衡点。

(二)实验要求

1.通过本实验,使学生了解高福利养殖具有哪些优点,好的实践应用方面包括哪些内容,如何进行有效保健,保障奶牛健康快乐。

2.牛场环境控制与牛场建设,要根据各个牛场实际情况而定,且应随条件的变化不断修改。

3.了解牛场地理位置、生态环境情况,学会牛舍中环境检测仪器的使用,并现场测定各项环境指标,并对牛场环境进行初步评价。

4.根据牛的舒适度各项评定,评定动物福利条件。

二、实验原理

“动物福利”=愉快(心理健康)+无病(身体健康),能满足奶牛个体的生物学要求(物种特性),其精神状态正常(心理健康、行为自然),奶牛能适应环境且健康,没有不快的感受,那么该个体的福利状况就好或高。健康是高产的基础,健康是动物性食品安全的保障。

三、实验器材与材料

太阳辐射计、照度计、温湿度记录仪、风速仪、硫化氢检测仪、二氧化碳测定仪、氨气检测仪、测量工具等。

四、实验内容

1.奶牛保健的基本措施。

2.饲料、药物等安全保障。

3.管理安全。

4. 牛舍环境的保障。

5. 环境福利指标测定。

五、方法和步骤

奶牛场引入了“动物福利”理念，首先使奶牛住上三居室，餐厅、卧室、挤奶厅彻底分开。奶牛“住别墅”、享受“音乐伴奏”和“专用挠痒净身机”，再加上牛蹄修剪、蹄病预防、蹄病治疗和犊牛去角等保健服务，目的就是让奶牛们快乐生活，幸福产奶。

充足的优质新鲜饲料，清洁卫生的饮水，新鲜的空气，柔软、干净的休息场所，适当的空间，和煦的光照，健康，起卧轻松是国内外常用的评价奶牛舒适度的指标，具体指标有牛保健设施、环境舒适度、奶牛舒适度指标(CCI)、步态评分、体细胞数(SCC)、飞节损伤评分、体况评分、乳头状况评分、牛体卫生评分等。这些指标反映了奶牛的福利问题，饲养奶牛的每个细节若不妥都可能对奶牛产生不好的影响，不仅影响奶牛自身的健康还会带来经济损失。

(一)奶牛保健的基本措施

生物安全意味着降低疾病发生及相互传染的危险，是奶牛身体健康的保障。因此要求良好的饲养管理和卫生条件，有效的疾病控制体系如卫生防疫、免疫、驱虫程序。

1. 疾病预防

(1)防疫设施　提前预防，及早控制传染源、传播途径，提高牛的免疫力，人员、车辆进入要消毒隔离，医疗物品和器具清洁消毒，控制环境污染。

(2)牛保健的基本要求

犊牛保健：重点预防犊牛腹泻和犊牛肺炎。主要措施为：及时喂初乳、新鲜优质日粮，添加硒、维生素 A 和维生素 E，可增加免疫力。环境清洁、保暖，运动充足、空气新鲜。接种布氏杆菌病疫苗、气肿疽、恶性卡他热疫苗(仅限于母犊)。

青年母牛保健：15 月龄时进行疫病预防接种。接种疫苗有牛传染性鼻气管炎、牛病毒性腹泻、钩端螺旋体三联苗。及时配种(母牛成熟和性成熟后)。

初产母牛和经产母牛保健：预防母牛生殖道炎症、生产瘫痪、乳房炎、酮病、蹄病等疾病。

2. 疾病的监控措施

(1)产奶监控　监控并记录每头奶牛的产量；测定奶中体细胞数，监测乳腺的健康状况。

(2)血液监控　每年春、秋两季，进行牛的血液样本生化指标测定，应检查项目有：血细胞数、细胞压积、血红蛋白、血糖、血钙、磷、钾、钠、碱储、血酮体、谷草转氨酶、血脂等。对牛疾病的辅助诊断起决定性作用，对代谢性疾病也有作用。

(3)定期疾病监测　由于传染病对牛群危害大，每年两次对结核病、布氏杆菌病等传染病进行检疫。

(4)防治乳房炎(mastitis)　乳房炎为奶牛的一种常见病，不正确的挤奶程序是引起感染的主要因素，挤奶操作宜温柔，挤奶设备设计舒适，不伤乳头，挤奶前要清洗、消毒乳头，干奶期在乳头内注入抗生素，牛床上应铺垫草、锯末等材料以保持松软。牛床坚硬易损伤乳房，引起感染。

(5)防止子宫内膜炎、激素失调等母牛繁殖疾病　子宫内膜炎主要是子宫受污染，要求输精器械严格消毒，公牛精液无菌，接产消毒彻底。母牛体内促性腺激素释放激素、促黄体素、卵泡刺激素、雌激素、孕激素处于一种动态平衡状态，使牛的繁殖周期循序，保障牛的健康。

(6)防治蹄病　关节炎、高产、缺钙及部分外伤及细菌病毒感染，常引起蹄部损伤、跛行，提供舒适干燥牛床、充足的躺卧时间、适当运动量、发现炎症及时治疗。

定期修蹄护蹄，保持蹄部洁净，保证蹄形端正，防止蹄裂，是防治蹄病的最佳方法。

定期蹄浴可预防蹄病，特别是蹄叶炎，40%甲醛 3～5 L 加水 100 L，或 4%硫酸铜溶液温度在 15℃以上，浴液深应达到 10 cm，保持浴液清洁，蹄浴最好设在挤奶间的出口处，每次蹄浴需进行 2～3 d，间隔 3～4 周蹄浴 1 次。

3. 牛体的刮梳及运动

对牛体的刮梳及促进运动对保持牛体清洁卫生、促进牛新陈代谢均有重要意义。

(1)牛体刷拭　牛每天应刷拭 1～2 次，刷拭时应用较硬的工具和铁篦，先由颈部开始，依次为颈—肩—背腰—股—腹—乳房—头—四肢—尾。如遇污垢部分，可用水洗刷；盛夏高温时，用清水洗浴牛体，使皮肤散热，还可防暑、降温，提高产奶量；在冬季，污垢处最好用温水洗，洗后用毛巾擦干皮肤。

(2)运动场(舍)　安装全自动万向挠痒净身机，让牛自愿进行，不管奶牛从什么方向靠过去，摩擦轮都能以最佳角度一边给牛挠痒痒，一边为牛净身，自动按摩。

(3)运动　奶牛每天应有 3～4 h 的户外自由活动时间，享受大自然阳光和清新的空气，适当的运动有利于提高牛的体质和产奶量，促进发情，提高产奶量和乳脂率，预防胎衣滞留。但也不可让奶牛剧烈、长时间的运动，否则会影响牛的健康降低产奶量。

(二)饲料、药物等安全保障

提供优质、新鲜、安全配合饲料，远离有毒有害饲料、饲草；饲料、饲草感官表面光滑、色泽均一新鲜、有光泽，杜绝腐暗色、霉味、变质、结块现象，无虫、鼠污染。具有固有气味，无异味，饲料中大肠菌群、霉菌、沙门氏菌等微生物不得超出国家规定标准，不得检验出有害重金属、农药残留。

饮水：首选地下水、自来水，透明、无色、无异味、无污染，总硬度、可溶性固化物、细菌指标符合国家动物饮用水规定标准，水温有条件可保持 15～20℃。

所用预防、治疗兽药经农业部批准、注册过的，并严格按说明书使用，不添加激素类药品和违禁药品；不得使用治疗用药物作为促生长剂，应由具有独立资质的机构开展对违禁药物的检测。

(三)安全管理

(1)消除水、火、电灾害和其他蚊、虫、老鼠损害的安全隐患，保证全体工人熟悉应急措施，发生时及时扑灭。

(2)降低畜群的应激，如果需要断尾或去势，尽早在 1 周内进行，应用麻醉剂。尽可能延迟早期断奶，尽可能避免不必要的伤害。

(3)奶牛具有群居性、识别、护幼等行为特性，且记忆力强，奶牛饲养实行“关怀式”饲养管理，给予精神安抚和物质福利，奶牛与奶牛、人保持自然亲和关系，牛群适应环境且自在健康，那么该个体的福利状况就好。

(四)牛舍环境的保障

所有新建建筑都要以动物舒适为宗旨,以预防呼吸性疾病为目的。通风、隔热处理,警报系统即使在断电的情况下也能发出警报。

(1)保障牛舍清洁卫生与舒适。在设计牛床时,尽量考虑牛卧床时的舒适度,保持牛床松软、干燥;牛舍及时清扫,彻底清洗和消毒,使舍内及舍外的表层保持干燥(既可防滑又可以减少细菌的繁殖)。应保证合理饲养密度,运动场大小设计要合理,牛以每头 4 m^2 为宜,保持牛舍内、运动场及其环境应有良好排水通风系统。

(2)保持舒适温度。肉牛耐寒不耐热,适宜的温度有利于奶牛的生长和生产,牛生长适宜的饲养温度为 10～15℃,牛生长良好的温度为 15～20℃,冬季特别在北方要加强保温防寒,北面窗关闭,防贼风增加垫草,运动时间选择在中午温暖时,并适当减少户外时间,南方夏季牛易热应激,可在牛舍房顶安装防暑降温设施喷淋装置,也可安装湿帘及风扇等防暑设施。

(3)保证必要光照,满足动物生理需要。牛舍内要有充足适当的光照,牛能正常采食、活动并安静休息,奶牛每天接受的光照不够,松果腺分泌的褪黑激素含量会发生变化,影响泌乳刺激素和 IGF-1 的分泌,从而影响产奶量。满足光照可以多产奶 6%～15%,采食量增加 6%。光照不足应辅以人工光照措施。

(4)通风良好。牛舍内由于粪尿、饲料、饲草、呼吸、垫草的发酵或腐败,经常分解出氨气、硫化氢、二氧化碳、一氧化碳等有毒有害气体,引起有害细菌滋生,对动物的健康和生产不利,影响牛群的生长与行为,及时清理粪尿、残余食物,提高空气的流通量可降低这些不利气体含量,保证尘埃水平、温度、相对湿度在限制水平之下。

(5)降低噪声。长期生活在噪声下,对生长和生产不利,影响奶牛神经系统,干扰内分泌、导致产奶量下降,同时噪声刺激会引起妊娠母牛早产或流产等不良应激反应。

(6)减少粉尘。舍内含有饲料、垫草、土壤的微粒和被毛、皮肤的碎屑等粉尘。保持舍内适当湿度(60%～70%),适时通风。尽量把精料湿拌饲喂或者与青贮、酒糟等混合饲喂,减少饲料引起的粉尘。

(五)环境福利指标测定

环境福利指标指的是动物生活的环境条件,如温度、湿度、光照、气流、噪声等,易受阳光、风、雪、雨、高温、泥泞和粪便污染的地面等环境因素影响,环境福利对动物的健康生长起着非常重要的作用。

在教师指导下使用环境测定仪器(全自动温湿度记录仪、二氧化碳测定仪、风速仪、照度计、甲烷测定仪、有害气体测定仪、噪声计);计算出空间容量、整体环境;根据牛的年龄、性别、体重及行为需要,测量、记录各项环境指标,分析合理性,评定动物福利条件是否良好。

1. 测定方法

(1)自动温湿度记录仪测定　位置随机选择约 1 m 高的 8～10 个点,每个测定点自动读取一天或几天数据,取数据的曲线值,分析温度变化及差异,如没有自动记录仪,温湿度每点读取早中晚 3 个数据。

(2)有害气体、照度、风速测定　以均匀布点的原则，根据牛舍的大小在水平方向上布置5～8个点，垂直方向上，在1 m的高度上布置1个点。每点读取10个数据，最后以读取数据的平均值为该点的测定值，分析最大与最小值所在的时间和地点，为管理做参考。

(3)噪声　自动噪声监测仪放在牛舍门口、窗口及舍内牛群附近，如仪器数量不多，可多次测定，分析噪声高峰时间点，在此时间点人为观察牛只的反应。牛舍噪声白天小于60 dB，夜晚小于50 dB。

2.环境指标控制范围

(1)温湿度　25℃为夏季肉牛较好生产环境温度的界限，以30℃作为肉牛的高温生产环境界限。冬季肉牛较好生产环境温度的界限为5℃以上。

(2)气流　牛舍内气流在0.01～0.05 m/s时，表明舍内通风不良；当牛舍内气流大于0.4 m/s时，表明气流过快。在寒冷季节里，舍内气流速度应在0.1～0.2 m/s，在炎热季节里气流速度可适当加大，寒冷气流对牛生长与生产不利。

(3)有害气体　牛舍中NH_3和CO_2含量表现出早晚高于中午4～5倍的日变化规律，早上和晚上NH_3含量随垂直高度增加而增加。

氨气浓度不得超过20 mg/m^3，犊牛舍不可超过10～15 mg/m^3。

硫化氢含量不得超过10 mg/m^3，犊牛舍不可超过5～10 mg/m^3。

牛舍二氧化碳浓度应在0.25%以下，犊牛舍不可超过0.15%～0.2%，二氧化碳浓度过高时会造成缺氧、呼吸加快。

一氧化碳不得超过20 mg/m^3，犊牛舍不得超过5～15 mg/m^3，当一氧化碳浓度达50 mg/m^3，短时间内就能引起牛急性中毒。

3.环境检测

要针对具体情况对不同的生长时期提供适宜的环境条件，以满足动物的环境福利要求，使动物健康地生长。

(六)奶牛福利评价

为了实现奶牛福利，在奶牛的繁殖、饲养、挤奶、运输、实验、展示、陪伴、工作、防疫、治疗等过程中，应尽可能地减少其痛苦，避免使其承担不必要的伤害和忧伤，使奶牛在福利环境中健康、愉悦地生活、生产，实现泌乳和繁殖能力在数量和质量上最优化。

1.奶牛舒适度指标(CCI)测定

奶牛舒适度指标(CCI)＝躺在卧床上牛的数量/(躺在卧床上牛的数量＋站立在卧床上牛的数量)×100，通过这个指标来反映畜栏或卧床的舒适程度，CCI基准在80～85时较为合适。舒适的畜栏或卧床可以让奶牛更好地休息，这样有利于反刍行为，同时减少奶牛之间的争斗。如果地面过于坚硬，奶牛躺卧时间减少，血液中皮质醇升高容易造成应激。奶牛躺卧时流向乳房的血液比站立时多28%，利于奶的形成；而且躺卧时间少则相应的站立时间长，牛蹄易损伤；但是躺卧时间过长并不好，粪尿对牛体卫生以及乳房和蹄部的健康带来不利影响。舒适度太差甚至会降低繁殖指标。CCI在操作中可以用飞节损伤评分来评价畜栏的舒适度，奶牛飞节处肿胀和脱毛都是卧床不舒适的表现。

2. 奶牛步态评分

跛行也是监控奶牛福利的重要指标，跛行会降低产奶量和繁殖性能，增加被动淘汰率。跛行是由多种因素造成的，如地面过于光滑或粗糙、地上积水等，同时饲料中如果营养缺乏尤其是有效纤维含量低，会造成奶牛酸中毒和蹄叶炎。跛行对采食量和产奶量影响很大，和经济利益密切相关。跛行是通过步态评分来确定的，通常病牛患足不愿落地不愿承重，行走时弓背，而健康牛行走时步态舒适，背部平直，行走时，后蹄应刚好放在同侧前蹄腾出的蹄印上。

3. 奶牛乳头状况评分

乳头情况也是评价奶牛福利的重要指标，乳头的光滑度很好，而且乳头末端较平整，没有环状的牛较为健康舒适，否则可能是过度挤奶对牛乳头造成损伤，不仅影响牛体健康，也影响产奶量和奶质量。乳头评分应选取 80 头牛或全群的 20%作为样本，主要观察乳头表面，是光滑还是粗糙，乳头损伤和被细菌感染的情况，同时乳头的形状也很重要。得分为高的乳头是健康的，而得分为低的乳头明显受到损伤。

4. 奶牛体细胞数(SCC)测定

牛奶中体细胞数(SCC)是奶牛乳房健康状况的一项重要指标，也是评价牛场环境和奶牛福利极其重要的依据。测定的体细胞数(SCC)，可以做到早期发现乳房炎和隐性乳房炎，有利于乳房炎的早期治疗。SCC 下降不仅有利于动物的健康，减少治疗费用，延长奶牛使用年限，降低被动淘汰，同时 SCC 还是一个重要的经济指标，降低 SCC 相当于提高了产量，也提高了乳品质量。

5. 牛体卫生评分

牛健康，则被毛清洁油亮有光泽，眼明亮敏锐无分泌物，鼻湿润，肢蹄和肛门清洁无污垢；观察粪便也能推测饲养管理过程中奶牛福利的情况，主要是看粪便的干稀程度，粪便稀是由于饲料中蛋白质和淀粉含量多；粪便干多发于小母牛和干奶牛，是由于干草质量差，摄入蛋白少。

6. 奶牛体况评分

奶牛体况是奶牛营养代谢正常与否及饲养效果好坏的反映，也是奶牛高产与健康的标志之一。体况评分(body condition score，BCS)是根据观察和触摸牛的尾根、尻角、腰角、脊柱、肋骨以及尻部皮下脂肪蓄积量而进行的直观评分(具体测定参见实验八)。

在泌乳早期，奶牛应该最大限度地增加采食量。

在泌乳中期，应该给奶牛提供额外的饲料以使奶牛逐渐恢复体膘，但也不能过于复膘，要控制增重在要求范围。

在干乳期，要求奶牛的体况评分既不增加，也不减少，保持体况和产犊前的体况相一致。奶牛过肥或体况太差，都不利产犊，应按牛的体况评定结果，调整日粮配方及饲料喂量。

六、注意事项

注意牛场周围大环境与牛舍小环境都应进行环境指标检测，以便进行综合环境评价。

七、实验结果

根据实验内容，记录，分析实验结果。

八、讨论与作业

1. 讨论题

就某奶牛场现场评定，或几个专业养殖户的环境初步评定优劣，再具体评定奶牛体况与健康状况，现场讨论找出相关指标的关系。

2. 作业

对实验奶牛场奶牛群的保健措施，健康状况，环境舒适度，动物福利状况做出综合评价，完成实验报告。

九、生产应用

在规模化、标准化奶牛场，实施奶牛健康与保健及环境舒适度和动物福利评价，对于保持奶牛的健康状态，保持最佳体况，不断提高奶牛的生产性能，提高牛奶产量和质量是非常重要的。实验指导教师要结合典型奶牛场的生产实际，说明讲解如何不断提高奶牛饲养环境的舒适度，保证动物福利，解决集约化生产与动物福利间的矛盾问题。

参考文献：

[1]高腾云，付彤. 奶牛福利化生态养殖技术. 中国畜牧杂志，2011(22)：47-48.

[2]安代志，张召辉，颜培实. 高产奶牛福利. 家畜生态，2004(1)：234-239.

[3]刘超，陈同学，李永志. 提高奶牛福利科学防控乳房炎. 中国畜禽种业，2009(1)：24-25.

[4]柴同杰. 动物保护及福利. 北京：中国农业出版社，2008.

[5]Whitaker D A，Kelly J M，Smith S. Disposal and disease rates in 340 British-diary herds. The Veterinary Record，2000(146)：363-367.

[6]邢廷铣. 奶牛福利及其安全性生产. 饲料工业，2004，25(9)：1-2 .

[7]康相涛，王林，等. 改善奶牛福利待遇提高养殖效益. 北方牧业，2007(5)：10-12.

[8]张义福，李国江，刘殿杰. 奶牛舍饲中的福利待遇及管理要求. 乳业科学与技术，2006(5)：253-255.

[9]刘云国. 养殖畜禽动物福利解读. 北京：金盾出版社，2010.

[10]顾宪红. 畜禽福利与畜产品品质安全. 北京：中国农业科学技术出版社，2005.

[11]李建国，李胜利. 中国奶牛产业化. 北京：金盾出版社，2012.

[12]高玉红，孙新胜，曹玉凤，等. 密闭肉牛舍冬季有害气体的日变化和垂直分布规律研究. 东北农业大学学报，2013，44(11)：143-146.

[13]Philipot J M，Pluvinage P，Cimarosti I，et al. Risk factors of dairy cow lameness associated with housing conditions. Vet Res，1994(25)：244-248.

[14]Fraser A F. Ethology of Farm Animals. Amsterdam：Elsivier，Brantas. Behaviour of dairy cows under free or forced cow traffic in a simulated automatic milking system environment. Applied Animal Behavioral Science，1998(20)：21-27.

第四篇　奶牛生产性能测定

实验十六　奶牛生产力的计算与分析

一、实验目的和要求

通过本实验，使学生熟悉和掌握牛场奶牛群体产奶量和个体产奶量的记录应用、计算和分析方法，为改进牛群的育种和饲养管理，计算和规划经济效益等工作提供科学依据。

二、实验原理

根据奶牛场牛群的产奶记录资料，通过特定的计算方法，计算出群体和个体年产奶量，计算标准乳的产量，绘制泌乳曲线。按年度饲养成母牛头数和泌乳牛头数，分别计算每头牛年平均产奶量和全年日平均产奶量。由此检测、分析和评价奶牛群体和个体的生产性能。

三、实验器材与材料

1. 实验器材：计算器，计算机，打印机，直尺，坐标纸等。

2. 实验材料

(1)某奶牛场 2438 号和 2057 号泌乳母牛 2013 年的产奶日记(表 16-3，表 16-4)，其中 2438 号牛的年平均乳脂率为 3.4%，2057 号牛的年平均乳脂率为 3.2%。

(2)该奶牛场 2013 年的生产记录资料，包括成母牛泌乳头日统计表(表 16-5)、成母牛饲养头日统计表(表 16-6)和 2013 年全场各月份产奶量统计表(表 16-7)。

四、实验内容

1. 个体生产力的计算与分析。

2. 群体生产力的计算与分析。

五、方法和步骤

(一)个体产奶量和标准乳的计算方法

个体产奶量包括日产奶量、年度产奶量(是指 1 月 1 日至本年度 12 月 31 日为止的全年产奶量，包括干乳阶段)。生产中常以 305 d 产奶量、305 d 标准乳产量和全泌乳期实际产奶量(是指产犊后第 1 天开始到干奶为止的累计产奶量)为标准。

1. 305 d 产奶量

是指自产犊后第一天开始到 305 d 为止的产奶量。不足 305 d 者，按实际产奶量；超过

305 d 者，超过部分不计在内。

2.305 d 校正产奶量

是指实际产奶量乘上相对的系数，校正为 305 d 的近似产量。产奶期不足 305 d 的校正系数见表 16-1，产奶期超过 305 d 的校正系数见表 16-2。

表 16-1　泌乳期不足 305 d 的校正系数

胎次	泌乳天数							
	240	250	260	270	280	290	300	305
第 1 胎	1.182	1.148	1.116	1.036	1.055	1.031	1.011	1.00
2～5 胎	1.165	1.133	1.103	1.077	1.052	1.031	1.011	1.00
6 胎以上	1.155	1.123	1.094	1.070	1.047	1.025	1.009	1.00

注：本表及表 16-2 由中国奶牛协会拟定。

表 16-2　泌乳期超过 305 d 的校正系数

胎次	泌乳天数							
	305	310	320	330	340	350	360	370
第 1 胎	1.00	0.987	0.965	0.947	0.924	0.911	0.895	0.881
2～5 胎	1.00	0.988	0.970	0.952	0.936	0.925	0.911	0.904
6 胎以上	1.00	0.988	0.970	0.956	0.939	0.928	0.916	0.993

注：使用上述系数时采用 5 舍 6 进法，即产奶 265 d 采用 260 d 的系数，266 d 采用 270 d 的系数。

3. 标准乳的计算

标准乳也称乳脂校正乳(FCM)，是指乳脂率为 4.0%的乳。不同个体牛产的奶含脂率是不同的。在比较不同个体牛产奶性能时，应将不同含脂率的奶校正为含脂率为 4%的奶。换算公式为：

$$FCM = M(0.4 + 0.15F)$$

式中：M 为泌乳期产量，F 为平均乳脂率。

(二)牛群体产奶量的计算方法

牛群体产奶量的统计，应分别计算成年母牛(包括泌乳、干乳及空怀母牛)的全年平均产奶量和泌乳母牛(指实际泌乳母牛，干乳及不泌乳的母牛不计算)的平均产奶量。

1. 按牛群全年实际饲养奶牛头数计算

$$\text{成年母牛全年平均产奶量(kg)} = \frac{\text{全群全年总产奶量}}{\text{全年平均每天饲养成年母牛头数}}$$

2. 按全年实际泌乳牛头数计算

$$\text{泌乳牛年平均产奶量(kg)} = \frac{\text{全群全年总产奶量}}{\text{全年平均每天饲养泌乳牛头数}}$$

式中的“全年平均每天饲养成年母牛头数”是指全年饲养的成年母牛(包括泌乳、干乳和空怀的各种成年母牛)总头数除以365 d(闰年366 d);“全年平均每天饲养泌乳母牛头数”是指全年饲养的泌乳母牛总头数除以全年天数。

(三)泌乳曲线的绘制

泌乳曲线是根据奶牛的产奶量与泌乳时间所绘制的曲线,是评价奶牛生产性能的一项重要指标。其绘制方法是先在坐标纸上确定坐标位置,横坐标表示泌乳时间(泌乳月);纵坐标表示产奶量(各泌乳月的日平均产奶量)。在两项指标的交汇点上标记出各泌乳月相应的点,最后将各点连接成光滑的曲线,即为泌乳曲线。

泌乳曲线一般有三种类型,即平稳下降曲线、波动曲线(这种曲线常出现两个或多个高峰)和急剧下降曲线。泌乳高峰期日产奶量高,下降缓慢,整个泌乳期产奶量稳定,说明产奶性能好。

六、注意事项

1. 为了使实验结果能够正确地反映实验牛场的生产状况,应注意选择牛群中具有代表性的,产奶量相对稳定的成年母牛的产奶记录作为实验数据,进行计算、分析研究。

2. 绘制泌乳曲线的奶牛数据资料,应注意选择典型的3种类型,绘制不同类型的泌乳曲线,进行比较和分析。

3. 注意计算的准确性和正确表示数据的单位。

七、实验结果

记录实验数据,查阅历年该牛场生产记录数据资料,进行计算、比较和分析。评价牛群生产性能的提高情况和发展趋势,为母牛选种选配和牛群改良提供参考资料。

八、讨论与作业

(一)讨论题

在生产实际中,提高奶牛生产力的主要技术措施有哪些?

(二)作业

1. 根据该牛场2013年度的总产奶量、饲养牛的头日,按该年度饲养成母牛头数和泌乳牛头数,分别计算每头牛年平均产奶量。

2. 计算2438、2057号泌乳母牛的305 d产奶量并计算出标准乳产量,比较两头牛的产奶量。

3. 绘制出以上两头牛的泌乳曲线,比较其生产性能。

4. 按饲养成母牛头数和泌乳牛头数,分别计算2013年全年日平均每头牛产奶量。

见表16-3至表16-7。

表 16-3　2013 年 2438 号牛产奶日记　　kg

日期	月份											
	1	2	3	4	5	6	7	8	9	10	11	12
1	15	—			〃	〃	〃	〃	28	24	〃	〃
2	15	6			〃	〃	〃	32	〃	〃	〃	〃
3	〃	—			〃	38	36	〃	〃	〃	〃	〃
4	〃	—			32	〃	〃	〃	〃	〃	〃	〃
5	〃	2			〃	〃	〃	〃	〃	〃	20	〃
6	〃				〃	〃	〃	〃	27.5	23.5	〃	〃
7	14.5				〃	〃	〃	31.5	〃	〃	〃	〃
8	〃			8	〃	37.5	35	〃	〃	〃	〃	16.5
9	〃			11	34	〃	〃	〃	〃	〃	〃	〃
10	〃			13	〃	〃	〃	〃	〃	〃	19.5	〃
11	〃			15	〃	〃	〃	〃	〃	〃	〃	〃
12	14			20	〃	〃	〃	31	〃	〃	〃	〃
13	〃			21	〃	38	34.5	〃	〃	〃	〃	16
14	〃			25	35	〃	〃	〃	〃	〃	〃	〃
15	〃			〃	〃	〃	〃	〃	〃	〃	19	〃
16	〃			〃	〃	〃	〃	〃	26	22.5	〃	〃
17	13			〃	〃	〃	〃	30	〃	〃	〃	〃
18	〃			〃	〃	37.5	34	〃	〃	〃	〃	16.5
19	〃			27	26	〃	〃	〃	〃	〃	〃	〃
20	〃			〃	〃	〃	〃	〃	〃	〃	18	〃
21	〃			〃	〃	〃	〃	〃	25.5	22	〃	〃
22	11			〃	〃	〃	29.5	〃	〃	〃	〃	〃
23	〃			〃	〃	37	33.5	〃	〃	〃	〃	16
24	〃			28	38	〃	〃	〃	〃	〃	〃	〃
25	〃			〃	〃	〃	〃	〃	〃	17.5	〃	〃
26	10			〃	〃	〃	〃	〃	25	21.5	〃	〃
27	〃			〃	〃	〃	〃	29	〃	〃	〃	〃
28	〃			〃	〃	36.5	33	〃	〃	〃	〃	15.5
29	〃			31	37.5	〃	〃	〃	〃	〃	〃	〃
30	〃			〃	〃	〃	〃	〃	〃	〃	17	〃
31	8				〃		〃	〃		21		〃
合计												

表 16-4　2013 年 2057 号牛产奶日记　　kg

日期	月份											
	1	2	3	4	5	6	7	8	9	10	11	12
1		32	〃	〃	〃	33.5	30.5	〃	〃	〃	〃	
2		〃	〃	37.5	35.5	〃	〃	〃	〃	〃	—	
3		〃	41	〃	〃	〃	〃	〃	24	21	8	
4		〃	〃	〃	〃	〃	〃	〃	〃	〃	—	
5		〃	〃	〃	〃	〃	〃	29.5	〃	〃	—	
6	10	34	〃	〃	〃	33	30	〃	〃	〃	4	
7	12	〃	〃	38	35	〃	〃	〃	〃	〃		
8	15	〃	40.5	〃	〃	〃	〃	〃	22.5	20		
9	18	〃	〃	〃	〃	〃	〃	〃	〃	〃		
10	20	〃	〃	〃	〃	〃	〃	28	〃	〃		
11	24	36	〃	〃	〃	32.5	30.5	〃	〃	〃		
12	25	〃	〃	37.5	35.5	〃	〃	〃	〃	〃		
13	〃	〃	40	〃	〃	〃	〃	〃	22	19		
14	〃	〃	〃	〃	〃	〃	〃	〃	〃	〃		
15	〃	〃	〃	〃	〃	〃	〃	27	〃	〃		
16	〃	38	〃	〃	〃	33	31	〃	〃	〃		
17	27	〃	〃	37	35	〃	〃	〃	〃	〃		
18	〃	〃	39	〃	〃	〃	〃	〃	22.5	18		
19	〃	〃	〃	〃	〃	〃	〃	〃	〃	〃		
20	〃	〃	〃	〃	〃	〃	〃	26.5	〃	〃		
21	〃	〃	〃	〃	〃	32.5	30.5	〃	〃	〃		
22	〃	39	〃	36.5	34.5	〃	〃	〃	〃	〃		
23	〃	〃	38.5	〃	〃	〃	〃	〃	22	16		
24	〃	〃	〃	〃	〃	〃	〃	〃	〃	〃		
25	〃	〃	〃	〃	〃	〃	〃	26	〃	〃		
26	〃	〃	〃	〃	〃	31	30	〃	〃	〃		
27	〃	40	〃	36	34	〃	〃	〃	〃	〃		
28	〃	〃	38	〃	〃	〃	〃	〃	21.5	14		
29	〃		〃	〃	〃	〃	〃	〃	〃	〃		
30	〃		〃	〃	〃	〃	〃	25	〃	〃		
31	〃		〃		〃		29	〃		〃		
合计												

表 16-5　2013 年成母牛泌乳头日统计表

牛舍	月份											
	1	2	3	4	5	6	7	8	9	10	11	12
一	1 187	1 047	1 140	1 185	1 109	1 074	997	880	921	869	1 020	945
二	1 073	1 034	1 099	1 010	1 051	1 098	1 107	1 066	864	871	941	1 050
三	1 141	1 032	1 090	1 118	968	962	988	1 090	1 040	1 011	1 092	1 051
四	1 091	980	1 125	971	980	1 014	985	900	921	1 036	974	1 043
五	1 121	1 049	1 156	1 067	994	1 045	994	970	930	1 026	1 012	990
六	781	616	668	180								
七	677	588	669	707	682	616	622	588	659	717	684	712
八	781	188	513	709	961	1 067	1 117	1 188	1 191	1 187	1 159	1 019
合计												

表 16-6　2013 年成母牛饲养头日统计表

牛舍	月份											
	1	2	3	4	5	6	7	8	9	10	11	12
一	1 255	1 120	1 216	1 285	1 245	1 252	1 240	1 240	1 184	1 122	1 146	1 240
二	1 240	1 120	1 240	1 200	1 212	1 195	1 229	1 240	1 174	1 191	1 205	1 240
三	1 271	1 139	1 240	1 275	1 240	1 200	1 240	1 240	1 200	1 224	1 185	1 245
四	1 240	1 118	1 240	1 200	1 240	1 188	1 240	1 209	1 200	1 240	1 200	1 240
五	1 240	1 120	1 240	1 274	1 240	1 210	1 233	1 209	1 154	1 194	1 200	1 240
六	815	672	689	180								
七	837	756	837	810	837	810	837	837	810	837	780	806
八	28	118	515	709	961	1 067	1 117	1 118	1 191	1 209	1 189	1 357
合计												

表 16-7　2013 年各月产奶量统计表　　kg

月 份	1	2	3	4	5	6
产奶量	136 604	124 265	135 086	131 534	130 067	130 960
月 份	7	8	9	10	11	12
产奶量	133 746	131 144	125 689	130 356	139 779	149 386

九、生产应用

在牛场进行奶牛生产力的计算与分析具有重要的意义，是掌握牛群生产状况，调整牛群营养水平和饲养管理方式，提高牛群生产性能的重要依据。实验指导教师要结合典型奶牛场的生产实际，说明讲解该项工作的重要意义，分析生产应用实例。

参考文献：

[1]周贵，王立克，黄瑞华，等. 畜禽生产学实验教程. 北京：中国农业大学出版社，2006.

[2]莫放. 牛生产学. 2 版. 北京：中国农业大学出版社，2010.
[3]李建国. 现代奶牛生产. 北京：中国农业大学出版社，2007.

实验十七　奶牛生产性能测定(DHI)及其分析

一、实验目的和要求

(一)实验目的

通过本次实验，应使学生了解和掌握：

1. 奶牛生产性能测定(dairy herd improvement, DHI)的目的和意义。
2. 生产性能测定的方法与要求。
3. 生产性能测定结果的分析与应用。

(二)实验要求

1. 掌握奶牛生产性能测定的内容与方法。
2. 对奶牛生产性能测定报告能进行解读。

二、实验原理

DHI 是一套完整的奶牛性能测定与记录体系，要求每月一次统一采集每头泌乳奶牛的奶样，利用 DHI 分析仪对乳成分及体细胞进行分析，并记录产奶量。它是奶牛育种工作的基础，是评估公牛遗传素质最重要的数据来源，也是提高奶牛群体管理水平和牛奶质量水平的有效工具，具体的服务用途见图 17-1。

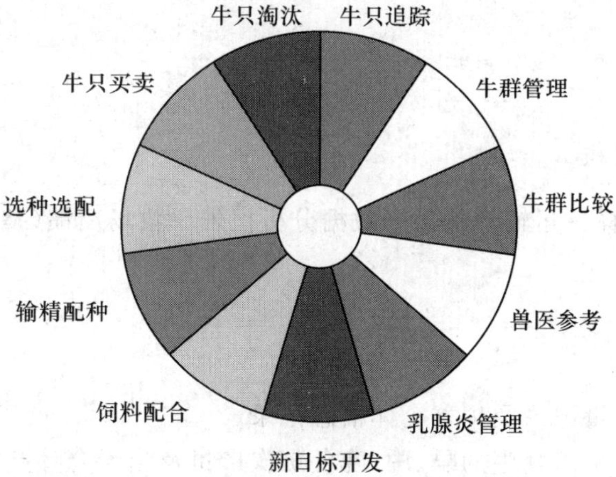

图 17-1　DHI 测定工作的用途

DHI 测定指标主要包括奶牛的测定日产奶量、乳脂率、乳蛋白率、乳糖率、全乳固体含量、尿素氮含量和牛奶体细胞数等指标。测定日产奶量由奶牛场挤奶记录提供，牛奶成分(牛奶干物质、乳脂率、乳蛋白率、乳糖率)由地方具有资质的单位(如奶牛生产性能测定中心)采用专门的分析设备(如丹麦 FOSS 公司生产的牛奶分析仪)测定。牛奶体细胞数则是由配套的细胞流式分析仪测定得出。

DHI 的原理是根据自身对样品测定和牛场提供的相关信息，由计算机根据公式(或者回归式)自动生成生产性能测定报告，再反馈给牛场，为奶牛场饲养管理提供决策参考。其中的乳脂率、乳蛋白率是根据红外原理进行测定的(配备的专门的乳品分析仪)，体细胞数是将奶样细胞核染色后，通过电子自动计数器测定的，305 d 产奶量是根据每个泌乳月抽测一次的 24 h 泌乳量，通过下列公式计算的：

$$305M = M_1(I_0 + I_1/2) + M_2(I_1 + I_2)/2 + M_3(I_2 + I_3)/2 + \cdots + M_{n-1}(I_{n-2} + I_{n-1})/2 + M_n(I_{n-1}/2 + I_n)$$

式中，305 M 为 305 d 产奶量，M_1、M_2、M_3、…、M_n 为每次测定的产奶量，I_0、I_1、I_2、I_3、…、I_n 为测产间的间隔天数。

三、实验器材与材料

1. 实验器材：①FOSS 公司生产的牛奶成分红外测试仪；②牛奶体细胞数流式分析仪；③酶标仪；④恒温水浴锅；⑤采样器(流量计)。

2. 实验材料：①待测牛群；②采样瓶；③条形码；④分析试剂；⑤牛奶样品。

四、实验内容

1. 了解 DHI 工作流程。
2. 了解 DHI 实验室测定及数据分析。
3. 了解 DHI 报告制作。
4. 学会 DHI 报告解读。

五、方法和步骤

(一)DHI 操作流程

DHI 操作流程：采样→运输→测试→数据分析报告→牧场反馈(整个周期 3～7 d)。

(二)采样

1. 牛群信息了解

牛群信息包括奶产量记录及牛群个体信息记录。

产奶量记录包括每头泌乳牛的早、中、晚各班次产量及当天合计产量；对头胎牛，个体信息包括：牛号、分娩日期、犊牛号、性别、初生重、留养情况、与配公牛、出生日期、父号、母号、外祖父；对经产牛，个体信息包括：牛号、胎次、分娩日期、犊牛号、性别、初生重、留养情况、与配公牛；对淘汰牛，信息包括：牛号、淘汰日期；对转群牛，信息包括：牛号、转群日期、现牛圈号。根据以上信息确定测试对象(所有分娩1周以后的泌乳牛均需检测),列表登记并制作条形码。

2. 采样瓶准备

按奶牛头数准备好相应数量的干净、干燥的奶样瓶,按顺序粘贴好条形码,放入适量防腐剂。样品防腐剂:一般为重铬酸钾,加入量是0.03 g(40～50 mL的奶样),也可用进口的奶样专用防腐剂(BSM片)。

3. 采样

主要是根据测试间隔确定采样日期,一般间隔26～33 d,平均30 d左右;根据上次采样日期推算,本次到达采样日期时携带采样瓶进入奶牛场,以日3次挤奶早、中、晚比例为4∶3∶3,日2次挤奶早晚比例为6∶4用专用取样器进行采样。

4. 奶样运输与存放

奶样采集完毕要立即利用专业采样运输车运回中心实验室存放,含防腐剂的奶样在2～7℃下安全存放7 d;在室温18℃左右可安全存放4 d。存放期内必须完成样品分析。

(三)奶样的测定

牛奶样品送达实验室后,应尽快进行测定。测定主要内容包括乳脂率、乳蛋白率、乳糖率、全乳固体含量、尿素氮含量和体细胞数。

1. 测定前的准备

在恒温水浴锅中加入适量的水,加热温度调节为40～42℃;

检查染色液、清洗液、调零液是否充足;

准备好笔和记录本,随时记录测定中的情况;

按照仪器操作规程,开机选择测定程序。检查清洗调零情况,若一切检查无误,仪器就可以使用了。

2. 测定奶样

样品在放入恒温水浴锅之前,检查样品的瓶盖是否严密,对无条形码的样品记录下该样品的牛号,将检查后的样品放入水浴锅中15～20 min,使之达到测定的温度(40±2)℃。任何样品都不能放在水浴中超过45 min。

将加了温的奶样从水浴中取出,在输送架上摆好,用一空输送架压在带有奶样的输送架上进行U字形的晃动8次,摇匀样品后打开样品瓶盖,同时观察样品是否有腐坏或凝集现象,腐坏的样品不能测定,应将该样品的牛号记录下来以待补测。

输送架放到仪器输送带上,输入牛场编号及样品数量后开始自动测定。

3. 注意事项

(1)控制样(标样)需每隔1 h测一次,确保每批样品测定的准确性。

(2)根据仪器使用情况,设定好仪器的清洗间隔,一般每测100个样品清洗一次,每测200个样品调零一次。

(3)完成全部测定后,将测定后的数据拷贝到盘上连同记录交给数据分析室。用清洗液冲洗仪器4～6遍,然后按程序停机。

(四)数据与报告分析

1. 数据分析及 DHI 报告

DHI 测定中心负责对奶样进行分析测试，测试结果用计算机软件进行分析，并出具 DHI 测定报告。

DHI 报告应提供奶牛当月测试日的所有相关信息，包括测试日产奶量、乳脂率、乳蛋白率、总固体含量、尿素氮含量、体细胞数、奶损失、经济损失、305 d 预测产量、累计产量、高峰日、高峰奶产量和上月信息追踪等 20 多项指标，为牧场管理提供第一手数据。

图 17-2 是天津市奶牛发展中心 DHI 测定研究室为天津市某奶牛养殖场出具的某年某月 DHI 测定数据报告，由此可仔细阅读个体和群体数据，群体数据是在 Excel 软件基础上对数据做出的统计分析。

	A	B	C	D	E	F	G	H	I	J	K	L	M	N	O	P	Q	R	S	T	U	V	W	X	Y	Z	AA	AB	AC	AD	AE
1						天津市 X X X 养殖场 生产性能测定月报表																						天津市奶牛发展中心 DHI中心 天津市西青区津静公路24号 邮编：300384 电话：022-23792073 电子邮箱：tjdhi@163.com			
2								按鉴定日体细胞数大小顺序排列								2013 年 8 月															
3						上月记录		鉴定日记录									累计记录											305天期待或实际			
4	牛舍	牛号	分娩日期	干奶天数	胎次	乳量kg	体细胞数(万)	乳量kg	脂肪率	蛋白率	乳糖率	干物质率	体细胞数(万)	线性分	奶损失	尿素氮	泌乳天数	乳量kg	乳脂率	蛋白率	干物质率	日单产	脂肪蛋白比	高峰乳量	高峰日	持续力	90天产奶量kg	产奶量	脂肪率	干奶或淘汰日期	备注
269	03100126	10126	12/11/4	0	1.0	26.4	7.5	16.7	3.91	3.26	5.08	12.95	4.3	1.8	0.0	15.3	287	7142	3.57	3.02	12.4	25	1.2	36	134	64	2659	7713	3.57	- -	
270	03100080	10080	13/7/25	0	2.0	0		18.7	3.53	2.58	4.88	11.69	4.2	1.7	0.0	20.4	24	449	3.53	2.58	11.7	19	1.37	18.7	24	0	0	0	0	- -	
271	03100071	10071	12/7/25	0	1.0	23.3	15.8	16.6	3.71	3.26	4.82	12.49	382.1	8.3	3.5	19	389	9633	3.45	2.84	11.6	25	1.14	33.4	85	72	2522.3	7683	3.74	- -	×
272	03090035	09035	13/1/2	0	3.0	29.5	11.5	17.6	4.1	3.13	4.39	12.32	204.5	7.4	2.5	15.1	228	6604	3.67	3.3	12.7	29	1.31	44	75	61	3454.5	8717	3.67	- -	×
273	03080146	08146	13/1/11	0	3.0	25.5	55.5	21.3	3.95	3.21	4.67	12.53	146.3	6.9	3.0	19.2	219	3301	3.65	3.05	12.3	15	1.23	40.7	38	84	0	4357	3.65	- -	×
274	03080145	08145	13/2/20	0	3.0	36.2	13.5	23.6	3.41	2.96	4.8	11.87	110.2	6.5	3.4	18.8	179	4293	3.26	2.97	12	24	1.15	37.5	87	66	1236.2	6482	3.26	- -	×
275	03110050	11050	13/3/31	0	1.0	14.4	5.7	14.4	4.07	2.89	4.73	12.39	104.1	6.4	1.2	15.3	140	2536	3.81	2.96	12.5	18	1.41	26.9	48	100	1750.4	4489	3.81	- -	×
276	03100142	10142	13/2/19	0	1.0	25.3	9.0	21.9	3	3.3	4.51	11.51	96.8	6.3	1.8	17.4	180	3998	3.47	2.97	12	22	0.91	29.9	88	87	1618.2	6037	3.47	- -	×
277	03080057	08057	12/11/22	0	3.0	25.7	49.0	16	4.08	3.26	4.88	12.92	92.2	6.2	1.3	18.9	269	9208	4.39	3.07	13.3	34	1.25	60.1	116	63	3976.1	9945	4.39	- -	×
278	03080102	08102	12/11/30	0	3.0	19.1	-	11.3	4.02	3.33	4.04	12.09	88.7	6.1	0.9	16.6	261	1523	2.7	2.13	7.95	6	1.21	42.7	49	60	0	1645	2.7	- -	×
279	03080152	08152	13/3/10	0	2.0	28.2	304.0	23.5	3.06	3.35	4.85	11.96	540.2	8.8	5.0	19.2	161	3978	3.59	3.04	12.3	25	0.91	36.4	69	84	1852.2	7041	3.59	- -	××
280	03040442	442	13/1/5	0	6.0	28	228.2	25.1	4.87	3.59	4.85	14.01	357.7	8.2	5.3	23	225	7000	3.7	3.31	12.7	31	1.36	47.9	44	90	3889.4	9240	3.7	- -	××
281	03110022	11022	13/3/11	0	1.0	22.7	201.4	18	3.73	3.19	4.59	12.21	200.1	7.3	2.6	22.9	160	3339	3.25	2.74	11.5	21	1.17	33	99	80	1588.9	5910	3.25	- -	××
282	03080020	08020	13/2/16	0	3.0	36.4	176.8	27.4	3.14	2.86	4.55	11.25	185.7	7.2	3.9	15.5	183	4427	3.32	2.96	11.7	24	1.1	40.5	122	76	0	6685	3.32	- -	××
283	03050494	494	11/7/30	0	3.0	25.6	195.8	18.1	3.76	2.98	4.47	11.91	175.6	7.1	2.6	17.5	750	7866	3.9	3.18	12.8	10	1.26	39.8	153	72	0	0	0	- -	××
284	03110002	11002	13/2/4	0	1.0	25.2	131.2	19.5	3.8	3.02	4.89	12.41	143.1	6.8	2.8	19.6	195	4922	3.26	2.83	11.8	25	1.26	40.8	42	78	0	7432	3.26	- -	××
285	03080027	08027	12/11/20	0	2.0	28	310.5	24.3	3.68	3.24	4.87	12.49	120.7	6.6	3.5	15.6	271	8669	3.77	3.29	12.7	32	1.14	48.1	59	87	3743.8	9363	3.77	- -	××
286	03050539	539	13/1/10	0	6.0	26.5	99.6	19	3.7	3.38	4.59	12.37	66.8	5.7	1.5	16.4	220	7069	3.61	3.16	12.4	32	1.09	50.2	67	73	3915.2	9331	3.61	- -	OK
287	03050581	581	12/11/22	0	6.0	20.4	403.3	18.9	3.03	3.2	4.95	11.88	61.0	5.6	1.5	18.2	269	2166	3.73	3.31	12.7	8	0.95	38.8	116	93	0	2339	3.73	- -	OK
288	03100148	10148	13/4/30	0	1.0	25.2	97.0	19.1	3.56	3.17	5	12.43	58.2	5.5	1.5	15.5	110	2334	4.14	3.17	13.1	21	1.12	25.2	79	77	1890.7	5041	4.14	- -	OK
289	03100114	10114	12/9/28	0	1.0	25.9	185.3	18.8	4.86	3.52	5.06	14.14	44.7	5.2	1.5	19.3	324	7833	4.42	3.28	13.4	24	1.38	35.1	51	73	2523	7408	4.4	- -	OK
290	03090085	09085	12/6/14	0	1.0	21.4	131.5	12.3	3.64	3.2	4.35	11.89	31.4	4.7	0.4	19.8	430	10768	3.43	2.98	11.7	25	1.14	34.5	188	59	2233	8708	3.45	- -	OK
291	03080062	08062	12/11/5	0	3.0	26.8	5.1	17.8	0	0	0	0	-	-	-	18	286	9152	3.77	3.09	12.5	33	1.07	46.6	133	68	3440.6	9984	3.77	- -	没样
292	03080092	08092	13/1/26	0	3.0	33.4	17.7	25.7	0	0	0	0	-	-	-	19.3	204	6828	2.74	2.12	8.83	34	1.35	60.8	51	78	0	8927	2.74	- -	没样
293	1B	组平均	- -	0	2.2	26.4		20.3	3.77	3.06	4.81	12.33	62.9	5.7	1.6	0	210	5252	3.68	3	12.3	25	1.24	41.6	82	76	2627.1	7430	3.65	- -	
294		组合计	- -	0		1638		1419	0	0	0	0			69.	0	0	0	0	0	0	0	0	0	0	0	0	0	0	- -	
295																															

txbbb

图 17-2 天津市某奶牛场某年某月 DHI 测定月报表

2. DHI 报告解读与应用

正确解读 DHI 报告信息，将会了解或预知牛群出现的各种问题，从而提出相应的管理措施。下面是对 DHI 报告中各项指标的解释：

(1)序号 样品测试的顺序。

(2)牛号 依中国奶业协会规定统一编号，共计 12 位。前 6 位是所在省份(市)(前 2 位)和牧场编号(第 3～6 位)，后 6 位是出生年份(第 7～8 位)及顺序号(第 9～12 位)。统一编号增加数据的规范性、准确性，便于数据库管理、建档。

(3)分娩日期 计算其他各项派生指标的依据，可产生一系列重要参数。

(4)泌乳天数 从分娩第一天到本次测奶的时间，反映奶牛所处的泌乳阶段，有助于调整牛群结构，是计算 305 d 预测奶量的必备条件。

(5)前次奶量 上次测试日产奶量，和当月测试结果比较用于说明牛只生产性能是否稳定。

(6)乳脂率、乳蛋白率 红外线分析仪测试样品所含乳脂百分比和乳蛋白百分比。

(7)脂肪蛋白比　乳脂率与乳蛋白率的比值。

(8)体细胞数(SCC)　每毫升牛奶中体细胞的含量。牛奶中体细胞包括多核白细胞、淋巴细胞、巨噬细胞及乳腺组织脱落的上皮细胞等。

(9)前次体细胞数　上次测试日测得的体细胞数,用以说明奶牛场采取的预防管理措施是否得当,治疗手段是否有效。

(10)总奶量　从分娩之日起到本次测奶日该牛的泌乳总量,单位为 kg。

(11)总乳脂量和总蛋白量　从分娩之日起到本次测奶日该牛的乳脂总产量、乳蛋白总产量,单位为 kg。

(12)高峰日、高峰奶　高峰日指奶牛在几次测奶中奶量最高时的泌乳天数。高峰奶指几次测奶中的最高奶量。

(13)305 d 产奶量　预测奶量,当泌乳天数达到或超过 305 d 时,指 305 d 的实际奶量。

(14)繁殖状况　奶牛当前所处的生理状况(配种、怀孕、产犊、空怀)。

(15)预产期　根据配种日期及怀孕检查推算而来。

六、注意事项

1. DHI 测定的关键在于它的准确性和及时性,注意采样瓶与牛群信息的一一对应关系,防止张冠李戴。

2. 定期对测试仪和流量计进行校正是保证测试数据准确的关键。

DHI 测试仪校正:每使用 6 个月或仪器经过维修后大校(9 个梯度样),每周高低样校正。

流量计校正:每使用 6 个月校正一次。流量计使用要保持清洁,计量过程中必须垂直悬挂,倾斜角度不超过 5°。

3. 采样必须接触挤奶设备或奶牛,操作人员要注意安全,防止挤奶坑道光滑而摔倒受伤。

4. 实验室操作要细心,按照操作规范进行。

5. 实验数据分析要及时,出具报告要准确规范。

七、实验结果

DHI 报告由多种表格组成,其中,包括以下几个方面的应用:

(一)体细胞数的应用

牛奶中的体细胞通常由巨噬细胞、淋巴细胞和多形核嗜中性白细胞等组成。当乳腺被感染或受机械损伤后,体细胞数就会上升,其中多形核嗜中性白细胞所占比例会高达 95%以上。因此,测量牛奶中体细胞数的变化有助于及早发现乳房损伤或感染、预防治疗乳腺炎,同时还可降低治疗费用,减少牛只的淘汰,增加产奶能力。因为乳房的健康与否直接关系到牛只的产奶能力、牛奶质量和奶牛使用年限等,故体细胞数是用来衡量乳房是否健康的重要标志。奶牛理想的体细胞数:第 1 胎≤15 万/mL,第 2 胎≤25 万/mL,第 3 胎≤30 万/mL。

(二)DHI 报告中乳脂率、乳蛋白率的应用

牛奶中脂肪(F)和蛋白(P)高低直接影响到奶价,一般地,奶价可由以下因素构成:

$$V=W\times(F\times a+P\times b)$$

式中:V 为收购奶款,单位为人民币元;W 为牛奶收购量,单位为 kg;F 为测得脂肪含量,a 为脂肪的经济权重;P 为测得蛋白质含量,b 为蛋白质的经济权重。不同季节 F 和 P 所乘的系数会有所不同。同样 1 kg 牛奶会因 P 和 F 的不同而收益不同。如果没有进行 DHI 测定,就无法获知牛群中哪些牛对产奶的贡献率较高,哪些牛产生的效益较低。有了 DHI 报告,则能很容易发现牧场潜在的问题,并及时采取措施加以解决。

乳脂率和乳蛋白率之间的关系:

1. 脂蛋比

正常情况下,荷斯坦牛的乳脂与乳蛋白的比应在 1.12~1.13。这一比值在泌乳前期略偏小,特别是处于泌乳 30~60 d 的牛,可常见到 3%的乳脂含量和 2.9%的蛋白含量,此时比值仅为 1.03;当日粮中添加了大量脂肪,或日粮中蛋白不足,或非降解蛋白不足时,会发生高脂低蛋白症,引起该比值升高;反之当蛋白含量大于脂肪含量比值小于 1 时,则可能是由于日粮中太多的谷物精料,或者日粮中缺乏有效纤维素。

2. 脂蛋差

奶牛在泌乳早期的乳脂率与乳蛋白率之差小于 0.4%时,就意味着奶牛在快速利用体脂,则应检查奶牛是否发生了酮病,也可能是过渡期中毒(指发生于产后 40 d 以内);而泌乳中后期时,则可能发生了典型性酸中毒。

3. 乳脂率、乳蛋白率

乳脂率和乳蛋白率可用于衡量营养状况和体况评分。

若乳脂率低,可能由瘤胃功能不佳,代谢紊乱,干草过少,饲料颗粒过小或搅拌时间过长等问题导致;若产后第 100 天内蛋白率很低(<3%),可能是由于干奶期日粮营养差导致产犊时体况评分过低,泌乳早期能量缺乏,日粮中可溶性蛋白或非蛋白氮含量过高,能蛋比例不平衡致微生物蛋白合成量下降所致。北美荷斯坦牛的乳脂率为 3.65%,乳蛋白率为 3.15%。我国大多奶牛场乳脂率为 3.5%,乳蛋白率为 3.0%,略低于国外水平。

乳脂率低下可采取的措施:

(1)减少 TMR 中精料比例,搅拌时间不要太长,原料中精料不要磨得太细;

(2)日粮中添加小苏打等缓冲盐;

(3)饲料中中性洗涤纤维(NDF)应大于 28%,保证奶牛正常反刍;

(4)酸性洗涤纤维(ADF)不少于 18%。

(三)DHI 报告中尿素氮的应用

牛奶中尿素氮(milk urea nitrogen,MUN)可反映体内氮代谢情况,进而反映日粮蛋白质水平、瘤胃能氮平衡和奶牛瘤胃对氮的利用率。正常情况下牛奶中尿素氮含量在 140~180 mg/L。如果牛奶中的尿素氮含量高于上限,则有可能是以下原因:①日粮中蛋白质含量过高;②瘤胃蛋白降解率高;③日粮中非蛋白氮过多;④瘤胃快速降解碳水化合物不足;⑤能氮不平衡。这些情况都提示 TMR 制作不合理或配方不合理。

(四)DHI 报告中产奶量的应用

前后两次个体产奶量的值主要用于比较个体产奶水平的变化,可以反馈出营养配方、牧场管理方面的缺陷。若明显下降可能预示该动物受到应激，如生病、肢蹄病、争吃草料等。

两次测奶量较大的波动可能是：①日粮配方更换太快；②母牛产犊时过肥，可能会发生代谢病如酸中毒、酮病等。

检查牛只测试日奶量、前次奶量及 305 d 预计奶量可提供个体牛是否盈利，确定牛只的 305 d 产量及日产奶量是否平衡，便于尽早淘汰不赚钱牛，降低饲料费、配种费、管理费等。

在生产中应用测试日产奶量：①反映该牛当月产量高低，可评价上月产量管理水平；②按产奶水平，合理分群管理；③实行测奶配料；④测试日平均产奶量及产奶头数可用于衡量牧场盈利水平；⑤将 305 d 预计奶量和实际产量结合分析可以用于本月及长期的预算。

（五）DHI 报告中泌乳天数的应用

如果牛群为全年均衡产犊，那么平均泌乳天数应该处于 150～170 d。若从 DHI 报告获得的数据高于这一水平，表明繁殖存在问题，导致产犊间隔延长，并影响到下一胎次的正常泌乳。

依据 DHI 报告，分析泌乳天数、日产奶量、校正奶量及繁殖状况的关系，可用于制订计划，若近期内分娩的牛数比正常多，泌乳天数应该下降，日产量水平应该上升，月产量也应上升；反之，日产奶量将下降。

（六）DHI 报告中泌乳持续力的应用

根据个体牛测试日奶量与前次测试奶量，可计算出个体牛的泌乳持续力：

泌乳持续力＝测试日奶量/前次测试日奶量×100％

泌乳持续力用于比较个体牛的生产持续能力。随着胎次和泌乳阶段而变化，一般一胎牛的产奶量下降比二胎以上的牛慢。影响泌乳持续力的两大因素是遗传和营养。

正常的泌乳持续力指标：若泌乳持续力高，可能预示着前期的生产性能表现不充分，应补足前期的营养不良。若泌乳持续力低，表明目前饲养配方可能不能满足奶牛产奶需要，或者乳房受感染，挤奶程序、挤奶设备等其他方面存在问题。

（七）DHI 报告中高峰产奶量、峰值日的应用

高峰产奶量：是指单个牛在某一胎次中产量最高的日产奶量。例如，成母牛泌乳高峰时产奶量为 30 kg，则头胎牛在泌乳高峰时产量应为 22.5 kg，为成年时的 75％；若比例小于 75％，说明没有达到应有的泌乳高峰；相反，则表明头胎牛泌乳潜力得到充分发挥，或成母牛的潜力没有得到充分发挥。

峰值日：是指产后高峰奶量出现的天数。单产高的牛其高峰产奶量也高。牛一般在产后 4～6 周达到其产奶高峰，若每月测奶一次，其峰值日应出现在第二个测试日，即应低于平均值 70 d；若大于 70 d，表明有潜在的奶损失，应检查下列情况：产犊时膘情、干奶牛配方、产犊管理、干奶牛配方向产奶配方过渡的时间以及泌乳早期日粮能量浓度等。

影响高峰产奶量的因素有：

（1）体况　当分娩时体况评分为 3.5 分时，奶牛容易达到理想的高峰产奶量。

（2）育成牛饲养　如果育成牛发育良好，分娩时体重达到 500～550 kg 时，初产奶牛容易达到高峰产奶量。

（3）产期护理　围产期奶牛如果得到良好护理，有利于保持健康并达到高峰产奶量。

(4)泌乳早期营养　泌乳早期营养直接影响高峰产奶量，如果营养良好，奶牛在4～6周达到泌乳高峰期。

(5)遗传　遗传性能关系到奶牛高峰产奶量的高低。

(6)乳腺炎　避免产奶高峰发生乳腺炎。

(7)产后疾病和并发症　若牛产后受到应激，将不能达到理想的峰值水平，干奶牛营养不当、产犊环境不洁及助产不当等可能引起并发症。

(8)不完全挤奶　劣质挤奶设备的使用，挤奶设备维护不当或不正确的挤奶程序等均能降低高峰产奶量。

(9)干奶牛管理　这是调整牛膘情的最后机会，在这一时期瘤胃和乳房均修复因上次泌乳所引起的损伤。

八、讨论与作业

1.讨论题

DHI在奶牛生产中有何作用与意义？如何更好地推动DHI测定工作，发挥DHI作用？

2.作业

进行一次完整采样和分析，完成并提交DHI分析数据和反馈报告。

九、生产应用

在集约化标准化奶牛场实施奶牛生产性能测定(dairy herd improvement，DHI)及其结果的分析应用，是不断改良和提高奶牛群生产性能，建立优质高产牛群，提高牛奶产量和质量以及经济效益的重要生产管理手段。近年来这项工作已经在我国逐渐广泛开展起来，但还迫切需要这方面的应用技术的培训普及和提高。本实验要求任课教师在实验课中结合生产实际进行介绍，说明与分析，使学生了解DHI的基本原理，掌握测定方法及测定结果的解读分析与应用。

参考文献：

[1]张学炜，李德林.规模化奶牛场生产与经营管理手册.北京：中国农业出版社，2014.

[2]周贵，王永军.牛生产学.长春：吉林科学技术出版社，2007.

[3]莫放.养牛生产学.2版.北京：中国农业大学出版社，2010.

[4]李建国.现代奶牛生产.北京：中国农业大学出版社，2007.

实验十八　奶牛的综合评定

一、实验目的和要求

通过本实验掌握奶牛的综合评定原理和方法，确定实验奶牛的综合等级。

二、实验原理

奶牛在生产过程中所表现的各胎次的产奶量、乳脂率及外貌评分等综合记录是反映和鉴定其生产性能的重要资料。通过对这些资料的综合统计分析和数据处理，即可对奶牛做出综合性能评定，计算出奶牛的综合评定选择指数。

三、实验器材与材料

1. 实验器材：计算器，计算机，打印机等。
2. 实验材料
(1)待评定实验荷斯坦品种奶牛的产奶量、乳脂率、胎次、外貌评分等信息记录资料。
(2)奶牛综合评定表。

四、实验内容

在实验奶牛场，选择典型实验牛群，按照评定标准进行综合等级评定。

五、方法和步骤

(一)准备工作

(1)在奶牛场进行这项工作时，需要成立奶牛综合评定组织，确定工作日程、程序与方法。
(2)统计实验奶牛每年的全期产奶日数，产奶量，乳脂率，计算 305 d 校正产奶量。

(二)综合评定方法

(1)了解掌握奶牛评定标准和等级(表 18-1 至表 18-4)。

表 18-1　北方地区荷斯坦牛产奶性能评定标准　　kg

等级	1胎		3胎				5胎				乳脂率/%
	产奶量	乳脂量	产奶量	乳脂量	累加产奶量	累加乳脂量	产奶量	乳脂量	累加产奶量	累加乳脂量	
特级	5 000	185	6 000	222	16 500	610	7 000	259	30 000	1 100	3.6
一级	4 000	148	5 000	185	13 500	500	6 000	222	25 000	925	3.6
二级	3 000	111	4 000	148	10 500	388	5 000	185	20 000	740	3.6
三级	2 500	93	3 500	111	9 000	333	4 000	148	16 500	610	3.6

(2)凡产奶量、乳脂量、乳脂率 3 项中有两项达到上述指标者，即可列入该等级。
(3)乳脂率低于 3.2％者，不能列为特级。
(4)5 胎以下累加产奶量达到 50 000 kg 或乳脂量达 1 850 kg 者，可按原等级提高一级。
(5)乳脂率超过 4.0％的提升一级，低于 3.2％的降一级。
(6)3 胎以上母牛在第 4、第 5……，连续 3 胎以上保持高产水平的可提升一级。

表 18-2　南方地区荷斯坦牛产奶性能等级

等级	头胎 305 d 产奶量/kg	3 胎以上 305 d 产奶量/kg
特级	5 000	6 000
一级	4 000	5 000
二级	3 000	4 000
三级	3 000 以下	4 000 以下

东北某省与其他省、市、自治区不同，牛群的生产性能可按表 18-3 的标准进行评定。

表 18-3　东北某省荷斯坦牛生产性能评定标准　　kg

等级	1 胎	2 胎	3 胎	4 胎	5 胎	乳脂率/%
特级	4 500	5 200	5 700	6 000	6 300	3.6
一级	3 900	4 600	5 000	5 300	5 500	3.6
二级	3 000	3 500	3 800	4 000	4 200	3.6
三级	2 400	2 700	3 000	3 200	3 300	3.6

评定方法：

①凡乳脂率低于标准者，不能评为特级。

②乳脂率低于 3.4%者，不能评为一级。

③乳脂率低于 3.2%者，不能评为二级。

④乳脂率低于 3.0%者，不能评为等级。

⑤制订综合评定指数以二级牛为标准，各胎次产奶量达到二级者，给基础分 30 分，每增减 1 kg 奶，增减 0.01 分，乳脂率达到 3.6%者，给基础分 30 分，比 3.6%增减 0.01%，增减 0.2 分。

⑥外貌评分乘 0.3 的积作为基础，二级牛外貌鉴定标准为 70 分，则应给 70×0.3＝21（分）。

⑦如果产奶量，乳脂率及外貌全部符合二级牛的最低标准，总计得分 81 分。

⑧为计算方便起见，再增加 19 分作为系数，共计 100 分，综合以上得如下公式：

$$I=(30M\pm A)+(30F\pm B)+(T\times 0.3)+19$$

式中：I 为综合评定指数；30 M 为产奶量基础分 30 分；30 F 为乳脂率 3.6%时的基础分 30 分；A 为每增减 1 kg 牛奶，增减 0.01 分；B 为以乳脂率 3.6%为准，每增减乳脂率 0.01%，增减 0.2 分；T 为外貌评定分数。

表 18-4　综合指数的等级标准

综合指数	综合等级
120	特级
110	一级
100	二级
90	三级

表 18-5　奶牛综合评定表

计算材料					计算结果					
					综合评定		综合选择指数			
牛号	胎次	305 d 产奶量/kg	平均乳脂率/%	外貌鉴定评分	评分	等级	P_1	P_2	合计	顺位
67-233	1	4 386	3.42	77						
67-243	2	3 486	3.16	75						
66-417	4	7 053	3.47	77						
70-521	2	5 176	3.25	82						
67-883	5	6 751	3.34	80						
70-548	2	6 143	3.69	81						
67-251	2	6 735	3.73	84						
66-491	4	5 435	3.66	73						
68-587	3	6 067	3.52	81						
66-468	3	5 725	3.71	79						
67-238	5	6 038	3.87	77						

(三)综合选择指数法

(1)设各性状的表型值为 x_1、x_2、…、x_n；

(2)各性状的经济相对重要性为 w_1、w_2、…、w_n；

(3)各性状的遗传力为 h_1^2、h_2^2、…、h_n^2；

(4)综合选择指数公式为：

$$I=w_1h_1^2(x_1-\overline{x}_1)+w_2h_2^2(x_2-\overline{x}_2)+\cdots+w_nh_n^2(x_n-\overline{x}_n)$$

其中 x_1、x_2、…、x_n 为各性状的群体平均数，$h_1^2(x_1-\overline{x}_1)$ 是性状 I 可遗传部分。

上式可改写为：

$$I=d\left[\frac{w_1h_1^2x_1}{\overline{x}_1}+\frac{w^2h_2^2x_2}{\overline{x}_2}+\cdots+\frac{w_nh_n^2x_n}{\overline{x}_n}\right]$$

其中 $d=\dfrac{100}{\sum wh^2}$。

设荷斯坦奶牛 4.0%标准奶量的遗传力为 0.3，外貌评分遗传力为 0.12，标准奶量的相对重要性为 70%，外貌评分为 30%，一胎一等牛标准奶量(p)为 3 760 kg、外貌评分为 75 分，则奶牛综合选择指数为：

$$I=\frac{dw_1h_1^2}{\overline{p_1}}p_1+\frac{dw_2h_2^2}{\overline{p_2}}p_2=\frac{0.7\times0.3\times100}{3\ 760\times(0.7\times0.3\times0.12)}p_1+\frac{0.3\times0.12\times100}{75\times(0.7\times0.3\times0.12)}p_2$$

$$=0.022\ 7p_1+0.195\ 1p_2$$

式中：p_1 为个体牛的标准产奶量；p_2 为个体牛的外貌评分。

例如，73-55 号母牛一胎泌乳日数为 355 d，产奶量换算成 305 d 标准产奶量为 6 488 kg，乳脂率为 3.34%，外貌评分为 77 分。代入公式计算：

$$I=0.0227\times 6488+0.1951\times 77=147.28+15.02=162.30$$

六、注意事项

1. 实验课前要求学生学习和了解国家农业行业标准，无公害食品　奶牛饲养管理准则。
2. 要求学生学习和了解国家农业行业标准，《无公害食品　生鲜牛乳生产技术规范》。

七、实验结果

记录实验数据资料，统计，分析和比较实验结果，为不断改良提高牛群的综合质量提供科学依据。

八、讨论与作业

（一）讨论题

提高奶牛综合评定等级的主要因素有哪些？

（二）作业

1. 将学生每两人分为一个实验小组，在实验奶牛场，根据实际生产记录资料进行计算。
2. 对本实验指导所记录的资料（表 18-5），计算出奶牛的综合评定选择指数。选择几组学生，向全班讲解本组实验的方法和实验结果。
3. 实验指导教师对学生的典型实验计算结果进行讲评、质疑和指导。

九、生产应用

奶牛场通过奶牛的综合等级评定，掌握牛群质量等级，可适当调整饲养管理水平，提高牛群生产性能。评定结果可用于选择优秀个体牛，科学制订选种选配方案，培育优良种牛，不断提高牛群质量和经济效益。

参考文献：

[1]昝林森，唐万寿. 牛生产学实验实习指导. 杨凌：西北农林科技大学（自编教材），2000.
[2]周贵，王立克，黄瑞华，等. 畜禽生产学实验教程. 北京：中国农业大学出版社，2006.
[3]李建国. 现代奶牛生产. 北京：中国农业大学出版社，2007.

第五篇　肉牛生产性能测定

实验十九　肉牛屠宰和肉用性能的测定

一、实验目的和要求

通过对现代肉牛屠宰的工艺流程的参观实习和肉用性能的测定，使学生初步掌握现代肉牛屠宰、分割及肉用性能的测定方法。以参观或多媒体图片教学为主，组织学生到屠宰厂参观肉牛屠宰和肉块分割加工过程。

二、实验原理

通过测定肉牛的饲养增重性能，评价肉牛的饲料报酬和生产性能，计算饲养生产的经济效益。通过肉牛屠宰实验，评价牛胴体的品质和等级，胴体分割后评价牛肉的品质和等级。计算屠宰率，净肉率，胴体产肉率和熟肉率等指标。

三、实验器材与材料

整套牛屠宰工具，台秤，尺子，肉色图谱，计算器。

四、实验内容

实验课中，实验指导教师先利用图片、录像片等多媒体资料对实验内容进行详细讲解。带领学生到屠宰场观摩肉牛的屠宰过程和肉块的分割加工过程，完成如下实验内容。

1. 育肥性能测定方法与计算。

2. 产肉性能测定方法与计算。

3. 胴体分割方法。

五、方法和步骤

(一)肉牛增重性能测定

1. 日增重的测定和计算

日增重是衡量肉牛生长发育和育肥效果的重要指标，也是决定肥育效益的重要指标。准确的体重测量是计算日增重的基础。称重一般需要地秤，一般在早晨饲喂及饮水前进行，连续称重 2 天，取其平均值作为称量重量。计算日增重需要测定各阶段体重，常测定的阶段体重有初生重、断奶重、12 月龄重、18 月龄重、24 月龄重、育肥初始重、肥育末重。

断奶重　犊牛哺乳期一般为 205 d，但生产中差异较大，故计算需要加以校正。由于母牛的泌乳能力直接影响犊牛哺乳期日增重，所以要考虑母牛年龄因素。综合起来校正公式为：

校正断奶体重=(断奶重-初生重)/实际断奶日龄×校正断奶天数+初生重×母牛年龄系数

母牛年龄系数:2岁为1.15,3岁为1.10,4岁为1.05,5~10岁为1.0,11岁以上为1.05。

日增重=(结束体重-起始体重)/饲养期

2. 饲料报酬的计算

饲料报酬是衡量品种生产能力和饲养效益的一个重要指标。一般可按增加体重或增加净肉来计算。

增重1 kg体重需消耗饲料干物质(kg)或能量(MJ)

$$=\frac{\text{饲养期内共消耗饲料 DM(kg)或能量(MJ)}}{\text{饲养期内净增重}}$$

生产1 kg肉所需饲料DM(kg)或能量(MJ)

$$=\frac{\text{饲养期内共消耗饲料 DM(kg)或能量(MJ)}}{\text{屠宰后净肉重}}$$

(二)肉牛屠宰及屠体性能测定

1. 肉牛屠宰

(1)肉牛屠宰数量确定　在进行屠宰率测定时,为了能获得可靠的实验数据,必须要有一定的实验头数来保证,现初步规定:单组实验头数,最少不低于4头。组间对比实验头数,不低于6头,以使方差检验自由度不少于5。实验群的屠宰个体选择,应采用随机抽样的方法,通过查阅随机数字表来确定。

(2)屠宰前准备和测量　屠宰前准备和屠宰方法直接影响到宰后胴体的品质和产肉性能的计算。一般屠宰前24 h停止饲喂,宰前8 h停止供水。宰前称量活体重、评定膘情等级并测量体尺指标。

(3)屠宰

放血:在颈下缘喉头部割开血管放血(称大抹脖)。

去头:剥皮后,沿头骨后端和第一颈椎之间切断。

去前肢:由前臂骨和腕骨间的腕关节处切断。

去后肢:由胫骨和跗骨间的跗关节处切断。

去尾:尾根部第1~2节切断。

内脏剥离:沿腹侧正中线切开,纵向锯断胸骨和盆腔骨,切除肛门和外阴部,分离连接体壁的横隔膜。除肾脏和肾脂肪保留外,其他内脏全部取出。切除阴茎、睾丸、乳房。

(4)胴体的分割　纵向锯开胸骨和盆腔骨,沿椎骨中央分成左右片胴体(称二分体)。无电锯条件下,可沿椎体左侧椎骨端由前而后劈开,分为软硬两半(右侧为硬半,称右二分体,左侧为软半,称左二分体)。由腰部再从第12根与第13根肋骨间截开,将胴体分成四部分,称四分体。

2. 肉牛屠宰性能测定及其计算

1)屠体性能的测定

(1)宰前活重　绝食24 h后临宰时的实际体重。

(2)宰后重 屠宰后血已放尽的胴体重量。

(3)血重 实际称重。

(4)皮厚 右侧第10肋骨椎骨端的厚度被2除(活体测量)。胴体需倒挂冷却4～6 h(在0～4℃),然后按部位进行测量、记重、分割、去骨(在严寒条件下冷却时间以胴体完全冷却为止,严防胴体冻结)。

(5)胴体重(冷胴体) 实测重量。由活重－[血重＋皮重＋内脏重(不含肾脏和肾脂肪)＋头重＋腕跗关节以下的四肢重＋尾重＋生殖器官及周围脂肪]后的冷却胴体。

(6)净肉重 胴体剔骨后全部肉重(包括肾脏等胴体脂肪)。

(7)骨重 实测重量。要求尽可能将骨肉剔净,骨上带肉不超过1.0～1.5 kg。

(8)切块重 胴体各切块部位的重量。

2)胴体性状测量

(1)胴体长 耻骨缝前缘至第1肋骨前缘的最远长度。

(2)胴体胸深 自第3胸椎棘突的体表至胸骨下部的垂直深度。

(3)胴体深 自第7胸椎棘突的体表至第7肋骨的垂直深度。

(4)胴体后腿围 在股骨与胫腓骨连接处的水平围度。

(5)胴体后腿宽 自去尾处的凹陷内侧至大腿前缘的水平宽度。

(6)胴体后腿长 耻骨缝前缘至飞节的长度。

(7)肌肉厚度 大腿肌肉厚:自体表至股骨体中点垂直距离。腰部肌肉厚:自体表(棘突外1.5 cm处)至第3腰椎横突的垂直距离。

(8)皮下脂肪厚度 ①腰脂厚:肠骨角外侧脂肪厚度。②肋脂厚:12肋骨弓最宽处脂肪厚度。③背脂厚:在第5～6胸椎间离中线3 cm米处的两侧皮下脂肪厚度。

(9)眼肌面积 第12肋骨后缘处,将脊椎锯开,然后用利刀切开12～13肋骨间,在12肋骨后缘用硫酸纸将眼肌面积描出(测2次),用求积仪或用方格透明卡片(每格1 cm)计算出眼肌面积。

(10)眼肌等级评定 根据脂肪分布和大理石状的程度按9级评定标准进行,将评定等级提高一级计算。

3)胴体产肉指标的计算

(1)屠宰率 指胴体重量占活重的比率,是衡量肉牛生产性能的指标。如屠宰率超过50%为中等指标,超过60%属于高指标。其计算方法有两种:

按宰前重计算:$屠宰率=\frac{胴体重}{宰前活重}\times 100\%$

$$屠宰率=\frac{胴体重+脂肪重}{宰前活重}\times 100\%$$

按净体重计算:$屠宰率=\frac{胴体重}{净体重}\times 100\%$

$$屠宰率=\frac{胴体重+脂肪重}{净体重}\times 100\%$$

(2)净肉率 净肉率是指净肉重占宰前空腹重的比率。良好肉牛一般为45%左右,计算方法有两种：

$$按宰前重计算:净肉率=\frac{净肉重}{宰前活重}\times100\%$$

$$按净体重计算:净肉率=\frac{净肉重}{净体重}\times100\%$$

(3)胴体产肉率　$胴体产肉率=\frac{净肉重}{胴体重}\times100\%$

(4)熟肉率　取腿部肌肉 1 kg,在沸水中,煮沸 120 min,测定生熟肉之比。

(5)品味取样　取臀部深层肌肉 1 kg,切成 2 cm^3 小块,不加任何调料,在沸水中煮 70 min(肉水比 1∶3)。

(6)优质切块　优质切块＝腰部肉＋短腰肉＋膝圆肉＋臀部肉＋后腿肉＋里脊肉。

3. 牛胴体的分割

肉牛的分割包括胴体分割和切块分割,前者主要是为了冷藏排酸,后者是为了便于装运、包装及高档肉块(优质牛肉)分割。

(1)二分胴体　在屠宰过程中进行,剥皮后沿脊椎骨中央用电锯(斧或砍刀)将胴体劈为左右两半,称二分体。

(2)四分胴体　在二分胴体的第 12 和第 13 肋间将胴体分成前、后 1/4 胴体。通常在后 1/4 胴体上保留一根肋骨,以保持腰肉的形状,便于将其切成肉排。4 份胴体几乎为相等的 4 份,通常前 1/4 胴体稍重一些,前边称前腿部,后边称后腿部。

(3)部位分割　在冷藏后将胴体肢解为 10 多个大块,肉牛胴体主要分割肉部位见图 19-1。前腿部分割为小腿肉、胸肉、前腿肉、背肉和脖肉 5 部分;后腿部分割为小腿肉(后腱子)、腹肉、内里脊肉、短腰肉、后腿肉、臀肉、膝圆肉和腰肉 8 部分。

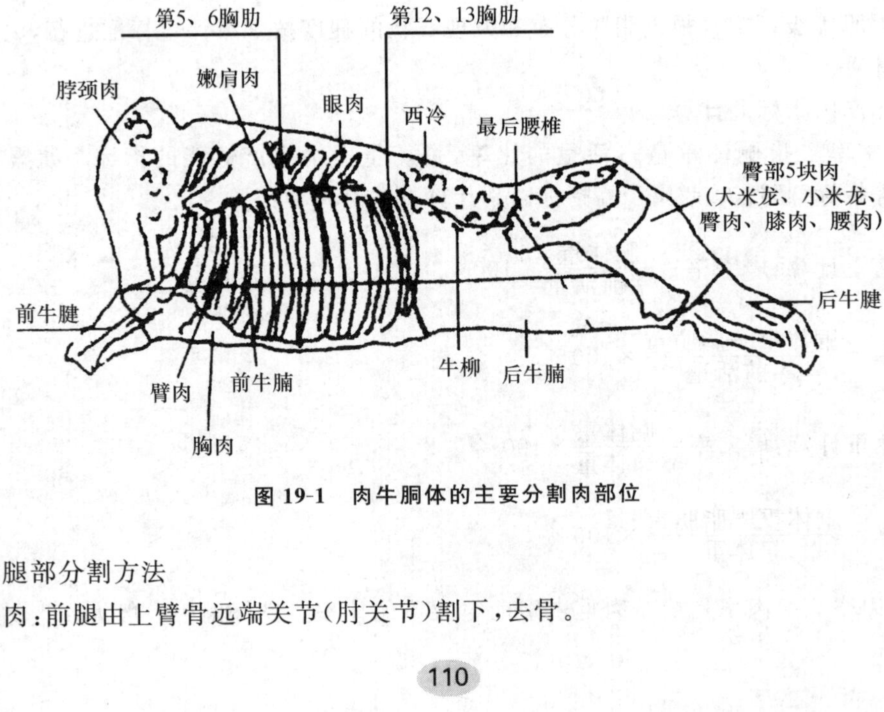

图 19-1　肉牛胴体的主要分割肉部位

①前腿部分割方法

小腿肉:前腿由上臂骨远端关节(肘关节)割下,去骨。

前腿肉：沿肩胛骨和胸壁结合处分割，使肩胛骨和上膊骨与胴体分离，去骨。

胸肉：自脊椎骨内侧向前剔至颈部，剔掉颈骨使脖肉完整，不要割下，再用刀尖挑开肋骨膜，沿软肋向上将肉揭开至肋骨顶端后，将肋骨、脊椎骨和颈骨全部去掉。从胸骨尖端处斜切至第 12 肋骨上端离椎骨端 15 cm 左右处，分割的下部为胸肉。

脖肉：沿最后颈椎棘突方向斜切。

背肉：分割后余下的部分即背肉。

②后腿部分割方法

小腿肉：由股骨远端关节(膝关节)割下去骨，和前腿部小腿肉合称小腿肉。

腹肉：剔下第 13 肋骨，沿腰椎下缘经肋骨角向下，将腹肌全部割下。

里脊肉：由腰部内侧剔出带里脊头的完整条肉。

腰肉：由第 5 腰椎骨后缘割下去骨。

短腰肉：自第 5 荐椎骨处经髂骨干中点作斜线切割。

膝圆肉：沿股骨自然骨缝分离，再用刀尖划开股四头肌和半腱肌的连接膜，割下股四头肌。

后腿肉：由坐骨结节下缘沿骨缝经髋结节，再沿股骨自然骨缝分离股骨后部肌肉(股二头肌、半腹肌和半膜肌)为后腿肉。

臀肉：后腿部分割剩下部分(臀中肌、臀深肌)。

牛的胴体分割在世界不同国家和地区，由于传统习惯和需要的不同，分割的方法和部位也有区别。

(4)优质高档牛肉胴体分割方法　通常把牛柳、西冷、眼肉、大米龙、小米龙、臀肉、膝圆、腰肉、腱子肉列为优质牛肉。

①牛柳(也叫里脊)　首先剥去肾脂肪，沿耻骨的前下方把里脊头剔出，然后由里脊头向里脊尾逐个剥离腰椎横突，取下完整的里脊(图 19-2)。里脊重量占牛活重的 0.83%～0.97%。里脊在西餐中以烤牛排为主，中餐以熘炒为主。

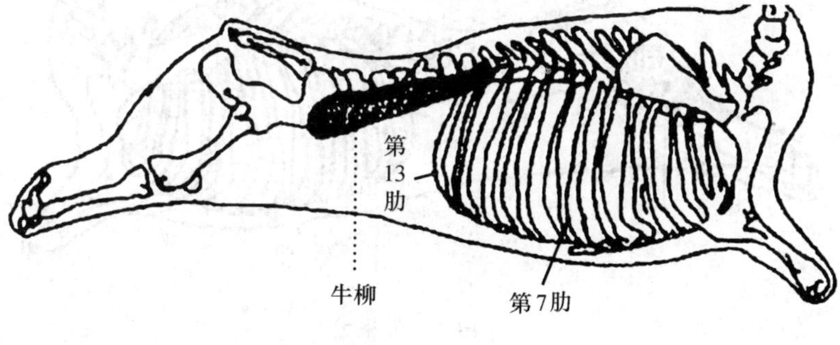

图 19-2　牛柳

②西冷(也叫外脊)　沿最后腰椎切下，沿眼肌腹壁一侧(离眼肌 5～8 cm 向前)用切割锯切下；在第 9～10 胸肋处切断胸椎；逐个把胸、腰椎剥离(图 19-3)。外脊重量占活牛重的 2.00%～2.15%。西餐以烤牛排食用，中餐熘炒食用。

③眼肉　眼肉的一端与外脊相连，另一端在第 5～6 胸椎处。首先剥离胸椎，抽去筋腱，在眼肌腹侧距 8～10 cm 切下(图 19-4)。眼肉重量占牛活重的 2.3%～2.5%，西餐烧烤食用。

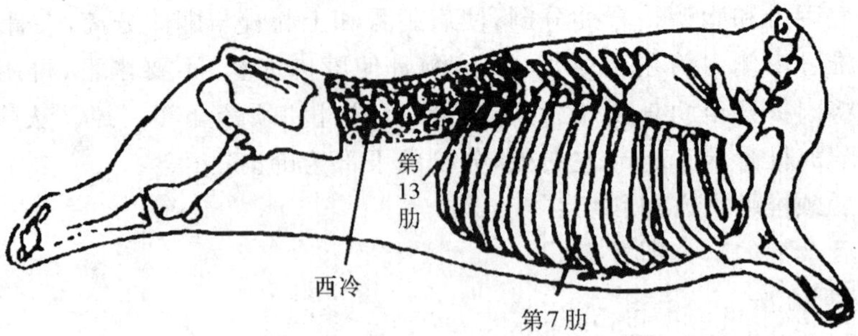

图 19-3　西冷

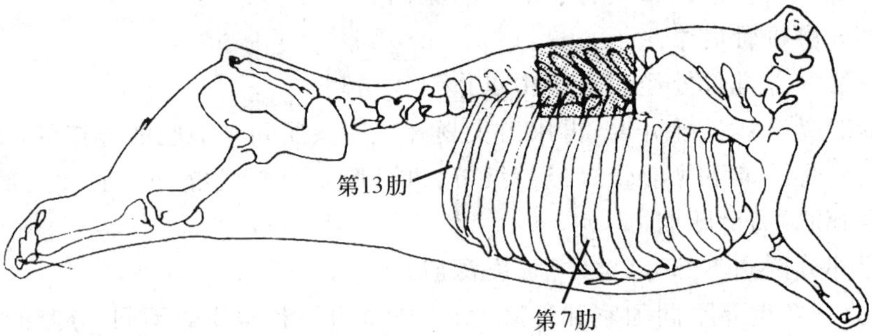

图 19-4　眼肉

④大米龙　大米龙与小米龙紧相连。如剥离小米龙后,大米龙就暴露无遗。顺着该肉块自然走向剥离,便可得一块完整的四方形肉块(图 19-5)。大米龙重量占牛活重的 2.1%～2.5%。中餐熘炒,西餐可烤制牛排,也是牛肉火腿的原料之一。

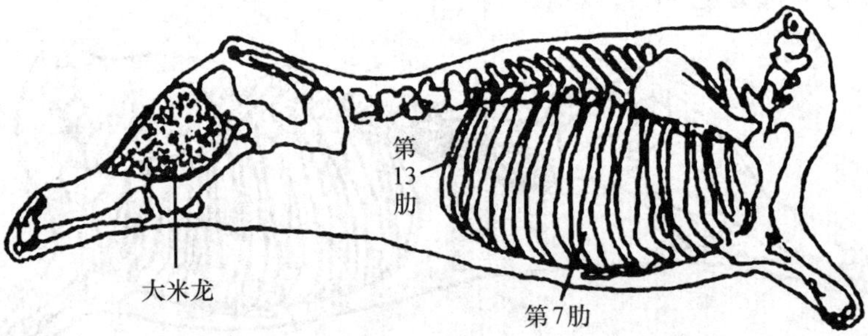

图 19-5　大米龙

⑤小米龙　小米龙位于臀部。当后牛腱取下后,小米龙肉块处于明显的位置。分割时可按小米龙肉块的自然走向剥离,为完整的一块肉(图 19-6)。小米龙重量为活牛体重的0.7%～0.9%。小米龙酱烧食用较好,是制作牛肉火腿的原料之一。

⑥臀肉　把大米龙、小米龙剥离后,便可见到一块肉。随着此肉块的边缘分割,即可得到臀肉。也可沿着被锯开的盆骨外缘,再沿本肉块边缘分割(图 19-7)。臀肉重量占活重的2.6%～3.2%。臀肉适宜熘炒,不宜酱制。西餐常用作烤牛排。是制作风干火腿、牛肉火腿的上等原料。

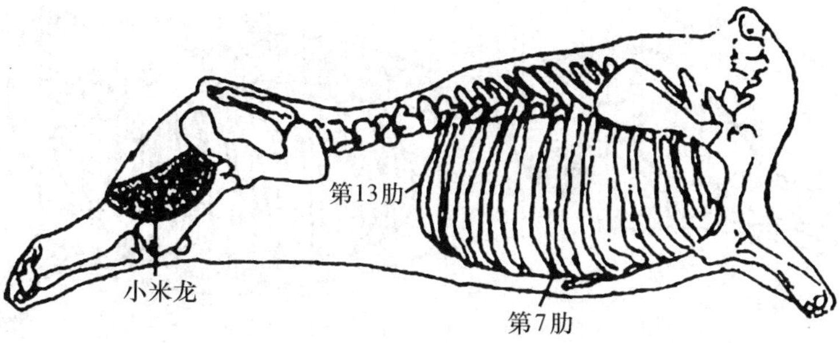

图 19-6　小米龙

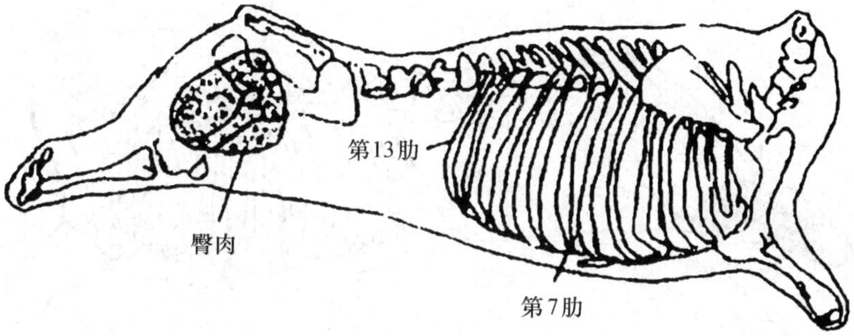

图 19-7　臀肉

⑦膝圆(又名和尚头)　当大米龙、小米龙和臀肉取下后,能见到一块长圆形肉块。沿此肉块周边(自然走向)分割,很容易得到一块完整的膝圆肉(图 19-8)。膝圆肉在中餐中以熘炒食用较好,西餐以烤牛排食用,也是加工牛肉火腿的上乘原料。膝圆重量占活重的 2.0%～2.2%。

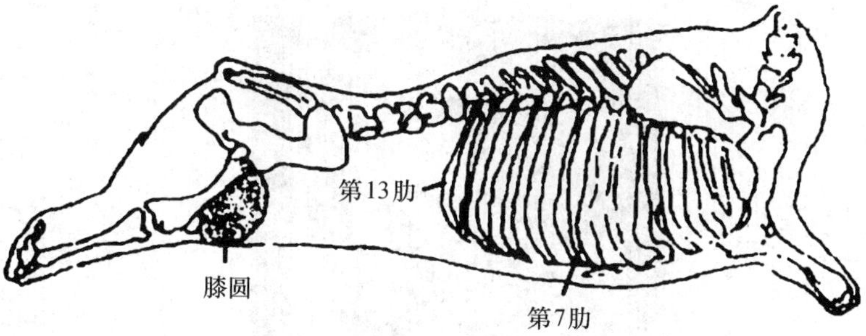

图 19-8　膝圆

⑧腰肉　在臀部取出臀肉、大米龙、小米龙、膝圆后,剩下的一块肉便是腰肉(图 19-9)。腰肉在中餐中也以熘炒食用较多,西餐中可烤牛排,也是加工牛肉火腿的原料之一。腰肉的重量为活重的 1.5%～1.9%。

⑨腱子肉　牛腱子肉分前后,一头牛共 4 块,重量占活重的 2.70%～3.10%。前牛腱从尺骨端下刀,剥离骨头,后牛腱从胫骨上端下刀,剥离骨头取下(图 19-10)。牛腱子肉常用于红烧或酱制。

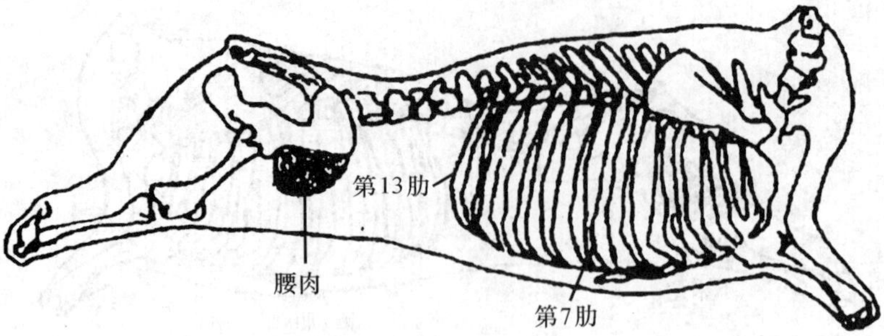

图 19-9 腰肉

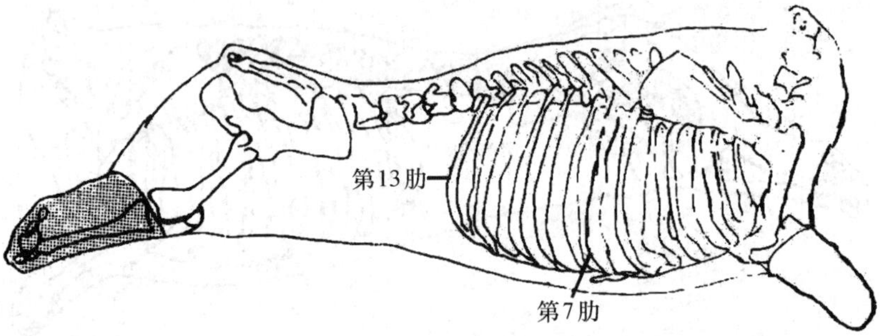

图 19-10 牛腱子肉

4. 牛胴体的分等(以日本评分标准为例)

1)产量评分　产量评分用多重回归公式来估测,以百分率表示,求测的胴体的项目有4项。即:①第6肋与第7肋间背最长肌的眼肌面积,用 cm^2 表示,用方格纸或尺量;②肋侧厚度,用cm表示;③左胴重,用kg表示;④皮下脂肪厚,用cm表示(图19-11)。

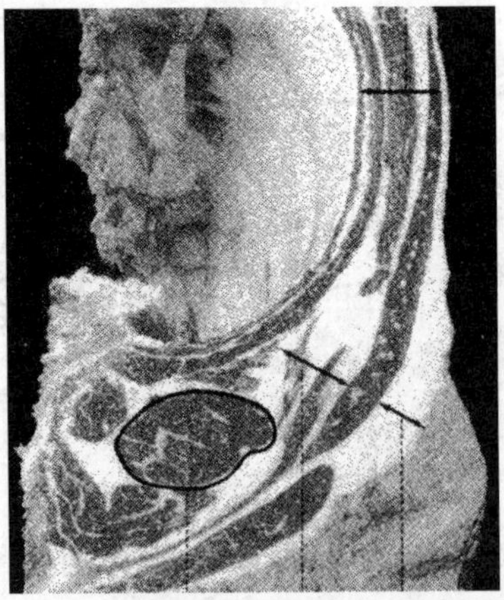

图 19-11 日本肉牛胴体品质测量(cm)

公式为:产量估测百分率(%)=67.37+(0.130×眼肌面积 cm^2)+(0.667×肋侧厚 cm)+(0.025×左冷半胴重 kg)-(0.896×皮下脂肪厚 cm)

如果被测的胴体是和牛的话，另加 2.049 分。当肌肉间脂肪太厚，与左胸重或眼肌面积相比极不相称；或者后臀太小，或形成前四分体与后四分体明显不相称时，有以上两种情况之一者，产量等级要下降一档。

产量评分可分成三等，为 A、B 和 C，见表 19-1。

表 19-1 产量等级表

等 级	产量估计百分率标准	比率特点
A	≥72%	总产量切块高于平均值
B	≥69%，<72%	平均范围内
C	<69%	低于平均范围

2)肉质等级

肉质等级评分取决于：①牛肉大理石状；②肉质光泽、明亮度；③坚挺度和质地；④脂肪颜色和光亮度。最后得出质量的综合得分。

(1)牛肉大理石状 按照日本大理石状分成 12 个等级的标准，见表 19-2。

表 19-2 大理石状评定标准

等 级	大理石花纹评定标准	牛肉大理石状标准
5 优	$\geqslant 2^+$	No. 8～No. 12
4 良	$1^+ \sim 2$	No. 5～No. 7
3 中	$1^- \sim 1$	No. 3～No. 4
2 可	0^+	No. 2
1 劣	0	No. 1

按表 19-2 的排列，12 个等级与评定标准之间有自然的联系，因此可用表 19-3 来排列其交互关系。

表 19-3 评定标准与等级的关系

大理石状标准	No. 1	No. 2	No. 3	No. 4	No. 5	No. 6	No. 7	No. 8	No. 9	No. 10	No. 11	No. 12
评定标准	0	0^+	1^-	1	1^+	2^-	2	2^+	3^-	3	4	5
新等级	1	2	3	3	4	4	4	5	5	5	5	5

(2)肉的颜色和光泽 在此项目中，肉色用牛肉颜色标准(BCS)评出，计有 7 个连续等级，光泽凭肉眼观看，然后将两者综合起来考虑，得出等级(表 19-4)。

表 19-4 肉色和光泽等级划分

等级	BCS 色级	光泽
5 优	No. 3～No. 5	优
4 良	No. 2～No. 6	良
3 中	No. 1～No. 6	中

续表 19-4

等级	BCS 色级	光泽
2 可	No. 1～No. 7	可
1 劣	除 No. 2～No. 5 以外的	

(3)肉的质地和坚挺度　在这个项目中用肉眼对这两个因子作评定，各按 5 个等级划分，然后将两者综合考虑，得出最终评分。其标准见表 19-5。

表 19-5　坚挺度和肉质的分级表

等级	坚挺度	质地
5	优	很细
4	良	细
3	中	一般
2	可	较粗
1	劣	粗

(4)脂肪的颜色和质地　在这个项目中，脂肪的颜色用牛肉脂肪标准(BFS)评定，共分为 7 档。一般的牛肉，其颜色在 No. 1～No. 6，列为 3 等或 3 等以上。而脂肪光泽和质地由目测决定，由一个综合评价来划定等级。最后由这 3 个因子决定综合分(表 19-6)。

表 19-6　脂肪颜色与光泽和质地评分表

等级	颜色	光泽和质地
5 优	No. 1～No. 4	优
4 良	No. 1～No. 5	良
3 中	No. 1～No. 6	中
2 可	No. 1～No. 7	可
1 劣	除 No. 1～No. 5 以外的	

(5)牛肉质量等级的综合评定　在获得以上 4 个项目的各自得分后，将其汇总到一起，按其中最低的等级确定质量等级(表 19-7)。

表 19-7　质量综合得分

肉质等级分	得分
大理石状	4
肉的色泽	4
肉质及硬挺	3
脂肪色泽和质地	4

按照胴体的产量评分和肉质评分，合成能同时标志两者等级的合成分。产量分用英文字母，肉质分用阿拉伯数字(表 19-8)。

表 19-8　胴体最终评分

产量分等	5	4	3	2	1
A	A5	A4	A3	A2	A1
B	B5	B4	B3	B2	B1
C	C5	C4	C3	C2	C1

评分举例:若产量等级得 B,质量等级得 3,按表 19-8 为 B3。然后在牛胴背侧按该标志打上蓝戳印。

缺陷的标记:由于饲养管理不当,胴体上会有各种各样的缺陷,此时应在等级戳印的右边打上标记。

有关的屠宰记录表格见表 19-9。

表 19-9　屠宰记录表格

活体测定记录　　测定日期:　　年　月　日　　cm,kg

牛号	品种	性别	屠宰日期	体高	体斜长	胸围	腿围	管围	体重	宰前膘情等级	备注

屠体测定记录　　测定日期:　　年　月　日　　cm,kg

牛号	宰前重	宰后重	血重	头重	皮重	皮厚	前两蹄重	尾重	消化器官重	其他

其他脏器重						胴体脂肪				非胴体脂肪			生殖器官重	
心	肝	肺	脾	肾	其他	肾脂肪	盆腔脂肪	腹膜脂肪	胸膜脂肪	网膜脂肪	肠系膜脂肪	胸腔脂肪	睾丸	其他

屠宰测定记录　　测定日期:　　年　月　日　　cm

牛号	皮下组织覆盖度/%	胴体长	胴体深	胴体胸深	胴体后腿围	胴体后腿长	胴体后腿宽	其他	半片胴体横截面(第 12 肋)			
									端面大弯部厚度	肋骨胸壁厚度	大腿	腰部

肌肉色泽	肌纤维粗细	背脂肪厚	脂肪质地	脂肪色泽	眼肌		第12—13肋间		第9—10—11肋骨样块	
					面积/cm²	等级	眼肌上部脂肪厚度	眼肌厚度	肉重	其他

胴体切块记录　　测定日期：　　年　月　日　　　　　　　　　　　　　　　　　　　　　kg

牛号	胴体重	前小腿		后小腿		脖肉		背部肉		前腿肉		胸部肉		腹部肉		腰部肉		短腰肉	
		重	%	重	%	重	%	重	%	重	%	重	%	重	%	重	%	重	%

里脊肉		臀部肉		膝圆肉		后腿肉		优质切块		其他肉	
重	%	重	%	重	%	重	%	重	%	重	%

产肉性能计算　　测定日期：　　年　月　日　　　　　　　　　　　　　　　　　　　　　kg

牛号	宰前重	胴体重	屠宰率/%	净肉重	净肉率/%	胴体产肉率/%	胴体脂肪重					备注
							肾脏脂肪	皮下脂肪	盆腔脂肪	腹膜脂肪	胸膜脂肪	

胴体百分比							肉脂比	非胴体脂肪重	肉骨比	熟肉率/%	屠体等级	备注
肌肉重	%	骨骼重	%	脂肪重	%	肉骨比						

六、注意事项

1. 实验课前要求学生学习和了解国家农业行业标准《无公害食品　牛肉生产技术规范》。

2. 学习和了解国家农业行业标准《生鲜牛肉质量检验和卫生管理技术规范》。

3. 实验中注意身体保护，注意应用屠宰刀具的安全性，遵守实验材料和废液的排放准则，防止造成环境污染。

七、实验结果

根据实验内容，记录、分析实验结果。

八、讨论与作业

（一）讨论题

1. 目前世界上有哪几种主要的牛屠宰与分割方法？
2. 牛胴体质量等级评价有哪些主要指标？如何综合评价肉牛的产肉性能？

（二）作业

按实验内容学习牛屠宰操作技术，完成实验报告。

九、生产应用

肉牛屠宰和肉用性能的测定是肉牛屠宰加工生产的基本工作程序，要求实验指导教师在实验课中根据生产实际进行介绍讲解与分析。还要学习国家农业行业标准，《无公害食品　牛肉生产管理规范》，《无公害食品　肉牛饲养管理准则》，《无公害食品　牛肉生产技术规范和肉牛饲养饲料使用准则》。通过实验课学习理论知识，掌握操作技术。

参考文献：

[1]周贵，王立克，黄瑞华，等. 畜禽生产学实验教程. 北京：中国农业大学出版社，2006.
[2]莫放. 牛生产学. 2 版. 北京：中国农业大学出版社，2010.

第六篇　牛奶的质量检测

实验二十　牛奶采样和感官、密度、新鲜度测定

一、实验目的和要求

学习和掌握牛奶平均样品的采样方法，以及牛奶的感官、密度和新鲜度的测定方法。

二、实验原理

牛奶是一种由100余种化学物质组成的复合体，但主要是由水、脂肪、蛋白质、乳糖、维生素、盐类和酶类等组成。牛奶中的脂肪球外膜由蛋白质包裹形成脂蛋白，由于脂肪比重比较小，随着放置时间增加会漂浮到表面，因此，准确取奶样成为进行奶样分析的首要任务，也是牛奶取样的原理；牛奶中的各种化学物质的含量有一定的波动范围，但相对稳定，特别是乳糖、蛋白质和盐类等，保持着相对稳定的感官征状和密度，这是进行感官鉴定和密度测定的原理；随着放置时间增加，牛奶中的细菌数会逐渐增加，并降解牛奶中的乳糖等物质，脂肪也可能发生氧化和酸败，产生特有的化学物质，引起牛奶变化，这是进行新鲜度测定的原理。

三、实验器材与材料

牛奶、瓶装牛奶、金属采样管、搅拌器、玻璃容器、量筒、牛奶密度计、温度计、电炉（水浴锅）、0.1 mol/L NaOH、68%酒精、酚酞指示剂、甲烯蓝等。

四、实验内容

1. 牛奶样品的采样。
2. 牛奶的感官鉴定。
3. 牛奶的密度测定。
4. 牛奶的新鲜度测定。

五、方法和步骤

（一）牛奶样品的采样

在一天内每次挤出的牛奶，在成分上并不完全一致，为了取得具有代表性的平均样品，必须连续两天进行采样，并按所产生牛奶量比例进行采样。采样时必须先将牛奶充分搅拌，采样的数量由采样的目的而定，进行酸度、干物质、密度等项指标测定时，采样200 mL；进行乳脂率的测定时，采样50 mL。

1.个别牛的牛奶采样法

首先计算前 2 d 的日平均产奶量，然后计算每千克样的体积。

200(mL)÷(2×日产量(kg))＝每千克样的体积(mL)

第一天：每千克采样体积(mL)×早产奶量(kg)＝　　　　(mL)

　　　　每千克采样体积(mL)×午产奶量(kg)＝　　　　(mL)

　　　　每千克采样体积(mL)×晚产奶量(kg)＝　　　　(mL)

第二天，同第一天。

例：2 月 1 日 125 号母牛产奶 16 kg，次日产奶 18 kg，平均 17 kg。

200÷(2×17)＝6(化整)

2 月 3 日：早 6×7＝42(mL)

　　　　　午 6×6＝36(mL)

　　　　　晚 6×4＝24(mL)

　　　　　共 102 mL(保存)

2 月 4 日：同 2 月 3 日。

采样的数量可能比计划数量多。

2.一批牛奶或瓶装牛奶采样法

(1)桶装牛奶采样　随机抽样，超过 3 桶，应在 3 桶中取样，如超过 10 桶，应在不同位置抽取不少于 3 桶中取样 250 mL。采样时，应用搅拌器先将牛奶充分搅拌后取样，在不易搅拌的牛奶槽或牛奶槽车中则应用金属采样管。自牛奶面插入牛奶深部，然后以拇指压紧采样管上口，将牛奶移至消毒的细口瓶中。

(2)瓶装牛奶的采样　超过 1 000 瓶可按每 50 瓶抽取 1 瓶，瓶装牛奶不多的可按每 20 瓶取样 1 瓶抽取样品分析。抽样时利用消毒牛奶瓶反复倾倒数次后取样。

(二)牛奶的感官鉴定

在进行牛奶的感官鉴定时将牛奶注入清洁的玻璃容器内，先确定牛奶的色泽及组织状态，然后尝其滋味。鉴定其是否有缺陷或不正常的气味。

(1)色泽　牛奶因脂肪或色素的含量不同，呈白色或淡黄色，不得有其他不正常色泽。

(2)一致性　牛奶是均匀一致的，黏滑并不胶黏。如表面有奶油飘浮，说明已放置一段时间；如果有不均匀的絮状物悬浮，表示奶已酸败；有混杂物和沉淀物，表示已污染；如果有黄油滴飘浮，则表示奶已变质。如有以上情况视为有缺陷。

(3)气味　牛奶具有特殊的清香气和令人愉快的甜味。

在牛奶感官鉴定时，如果在挤奶时发现异常，是由饲料或其他异物引起；异常在挤奶后数小时出现，一般由细菌引起。

(三)牛奶的密度测定

水的密度为 1.0，牛奶的密度一般为 1.027～1.032。

牛奶密度测定采用专用牛奶密度计，密度计的度数表明密度的百位或千位小数，例如在密度计上的 30，即密度 1.030(有的密度计直接表明密度)。

测定密度时的标准温度为20℃，如温度高于20℃时，密度较实际密度低，反之则高。其温度每差1℃在密度计上恒差为0.2(即0.000 2)，故温度不在20℃时，可校正为20℃的密度。

例1：温度为17℃

密度度数为30.5(即1.030 5)温度差17－20＝－3(℃)

密度之校正：－3×0.2＝－0.6

牛奶密度：30.5－0.6＝29.9(1.029 9)

例2：温度为23℃

密度度数为30.5

温度差23－20＝3(℃)

密度之校正：3×0.2＝0.6

牛奶密度：30.5＋0.6＝31.1(1.031 1)

操作方法：

(1)沿250 mL量筒壁慢慢倒入待检牛奶200～250 mL。

(2)将干燥的牛奶密度计轻轻插入量筒内，使牛奶液面达密度30时，将手轻轻松开使其自由浮动，静待1～2 min，并以温度计量取牛奶之温度。

(3)在牛奶密度计与牛奶接触的最高液面上读取牛奶的密度。

(4)进行温度校正计算。

在一般情况下可根据牛奶的密度判断其天然性，如在牛奶中取出脂肪则牛奶的密度增大，如果牛奶中掺水则密度减小，每加水10%，密度降低约0.003。

(四)牛奶的新鲜度测定

1.牛奶的酸度滴定

牛奶中含有蛋白质酸性盐类及碳酸等弱酸性物质，即使刚挤出的牛奶也呈酸性反应。这种酸度称为自然酸度，一般牛奶的自然酸度为16～18 °T。

牛奶在存放过程中，由于微生物的活动，分解乳糖变为乳酸，使牛奶酸度增加。这种由于乳酸增加而增高的酸度称发生酸度，自然酸度和发生酸度之和称总酸度。通常我们所说的酸度即是指总酸度而言，也就是牛奶的滴定酸度。

滴定酸度的表示单位是°T，即每100 mL牛奶在滴定时所需要0.1 mol/L NaOH的体积(mL)。

酸度滴定的步骤：

(1)以移液管量取牛奶样10 mL于烧杯内，再加入20 mL蒸馏水(加入蒸馏水是为了便于观看指示剂的粉红色的出现)。

(2)加入3或4滴酚酞指示剂。

(3)一边搅拌，一边用滴定管慢慢加入0.1 mol/L的NaOH溶液，直至淡红色在1 min内不消失为止。

(4)计算：用°T表示牛奶的酸度，必须将滴管中消耗的NaOH液量乘以10，将其换算成100 mL牛奶滴定时所消耗的NaOH体积(mL)，即是牛奶的总酸度。

2. 牛奶的酒精试验

一定体积分数的酒精能使具有一定酸度的牛奶中的酪蛋白产生沉淀(表 20-1),故在牛奶制品生产中常利用这一原理来检验牛奶的新鲜度,确定其是否符合加工要求。

表 20-1　不同浓度酒精条件下不同酸度的牛奶发生絮状物沉淀

酒精体积分数(酒精计上的度数)	发生絮状物沉淀时牛奶滴定酸度/°T
70	10～20
68	20～22
60	23

操作方法:在平皿中加入待检牛奶液 1 mL,然后加入 68%酒精 1 mL,充分混合,并使其在皿底流动,仔细观察是否有絮状物或小颗粒在皿底出现。如有,则表示该牛奶样品酸度已超过 20 °T。并可根据絮片大小确定其酸度(表 20-2)。

表 20-2　牛奶的酸度与絮状物大小的关系

牛奶的酸度/°T	蛋白质凝固特征
21～22	极微小的絮状
23～24	微小絮状
25～26	中等大小的絮状
27～28	大的絮状
29～30	极大的絮状

3. 牛奶的还原酶试验

牛奶中还原酶是牛奶中细菌的活动产物,细菌数越多所产生的还原酶也越多,在这些还原酶的作用下,会使某些有机颜料褪色,尤其对甲烯蓝(次甲蓝、美蓝)的作用更为明显,故常用甲烯蓝的褪色方法测定细菌数量。牛奶中还原酶越多,褪色越快,也就说明细菌数量越多(表 20-3)。

表 20-3　甲烯蓝褪色速度与牛奶中细菌数的关系

甲烯蓝褪色速度	1 mL 牛奶中细菌数	牛奶的等级
≥5.5 h	$\leqslant 5\times10^5$	一级(良好的牛奶)
≥2 h	$\leqslant 4\times10^6$	二级(合格的牛奶)
≥20 min	$\leqslant 2\times10^7$	三级(坏牛奶)
≤20 min	$\geqslant 2\times10^7$	四级(极坏的牛奶)

操作方法:因还原酶试验是测定牛奶的细菌玷污度,因此在采样后必须注意不能使牛奶样再度污染,所用接触牛奶的器皿及试管等在用前必须进行高压灭菌,在 160℃干燥箱中加热 2 h,试验时牛奶样温度一般不可高于 6℃。

(1)在消毒过的 20 mL 试管中加入甲烯蓝溶液 1 mL 和牛奶 20 mL,用棉塞塞紧,并使其充分混合。

(2)将试管置于35～40℃的水浴中。

(3)隔20 min,2 h,5.5 h观察甲烯蓝的褪色情况。

(4)根据褪色的速度按表20-3确定细菌沾污度和等级。

六、注意事项

1. 所用试剂等药品规格要符合规定。
2. 操作步骤必须严格按顺序进行,不能颠倒,操作过程严格按规定进行,以免测定不准确。
3. 一般每个奶样测定两次,以提高精确度和准确度。

七、实验结果

根据实验内容,记录,分析实验结果。

八、讨论与作业

(一)讨论题

牛奶采样后,在测定前如何保持它的新鲜度?

(二)作业

1. 从奶牛场取5头奶牛的实验牛奶样品。
2. 按以上操作方法,每个学生做1头牛奶样品的感官鉴定、密度和新鲜度测定,完成实验报告。

九、生产应用

牛奶采样和感官、密度、新鲜度测定是牛奶质量系列检测的重要组成部分。要求实验课指导教师在实验课中结合奶业生产实际进行说明讲解与分析,学习国家农业行业标准,《无公害食品　生鲜牛乳的生产管理规范》,使学生了解世界和我国牛奶质量管理体系和技术的现状与发展趋势。

参考文献:

[1]周贵,王立克,黄瑞华,等.畜禽生产学实验教程.北京:中国农业大学出版社,2006.
[2]李建国.现代奶牛生产.北京:中国农业大学出版社,2007.
[3]莫放.牛生产学.2版.北京:中国农业大学出版社,2010.

实验二十一　牛奶卫生质量与隐性乳房炎的检测

一、实验目的和要求

牛奶卫生质量检测的主要项目包括抗生素残留、体细胞数和细菌总数。这些检测方法已普遍用来鉴定、衡量、评价牛奶质量等级,是牛奶制品加工企业奶源质量的重要检验指标。通过本实验使学生了解牛奶的一般卫生质量指标,掌握常用检测方法的原理和操作方法。

牛奶的品质与产奶牛的乳房健康状况密切相关，患乳房炎的奶牛其牛奶的产量和质量都会大幅度降低。本次实验还要求学生学习和掌握奶牛隐性乳房炎的检测原理和检测方法。

二、实验原理

详见“实验方法和步骤”中各实验的实验原理部分。

三、实验器材与材料

详见“实验方法和步骤”中各实验的实验材料及试剂部分。

四、实验内容

1. 抗生素残留检测。
2. 体细胞数检测。
3. 细菌总数的测定（平皿计数法）。
4. 奶牛隐性乳房炎的检测（CMT 法）。

五、方法和步骤

（一）抗生素残留检测

在防治奶牛疾病时，要经常使用抗生素，特别是治疗奶牛乳房炎，有时将抗生素直接注射到乳房内。因此，经抗生素治疗过的奶牛，其牛奶在一段时期内会残留抗生素及其中间代谢产物，它会影响发酵乳品的生产，引起人体过敏反应，也会使某些菌株产生抗药性等，所以，对鲜牛奶进行抗生素残留的检验是非常必要的。

1. 实验原理

抗生素残留的检验是通过 TTC 试验来判定的。向检测样品中先后加入菌液和 TTC 指示剂（2，3，5-氯化三苯基四氮唑），如检样中有抗生素存在，则会抑制细菌的生长繁殖，TTC 指示剂不被还原、不显色；反之，则细菌大量繁殖，TTC 指示剂被还原而显红色，从而可以判定有无抗生素残留。抗生素残留的检验程序如图 21-1 所示。

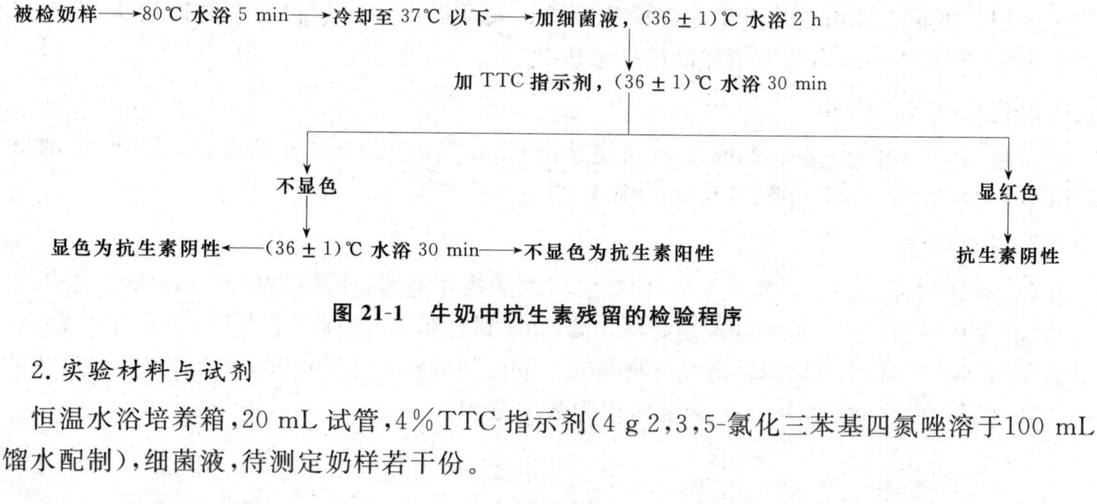

图 21-1　牛奶中抗生素残留的检验程序

2. 实验材料与试剂

恒温水浴培养箱，20 mL 试管，4％TTC 指示剂（4 g 2，3，5-氯化三苯基四氮唑溶于100 mL 蒸馏水配制），细菌液，待测定奶样若干份。

3. 实验方法

(1)细菌液制备　将嗜热乳酸链球菌接种于灭菌脱脂乳，置于(36±1)℃培养箱中保温15 h，然后再用灭菌脱脂乳以1∶1比例稀释备用。

(2)检测操作　取奶样9 mL放入试管中，置于80℃水浴中保温5 min，然后冷却至37℃以下，加入细菌液1 mL，置于(36±1)℃水浴培养箱中保温2 h，加入4%TTC指示剂0.3 mL，置水浴培养箱中保温30 min，观察牛奶颜色的变化。

(3)结果判定　加入TTC指示剂并于水浴中保温30 min后，如检样呈红色反应，说明无抗生素残留，结果为阴性；如检样不显色状态，再继续保温30 min作第二次观察，如仍不显色，则说明有抗生素残留，结果为阳性；反之则为阴性。显色状态判定标准见表21-1。

表21-1　抗生素残留检测显色状态判定标准

显色状态	判　定
不显色	阳性(+)
微红色	疑似(±)
桃红至红色	阴性(-)

(二)体细胞数检测

体细胞计数是快速、简便、准确判断乳腺炎的一种方法。健康牛奶体细胞数应小于50万个/mL，患乳房炎的牛，其牛奶中的体细胞数会明显增加，主要是起防御、杀菌作用的白细胞数大量增加。如果体细胞数超过50万个/mL，表明奶牛已患有乳腺炎，体细胞数越多，表明炎症越严重。使用此法可早期发现隐性乳腺炎，从而可尽快采取治疗措施。

奶牛患上乳房炎，不仅牛奶产量明显下降，而且造成牛奶品质的严重恶化，甚至造成致病菌素的污染，从而影响乳制品的卫生质量，以至引起食物中毒，因此，尽早防治奶牛乳房炎是至关重要的。

1. 实验原理

体细胞数的测定，目前大型乳品加工厂多采用自动计数仪进行测定，如荧光计数法、光学自动计数法、MF-DNA法等。这些方法能快速、准确地测定体细胞数，但仪器价格昂贵，难以普及应用。根据上海市食品卫生监督检验所研究人员提出的体细胞数简易计数法，即改良白边试验法，能在1 min内估测出样品的体细胞数。

2. 实验材料与试剂

试样板，平滑黑色电木板或一面涂黑漆50 mm×90 mm的玻璃板，4%氢氧化钠试液(NaOH 4 g，0.04%溴甲酚紫2 mL，蒸馏水98 mL配制)。

3. 实验方法

(1)样品处理　将奶样置于30～40℃水浴中加热并搅匀，样品应在36 h内检测完毕。

(2)改良白边试验　取经处理的奶样5滴，滴于试样板上，涂抹成不大于4 cm^2 的大圆斑，加氢氧化钠试液2滴，用玻璃棒轻击混合物约0.5 min，回旋转动试样板数下，最后观察判定结果。

(3)结果判定　根据表21-2判定体细胞数的范围。

表 21-2　白边试验结果判定

乳汁凝集反应	判定结果	相当体细胞数(10^6 个/mL)
混合物呈不透明乳汁样,完全没有沉淀物。	阴性(－)	＜0.5
混合物呈不透明乳汁样,但有细小不很多的凝固物。	痕迹(±)	0.5～1.0
背景较不透明,稍呈乳样,有较大片凝固物,分布整个面积。	阳性(＋)	1.0～2.0
背景微呈水样,有明显凝固物,搅拌时可见细丝和线状物。	阳性(＋＋)	1.5～2.5
背景呈水样,有更大呈团块状的凝固物。	阳性(＋＋＋)	＞3.0

(三)细菌总数的测定(平皿计数法)

1. 实验原理

现行检测菌落总数的方法多用平皿计数法,此法是将稀释好的供试液放入平皿内与适量培养基混匀,待凝固后倒置于培养箱中,保温培养后计算菌落数,即得 1 g 或 1 mL 样品中所含细菌菌落的总数。在此假定一个菌落是由一个菌体分裂生长而成的,故用此法可以判定牛奶受污染的程度。目前,世界上许多国家均采用此测定法。

2. 实验材料与试剂

无菌操作台及相关用品,恒温培养箱,高压灭菌器,平皿及广口瓶若干,蛋白胨,琼脂,牛肉膏,氯化钠,灭菌生理盐水,待测奶样若干份。

3. 实验方法

(1)培养基(营养琼脂)的制作　营养琼脂的成分包括蛋白胨 10 g,琼脂 15～20 g,牛肉膏 3 g,氯化钠 5 g,蒸馏水 1 000 mL。称量这些试剂,倒入蒸馏水中,搅拌并加热至试剂全部溶解;调节 pH 至 7.2～7.4,然后过滤,分装于圆底烧瓶内,121℃高压灭菌 15～20 min。

(2)样品稀释　取 250 mL 广口瓶,做编号。将样品按次序摆好,用浸于消毒水中的湿毛巾擦拭样品容器表面,或以酒精棉进行火焰消毒。

开启样品,将 25 mL 奶样置于 225 mL 灭菌生理盐水中充分摇匀,此为 10 倍稀释度。

根据奶样污染情况,选择 2～3 个稀释度进行递增稀释。用 1 mL 灭菌吸管吸取 10 倍的稀释液 1 mL,注入含有 9 mL 灭菌生理盐水的试管中混匀,此为 100 倍稀释液。另取 1 mL 灭菌吸管,吸取 1 mL 100 倍的稀释液,注入 9 mL 灭菌生理盐水中混匀,即为 1 000 倍稀释度。如此往上递增,可以获得所需要的 10 倍系列的稀释度。

本实验假定稀释度为 10 000 倍(10^4)。

(3)接种　将平皿编号,一个奶样做两个平皿;用 1 mL 灭菌吸管吸取 1 mL 稀释液,注入平皿中,将熔化后冷却至 45℃左右的营养琼脂培养基倒入平皿约 15 mL,然后将平皿按顺、反时针各转动数次并静置。

(4)培养　培养基凝固后翻转平皿,置于(36±1)℃培养箱中保温(48±2)h。

(5)菌落计数　记数平皿内细菌菌落数,乘以 10^4 即可得出每毫升奶样所含细菌总数。

(四)奶牛隐性乳房炎的检测(CMT 法)

奶牛的隐形乳房炎通常无临床表现,所以需要通过物理或化学试验检测,牛奶中的体细胞数测定及微生物检查等方法进行初步诊断。牛奶中体细胞测定主要是测定牛奶细胞数，正常牛奶每毫升细胞数在 50 万个以下，超过此数则疑似为乳房炎牛奶。隐性乳房炎检测可分为直接和间接两种检测法，CMT 法（California mastitis test）即美国加利福尼亚乳房炎检测法为间接检查法。

1. 实验原理

烷基丙烯基磺酸盐为表面活性剂，具有使各种白细胞膨胀的作用；苛性钠能加速细胞电荷的改变。这样，在白细胞之间的间隙及其电荷发生改变的情况下，变性细胞彼此出现凝结。该方法简单、方便易行，在牛舍内就能快速进行检测操作，具有生产适用性，对隐性乳房炎检出率高，可靠性大，对泌乳牛、临近干乳期的牛都适用。

2. 实验仪器与试剂

(1)测定盘　为一块乳白色塑料盘，其上置有 4 个深约 1.5 cm，直径为 5 cm 的圆形小室。

(2)测定试剂　称取 NaOH 15 g，烷基丙烯基磺酸钠（钾）45 g，溴甲酚紫 0.1 g，与 1 000 mL 蒸馏水混合均匀而成。

3. 实验方法

(1)在奶牛场中进行，请挤奶员协助完成，在挤奶中间进行检测。

(2)将被检牛的 4 个乳区的牛奶，分别挤在测定盘中的 4 个小室内，倾斜测定盘，倒出多余牛奶，使每个小室内保留牛奶约 2 mL，再分别加入 2 mL 检测试剂于小室内，呈同心圆摇动测定盘，然后判定结果（图 21-2）。判定标准见表 21-3。

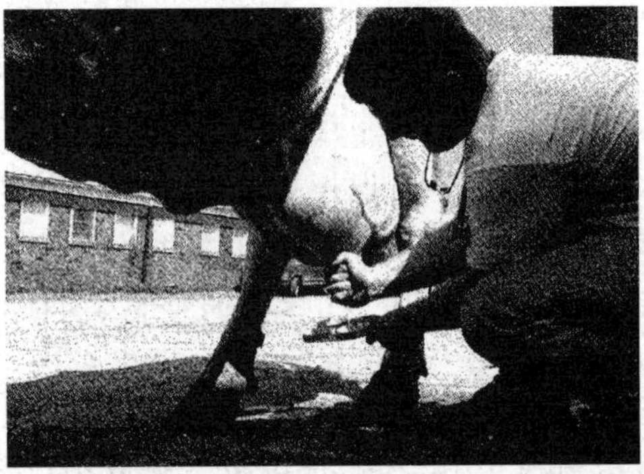

取被检牛的奶样约 2 mL

分别加入 2 mL 检测试剂于 4 个小室内

呈同心圆摇动测定盘混匀液体

10 s 后观察液体变化判定结果

图 21-2　判定结果

表 21-3　CMT 反应判定标准

反应	符号	牛奶反应	体细胞数/(个/mL)	嗜中性白细胞百分比/%
阴性	—	液状，无沉淀物	0～2 万	0～25
可疑	±	微量极细颗粒，不久即消失	15 万～50 万	30～40
弱阳性	＋	有部分沉淀物	40 万～150 万	40～80
阳性	＋＋	凝结物呈胶状，摇动时呈中心集聚，停止摇动时，沉淀物呈凹凸状附着于盘底	80 万～500 万	60～70
强阳性	＋＋＋	凝结物呈胶状，表面突出，摇动盘时向中心集中，凸起，黏稠度大，停止摇动，凝结物仍粘附于盘底，不消失	500 万以上	70～80
碱性牛奶	P	呈深紫色(pH 7 以上)		
酸性牛奶	Y	呈黄色(pH 5.2 以下)		

六、注意事项

1. 实验前要求学生学习和了解国家农业行业标准，《无公害食品　生鲜牛乳生产技术规范》。

2. 学习和了解国家农业部关于《乳品质量安全监督管理条例》的规定内容。

3. 学习和熟知国家农业部关于《生鲜乳生产技术规程》。

4. 实验中注意实验方法和结果的准确性。

5. 实验中注意身体防护，注意实验药品和试剂的安全性，遵守实验材料和废液的排放规则，防止造成环境污染。

七、实验结果

记录和分析实验数据和结果，准确评价测试牛奶的质量，分析确定奶牛的健康状况。

八、讨论与作业

1. 讨论题

在奶牛生产实际中如何有效地控制牛奶的卫生质量和保证卫生安全？

2. 作业

按照本实验的四种主要检验方法，将全班学生分为 4 个大组，每个组做其中一个检测项目，每个学生测定 1 个奶样(重复 1 次取其平均值)，最后完成实验报告。

九、生产应用

在奶牛场的生产实践中，需要常规进行牛奶抗生素残留检测，体细胞数检测和细菌总数的测定，用以评价鲜牛奶的质量及等级；通过 CMT 法检测奶牛隐性乳房炎，了解和掌握奶牛的乳房健康状况，不断提高牛奶的产量和质量。

参考文献:

[1]周贵,王立克,黄瑞华,等.畜禽生产学实验教程.北京:中国农业大学出版社,2006.

[2]莫放.牛生产学.2版.北京:中国农业大学出版社,2010.

[3]Howard D Tyler,Ensmingger M E 著. Dairy Cattle Science(Fourth Edition)奶牛科学.4版.张沅,王雅春,张胜利,主译.北京:中国农业大学出版社,2002.

实验二十二　牛奶脂肪含量(乳脂率)的测定

一、实验目的和要求

牛奶中的脂肪含量(乳脂率)是评价牛奶质量及奶牛生产性能的重要指标之一。乳脂率测定的方法有多种,如加酸法和加碱法,在加酸法中常用的有巴布考克(Babcock)氏法(简称巴氏法)、盖勃(Gerber)氏法(简称盖氏法)。另外,还有乙醚浸出法,即罗兹-哥特里(Roess-Gottlile)氏蒸馏法(亦称为标准法),其特点是测定结果最为准确,是检测其他测定方法准确程度和校正其他测定方法的基础方法,但操作方法较为复杂。目前最先进的测定方法是应用电子自动分析仪器。

本实验重点学习以上三种测定方法,目的是使学生熟悉和掌握牛奶中脂肪含量测定的基本原理和操作方法。

二、实验原理

详见"方法和步骤"中各实验的实验原理部分。

三、实验器材与材料

详见"方法和步骤"中各实验的实验材料及试剂部分。

四、实验内容

1. 巴氏测定法。
2. 盖氏测定法。
3. 罗兹-哥特里(Roess-Gottlile)氏蒸馏法(标准法)。

五、方法和步骤

(一)巴氏测定法

巴布考克(Babcock)氏牛奶中脂肪含量测定法,是一种比较传统的化学测定法,操作方法简便,具有一定的精确性,应用比较广泛,目前仍具有一定的实用价值。

1. 实验原理

测定乳中脂肪含量,必须使乳中脂肪与其他成分分离,强酸与蛋白质发生强烈作用后,可使乳中蛋白质及脂肪球膜脱水炭化而与脂肪分离，使脂肪呈游离状态。又因为硫酸与乳汁作用时产生大量热，使乳汁降低了黏性。硫酸与乳汁的混合物比重为1.43，而乳脂肪仅为0.9，使乳脂极易上浮，在这种情况下再加以离心作用，促使其加速上浮至乳脂计的颈部，观察其乳脂数量。

每次加入牛奶17.6 mL，去除吸管壁粘去0.1 mL，实际加入17.5 mL。奶的平均密度为1.030，其重量为18 g。乳脂计的颈部共分8个大格，其总容量为1.6 mL(每大格0.2 mL)，乳脂肪在60℃下其比重为0.9，而0.2 mL之重量为0.18 g，则是乳样(18 g)之1/100，因此乳脂率测定结果是乳的重量百分数。

2.实验材料及试剂

巴氏乳脂计(巴氏瓶)，17.6 mL吸乳管，17.5 mL量酸杯(或自动加酸器)、乳脂测定专用离心机，温度计，恒温水浴锅，比重为1.82～1.83浓硫酸，待测定奶样若干份。

3.操作方法

(1)将待检乳样温度调至10～20℃，并充分搅拌。

(2)以17.6 mL吸管吸取乳样17.6 mL，沿乳脂计颈部徐徐注入巴氏瓶内(不可插入过深以防溢出)。

(3)以量酸杯或自动加酸器量取17.5 mL硫酸，然后沿瓶颈慢慢注入并转动瓶颈使其将乳汁冲下。加酸时应将乳脂瓶斜放呈60°角，以使硫酸能沿瓶颈缓缓流下，防止过急使酸外溢，烧伤手或衣服。因浓硫酸的比重大，加入后就沉于瓶底，故当加酸至2/3时可暂停，摇动乳脂瓶，使已经结块的凝乳全部溶解，让硫酸与乳发生作用，再继续加完剩余硫酸。

(4)将乳脂计作平面划圆式摇动，使乳和硫酸充分混合并完全溶化，直至见不到凝乳为止，此时溶液呈咖啡色。

(5)将乳脂计对称地放入离心机中，以800～1 000 r/min转速，离心5 min。

(6)取出离心后的乳脂计放在55～60℃的水浴中保温5 min，并向乳脂计中注入60℃热蒸馏水，使其液面在刻度线6～8。

(7)将巴氏瓶再放入离心机中第二次离心2 min，

(8)取出巴氏瓶，放入55～60℃水浴中保温5 min即可读取数值。为准确读数，应将乳脂计放置与眼睛同一水平。该读数即为样本的乳脂百分含量。

(二)盖氏测定法

盖勃(Gerber)氏测定法也是一种比较传统的化学测定法，操作简便，具有一定的精确性，应用比较广泛。

1.实验原理

牛奶加酸与离心作用与巴氏法原理相同。加入异戊醇能降低乳脂肪的表面张力，促进乳脂肪更好地分离。同时异戊醇能使乳脂肪球表面张力强烈降低，促使乳脂肪球的凝集，使乳脂肪呈游离状态。

装入乳脂计的牛乳为11 mL，其中约0.1 mL粘于吸管壁上，实际装入为10.9 mL。乳的比重为1.032，所以装入乳脂计中的10.9 mL的乳量重是1.032×10.9＝11.248 8 g(11.25 g)。乳脂计颈部刻度共分9个大格，每大格又分为10小格。共90小格，每小格容量为0.012 5 mL，每大格为 0.125 mL,0～8 刻度间容量正好是 1 mL(9 大格共 1.125 mL),即可知 0～8 刻度间所能容下的乳脂重量正是装入乳脂计中 11.25 g 牛乳的 8%,即 0.9/11.25×100%,所以一大格正好表示乳脂率的 1%。

2.实验材料及试剂

盖氏乳脂计(盖氏瓶),1 mL 吸管,11 mL 吸管,10 mL 量筒,乳脂测定专用离心机,比重 1.82～1.825 浓硫酸,化学纯异戊醇(比重 0.815～0.818)。

3.操作方法

(1)用量筒取硫酸 10 mL,注入乳脂计中(不可使硫酸粘于瓶颈上)。

(2)用 11 mL 吸管吸取乳样 11 mL,徐徐注入乳脂计内,使乳层浮在硫酸表面(要防止乳和硫酸混合)。

(3)用 1 mL 吸管吸取异戊醇 1 mL,加入乳脂计中乳汁上面。

(4)用干燥的橡皮塞塞住乳脂计口,用拇指按住橡皮塞并用纱布包裹乳脂计,瓶口向外摇匀,并上下颠倒数次,直至蛋白质全部溶解为止。

(5)把乳脂计口部向下放入 65～70℃水浴中 3～5 min,然后擦干,对称地放入离心机中,以 800～1 000 r/min 转速,离心 5 min。

(6)离心后再放入水浴中 5 min,保持乳脂计口部向下。

(7)取出乳脂计并转动橡皮塞,调整脂肪柱的位置,使脂肪柱的底线在乳脂计瓶颈部的整数部位,然后读数,取得结果。

(三)罗兹-哥特里(Roess-Gottlile)氏蒸馏法(标准法)

该测定方法在测定牛奶脂肪含量的多种方法中是最为准确的,所以称为标准法,它也是检测其他测定方法准确度和校正其他测定法的基础方法。

1.实验原理

用氨水将牛奶中酪蛋白钙盐转化为可溶性的铵盐,然后用乙醚将其中的脂肪抽出,再将所抽出脂肪中的乙醚蒸发,称量其残留物质的重量,即为牛奶中的脂肪重量。在实验中加入乙醇的目的是使各种乙醇浸出的物质留在溶液中,并使某些卵磷脂等物质溶于乙醇中,以免被乙醚提走;加入石油醚的目的是去除乙醚中的水分,使其分层更清晰。

2.实验材料及试剂

实验仪器包括分析天平(感量为 0.01%),干燥箱(温度控制范围为(102±2)℃),干燥器,罗-哥氏抽提管或具有磨口塞、软木塞或对所用溶剂没有影响的其他塞子的适当抽提管或烧瓶,150～200 mL 容量的平底烧瓶,不含脂肪、无孔隙、使用时不易碎的沸石(或玻璃珠、碳化硅小片等)。

试剂:25%氨水,95%乙醇,乙醚(不含过氧化物),石油醚(沸程 30～60℃),实验前配制成等体积乙醚与石油醚的混合溶剂。

3.操作方法

(1)将 150～250 mL 烧瓶和沸石充分洗净,并将沸石放入烧瓶中,将烧瓶置于(102±2)℃干燥箱中加热 0.5～1.0 h。然后将烧瓶取出,置于干燥器内冷却到室温,用分析天平精确称量烧瓶与沸石的总重量。

(2)将待测牛奶样本的温度调整到20℃。把装有待测奶样的瓶子轻轻反复倒置3～4次，充分混合奶样，使全部样品中的脂肪分布均匀。立即取10 g左右奶样，放入罗-哥氏抽提管中，用分析天平称重。

(3)向罗-哥氏抽提管中加入25%氨水1.5 mL，并使其与奶样充分混合，再加入95%的乙醇10 mL，轻轻地将其与原来的液体充分混合。

(4)加入25 mL乙醚，塞紧塞子，充分振荡混合，然后冷却(可用自来水冷却)。

(5)小心取下塞子，加入25 mL石油醚。先用2～3 mL冲洗塞子与罗-哥氏抽提管口部的内壁，并使冲洗液流入其中。将抽提管塞紧，上下颠倒振荡，充分混合。

(6)将罗-哥氏抽提管静置，直至上层变得透明并与水层清晰分离后取下塞子，用少量混合溶液冲洗塞子及抽提管内壁，并使所有冲洗液流入抽提管中。

(7)仔细用倾倒法或虹吸管尽可能多地将上清液移入已知重量的烧瓶中。

(8)用少量混合溶液冲洗抽提管口部的内外壁和虹吸管前端，并使冲洗外壁的冲洗液流入烧瓶中，冲洗内壁与虹吸管的冲洗液流入罗-哥氏抽提管中。

(9)重复(4)～(8)操作步骤，用15 mL乙醚和15 mL石油醚进行第二次抽提和第三次抽提(第三次抽提可略去(8)的冲洗过程)。

(10)仔细地将烧瓶内的溶剂蒸发掉或分馏出去。

(11)待烧瓶内溶液气味消失，将烧瓶置于干燥箱内60～70℃加热5 h。

(12)由干燥箱内取出烧瓶，置于干燥器内，待冷却至室温后用分析天平称重。

(13)重复(11)和(12)步骤操作3次，每次间隔30～60 min，直至恒重为止。

4. 计算结果

$$\text{奶样中脂肪含量}=(M_2-M_1)/S\times100\%$$

式中：M_1为干燥后烧瓶重量(g)，M_2为干燥后乳脂与烧瓶总重量(g)，S为奶样重量(g)。

注意两次平行测定的结果之差，换算为100 g样品，不可超过0.03 g脂肪。

在测定奶样脂肪含量的同时，用相同的试剂与操作方法，用10 mL蒸馏水进行空白试验。若空白试验结果超过0.5 mg时，则应检查所用试剂的纯度是否符合标准，不纯的要精制或改换合格试剂，再重新测定。

六、注意事项

1. 实验所用硫酸等药品和试剂规格要符合规定标准。

2. 操作过程严格按规定进行，操作步骤必须严格按顺序进行，不能颠倒，以免测定不准确或发生其他问题。

3. 注意操作安全事项，以避免发生浓硫酸伤人或器材损失事故。

4. 每个奶样测定两次，取其平均值。误差太大时必须重新测定。

5. 每个乳脂瓶上需要用铅笔在磨砂部位做样品标记，以免搞错。

七、实验结果

记录和分析实验数据和结果，准确评价测试牛奶的脂肪含量，鉴定牛奶质量。

八、讨论与作业

1. 讨论题

你认为巴氏测定法和盖氏测定法这两种测定脂肪的方法，哪种方法测定的结果更准确？哪种方法测定的难度更大点？为什么？

2. 作业

将学生每两人分为一个实验组，按本实验中的巴氏(巴布考克氏)和盖氏(盖勃氏)乳脂测定法，测定一个奶样(重复两次取其平均值)，写出实验报告。

九、生产应用

在奶牛场的生产过程中，需要常规进行牛奶中脂肪含量(乳脂率)的测定，用以评价牛奶质量及奶牛的生产性能。通过调整饲料营养供给和饲养管理方式，可不断提高奶牛的综合生产性能，提高优质牛奶的产量和质量，保证为牛奶加工生产提供合格优质鲜奶。

参考文献：

[1]周贵，王永军.牛生产学.长春：吉林科学技术出版社，2007.
[2]莫放.牛生产学.北京：中国农业大学出版社，2010.
[3]王根林.养牛学.北京：中国农业出版社，2002.

实验二十三　几种牛奶掺假的检验

一、实验目的和要求

(一)实验目的

通过本次试验，使学生了解和掌握：
1. 牛奶中常见的掺假种类。
2. 牛奶掺假的检验方法。

(二)实验要求

1. 关注社会上牛奶质量安全事件的发生及其背景，了解分析掺假者掺假的目的。
2. 了解荷斯坦奶牛品种标准、国家生鲜乳收购标准及正常原料奶的理化性质。

二、实验原理

据了解，历史上原料奶生产者或经营者皆有向牛奶中掺假的现象，其掺假的目的有以下几个方面。

1. 为了防止或掩盖牛乳因常温长时间放置而产生的酸败和凝结

(1)掺入碳酸钠或碳酸氢钠等碱性物质以中和酸度。加碱后牛奶的口感会变差，而且利于细菌的生长从而对人体有害。

掺碱的检验原理：牛奶中加碱可使玫瑰红酸指示剂变色，在 pH6～8 的溶液中，颜色由黄变红；如采用溴麝香草酚蓝作指示剂，在 pH6～8 的溶液中，颜色由黄变蓝。以上方法只能作为定性检验而不能作为定量检测。

(2)掺入防腐剂和抗生素以防止细菌繁殖。防腐剂和抗生素对人体健康的危害程度更大。

掺防腐剂和抗生素的检验原理：此类牛奶可杀死乳酸菌等细菌，不能作为制作酸奶的原料，因此，用此奶样试做酸奶，如不凝固，则视其为掺防腐剂或抗生素牛奶。

2.增加牛乳的重量，以及为了掩盖掺假带来的负面效果而进一步掺假

(1)掺水　牛奶中掺水可直接增加牛奶的重量，牟取暴利。

掺水检验的原理：

①比重测定法　牛乳掺水后其比重会下降，乳脂肪、总乳固体和非脂乳固体含量也会下降。一般会通过测定比重的方法判断是否掺水。正常原料牛奶的比重在 1.028～1.032，如果比重降到 1.028 以下，则可以判定有掺水的嫌疑。如果同时出现乳脂率、非脂乳固体含量降低，特别是当非脂乳固体含量降到 8%以下，则可以判定牛奶中掺了水。掺水量可用以下公式计算：

$$掺水量=(正常乳的相对密度-被测乳的相对密度)/正常乳的相对密度\times 100\%$$

②冰点测定法　冰点测定法是准确测定掺水乳的检验方法。正常牛乳的冰点是相当稳定的，平均为 $-0.550\sim-0.510$℃，掺水稀释后的牛乳冰点会升高，其升高的程度与掺水量呈正相关，每掺入 1%的水可使冰点上升 0.005 4℃，常用 Hortvet 冰点测定仪测定。

掺水量的计算：

$$掺水量=(-0.510-T)/(-0.510)\times 100\%$$

式中：T 为被测牛乳真正的冰点；-0.510 为正常牛乳冰点。

(2)牛奶中掺入无机盐　由于牛奶中掺水以后比重下降，因此，不法商贩又在牛奶中掺入无机盐，以提高牛奶的比重，遮盖掺水的真相。常见的无机盐掺假有：食盐(NaCl)、硫酸盐(如芒硝：$Na_2SO_4\cdot 10H_2O$)、铵盐(硫酸铵、碳酸铵、硝酸铵)等，上述物质对消费者身体健康存在着极大的危害，掌握简单的检测方法尤其重要。

①掺入食盐(NaCl)的检验　硝酸银与铬酸钾作用，生成棕色的铬酸银。铬酸银能够与氯化钠反应生成白色氯化银和黄色铬酸钠。

②掺入芒硝的检验　掺芒硝的牛乳中含有大量的 SO_4^{2-}，SO_4^{2-} 同 $BaCl_2$、玫瑰红酸钠发生红色反应。

③掺入碳酸铵的检验　NH_4^+ 或 NH_3 遇到碘化汞钾试液(纳氏试剂)则生成黄色的碘化汞铵化合物。

(3)牛奶中掺入淀粉米汤等物质的检验　由于掺水容易导致牛奶黏稠度下降，而掺入淀粉米汤等物质的乳有黏稠感，因此成为掺假者选择的对象。检验可分为物理检验和化学检验。物理方法可将牛乳倒入碗内观察，如发现牛乳不易流动且加热易糊锅，则表明可能掺入淀粉等上述物质。化学检验主要利用淀粉遇碘会变蓝的现象。因此，可直接通过碘液或碘化钾淀粉试纸来检验。

3.提高牛奶含氮量的掺假现象

由于各乳品厂家对牛奶实行按质论价，往往以蛋白质为主要检测指标。因此，不法奶商往往会在鲜奶中掺入豆浆、尿素，甚至是三聚氰胺来提高蛋白质含量，危害消费者健康。

(1)牛奶中掺入豆浆的检验　牛奶掺入豆浆不仅可以增加牛奶黏稠度和比重，还可以提高牛奶含氮量，增加收入，因此成为掺假者选择的对象。然而豆浆中含有皂角素，与氢氧化钠或氢氧化钾作用可生成一种黄色化合物，可以此进行判定牛奶中是否掺入豆浆。

(2)牛奶中掺入尿素的检验　尿素与亚硝酸盐在酸性溶液中发生反应生成二氧化碳气体逸出，而亚硝酸盐可与格里斯试剂发生偶氮反应生成紫红色染料，掺尿素会影响该反应的发生。

(3)牛奶中掺入三聚氰胺的检验　三聚氰胺是一种三嗪类含氮杂环有机化合物，常被用作化工原料，人体长期摄入会造成膀胱、肾部结石，导致生殖、泌尿系统损害，故不允许用于食品中。但是由于中国采用的传统食品蛋白质含量测定方法的缺陷，即通过测定含氮量来推算出食品中的蛋白质含量，一些不法商贩将三聚氰胺掺入食品中，以提升食品检测中蛋白质含量。

目前，三聚氰胺的检测方法主要有高效液相色谱法、液相色谱-质谱联用法、气相色谱-质谱联用法和毛细管电泳法等。

4.牛奶中掺入蔗糖的检验

掺杂假乳往往口感较差，有些不法奶商常常在掺假奶中加入价格便宜的白砂糖来改善鲜奶口感。蔗糖在强酸性条件加热分解生成葡萄糖和果糖，果糖可与间苯二酚反应生成红色的糖醛衍生物。

三、实验器材与材料

①不同来源鲜奶样若干份；②乳稠计、温度计、Hortvet 冰点测定仪；③玻璃量筒，试管等；④1%酚酞指示剂；⑤0.1 mol/L NaOH 溶液；⑥0.04% 溴麝香草酚蓝；⑦0.01% 碘液；⑧乙醇乙醚混合液(1∶1 (*V/V*))；⑨25% NaOH 溶液；⑩20%醋酸。

四、实验内容

1.牛奶中掺碱的检验。

2.牛奶中掺入防腐剂和抗生素的检验。

3.牛奶中掺水的检验。

4.牛奶中掺入食盐的检验。

5.牛奶中掺入硫酸盐(芒硝)的检验。

6.牛奶中掺入碳酸盐(碳酸钠、碳酸氢钠)的检验。

7.牛奶中掺入淀粉米汁的检验。

8.牛奶中掺入豆浆的检验。

9.牛奶中掺入尿素的检验。

10.牛奶中掺入三聚氰胺的检验。

11.牛奶中掺入蔗糖的检验。

五、方法和步骤

1. 掺碱检验的方法步骤

(1)取奶样 5 mL 置于试管中，使试管保持倾斜，然后沿管壁小心加入 0.04%溴麝香草酚蓝指示剂 5 滴。

(2)将试管慢慢旋转 2～3 周，使液体相互接触，但不要使液体相互混合。

(3)将试管垂直，静置 2 min 后，观察两液面交界处颜色变化。

(4)未掺碱时，两液面交界处为黄色环，如出现其他环形颜色变化，参考表 23-1 可判定掺碱的量。

表 23-1　环形颜色变化对掺碱浓度的判定

环层颜色	牛乳中碳酸钠含量/%	环层颜色	牛乳中碳酸钠含量/%
黄色	0	青绿色	0.5
黄绿色	0.03	淡蓝色	0.7
浅绿色	0.05	蓝色	1.0
绿色	0.1	深蓝色	1.5
深绿色	0.3		

2. 掺防腐剂和抗生素的检验方法与步骤

取待检样品乳 5 mL 于试管中，加 0.5 mL 市售普通酸奶(含乳酸菌活菌)后加塞，混合置于 25～37℃ 放置 4 h，观察其是否凝固。如果凝固则为正常；如不凝固，则说明有防腐剂或抗生素。

3. 掺水的检验方法与步骤

(1)将鲜牛奶混合均匀后，适量倒入量筒中，感官牛奶较稀薄，在量筒中摇晃观察挂壁情况。如不挂壁，则疑似掺水。

(2)继续添加适量牛奶至 100 mL 刻度左右。测量奶样温度，使其温度在 15℃左右，记录温度。

(3)小心将乳稠计沉入量筒底部，但不要触碰到量筒底部和筒壁，放手使其自由浮动，静置 3～5 min，水平读取乳稠计液面刻度数值，并查表换算得出在 15℃或 20℃时的比重。

(4)如果比重小于 1.028 则判定掺水。

4. 掺食盐的检验方法与步骤

(1)取 5 mL 硝酸银溶液于试管中，加 2 滴 10%铬酸钾溶液。

(2)加被检牛奶样品 1 mL，充分混匀，观察试管中的颜色变化。

(3)若试管中出现黄色沉淀，说明牛奶中氯离子含量超标。

5. 掺硫酸盐(芒硝)的检验方法与步骤

(1)取 5 mL 被检牛乳于试管中。

(2)加入 20% 醋酸 1～2 滴，1% $BaCl_2$ 4～5 滴，1% 玫瑰红酸钠 2 滴，摇匀，静置。

(3)如乳样变为粉红色，则判定奶样中掺入了芒硝。

6.掺碳酸铵的检验方法与步骤

(1)取被检牛乳5 mL于试管中。

(2)加入纳氏试剂6～7滴,摇匀,观察颜色及混浊情况。

(3)如呈现黄色或淡橙色外观,则判定乳样中掺入了碳酸铵。

7.掺入淀粉米汤和糊精的检验方法与步骤

(1)取奶样5 mL注入试管中,加入15 mm×150 mm试管中。

(2)加入20%醋酸0.5 mL,使蛋白凝固,过滤收集滤液。

(3)取滤液1滴于载玻片上,另取碘液1滴于滤液旁,使两液面相互接触。

(4)在白色背景上观察两液交界处颜色变化。

(5)如果发生反应变蓝,则判定牛奶掺入了淀粉米汤。

8.掺豆浆的检验方法与步骤

(1)取奶样2 mL注入试管中,加入乙醇乙醚混合液3 mL。

(2)加入25%NaOH溶液5 mL,将混合物摇匀。

(3)放置5～10 min,观察颜色变化。

(4)如有黄色生成,则掺入了豆浆。

9.掺尿素的检验方法与步骤

(1)取被检样乳3 mL放入大试管中,加入浓度为0.05%的亚硝酸钠溶液0.5 mL,加入浓硫酸1 mL。

(2)将胶塞盖紧摇匀,待泡沫消失后向试管中加入约0.1 g格里斯试剂。充分摇匀,待25 min后观察结果。

(3)如果溶液呈紫红色,则属于合格乳,如果不变色,则可认定已掺有尿素。

10.掺入三聚氰胺的检验方法与步骤

三聚氰胺的检验方法常用液相色谱法。即用乙腈-三氯乙酸溶液提取样品中的三聚氰胺,混合型阳离子交换柱进行净化后,过色谱柱,检测波长为240 nm,检出限为0.15 μg/mL,加标回收率为86.39%～102.60%,结果准确可靠。

11.掺蔗糖的检验方法与步骤

(1)取2 mL体积比为1∶1的盐酸于试管中,滴加5滴被检乳样。

(2)加入少量间苯二酚,在酒精灯上加热2～3 min,观察结果。

(3)如果溶液呈砖红色或红褐色,则可认定掺有蔗糖。

六、注意事项

1.实验中有用到强酸、强碱,操作时应注意安全。

2.本实验多为定性分析判断,应注意设置已知的对照检验,例如采用已知的未掺假的原料鲜乳做阴性对照,而采用已知的掺入了某种假的奶样做阳性对照。

七、实验结果

本实验数据为及时判定结果数据,无须繁杂的生物统计分析,但应对结果的正误,结合奶样来源做具体原因分析，以便指导生产或市场采取相关措施。

八、讨论与作业

（一）讨论题

1. 当前原料乳生产与市场上牛乳掺假有哪些原因？

2. 对不同掺假奶样进行讨论分析，提出有针对性的预防措施。

3. 讨论由于掺假种类不断翻新，活动猖獗，从食品质量安全和快速、定量分析要求出发，必须创新检验检测方法。如何考虑应用一些快速检测方法，如近红外光谱法、液相色谱、气相色谱以及液-质联用、气-质联用等。

（二）作业

按课程要求，学习几种检测方法的操作技术，整理实验数据结果，完成实验报告。

九、生产应用

本实验需要由实验指导教师在实验课中根据实验项目内容，介绍和讲解国家农业行业标准《无公害食品　生鲜牛乳生产技术规范》，国家农业部关于《乳品质量安全监督管理条例》，国家农业部关于《生鲜乳生产技术规程》。说明讲解牛奶掺假的现状和趋势，使学生了解市场上牛奶中常见的掺假方法，掌握牛奶掺假检测的原理和操作方法。作为课程扩展内容，也可对实验课项目内容以外的其他掺假物质，研究创新检测技术，为生产实际提供更多有效实用的检测方法。

参考文献：

[1]王福兆. 乳牛学. 2版. 北京：科学技术文献出版社，1993.

[2]林芳栋，蒋珍菊，曹蕊. 牛奶掺假掺杂现状及检测方法的研究进展. 西华大学学报（自然科学版），2011，3(3)：93-96.

[3]孙鹏，王俊，王加启. 牛乳掺假物质及其快速检测方法研究. 中国奶牛，2009，9：48-51.

[4]王丹慧，王春苗，李梅，等. 原料乳及乳粉中糊精掺假的检测方法. 中国乳品工业，2008，36(4)：62-64.

[5]刘立萍. 高效液相色谱法测定奶制品中的三聚氰胺. 食品科学，2009(30)：385-388.

实验二十四　鲜牛奶的初步处理与分离

一、实验目的和要求

（一）实验目的

1. 了解牛奶自挤出以后的理化性质变化。

2. 学习和掌握牛奶初步处理与分离的基本方法。

(二)实验要求

1. 了解牛奶冷却的原理与方法。
2. 学习牛奶存贮的方式与要求。
3. 掌握牛奶分离机的操作原理与要求。

二、实验原理

由于牛奶在挤出前后存在各种细菌，如大肠杆菌、乳酸链球菌、无乳链球菌、丙酸菌和丁酸菌等，在养殖环境和挤奶操作良好情况下，细菌菌落总数一般可以控制在 20 万/mL 以下。在养殖环境恶劣或者挤奶环境较差的情况下，有可能高达数十万甚至超过百万。因此，牛奶挤出后如果不能迅速将温度降到 4℃以下，那么细菌很快繁殖，就会导致牛奶腐败变质，因此，刚挤出的生鲜乳应在 2 h 内冷却到 4℃以下再贮存。

牛奶冷却的原理是利用冷媒和待冷却的牛奶之间通过热传递而达到温度的平衡而实施的。通过加大冷媒和牛奶之间的温度差、搅拌等方式可快速降低牛奶的温度，达到在规定的时间内降低到预定的温度范围内。

三、实验器材与材料

①原料牛乳；②温度计；③冷排；④制冷贮奶罐；⑤乳脂分离机；⑥稀奶油和脱脂乳接收器具。

四、实验内容

1. 原料乳冷却、贮存检测与运输监测。
2. 稀奶油分离。

五、方法和步骤

(一)鲜奶冷却

鲜奶的冷却有许多不同的方法，如水池冷却、冷排冷却和直冷式冷却器冷却等。

1. 水池冷却

将装有鲜奶的奶桶置于水池中，在池中通入冷水或冰水进行冷却。冷却过程中应不时搅拌牛奶，使桶内牛奶冷却均匀。水池中的水应不断更换以加快冷却速度。此法冷却速度慢，耗水量大，效率低，只适于小牛场和养牛户使用。

2. 冷排冷却

冷排是由金属排管组成的表面冷却器，内通冷却剂，使排管表面降温，牛奶自上而下经排管表面流下，使牛奶降温。冷排冷却效率高，构造简单，使用方便，价格低廉，现在少用。

3. 直冷式冷却器冷却

是一种使用冷源的罐式冷却装置，本身带有搅拌器和定时搅拌控制系统，可使牛奶均匀冷却，又可防止稀奶油上浮。

(1)全封闭卧式直冷罐　目前规模饲养的奶牛场、小区，绝大多数都采用全封闭卧式直冷罐储奶(图 24-1)，专用奶罐车送奶。全封闭卧式直冷罐采用直通式大面积蒸发板直接冷却，通过自动控制传感系统，可快速将原料奶从 38℃左右降到 4℃，并使牛奶始终处于预设的保鲜温度状态储存。直冷罐的大小主要以牛场产奶量的多少而定，一般应比实际需求容积大 10%左右。

直冷降温系统由制冷机组、冰水箱、板式换热器、储奶罐、受奶槽、泵等设备组成。选择直冷罐时，要求压缩机制冷效果好，高效节能。罐体采用优质不锈钢材料，内表面光滑，不生锈，符合卫生标准。内桶和外皮之间的聚氨酯发泡剂绝热层，根据 ISO 标准停电后 10 h 内保持牛奶温度在 5℃，持续 18 h 温度增加不超过 1.5℃，而且绝热层冬天可防止牛奶冻冰。

图 24-1　全封闭卧式直冷储奶罐

(2)快速制冷和热能回收系统　目前，现代标准化奶牛场开始将制冷降温罐改进为快速制冷和热能回收系统。该系统采用食品级的乙二醇和水混合作为冷媒，能够在很短的时间内将牛奶从 37℃冷却到 2～4℃，从而有效保证牛奶的质量。系统主要组成如下：

①制冷压缩机组　将低温低压的氟利昂制冷剂气体压缩成高温高压的气体。

②冷凝机组　采用强制风冷，将高温高压的气体冷却成低温低压的液体。

③水帘式冷却箱(图 24-2)　将热的冷却液(冷媒)冷却。蒸发板的数量可依据实际制冷量的情况增减，添加非常方便。热的冷媒冷却液从冷却箱的顶部经过蒸发板流到底下的储液箱时被冷却。整个冷却箱是密封的。

④冷媒泵　将水帘式冷却箱中底部冷的冷媒泵出至板式换热器，经过板式换热器的换热后，变成热的冷媒返回至水帘式冷却箱的顶部，卫生耐腐蚀。

⑤板式热交换器(图 24-3)　将牛奶从 37℃快速冷却到 2～4℃。由很多排列不一的不锈钢板片组成，牛奶和冷却液(或者水)在不同的相互隔绝的板片内按不同的方向流动，迅速将牛奶冷却。

⑥热能回收器(图 24-4)　可以用来回收牛奶快速制冷器产生的热能，利用回收的热能加温热水，热水可以用以清洗挤奶台。

图 24-2 水帘式冷却箱

图 24-3 板式热交换器

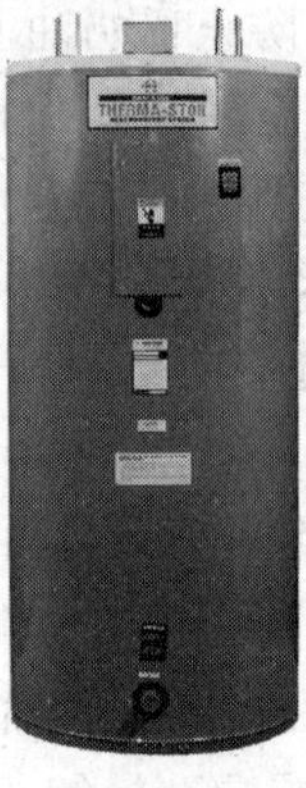

图 24-4 热能回收器

(二)鲜奶的暂存

冷却后的鲜奶仍须在 3.5～4℃下进行贮存,以防止微生物繁殖。鲜奶的暂存方法有二:

(1)将奶桶一直贮存于前面所介绍过的冷却水池中,并通过更换水池中的冷水将奶温控制在 3.5～4℃,直至将奶运出。

(2)贮存于直冷式冷奶罐中,定时开启搅拌装置,控制奶温保持在 3.5～4℃。

(三)鲜奶的运输

鲜奶运输中应尽量缩短运输时间,严禁中途停留。运输车辆和运奶罐要严格消毒,避免在运输过程中污染。

(四)牛奶初步处理

牛奶初步处理是指牛奶在进入加工之前或为某种特殊目的而进行的处理,主要包括净乳和稀奶油分离。

1.净乳

净乳即过滤净化。主要利用离心除菌机进行,目的是除去牛乳中的大量细菌,增强原料乳的保存性能。

2.稀奶油分离

根据我国 2010 年 3 月 26 日发布的《食品安全国家标准 巴氏杀菌乳》(GB 19645—2010)规定,巴氏杀菌乳的含脂率为 3.1%,非脂乳固体含量 8.1%。为了制作出符合标准的乳制品,加工厂必须对每批原料进行标准化处理。乳品加工的第一步是标准化,即利用分离机将部分全脂牛乳分离为稀奶油和脱脂乳,再用稀奶油或脱脂乳对大罐原料乳进行标准化。之后,通过均质、消毒、包装、封签等才能加工出符合标准的乳制品。稀奶油分离的另一个主要目的是制作奶油(即黄油),用于冰激凌、西餐、甜点等食品的制作。

3.分离机分离原理

主要是利用乳脂和脱脂乳的比重不同,在转速为 6 000～8 000 r/min 离心力的作用下进行分离。

4.乳脂分离机构造

实验室手动分离机构造见图 24-5。

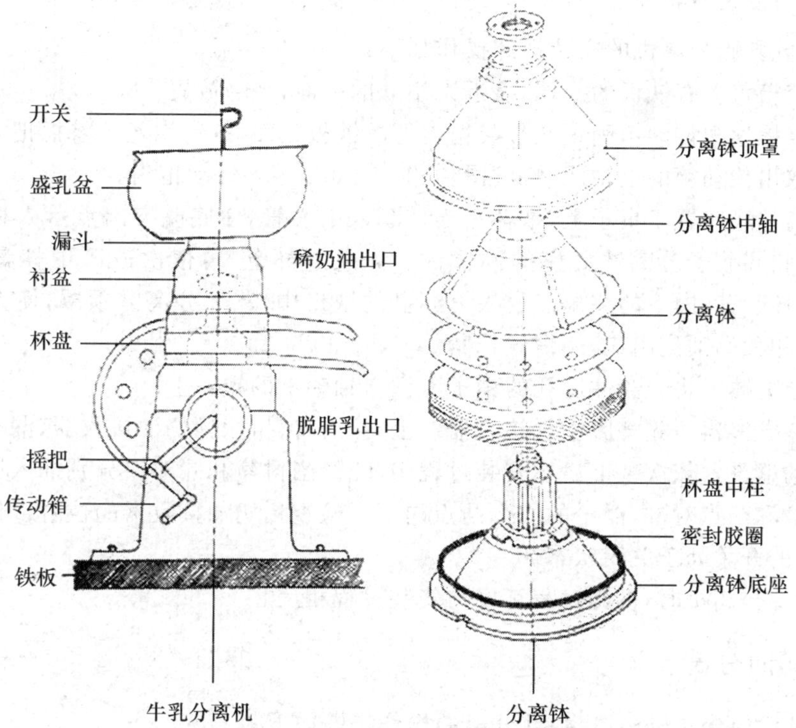

图 24-5　牛乳分离机及其分离钵构成

从图 24-5 可以看出，牛奶分离机由盛乳容器、分离钵、传动箱和底座等部分构成。

(1)盛乳容器　包括带有开关的盛乳盆、浮子、漏斗、漏斗座、稀奶油接收器、衬盆和脱脂乳接收器等。

(2)分离钵　为乳脂分离机的重要组成部件。

整个分离钵由以下部分组成：

①分离钵底座　为分离钵的支柱，中间直立的中心管是承受漏斗中牛乳进入分离钵的通道，底部中心有孔与传动箱的上轴承连接。

②密封胶圈　放在分离钵底座的沟槽内，使顶罩与底座压实密封。

③杯盘中柱　为带有条槽沟的管形柱，支持和固定杯盘，固定牛奶流向。

④分离钵(分离片或杯盘)　数目因分离机型号不同而不同，由十几个到五十余个不等。将牛乳分离为稀奶油和脱脂乳，并通过不同的孔道出口甩出分离钵外。分离钵越多，分离效率越高。

⑤上杯盘　外缘上有两个缺口的即是。

⑥下杯盘　上边有三个突起点的即是。

⑦分离钵顶罩(分离钵盖)　罩住分离钵，上部有一缺口，为稀奶油流出的孔道。侧面有调节栓。

⑧螺丝母　起固定分离钵底座和密封胶圈的作用。

(3)传动箱　为分离机动力传动部分,由轴、轴承、大小齿轮组成。传动动力有手摇式和电动式之分。

5. 分离机的安装与拆卸

实验室牛乳乳脂分离机的安装拆卸操作如下:

(1)将包装箱盖上有铁板的一端,靠近人站立的一面,平稳放置。

(2)用固定螺丝把传动箱固定在包装箱盖上的铁板上面,拧紧螺丝。将摇把安装到传动箱侧面的轴上,取出传动箱的上轴承,将润滑油约 110 mL 导入传动箱内。

(3)将分离钵底座置于桌子上,把杯盘支柱套入中心管,使底座突出点落入杯盘支柱的圆孔里。把密封胶圈放于分离钵底座的沟槽内。先放下杯盘,再依次放入中杯盘,上杯盘(两个),最后放上杯盘盖,向下的突出点放入上杯盘的缺口中,罩上分离钵顶罩,使上面的缺口中点对准杯盘上的稀奶油流出口,用螺丝拧紧。

(4)安放分离钵。将分离钵底孔的销子卡到立轴轴承的缺口上。

(5)安装盛乳容器。先将脱脂乳接收器装上,然后将衬盆、稀奶油接收器、漏斗座、漏斗、浮子、带有开关的盛乳盆依次装上。在安装过程中注意,当衬盆和漏斗座分别插入脱脂乳接收器时,必须使凹槽和凸点对准,浮子的三个凸点向下。检查稀奶油接收器的位置以便于流出。起初保持盛乳盆的开关处于关闭状态。

在清洗拆卸分离机时,拆卸过程正好与安装过程相反。

(五)稀奶油分离

根据图 24-5 的分离机构造,牛乳分离的操作步骤如下:

(1)在盛乳盆上口罩上两层纱布,使中心部位略微凹陷,且使手动开关能自由转动,将纱布拴牢固定。向盛入盆中倒入约 1/3 容积的 35～40℃热水,慢慢摇动手把,逐渐加快到70 r/min 的转速,然后打开开关,使热水通过分离机预分离。

(2)继续转动摇把,将预加热到 35～40℃的新鲜牛乳逐渐加入到盛乳盆,保持牛乳在盆中占的容积为 1/2,开始进行分离,直至分离完毕。在整个牛乳分离的过程中,转速应保持一致,不要时快时慢。全部牛乳分离完毕后,再向盛乳盆中加入刚分离的脱脂乳(容积为 1/3),继续进行分离,以便将分离钵内的残留乳脂分离干净。最后,关闭分离机或停止摇动手把,待分离钵自然停止转动,拿走稀奶油和脱脂乳容器。

(3)牛乳分离完毕后,将分离机逐件进行拆卸,按顺序取下盛乳盆、漏斗、漏斗座,卸下衬盆、杯盘、稀奶油流出器和脱脂乳流出器等。用热水进行彻底清洗,用干净纱布擦干,然后再按照安装顺序进行安装,以备下次使用。

六、注意事项

1. 牛奶运输

生鲜乳运输车辆必须获得所在地畜牧兽医管理部门核发的生鲜乳准运证明。在运输过程中,避免生鲜乳过度振荡,影响生鲜乳品质。牛场和乳品加工厂共同监管运输车辆,运输罐必须打上铅封,严禁在运输途中向奶罐内加入任何物质。运输车安装 GPS 定位系统,GPS 定位系统可实现24 h不间断监控。运输车在路途中不得无故停留，有意外情况发生时，要及时通知牛场和加工厂，并采取有效措施。要保持运输车辆的清洁卫生，运输车不能放置杂物(机油桶等)。运输车司机身体条件符合从业要求，要准确详细填写交接单，交奶后要将加工厂过磅、化验明细单交回牛场。

2. 牛奶分离

如果有条件可以带领学生到乳品厂，参观牛乳的分离和巴氏杀菌乳、奶油等乳制品加工过程。

七、实验结果

1. 本实验可根据温度变化，测试牛奶保存的时间，记录理化性质和菌落总数的改变。

2. 如条件许可，可将学生分组，跟车进行送奶作业，记录牛奶从奶牛场到乳品厂行车路线、时间和GPS定位等情况，将不同路线的情况进行比较分析。

3. 如有机会参观乳品厂，记录牛乳分离的作业过程和相关参数，以及牛奶分离对乳制品标准化的作用。

八、讨论与作业

(一)讨论题

1. 鲜牛奶的初步处理与分离有何意义？牛奶分离对乳制品标准化的作用。

2. 了解不同奶牛场牛奶冷却和运输过程。比较和讨论改善牛奶质量的重要措施。

(二)作业

学生按照实验方法进行牛乳稀奶油的分离，记录相关数据，撰写实验报告。

九、生产应用

本实验课要求在任课教师的指导下，通过参观奶牛场，结合生产实际，在生产现场学习鲜牛奶的初步处理，分离原理与方法；了解牛奶冷却的原理与方法；了解牛奶存贮的方式与保存技术；了解牛奶分离机械的工作原理与操作方法。

参考文献：

[1]黑龙江省畜牧兽医学校. 养牛学实习指导. 北京：农业出版社，1981.

[2]张学炜，李德林. 规模化奶牛场生产与经营管理手册. 北京：中国农业出版社，2014.

[3]周贵，王永军. 牛生产学. 长春：吉林科学技术出版社，2007.

[4]王根林. 养牛学. 北京：中国农业出版社，2002.

第七篇　牛肉的卫生检验与品质评定

实验二十五　牛胴体和牛肉的卫生检验与品质评定

一、实验目的和要求

(一)实验目的

畜产品不安全危害十分严重，一是引起人的疫病、中毒、过敏、致癌、致畸、致基因突变等，不但影响当代人的健康，还会影响子孙后代的健康、社会的发展；二是污染环境，动物用药自然转入环境中，破坏人类生存的环境，造成恶性循环。

牛胴体和牛肉的品质是评定肉牛生产性能的重要内容，也是评价品种、饲养水平、年龄性别、环境温度(气候)、杂交效果对牛肉品质的影响，及评定牛场声誉的重要手段。

(二)实验要求

1.通过学习，掌握牛胴体卫生安全检疫方法、原理，区分牛胴体优劣。

2.通过学习，掌握牛肉品质测定各项指标的方法，学会鉴别牛肉品质优劣。

二、实验原理

1.牛健康状况可通过胴体、肌肉、淋巴结、内脏、胸膜、黏膜上表现出病变和病灶，这是肉品卫生安全的基础，要严格把关。

2.牛肉的品质优劣会表现出一系列的生理、生化变化，通过这些变化可评定肉质。如测量嫩度主要是测量肌纤维的粗细和结缔组织含量，所用仪器为嫩度仪(tenderometer)，以对肉剪切时的阻力大小为原理；用压榨法、滴水法及蒸煮法测定水分丢失情况，以测定保水能力为原理。

三、实验器材与材料

嫩度仪、测色仪、酸度计、天平、游标卡尺、电炉、蒸锅、解剖工具等。

四、实验内容

1.胴体的安全卫生检验。

2.胴体质量评定。

3.肉质评定。

五、方法和步骤

(一)牛胴体的安全卫生检验

1. 检验前的检疫

在胴体检验进行前,最好检疫牛的健康情况,有感染炭疽、结核、布氏杆菌等病牛不得作为商品销售;从头部检验首先检视整个头部器官有无病灶,观察黏膜等有无水疱、溃疡、坏死;触诊下颌骨和舌根、舌体,观察有无放线菌肿,剖检淋巴结和扁桃体,检查有无结核、化脓和放线菌肿、囊尾蚴寄生。

2. 胸腔脏器检验

开膛视检胸膜、膈膜和肌肉状态。注意色泽、清洁度是无有异常,并注意胸壁上有无黄豆大的增生性结节。肺部是重点,很多疾病、感染会表现在肺的受损,检验肺大小、色泽、形态,触检整个肺组织,注意有无充血、出血、化脓、坏疽、结节、支气管扩张等病变,检查有无胸膜炎、肺炎、结核、棘球蚴等。然后切开淋巴结和纵隔淋巴结,查看有无出血、充血等变化。对心脏,首先观察心包有无感染、出血、积液、化脓,然后剖开心脏,观察心内膜、心外膜和心肌,注意有无点状出血、寄生物等。

3. 消化道脏器检验

肝、脾、胰:观察色泽、大小、形态,然后触检,注意有否变性,表面有无脓肿、毛细血管扩张、坏死、肿瘤,有无囊尾蚴等;剖检淋巴结、内脏实质,检查有无结核、脓灶、纤维等病灶,有无肝蛭(肝片吸虫)、干酪样物等病变,肝、脾、胰是否肿大或萎缩,如有变化,应立即送实验室检查。

胃、肠:黏膜有无充血、出血,胃壁有无脓灶与溃疡;剖检肠系膜淋巴结有无脓灶、纤维及结核的增生性肉芽肿和干酪样坏死等病灶。

4. 牛肉有毒物含量检查

按牛的来源,每批抽查5～7头牛,各取臀部肉样约100 g,检测总菌落数、大肠菌群和沙门氏菌,检测挥发性盐基氮、汞、铅、砷、铬、六六六、滴滴涕、金霉素等。牛肉中重金属的检测方法有国家标准方法,如铅按 GB/ T 5009.12 方法,砷按 GB/ T 5009.11 方法,六六六、滴滴涕,按 GB/ T 509.1981 规定,其他农药也在国家标准方法中查找。兽药残留按 NY 5029—2001 中附录 F 规定方法测定,如氯羟吡啶、磺胺类、恩诺沙星、环丙沙星残留参照农业部《动物源食品中氯羟吡啶、磺胺类、恩诺沙星、环丙沙星残留检测方法—高效液相色谱法》,现已有很多抗生素试纸或快速检测仪出售,进行快速定性测定。

5. 微生物指标

牛肉在屠宰、分割、包装、贮藏、销售过程中,常被微生物污染,常采用3项检测指标,即细菌数量(菌落总数)、大肠杆菌数(MPN)和致病菌,国家标准的致病性微生物有13种,可按国标方法检测。

(二)胴体测定方法

1. 胴体质量等级

主要由大理石花纹和生理成熟度两个因素决定,美国对牛肉采用产量级(yield grade)和质量级(quality grade)两种分级制度。产量级标准以胴体出肉率为依据,胴体经修整、去骨后用于零售量的比例,比例大,产量级就高。质量级牛胴体分等重要依据为牛成熟的年龄、牛胴体脂肪覆盖度、牛肉质地和肌肉度。

牛肉品质按颜色、坚挺度、适口性、大理石花纹、多汁性、嫩度等内容分级,由于化学成分测定较烦琐,很少按此评定,但化学成分才是评定肉质最真实有效的方法,现已有很多红外线技术在研究化学成分快速测定,见图 25-1。

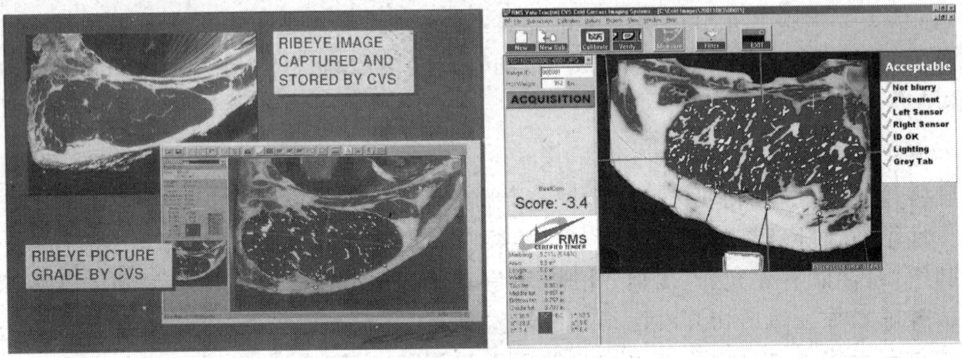

图 25-1 计算机视觉系统在测试牛肉蛋白、脂肪、水分及肉色

2. 眼肌面积测定

眼肌面积决定了产肉率和屠宰效益。首先将中躯在倒数第 1 与第 2 胸椎处斩开,切为两部分,注意保持切面的整齐,然后用游标卡尺在切面处测量眼肌(背最长肌)横断面的宽和高,用公式估算眼肌面积,或用超声波扫描系统进行计算,见图 25-2 和图 25-3。

眼肌估测公式:眼肌面积(cm^2)=高(cm)×宽(cm)×0.7

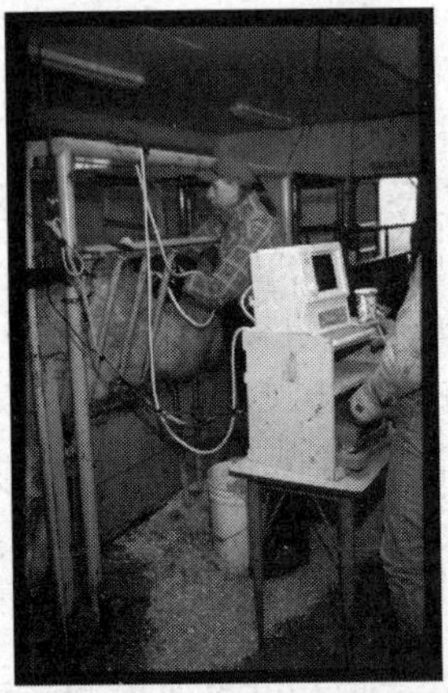

图 25-2 实时超声技术操作

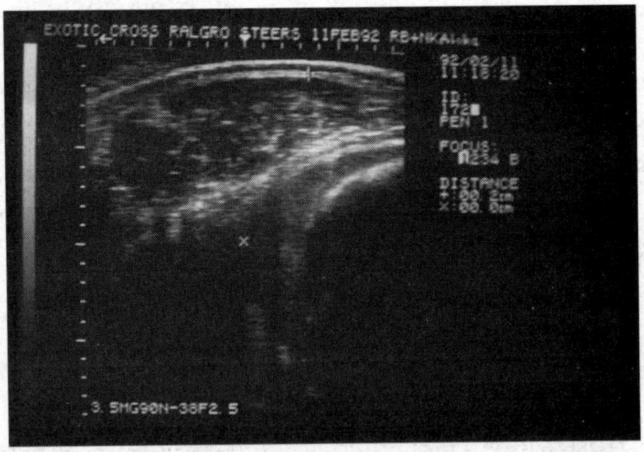

图 25-3 实时超声技术显示

3. 牛胴体新鲜度检验

牛胴体加工中,因微生物污染、氧化、温度过高、温度波动及超期库存等,使肉变色,表面黏腻,产生异味,失去弹性。感官检查简便易行,比较可靠。

(1)新鲜肉 肌肉表面呈牛肉特有色泽,红色,切面鲜亮,肌肉表面的皮膜有一层油质干薄膜；肉汁透明，切面上肉质致密，手指压陷的小窝能迅速恢复原状，具有良好的牛肉香腥味；脂肪光鲜有光泽、呈白色、微黄色或乳黄色，坚硬，压挤时碎裂，骨髓充满全部管骨。

(2)不新鲜肉　切断面呈牛肉红色，但色泽暗，肌肉面暗红或紫红，有黏性，有风干发干或明显发湿发黏；渗出肉汁混浊，切面肉质松软，手陷的小窝不能恢复原状；近闻气味带有陈腐味，缺乏香味，略有腐败臭味；色泽稍灰暗，骨髓稍脱离管骨壁，变软些。

(3)变质肉　表面呈暗紫红色或黑褐或灰绿色，色泽暗淡混浊，断面没有光泽，胴体或肉表面发黏严重，有时有霉菌斑，切面肉质松软，手指压陷的小窝不能立即恢复原状，闻及腐败味，深层也有腐败气味，脂肪暗淡、混浊并有霉菌落，夹带明显氧化气味、臭味，骨髓不能充满管骨腔，明显与管内壁分离，呈松软状态并粘手，色暗常带灰色或黄红色。

(三)传统牛肉品质评定

1. 牛肉色泽测定

牛肉色泽是牛肉本身发生生理、生化变化所呈现的表象，是衡量牛肉品质的重要指标之一，不同性别、年龄、营养水平、健康状况可表现不同的肉色，黄牛肉淡棕红色，水牛肉暗红并带蓝紫色光泽，老龄牛肉暗红色，犊牛肉淡灰红色。

牛肉色泽是人们对所购牛肉的第一印象，对感官判断和购买决定，具有重要作用，肉色变化范围很大，主要取决于肉中肌红蛋白、血红蛋白的含量和肌红蛋白的化学状态，新鲜牛肉最初呈现肌红蛋白的紫红色，暴露于空气中时，肌红蛋白与空气中的氧迅速结合成氧合肌红蛋白，使肉呈现鲜艳的樱桃红色，暴露空气中几小时后，会进一步氧化成高铁肌红蛋白，肉色也随之转变成暗褐色。

(1)感官评定法　按肉色图谱评分见图 25-4，有经验者可依肉的颜色评定好坏，肉色在一定程度上表现出其真实的理化特征。

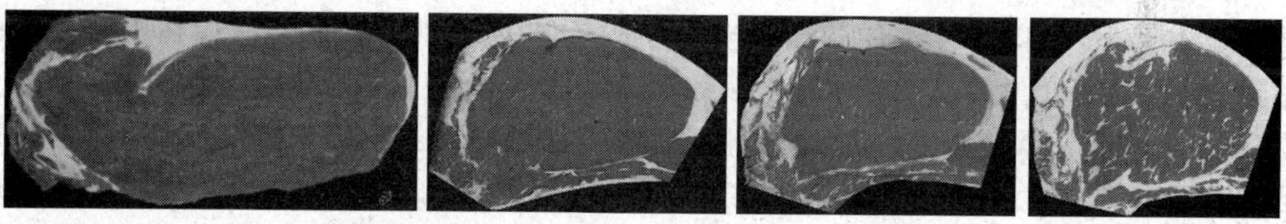

图 25-4　从左到右分别为加拿大 A 级、AA 级、AAA 级、AAAA 级眼肌标准图谱

日本有按牛肉鲜红到暗红的程度，将牛肉分成几个等级的做法，优质牛肉肌肉颜色鲜红而有光泽，过深过淡均属不佳，脂肪越白，则品质越好。

(2)肌红蛋白含量测定法　在对冷却肉样进行称重、剪碎、匀浆后经高速离心提取上清液，对上清液进行处理后，用分光光度计进行光谱扫描，再与标准曲线对比或由光密度值计算得到肌红蛋白含量。

(3)色差仪测定法　应用色差仪测定牛肉颜色的方法，使牛肉颜色数字化，有精确度高、客观性强、操作简便等优点，已代替前 2 种测定法。色差仪是一种能分辨不同颜色的高精密电子仪器，用它可以测出牛肉颜色的 L＊、a＊、b＊值。其中 L＊表示亮度，取值 0～100，值越大，亮度越大；a＊、b＊有正负之分，＋a＊表示红度，－a＊表示绿度，＋b＊表示黄度，－b＊表示蓝度，单位是罗维朋，采用色差仪测定肉色已广泛应用。

2. 肌肉 pH 测定

肌肉 pH 的高低与肉的优劣密切相关，宰后一段时间内的 pH，反映肌肉中糖原酵解产酸程度。pH、宰后排酸均可以影响牛肉系水力。pH 对系水力的影响实质是蛋白质分子的静电荷效应，牛肉 pH 接近蛋白质等电点（pH 5.0～5.4），正负电荷基数接近，反应基减少到最低值，这时系水力也是最低值，宰后肌肉 pH 下降的速度和程度对肉的颜色、系水力、蛋白质溶解以及细菌繁殖速度等均有影响，控制牛肉的 pH 能有效控制肉品质，因而肉牛屠宰、分割后必须放置冷库内在低温条件下经过成熟过程（或称熟化），使之排酸，以提高肉的质量。

pH 的测定时间是宰后 45 min 以及宰后 24 h；测定部位是背最长肌（眼肌）和半膜肌或头半棘肌中心部位；将酸度计的电极直接插入肌肉中 1 cm 处测定，每个肉样连续测定 3 次，取平均值。常用背最长肌（眼肌）的 pH 来测定灰白肉（PSE 肉），宰后 45 min 和 24 h 眼肌的 pH 分别低于 5.6 和 5.5，伴有蛋白变性柔软、灰白、液汁渗出是 PSE 肉。牛肉在 24 h 测的 pH 高于 6.0 的伴有坚硬、发暗、干燥特点的是异常肉（DFD 肉），都不适于用做商品。

3. 系水力测定

系水力指肌肉在受到外力作用下如分割、贮藏和压榨等一系列过程中，保持其含有水分的能力，是衡量肉质性状最客观、最有价值的指标，为提高肉质，就要尽可能保持肌肉最高系水力，它影响肉的色、香、味、营养成分、多汁性、嫩度特性。影响系水力的因素有：屠宰前后的各种处理方式、条件、品种、年龄、身体、脂肪厚度、肌肉的解剖学部位。

系水力测定方法有 3 种：一是不施加任何外力，如滴水损失法。二是施加外力，如加压称重法，通过施加一定的压力测定被压出的水分重量；加压滤纸法，测定一定压力下被滤纸吸收的水分；离心法，将肉样离心，部分水分在离心力的作用下脱离肉样，计量离心前后的重量，可测出失水率。三是施加热力 如熟肉率（反映烹调水分的损失）。

（1）压缩仪测定法　在宰后 2 h 内的新鲜胴体上，于第 2～3 腰椎处背最长肌，切取 1.0 cm 的薄片，再用直径为 2.523 cm 的圆形取样器切取肉样；注意其肉样的切取应在不吸水的硬橡胶板上进行。用感应量为 0.001 g 的天平称重；然后将肉样置于两层医用纱布之间，上下各垫 18 层中速滤纸（或用更厚吸水纸），滤纸外层各放一块硬塑料垫板，放在测定仪平台上匀速加压至 35 kg，准确定时，保持压力 5 min，立即撤出压力，并立即称重。前后肉样重的差与压前肉样重的比为失水率。

另取肉样 50 g，将肉样绞碎，65℃常规 24 h 干燥测定其水分含量，或用快速水分测定仪测水分。

失水率＝（压前肉样重－压后肉样重）/压前肉样重×100％

系水率＝1－（压前肉样重－压后肉样重）×100％/压前肉样水分含量

（2）滴水损失法　在不施加任何外力的条件下，肌肉蛋白质在测定期间的液体损失，称滴水损失或贮存损失。滴水损失的重复力为最高，精确性好。宰后 2 h 内最长肌，顺肉样肌纤维方向切成 25 mm 厚的肉片，修成长 50 mm、宽 30 mm 的长条称重（滴水前重），然后用细铁丝钩住肉样一端，使肌纤维与地面垂直悬吊于聚乙烯薄膜袋中，充气后扎紧袋口，这样肉样可与袋壁不接触，也可用大口滴水瓶，肉样用铁丝挂在内盖上，于 4℃冰箱中吊挂 24 h 后，取出称重（滴水后重），前后重量之差即为滴水损失，如需要也可测 48 h 滴水损失。

滴水损失率＝（滴水前肉样重－滴水后肉样重）/滴水前肉样重×100％

(3)熟肉率法 熟肉率主要是用来衡量肌肉在蒸煮过程中的损失情况。牛肉加热熟制中发生收缩和重量减轻，主要是水分、脂肪和可溶性蛋白质的损失。牛肉加热过程损失程度与可溶性蛋白质的含量以及加热的方法、速度、温度和时间等外部因素有关，肉的熟肉率越高，烹调损失越少，则肉的品质越好。

测定方法：在屠宰后当日进行较好，切取 1 kg 牛腿部肌肉，在沸水中煮 120 min，取出 15 min 后称重，煮后重量比煮前重量即为熟肉率。

熟肉率计算公式为：

熟肉率＝蒸煮后肉样重/蒸煮前肉样重×100％

4. 嫩度测定

嫩度是牛肉最重要的口感性状，主要由牛肉中结缔组织含量、肌纤维的类型、肌浆蛋白含量及化学结构所决定，在牛肉成熟过程中，蛋白水解酶、组织蛋白酶的含量和活性可改善嫩度。一般来说，年幼的牛嫩度好，以后随年龄增长，嫩度逐渐变差，不易咀嚼。嫩度测定常用方法有剪切力法、穿透法、TPA 法、品尝法等。

(1)剪切力法 剪切力法是目前国际通用的嫩度测定方法，凡是柔嫩的肉，切下时阻力小，粗硬的肉阻力大。肉的剪切阻力在 2 kg 以内的，评为很嫩，2～5 kg 为嫩，5～7 kg 为中等，7～9 kg 较粗硬，9～10 kg 粗硬，11 kg 以上很粗硬。

测定方法：原料肉经 24 h 在 4℃冰箱熟化，肉块厚度为 3 cm，用封口袋装入肉样，水浴加热至肉块中心温度 70～72℃，自然冷却 20 min，在沿肌纤维方向，避开周边过硬的部分，取直径 1.27 cm 的肉样，再用剪切力仪沿肌纤维垂直方向切断肉柱，记录剪切力值，连续 6 次以上重复，取平均值，注意为保证肉样直径，不能过快取样，取样后，不要从取样器中强拉，否则会让肉样松散。

(2)穿透法 是用质构仪或万能仪配以适合的探头，将一定厚度的肉样穿透，根据穿透曲线的参数值(探头下压的最大力)计算出肉样的质构特性。

(3)TPA 法 是采用质构仪或万能测试仪配以适合的探头(多数用星型)，模仿入口咬切肉样所产生的质构曲线，根据曲线计算多个参数，TPA 参数如硬度、黏着性和咀嚼性与专家感官品尝指标、初始嫩度、结缔组织含量、总体嫩度及总体食用品质显著负相关，用嫩化的牛肉进行 TPA 参数值测定效果更好。

(4)品尝法 指牛肉入口后食者咀嚼过程中的感受，包括入口后是否容易被咬开、嚼碎的难易程度和咀嚼后剩余的残渣量这 3 个方面。

5. 脂肪颜色和质地

脂肪组织是决定肉质优劣的主要组成部分，脂肪色泽间接反映了肉品质优劣，脂肪以洁白而有光泽、质地较硬韧、有弹性为最佳，说明脂肪中饱和脂肪酸含量高。脂肪色暗稍有红色，表示放血不净，有明显血管痕迹的则为未放血的死牛肉。脂肪除有白色外还有黄色的，脂肪过黄，这是由于青草肥育的结果，或是慢性疾病造成，其坚实度也差。黄牛或娟姗牛的脂肪多为黄色，质量较差。

6. 眼肌肌间脂肪含量

牛的脂肪主要分布在胴体肌束与肌纤维之间而形成大理石纹状，肌肉中含有脂肪可大大改善其口味和提高其发热量。因为脂肪的沉积与年龄相关,有一定的脂肪含量,说明达到生理成熟度,肉的营养沉积丰富,大理石花纹(MB)是肉用牛发育性成熟后,形成的脂肪沉积,形如大理石花纹,故称大理石花纹,如中国黄牛有典型的雪花状大理石纹,由于肌束间脂肪是随肌纤维纵轴方向延伸,眼肌横切面是测定大理石花纹的重要部位。传统方法是按大理石纹分级标准比对,脂肪分布中等,也是理想肉质的分布,因过肥过瘦都会影响肉质、化学成分和口感。

也可以利用图像处理技术测定脂肪区域的总面积,即将牛肉眼肌切面图像分割成脂肪和肌肉区域,计算出脂肪区域的总面积,然后研究脂肪区域面积与牛肉质量理化评定结果之间的关系,评定优劣。

7.风味、多汁性测定

风味指人们通过嗅觉、味觉等滋味感受器,对牛肉所产生的特有的感官感受,是肉与肉制品重要品质指标之一,包括香味和滋味,氨基酸、肌苷、有机酸、核苷酸和糖等是生成肉香的重要的母体物质,多认为风味主要由低级酮、醛、胺、醇和有机硫等化合物,N、S、O杂环化合物(呋喃、吡嗪等)低分子易溶于水的物质组成,在受热过程中反应产生,并逐渐积累显现出来。

(1)牛肉煮沸试验　取臀部深层肌肉1 kg,牛肉切成2 cm小块,不加任何调料,1 000 W电炉上,肉放在冷水中煮开后,再煮70 min(肉水比为1∶3),观察肉及汤,品味其鲜嫩度、多汁性、味道和汤味,闻香味。判断指标见表25-1。

表25-1　牛肉煮沸试验判断方法

肉样	风味	肉汤	浮游脂肪	评定
新鲜肉	芳香	透明清亮	大油滴,有时成片且浓厚	良好
不太新鲜肉	无芳香	浑浊	油滴小而薄	部分变质肉或病牛肉
不新鲜肉	霉败、腐臭气味	污秽、带絮片	几乎不见油滴	腐败肉或病死牛肉

(2)香味物质的分析方法　气相色谱/吸闻技术(GC/O)将嗅味检测仪(或使用人的鼻子检测器来分析气流中的香气活性)与分离挥发性物质的气相色谱结合的一种技术。将经过前处理的样品,注入在检测器端连有嗅味检测仪的色谱柱中,而嗅探器或闻香师会在嗅味检测仪的出口记录他们在气流中所闻到的香味,并对香味进行定性描述。目前在国内外气体传感器根据气敏材料与气体相互作用的效应不同主要分为半导体气体传感器、固体电解质气体传感器、接触燃烧式气体传感器、光学式气体传感器、石英谐振式气体传感器、表面声波气体传感器、生物传感器等,由于其方便快捷将广泛用于肉品检测。

(3)滋味的分析方法　主要与各种氨基酸组成和含量、乳酸、肌酸等有机酸含量有关。滋味物质的分析方法,已有新的滋味分析技术——电子舌出现,也是对样品整体滋味信息进行定性分析,只是传感器不同。

(四)牛肉营养品质(化学成分)测定

宰后2～3 h内,取右侧胴体眼肌中心部位约200 g,用绞肉机绞碎成肉糜,并充分混匀,按常规肉质化学成分分析方法,测定肌肉的水分、粗脂肪、粗蛋白质和灰分的含量。

1.近红外分析仪进行水分、粗脂肪、粗蛋白质和灰分的含量测定

采用平面漫反射探头进行光谱采集。近红外漫反射探头大光斑照射,增强检测代表性,用

于测定小颗粒固体样品、粉末，适于肉糜的光谱采图集。将搅碎的肉糜装满样品杯，表面刮平，覆以专用玻璃片，以免样品污染漫反射探头，每个样品扫描 3 次（避免近红外光束照在脂肪区域），取其平均值作为检测结果，将光谱数据经模仿人脑结构及其功能的神经网络（ANN）智能信息处理系统校正，得出脂肪、蛋白和水分含量，此法较好且快速，但对整块牛肉测定还有待提高，可能是由于整块牛肉结构致密对光谱有折射或是不能很好接收肌内成分的光谱扫描。

2. 肉中水分含量测定

肉中的水有三种存在形式：结合水（约 5%）、不易流动水（约 80%）和自由水（约 15%）。水分是微生物生长活动必需的物质，水分越高，越易遭到细菌、霉菌污染，引起肉的腐败变质，肉中水分太低，使肉品干燥，肉中营养成分脱水失去活性，而且会影响肉的颜色、风味和组织状态，并引起脂肪氧化。

（1）水分含量测定依照 GB/T 9695.15—2008《肉与肉制品水分含量测定》进行测定。

（2）使用高频弱信号作为激励源，通过弱信号的测量，电导率的变化很明显地依赖于牛肌肉水分的含量，电导率及电压相关线斜率可以很好地预测牛肉中水分含量，牛肉高频电导率预测水分含量的准确率高，更能体现牛肉的含水量。

3. 蛋白质含量测定

牛肉蛋白质由对人体生长发育有密切关系的精氨酸、组氨酸、色氨酸、胱氨酸、酪氨酸、赖氨酸、苏氨酸及蛋氨酸等组成，此外还有碳水化合物及有机酸、矿物质（钠、钾、钙、镁、铁、氯、磷和硫）。有机物分含氮化合物（肌酸、嘌呤碱、肌肽、肌醇等）和无氮化合物（乳酸、葡萄糖等）。肌肉中除水分外，蛋白质含量最高，它约占 18%～20%，占肉中固形物的 80%。

蛋白质含量测定采用凯氏定氮法进行测定。准确称量 2～5 g 牛肉样品与 10 mL 浓硫酸及 2 g 硫酸铜或无水硫酸钠一起放入凯氏烧瓶中，应用凯式定氮仪进行测定，具体参照 GB/T 9695.11—2008《肉与肉制品氮含量测定》。

4. 脂肪含量测定

肌肉脂肪对肉的口感、嫩度及多汁性都有重要影响，大理石花纹强调小肌束间可见脂肪和可见结缔组织的含量及分布图案，肌内脂肪强调肌外膜内的脂肪含量，包括可见与不可见脂肪（图 25-5）。索氏提取法对眼肌部位脂肪含量的测定是国内最为常用的方法，早在 20 世纪 80 年代就有用电容测脂肪的研究，现在利用电导率可以很好地预测牛肉中脂肪的含量，预测准确率较高。

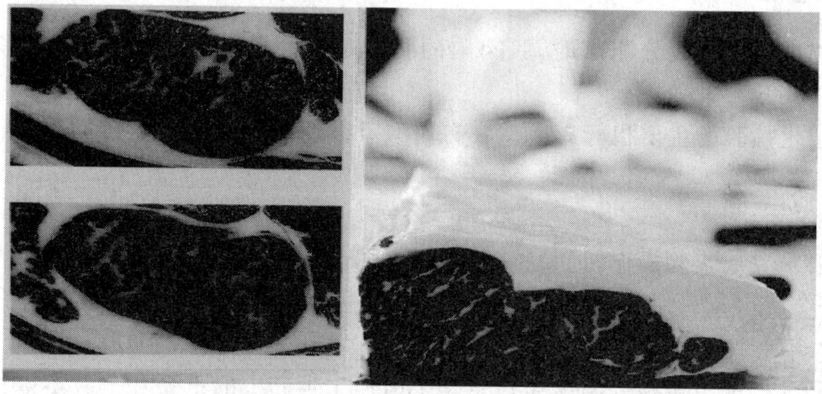

图 25-5　日本牛肉等级色卡测定江西锦江黄牛肉色及雪花分布等级

应用 SZF-06 脂肪测定仪对眼肌脂肪进行测定，每只过滤桶的滤纸包内包扎 2～5 g 烘干后肉样，浸泡 12 h，然后再抽提 12 h，进行称量，参照 GB/T 9695.7—2008《肉与肉制品总脂肪含量测定》。

5. 灰分含量测定

参照 GB/T 9695.18—2008《肉与肉制品-总灰分测定》进行测定，先称量 1～2 g 肉的风干样，将其碳化、在马氟炉中 550℃半开盖烤至灰白，前后重量之比即灰分。

6. 挥发性盐基氮

蛋白质因酶的作用分解后所产生的碱性含氮物质有氨、伯氨、仲氨等，此类物质具有挥发性，有助于确定牛肉的品质和新鲜程度。测定方法有微量扩散法、半微量凯氏定氮法，按照标准(GB/ T 5009.44—2003)测定肉品中的总挥发性盐基氮。

(1)微量扩散法的仪器为微量扩散皿，挥发性含氮物质可在碱性溶液中释出，利用弱碱剂饱和碳酸钾使碱性含氮物质游离、扩散，在密闭条件下释出，在扩散皿中于 37℃时挥发后用 2%硼酸(含混合指示剂)吸收后，再用标准酸溶液滴定，计算出其含量。

(2)基于生物光子学原理，通过测定光学参数的变化可以反映出肉品品质的变化情况，应用近红外稳态空间分辨光谱技术，利用监测装置对肉品进行光学参数的测量，获得肉品在新鲜度变化过程中的有效衰减系数谱，获得光学参数与挥发性盐基氮含量的相关关系，得以检测。

六、注意事项

1. 采样时间要相对固定，仔细采样，不要过急，否则样品不达标准，不均匀。样品处理要精细，如压榨测系水力时尽量匀速。对影响测定的物质摘除，如测嫩度时，把肌膜去除。

2. 先肉眼评定样品等级，再测定，将两者结合，做平行样，分析误差原因。

七、实验结果

根据实验内容，记录，分析实验结果。

八、讨论与作业

(一)讨论题

1. 对牛肉进行化学成分测定时，肌肉内的脂肪是否会影响其他成分含量测定的准确度？如何影响？

2. 牛肉卫生检验的主要指标有哪些？有何国家级别检验标准或准则？

(二)作业

按课程要求完成实验操作，记录整理实验数据资料，完成实验报告。

九、生产应用

牛胴体和牛肉的卫生检验与品质评定是牛肉加工生产中的重要环节。本课程要求指导教师在实验课中首先讲解国家农业行业标准《无公害食品　生鲜牛肉的生产管理规范》、《生鲜牛肉的卫生检验技术标准》等。结合生产实际,使学生理解评定原理,掌握操作方法。

参考文献:

[1]毛永江.肉牛健康高效养殖.北京:金盾出版社,2009.

[2]侯佩兴,许伟琦.肉类安全指导手册.上海:上海科学技术出版社,2011.

[3]陈坤杰,秦春芳.牛肉品质检测技术的研究进展.食品科学,2009,30(7):277-279.

[4]Mcdnonald T,Chen Y R. Visual characterization of marbling in beef ribeyes and its relationship to taste parameters. Trans ASAE,1991,34(6): 2499-2504.

[5]黑龙江省畜牧兽医学校.养牛学实习指导.北京:农业出版社,1981.

[6]常泽军.肉牛育肥综合实用技术.石家庄:河北科学技术出版社,1997.

[7]张建中.肉牛生产实用技术.北京:化学工业出版社,2009.

[8]刘云国.养殖畜禽动物福利解读.北京:金盾出版社,2010.

[9]Principle and Applications of Artificial neural Networks(人工神经网络原理及应用). publishing company.北京:科学出版社,2006.

[10]孙晓明,卢凌,张佳程,等.牛肉化学成分的近红外光谱检测方法的研究.光谱学与光谱分析,2011,31(2):379-383.

第八篇　养牛生产计划的制订

实验二十六　母牛配种产犊计划的编制

一、实验目的和要求

学习编制牛场配种产犊计划，并掌握其编制计划的原理、根据和方法。

二、实验原理

通过应用牛场的母牛出生、配种、妊娠等多方面的生产记录材料，根据牛场的生产条件、发展规划等其他情况，合理制订出全场母牛配种产犊计划。

奶牛的产犊间隔一般为 1 年时间，不同牛品种之间的妊娠期有差别，范围在 279～285 d，空怀期为 80～86 d。规范化奶牛场的繁育体系，均在母牛产后第一次发情时输精，以确保每年 1 胎。

三、实验仪器和材料

(1)牛场母牛的实有头数和分娩交配记录(表 26-1)。

(2)牛场去年生和前年生育成母牛的出生日期等有关资料(表 26-2)。

(3)牛群的基本情况，如生产性能、饲养管理方法和牛群健康状况等。

表 26-1　去年母牛分娩和交配记录表

牛号	305 d泌乳量/kg	最近一次产犊日期(年.月.日)	配种				产犊日期(年.月.日)	营养情况
			与配公牛号	预定配种日期(年.月.日)	实际配种日期 第1次(年.月.日)	实际配种日期 第2次(年.月.日)		
2143	6 854	12.05.31	0579	12.07.31	12.07.28	12.10.01	13.05.04	中等
2249	7 453	12.06.02	6625	12.08.02	12.08.06	12.10.04	13.07.10	良好
⋮	⋮	⋮	⋮	⋮	⋮	⋮	⋮	⋮
2237	7 864	12.09.01	1562	12.11.01	12.11.06	13.01.23	13.08.12	良好
2285	6 935	12.11.04	7798	13.01.04	13.01.02	13.01.23	13.10.29	良好
2270	6 862	12.12.03	4421	13.02.03	13.02.14	13.01.23	13.11.20	良好
2278	6 723	12.12.18	3292	13.02.18	13.02.18	13.01.23	13.11.24	中等

表 26-2　前年生和去年生育成母牛出生年月表

牛号	血统		出生日期	初生重/kg	营养情况
	父号	母号	(年.月.日)		
2326	6623	3149	12.06.12	38	良好
2368	4423	3170	12.08.19	40	良好
⋮	⋮	⋮	⋮	⋮	⋮
2466	3292	3165	13.02.06	36	中等
2472	2579	3143	13.09.17	37	良好
2489	1562	3249	13.12.02	36	良好

四、实验内容

1. 母牛配种计划的编制。
2. 母牛产犊计划的编制。

五、方法和步骤

编制本年度的配种产犊计划，具体方法如下。

(1)将场内去年母牛及育成母牛的配种记录(表 26-1)按月进行归纳整理(表 26-3)。

表 26-3　去年母牛和育成母牛的配种日期及头数表

牛别	月份												合计
	1	2	3	4	5	6	7	8	9	10	11	12	
母牛				35	37	40	32	26	38	41	46	42	337
育成母牛					16	13	12						41

注：去年未交配的 40 头母牛，计划在本年 1 月份、2 月份分别配牛 18 头和 22 头。

(2)将场内去年生的和前年生的育成母牛(表 26-2)按月份进行整理(除去淘汰和出售的)(表 26-4)。

表 26-4　前年生和去年生育成母牛的出生月份统计表

牛别	月份												总计
	1	2	3	4	5	6	7	8	9	10	11	12	
前年生						8	9	10	11	9	11	12	70
去年生	9	9	8	6	7	8	6	5	10	11	12	13	105

(3)将去年母牛及育成母牛配种月份减 3 或往后退 9 个月。推算其预产的年月，就可以编出计划年度(本年度)各月份的产犊计划。

(4)育成母牛第一次配种年龄，本场规定为 16～17 月龄(体重达到成年母牛的 65%～75%)。

(5)规定母牛产后 1～3 个月为计划配种月份(本场规定成母牛产后第 2 个月进行配种，第一次产犊，产后第 3 个月进行配种）。

(6)假定母牛的产犊率为 100%。

(7)产犊不均匀的牧场，可以采取提前或延迟育成母牛第一次配种月龄，也可利用成母牛产后缩短或延长配种期来调整（营养状况好的可缩短，差的或高产牛适当延长）。

(8)根据上述有关资料和要求，编制本年度牛群配种产犊计划，关于增殖速度，因场而异（表 26-5）。

表 26-5　本年度牛群配种产犊计划表

项目	月份												总计
	1	2	3	4	5	6	7	8	9	10	11	12	
1. 去年配种头数													
母牛				35	37	40	32	26	38	41	46	42	337
育成母牛					16	13	12						41
共计				35	53	53	44	26	38	41	46	42	378
2. 本年度产犊数													
母牛	35	37	40	32	26	38	41	46	42	18	22	35	412
育成母牛		16	13	12						8	9	10	68
共计	35	53	53	44	26	38	41	46	42	26	31	45	480
3. 本年度配种头数													
母牛	18	22	35	37	40	32	26	38	41	46	42	18	395
初次产犊育成母牛					16	13	12						41
前年生育成母牛	8	9	10	11	9	11	12						70
去年生育成母牛						9	9	8	6	7	8	6	53
共计	26	31	45	48	65	65	59	46	47	53	50	24	559

注：①去年的配种数，包括母牛 337 头和育成母牛 41 头，共 378 头。

②本年度（计划年度）产犊数，包括去年配种的 378 头以及本年度 1～3 个月配种的母牛 75 头和前年生的育成母牛 27 头，共计 480 头。

③本年度配种头数，包括母牛 395 头，初次产犊母牛 41 头，前年生育成母牛 70 头和去年生育成母牛 53 头，共计 559 头。

六、注意事项

1. 为了做到全年均衡地供应鲜奶并为乳品厂提供原料，乳用牛一般要求全年均衡产犊。但是，也应根据地区特点、气候条件和市场需要对乳用牛的产犊计划做适当调整。例如，我国中部以南地区夏季高温，易发生产后感染，产奶量大幅度下降，为了减少产后疾病，提高产奶量，可以少安排母牛在 7～8 月份分娩，尤其是对于那些只销售鲜奶的牛场，更要充分考虑这一点。

2. 肉用繁殖母牛的产犊季节优势会做调整，在农区，由于饲料比较丰富，全年均可配种产犊，必要时可以根据市场需要、冷藏设备条件等控制产犊；在饲料生产供应不均衡地区，如草原放牧地区，冬季寒冷，如果早春产犊则母牛营养差，犊牛得不到充足的哺乳，发育不良，因此，可以安排在6～8月份集中配种。3～5月份产犊，犊牛2～3月龄就可以吃上青草，母牛也可以利用充足的青草完成产后恢复，早发情早配种，实现一年一胎。

七、实验结果

根据实验内容，记录、分析实验结果。

八、讨论与作业

1. 讨论题

编制母牛配种产犊计划需要哪些必要的记录资料？

2. 作业

选择一典型的奶牛场或肉牛场作为实验现场，根据该地区、该牛场的具体情况和要求编制其年度配种产犊计划。

九、生产应用

母牛配种产犊计划是牛场重要的生产计划之一，它的编制是牛场一项例行的重要技术工作。为使本实验内容能够密切结合生产实际，需要指导教师在实验课中，根据实验项目内容介绍该项计划在牛场的实际编制程序和方法，使学生学以致用。

参考文献：

[1]李建国. 现代奶牛生产. 北京：中国农业大学出版社，2007.
[2]周贵，王永军. 牛生产学. 长春：吉林科学技术出版社，2007.
[3]莫放. 牛生产学. 2版. 北京：中国农业大学出版社，2010.

实验二十七　乳用犊牛断奶方案的制订

一、实验目的和要求

乳用犊牛断奶是奶牛生产的一个重要环节，制订科学的犊牛断奶方案，应用于奶牛生产，能够提高犊牛断奶成活率和适应性，可以降低犊牛培育成本，发挥犊牛潜在的生长发育能力，实行定向培育，对提高奶牛产奶期的生产水平有很大的帮助。通过本实验使学生掌握犊牛断奶方案的制订。

二、实验原理

绝大多数初生的哺乳类动物必须通过初乳中的免疫球蛋白获得免疫能力，提高成活率，之后还将维持一段哺乳时间。犊牛的消化道随着月龄的变化，在重量和体积方面逐步增加，这在客观上为增加采食量奠定了生理基础；犊牛阶段消化道分泌的消化酶呈现规律性的变化，譬如乳糖酶活性随月龄逐渐降低，淀粉酶和胰蛋白酶活性随月龄逐渐提高，其消化功能则逐渐完善，在消化生理上出现了由反刍前向反刍阶段过渡的生理特征；犊牛阶段生长发育较快，需要养分浓度较高的植物性固体饲料代替液体饲料；一些人为因素（提高生产牛奶的商品率、提高奶牛的生产性能等）促进了犊牛的早期断奶措施的实施。

三、实验器材与材料

牛场的基础资料、生产记录；牛场的生产管理水平等。

四、实验内容

1. 早期断奶方案的制订。
2. 早期断奶方案实施及评定。

五、方法和步骤

（一）制订犊牛断奶时间和哺乳总量

犊牛哺乳期的长短和哺乳量因培育方向、所处的环境条件、饲养条件不同，各地不尽相同。传统的哺喂方案是采用高奶量，哺喂期为5～6月龄，哺乳量达到600～800 kg。过多的哺乳量和过长的哺喂期，虽然犊牛增重较快，但对犊牛的消化器官发育不利，而且增加了犊牛培育成本。目前许多奶牛场已在逐渐减少哺乳量，缩短哺乳期。一般全期哺乳量300 kg左右，哺乳期2个月左右。标准化规模化的奶牛场，哺乳期为45～60 d，哺乳量为200～250 kg。本实验设计2个乳用犊牛断奶方案，一个方案的哺乳期为45 d，哺乳总量210 kg，另一个哺乳期为60 d，哺乳总量230 kg。

（二）早期断奶饲料的准备

1. 代乳品（milk replacer）

代乳品亦称为人工乳，是一种粉末状或颗粒状的商品饲料，也可以自己生产。代乳品原料以乳业副产品如脱脂乳、乳清蛋白浓缩物、干乳清等为主要成分。也可使用少量大豆蛋白浓缩物、大豆蛋白分离物、动物血浆、全血蛋白以及经加工的小麦面筋等原料。

代乳品的蛋白质含量达到20％，脂肪含量达到18％～20％。犊牛能有效利用碳水化合物中的乳糖、葡萄糖或右旋糖。因犊牛缺乏淀粉酶和麦芽糖酶，对淀粉和蔗糖不易消化。粗纤维含量低于0.25％。还应含有一定量的矿物质和维生素及抗生素，如土霉素、新霉素等可以预防某些疾病，促进犊牛的生长，提高饲料转化率。

代乳品饲喂时必须稀释，按1∶(6～8)的比例加水，配置成浓度12％～16％液体，具有良好的悬浮性和适口性，饲喂温度为38℃。

2. 开食料（calf starter）

开食料亦称为犊牛代乳料，不同于代乳品（人工乳）。开食料不是以乳业副产品为主，而是以高能量籽实类及高蛋白料为主，加入少量鱼粉、矿物质、维生素等，也可添加优质豆科草粉（如苜蓿草粉）。专用于犊牛断奶前后饲喂的混合精料，形状是粉状或颗粒状，具有适口性强、易消化、营养丰富的特点，能促使犊牛由以乳或代乳品为主的营养向完全采食植物性饲料过渡。在犊牛生后第 2 周开始自由采食。在低乳量饲养的条件下，犊牛采食开食料的数量增加很快，到 1 月龄，每天能采食 1 kg 左右时，即可断奶，并限制开食料给量，逐渐向普通犊牛料过渡。

(三)早期断奶方案

1. 早期断奶方案一

哺乳期为 45 d，哺乳总量 210 kg 的早期断奶方案。按照表 27-1 的设计日哺奶量饲喂，从 2 周龄开始饲喂犊牛开食料、干草和自由饮水，为早期断奶作准备。

表 27-1　犊牛早期断奶方案

犊牛日龄/d	初乳/常乳	日哺奶量/kg	阶段奶量/kg	开食料/kg	干草/kg	青贮/kg
0～5	初乳	6.0	30	—	—	—
6～20	常乳	6.0	90	训练开食	训练开食	—
21～30	常乳	4.5	45	自由采食	0.2	—
31～45	常乳	3.0	45	1.0～1.5	0.4	训练采食
0～45			210			

注：引自梁学武著《现代奶牛生产》，2002。

2. 早期断奶方案二

哺乳期为 60 d，哺乳总量 230 kg 早期断奶方案。

犊牛出生后 1 h 内喂 1.4～1.8 kg 第一次挤出的初乳。出生后前 3 d 喂其母亲所产的新鲜初乳。1 周龄前，日喂乳量控制在 3～4.5 kg，每天分 3 次喂；2～5 周龄日喂乳量 4.5 kg；6～7 周龄日喂乳量 3.5 kg；8 周龄每天喂乳量 2 kg；2～8 周龄每天喂乳 2 次；8 周龄至 60 d 断奶每天只在晚上喂乳 1 次。从 2 周龄开始饲喂犊牛开食料、干草和自由饮水，喂量逐渐增加。

六、注意事项

1. 实施犊牛的早期断奶，一定要加强犊牛初乳的饲喂。犊牛第一次饲喂时间是出生后 1 h以内，第一次初乳喂量一般为 1.5～2 kg，约占体重的 5%，第二次饲喂初乳的时间一般在出生后 6～9 h。即出生后的前 5 d，在不引起腹泻的前提下，让其吃饱，充分利用初乳，使犊牛获得充分的免疫力。

2. 从第 6 天开始，在日喂乳量不超过其体重 10%的前提下，即开始用开食料(最好用开食料，没有时用犊牛料代替)进行开食调教。

3. 犊牛能正常采食植物性饲料后，用犊牛料代替开食料，坚持少喂勤添原则，保持犊牛料的新鲜。

4. 在训练采食开食料的同时，让犊牛自由采食优质青干草。

5. 犊牛开食后，按照循序渐进的原则逐渐减少喂乳量，同时逐渐增加犊牛料的喂量。

6. 坚持供给充足和清洁的饮水。

7. 犊牛岛每天清理，定期消毒，保证清洁干燥。

8. 健康观察，健康的犊牛通常都处于饥饿状态，食欲缺乏是不健康的征兆。每天 3 次观察犊牛的食欲和粪便情况。一旦有疾病征兆就应该测量犊牛的体温。正常犊牛的体温为 38.5～39.2℃，当体温高达 40.5℃以上时，要对犊牛进行处理。

9. 慎用超低哺乳量的早期断奶方案。

七、实验结果

根据实验内容，记录、分析实验结果。

八、讨论与作业

(一)讨论题

1. 早期断奶方案成功与否的主要标志有哪些？

2. 对于哺乳期间的犊牛，同时补充草料和只补充精料这两种饲养方式，哪种方案更有利于断奶？

(二)作业

根据某奶牛场的实际情况，设计犊牛早期断奶方案。

九、生产应用

在奶牛场生产中，为稳定最佳的牛群结构，需要制订乳用犊牛断奶方案，合理培育后备母牛，为保持和巩固高产牛群，以均衡牛奶生产水平。本实验要求指导教师在实验课中，根据实验项目内容介绍讲解乳用犊牛断奶方案在生产中的具体操作方法和程序，使学生学到生产实践知识和技能。

参考文献：

[1]李建国. 现代奶牛生产. 北京：中国农业大学出版社，2007.

[2]周贵，王立克，黄瑞华，等. 畜禽生产学实验教程. 北京：中国农业大学出版社，2006.

[3]莫放. 牛生产学. 2 版. 北京：中国农业大学出版社，2010.

实验二十八　牛群周转计划的编制

一、实验目的和要求

牛群周转计划是编制其他各项计划的基础，编制该计划的目的是掌握牛数增减情况，使牛群年终保持合理的结构，使劳动力、房舍建筑、机械设备、饲料生产得到合理安排，做到有计划地进行生产。通过牛群周转计划编制，学习其编制的原理和方法。

二、实验原理

根据牛群在一年内的繁殖、购入、淘汰、转群、出售、死亡等各类牛群数量发生变化的情况，使头数的增减变化与年终存栏头数保持着相对合理的牛群组成结构，以便有计划地合理安排饲料生产、合理使用劳动力、机械力和牛舍设备等，防止生产中出现混乱现象，杜绝一切浪费。

三、实验器材与材料

1. 去年年终或本年度年初的牛群组成，主要指牛群中各种性别、年龄、不同用途牛群所占比例，包括种公牛、繁殖母牛、后备育成牛(青年牛)、哺乳犊牛(公、母)等。例如奶牛场或以繁殖为主的牛场，其繁殖母牛比例可达60%～70%，育成母牛为20%～30%，母犊牛约为10%，在肉用牛场或役用牛场，繁殖母牛至少占40%，采用冷冻精液人工授精的牛场可不必饲养种公牛。

2. 牛群配种分娩数。

3. 本年度出售和淘汰牛头数及时间。

4. 预计购入牛头数及时间。

四、实验内容

各类牛周转计划编制。

五、方法和步骤

牛群周转计划表(表28-1)将牛群分3类，即1～6月龄的哺乳犊牛、育成牛和成年牛，而育成牛又分6～12月龄育成牛、12～18月龄育成牛和准备产犊的后备育成牛。

制订计划前，要根据牛场人力、饲料、场地牛舍等设备条件确定养牛规模，假设要养100头成年奶牛，按成年奶牛占全群牛的60%计算，则全群牛数为167头，成母牛的淘汰率按10%计算，各类牛的头数大致如下：

计划年度产犊的后备育成牛(青年牛)补充每年正常淘汰的10%(即10头)成母牛，至少应有10头，为留有选优去劣的余地，增加10%，即准备11头。

为保证有足够的产犊后备育成牛，12～18月龄的育成牛也应增加10%。

12月龄以内的育成牛数应多于12～18月龄的育成牛头数。因为6月龄以内的哺乳犊牛留得多。

哺乳犊牛的留数要考虑其淘汰死亡及选择，因此应为淘汰数的2倍，大约为20头。

有了各类牛头数后可将牛年初数分别填入其年初栏内，并计算各类牛按计划要达到的年末头数。

按本年度配种产犊计划，将各月要出生的母犊牛数(按公、母牛各半计算)分别填入母犊牛“增殖”或“出生”栏内。

再将各类牛转出数、转入数、死亡数、淘汰数、月初数、月末数计算好填入表28-1内。如要扩大牛群就可增加各类牛的头数。

以上是某个小型牛场就群周转情况，根据此周转情况就可编制下一年度牛群计划，见表28-1，条件是成母牛占全群60%左右，淘汰率为20%，犊牛、育成母牛无供应外单位任务，牛场保持现有规模。

表 28-1　某牛场牛群 2013 年度周转情况

月份	哺乳犊牛						育成母牛						成母牛					
	月初数	增殖数	转出数	死亡数	淘汰数	月末数	月初数	增殖数	转出数	死亡数	淘汰数	月末数	月初数	增殖数	转出数	死亡数	淘汰数	月末数
1	22	2	2			22	46	2	1		1	46	100	1			1	100
2	22	2	2	1		21	46	2	3			45	100	3			1	102
3	21	3	2		1	21	45	2	2			45	102	2			1	103
4	21	1	1		1	20	45	1	1			45	103	1			1	103
5	20	1	2			19	45	2	1			46	103	1				104
6	19	2				21	46					46	104					104
7	21	4	2			23	46	2	1		2	45	104	1			1	104
8	23	2			2	23	45				3	42	104		1		1	102
9	23	3	2		1	23	42	2	1		1	42	102	1				103
10	23	2		1	1	23	42		1		1	40	103	1			1	103
11	23	2			2	23	40					40	103				1	102
12	23	2	2		1	22	40	2	2			40	102	2		1	2	101
全年		26	15	2	9			15	13	0	8			13	1	1	10	

六、注意事项

1. 成年牛群的平均淘汰年龄在很大程度上影响着牛群的结构，因此也影响着牛群的周转。

2. 处于建设期或者建成期的牛场，牛群结构可能呈现一边倒的牛群结构，极大的影响牛群的结构和周转。

七、实验结果

根据实验内容，记录，分析实验结果。

八、讨论与作业

1. 讨论题

成年母牛平均淘汰年龄分别为 11 岁(8 胎左右)和 8 岁(5 胎左右)时，牛群结构的最大区别在哪类牛？为什么？

2. 作业

根据表 28-2，编制年度牛群周转计划。成母牛淘汰率占成母牛的 20%，牛场保持现有规模，也无供应外单位犊牛和育成母牛的任务。

表 28-2　年度牛群周转计划表

月份	哺乳犊牛						育成母牛						成母牛					
	月初数	增殖数	转出数	死亡数	淘汰数	月末数	月初数	增殖数	转出数	死亡数	淘汰数	月末数	月初数	增殖数	转出数	死亡数	淘汰数	月末数
1	70						140						337					
2																		
3																		
4																		
5																		
6																		
7																		
8																		
9																		
10																		
11																		
12	70						140						337					
全年																		

九、生产应用

在奶牛和肉牛生产中，为使牛场饲养的不同类型的牛群数量和比例保持均衡，达到最佳的牛群结构，维持和稳定生产水平，需要编制牛群周转计划。它是牛场重要的生产计划之一，也是牛场的一项例行的重要工作。为使本实验内容能够密切联系生产实际，需要指导教师在实验课中根据实验项目内容，介绍该项计划在牛场的实际编制程序和方法，使学生学到更多的实用知识。

参考文献：

[1]周贵，王永军. 牛生产学. 长春：吉林科学技术出版社，2007.
[2]莫放. 牛生产学. 2 版. 北京：中国农业大学出版社，2010.
[3]李建国. 现代奶牛生产. 北京 ：中国农业大学出版社，2007.

实验二十九 牛群产奶计划的编制

一、实验目的和要求

产奶计划是奶牛场的主要生产计划之一，也是组织生产人力和物力的依据。通过本实验，使学生熟悉和掌握奶牛场个体产奶计划的制订方法及全场总产奶量计划拟定、编制的基本原理和方法。对保证完成产奶计划所采取的各项技术措施，为其他工作的计划打下良好的基础。

二、实验原理

编制奶牛场牛群产奶计划，首先要了解和掌握奶牛场的牛群品种，每头产奶牛的年龄、体重、营养状况或体况、胎次、以前年泌乳天数、最后一次配种妊娠日期、预产期、干乳期等记录资料，还要确定牛场的饲料质量和供应状况。根据这些资料，先计划每头牛各泌乳月的计划日平均产奶量，再计算出各泌乳月的计划产奶量，计算出年计划产奶量。最后综合各头母牛年计划产奶量，便可得出牛场全群奶牛年计划总产奶量。

三、实验器材与材料

1. 实验器材：计算器，直尺，计算机，打印机等。

2. 实验材料：实验牛场的全年产奶、配种、分娩记录及有关统计资料，产奶计划表，日历表。

四、实验内容

为实验奶牛场编制下一个年度的牛群产奶计划。

五、方法和步骤

(1)拟定产奶计划前，应当了解牛场的饲料条件，上年度牛群产奶情况，及其本牛群的生产潜力，了解母牛计划年度胎次、上一泌乳期产奶日数、305 d 产奶量、最高日产奶量、最近分娩日期、配种日期及母牛的体重和健康状况。

(2)掌握每头牛的最近分娩、配种日期和营养状况，其中营养状况可根据牛场的实际情况划分为良、中、下三个级别。用配种“月份减 3，日加 6”的方法推算出分娩日期和干乳期。根据以上情况确定母牛下一年度各月的泌乳日数。

(3)根据每头母牛上一个泌乳期的 305 d 产奶量，按各胎次与产奶量的变化比例(表 29-1)推算出下一泌乳期理论产奶量。初产母牛的产奶量，根据其母亲第一胎产奶量来计划或根据本场过去类似条件第一胎母牛的平均产奶量而定。

(4)根据母牛的健康情况、分娩季节、计划年度的饲养管理条件和该牛泌乳性能(产奶量是平稳的还是急剧下降的，前者其最高日产奶量乘以 200 后，所得数值小于其 305 d 产奶量；后者则大于其 305 d 产奶量)，参考表 29-2 和表 29-3 确定下一泌乳期各泌乳月的计划日平均产奶量，并依据其他影响产奶的因素加以校正和修订。

(5)将各泌乳月的计划日平均产奶量，乘以各月的实际泌乳日数，求出各泌乳月的计划产奶量。

(6)将各泌乳月的产奶量累加在一起，便得到该牛年计划产奶量。综合各头母牛年计划产奶量，便可得出全群奶牛年计划总产奶量。

表 29-1　某牛场荷斯坦牛各胎次产奶量变化比例

胎次	1	2	3	4	5	6	7	8	9
比例/%	80	90	92	97	100	100	91	86	80

表 29-2　某牛场奶牛各泌乳月产奶比例

泌乳月	1	2	3	4	5	6	7	8	9	10	11	12
各月产奶比例/%	79	100	94	90	87	80	75	68	63	58	50	50

表 29-3　计划产奶与各泌乳月日平均产奶量分布　　kg

计划产奶量	月份									
	1 月	2 月	3 月	4 月	5 月	6 月	7月	8 月	9 月	10 月
4 200	17	19	17	16	15	14	13	11	10	9
4 500	18	20	19	17	16	15	14	12	10	9
4 800	19	21	20	19	17	16	14	13	11	10
5 100	20	23	21	20	18	17	15	14	12	10
5 400	21	24	22	21	19	18	16	15	13	11
5 700	22	25	24	22	20	19	17	15	14	12
6 000	24	27	25	23	21	20	18	16	14	12
6 345	25	28	26	24	22	21	19	17	15	13
6 600	27	29	27	25	23	22	20	18	15	14
6 900	28	30	28	26	24	23	21	19	16	15
7 200	29	31	29	27	25	24	22	20	17	16
7 500	30	32	30	28	26	25	23	21	18	17
7 800	31	33	31	29	27	26	24	22	19	18
8 100	32	34	32	30	28	27	25	23	20	19
8 400	33	35	33	31	29	28	26	24	21	20
8 700	34	36	34	32	30	29	27	25	22	21
9 000	35	37	35	33	31	30	28	26	23	22
9 300	36	38	36	34	32	31	29	27	24	23
9 600	37	39	37	35	33	32	30	28	25	24

六、注意事项

1. 实验前要求学生学习和了解关于奶牛饲养管理的国家农业行业标准和国家及地方的奶牛生产技术规范。

2. 了解和掌握近年来实验牛场奶牛群的选种选配方案实施效果和遗传进展情况，了解牛群生产性能提高的程度，为牛群产奶计划的制订与调整提供参考依据。

3. 在制订牛群产奶计划时，还需要考虑到牛场的饲料资源，牛群营养水平和奶牛的健康状态等情况，进行适当的调整。

七、实验结果

实验编制的牛群产奶计划可作为奶牛场的生产计划数据资料，在生产中进行参考应用。

八、讨论与作业

(一)讨论题

根据产奶计划编制的原理和计算操作方法，提出本实验方法的关键步骤和计算方法。

(二)作业

1. 参考实验示例介绍的方法和表 29 4 提供的资料从实验牛群中选出 5 头母牛，按照表 29-5 产奶计划表的格式，做出 2014 年全年产奶计划。

2. 编制本产奶计划时，应考虑的自然因素是该牛场所处的环境在 7～8 月份气候较为炎热，计划年度饲料和饲养管理条件较好。

表 29-4 实验牛群状况

序号	牛号	体重/kg	上一个泌乳期情况				最近一次分娩日期（年.月.日）	最后一次配种妊娠日期（年.月.日）	预产期（年.月.日）	预计干乳期（年.月.日）	营养状况
			胎次	305 d产奶量/kg	最高日产奶量/kg	泌乳天数					
1	1913	540	4	6 500	33	300	2013.2.28	2013.4.16			中
2	1908	600	4	7 000	34	304	2013.9.25	2013.11.23			中
3	1980	600	3	7 200	36	302	2013.4.2	2013.6.6			下
4	1938	620	3	5 700	29	298	2013.8.10	2013.10.12			良
5	1952	565	3	6 800	35	300	2013.10.28	2013.12.17			下
6	1954	590	3	6 500	34	301	2013.3.14	2013.5.8			中
7	1960	590	3	6 200	33	304	2013.6.15	2013.8.11			中
8	1962	610	3	6 750	35	305	2013.4.20	2013.6.13			中
9	1996	610	2	6 370	31	290	2013.4.1	2013.5.19			中
10	2055	575	2	5 530	30	285	2013.5.26	2013.7.24			良
11	2056	540	2	6 200	32	300	2013.8.1	2013.9.18			中
12	2059	580	2	4 700	25	301	2013.7.10	2013.9.6			良
13	2060	620	2	5 100	27	303	2013.10.15	2013.12.13			良
14	2062	610	2	4 900	24	300	2013.8.4	2013.10.2			良
15	2065	600	2	5 100	28	295	2013.9.28	2013.11.21			良
16	2068	590	2	6 384	34	310	2013.7.1	2013.9.29			中
17	2073	600	2	5 650	25	300	2013.4.5	2013.6.26			良
18	1974	610	3	7 120	37	300	2013.3.29	2013.5.19			下

表 29-5　奶牛个体产奶计划

牛　号		
体重/kg		
上一个泌乳期情况	胎　次	
	305 d 产奶量/kg	
	最高日产奶量/kg	
	泌乳期所在月份	
最近产犊日期(年.月.日)		
最近配种妊娠日期(年.月.日)		
预计分娩日期(年.月.日)		
预计干乳日期(年.月.日)		
营养状况		
预计下一个泌乳期产奶量/kg		
全年各月份产奶计划	1 月	
	2 月	
	3 月	
	4 月	
	5 月	
	6 月	
	7 月	
	8 月	
	9 月	
	10 月	
	11 月	
	12 月	
全年总计		

九、生产应用

某牛场一头健康的黑白花荷斯坦奶牛的泌乳、繁殖等资料如表 29-6 所示，试为其编制下一个泌乳期的产奶计划。

表 29-6　编制产奶计划的有关资料

体重/kg	上一个泌乳期情况				最近一次分娩日期(年.月.日)	最后一次配种妊娠日期(年.月.日)	预产期(年.月.日)	预计干乳期(年.月.日)	营养状况
	胎次	305 d 产奶量/kg	最高日产奶量/kg	泌乳月份					
630	5	4 997	31.6	12～9	2013.1.13	2013.3.18	2013.12.22	2014.10.23	中

1.根据该牛的有关资料推算其预产期为2013年12月22日，干乳期为2014年10月23日，确定其计划年各月的泌乳日数(表29-7)。

表29-7 计划年各月的泌乳日数

项目	2013年	2014年										
	12	1	2	3	4	5	6	7	8	9	10	11	12
泌乳日数	10	31	28	31	30	31	30	31	31	30	22	0	0

2.由于该牛的体重适中，营养状况中等，健康状况正常，所以计划年度的第6个胎次产奶量与第5个胎次相同，但由于该奶牛场下一年的饲养条件将有所改善和提高，故下一个泌乳期的计划产奶量调整提高到5 100 kg。

根据该牛上一个泌乳期最高日产奶量，通过计算得知该牛的产奶量下降较快(31.6 kg×200=6 320 kg)。另外该牛场所在地的7～8月份气候较炎热，3～6月份的饲料条件差，将会影响其生产性能，所以经参考表29-3，调整其下一个泌乳期各泌乳月的日平均产奶量如表29-8所示。

表29-8 计划年度各泌乳月的调整日平均产奶量 kg

项目	2013年	2014年									
	12	1	2	3	4	5	6	7	8	9	10
一般产奶量*	20	20	23	21	20	18	17	15	14	12	10
调整后产奶量	20	23	25	22	20	18	16	14	12	11	9

注：一般产奶量为表29-3计划产奶量5 100 kg时的各泌乳月日平均产奶量。

3.将下一个泌乳期各月的日平均产奶量列入相应的月份，再乘以各月份的实际泌乳日数，求得各月的计划产奶量(表29-9)。

表29-9 下一泌乳期的计划产奶量

项目	2013年	2014年									
	12	1	2	3	4	5	6	7	8	9	10
月平均日产奶量/kg	20	23	25	22	20	18	16	14	12	11	9
月泌乳日数	10	31	28	31	30	31	30	31	31	30	22
计划月产奶量/kg	200	713	700	682	600	558	480	434	372	330	198
合计	200	5 067									

4.累加各月的计划产奶量，得出其下一个泌乳期的计划产奶量为5 267 kg，其中2013年计划产奶量为200 kg，2014年计划产奶量为5 067 kg。

参考文献：

[1]周贵，王立克，黄瑞华，等.畜禽生产学实验教程.北京：中国农业大学出版社，2006.
[2]莫放.牛生产学.2版.北京：中国农业大学出版社，2010.

[3]李建国.现代奶牛生产.北京:中国农业大学出版社,2007.

实验三十　奶牛场饲料供应计划的编制

一、实验目的和要求

掌握奶牛场饲料供应计划编制的原理和方法,熟悉各类饲料的营养特性和使用方法,以及各类牛群对饲料的需要量。

二、实验原理

根据奶牛场各类奶牛群的数量、产奶水平、饲料生产季节的变化,依据《奶牛营养需要和饲养标准》中干物质采食量的变化,奶牛常用饲料的成分变化范围等,编制饲料供应计划。

三、实验器材与材料

牛场的基础资料如奶牛数量、生产水平;牛场的生产方式、管理措施;饲料的来源、特性、价格;饲料配方、营养水平等。

四、实验内容

1. 统计各类牛群的数量,确定不同牛群每天的采食量。
2. 根据奶牛场的饲料配方,确定各类饲料供应量。
3. 奶牛场饲料供应计划的编制。

五、方法和步骤

1. 统计各类牛群的数量,不同牛群每天的采食量

某奶牛场各类牛群的数量以及不同牛群每天采食量见表30-1。

表30-1　某奶牛场各类牛群的数量、不同牛群每天采食量

项目	产奶牛	干奶牛	后备牛	青年牛	犊牛	合计
数量/头	320	62	80	50	40	552
比例/%	58.1	11.2	14.5	9	7.2	100
平均体重/kg	582	615	420	350	90	—
平均产奶量/kg	25.0	—	—	—	—	—
日干物质采食量(占体重百分比)/%	2.2～3.1	2.0～2.5	1.8～2.0	1.5～1.8	1.5～1.8	—
日平均采食量/kg	18.10	15.37	8.40	6.30	1.62	—
合计采食量/kg	5 792	952.9	672	315	64.8	7 796.7

在编制奶牛场饲料供应计划时，每天牛群采食量以高限计算。由表 30-1 可见，奶牛场 552 头牛每天饲料的需要量是 7 796.7 kg，每头牛平均 14.12 kg。

2. 不同体重、不同生产水平的奶牛的干物质采食量测算

不同体重、不同生产水平的奶牛的干物质采食量存在很大的差异，不同体重、不同生产水平的奶牛的干物质采食量测算见表 30-2。

表 30-2　不同体重、不同产奶水平的奶牛的干物质采食量测算

产奶量/kg	奶牛体重/kg				
	410	500	545	600	680
	占体重的百分比/%				
9	2.6	2.3	2.2	2.1	2.0
14	3.0	2.7	2.5	2.5	2.3
18	3.4	3.1	2.9	2.8	2.5
23	3.6	3.4	3.2	3.1	2.8
27	4.1	3.7	3.5	3.4	3.1
32	4.6	4.0	3.8	3.6	3.3
36	5.1	4.3	4.1	3.8	3.5
41	—	4.7	4.4	4.1	3.7
45	—	5.0	4.7	4.4	3.9

3. 根据奶牛场的饲料配方，确定各类饲料供应量

奶牛场的饲料配方一般有 8～10 种原料。根据奶牛场的饲料配方，计算各类饲料的供应量(表 30-3)。

表 30-3　奶牛场的饲料配方、各类原料的供应量

原料	比例/%	用量/kg
能量饲料 1	20～30	
能量饲料 2	10～15	
能量饲料 3	10～15	
蛋白质饲料 1	10～15	
蛋白质饲料 2	5～10	
草粉类	10～15	
酒糟粉类	10～15	
添加剂	1～2	

4. 计算全年各类饲料的供应量

表 30-3 是奶牛场的饲料配方、每天各类原料的供应量，乘以全年的天数(365)，则是年奶牛场饲料供应量。

六、注意事项

1. 控制各类饲料的最大喂量、高产奶牛全年供应的饲草饲料量

各类饲料的特性、使用方法不同,为了提高饲料的利用率,降低饲养成本,在生产中一定要控制各类饲料的最大喂量。要为高产奶牛供应的足够饲草饲料量(表 30-4)。

表 30-4　各类饲料的最大喂量、高产奶牛年供应饲草饲料量

原料	最大喂量/kg	年供应饲草饲料量/kg
青干草	10(不少于 3)	1 100～1 850
青贮	25	10 000～12 500
糟渣类	10(白酒糟不超过 5)	2 000～3 000
块根、块茎及瓜果类	10	1 500～2 000
玉米、大麦、燕麦、豆饼	各 4	2 300～4 000
小麦麸	3	1 000～1 200
豆类	1	360～400

注:来源于中华人民共和国专业标准《高产奶牛饲养管理规范》(ZBB 43002—85)。

2. 全年饲料供给应均衡稳定

冬夏季日不得过于悬殊,饲料必须合理搭配。

3. 饲料供应量留有余地

在做饲料供应计划时,一般要增加 15%～20%,确保饲料全年均衡稳定供应。

七、实验结果

根据实验内容,记录、分析实验结果。

八、讨论与作业

1. 讨论题

编制奶牛场饲料供应计划时,需要重点考虑哪些影响因素?如何能保证全年饲料供给达到均衡稳定?

2. 作业

某实验奶牛场饲养奶牛 800 头,试为其编制奶牛场饲料供应计划。

九、生产应用

在奶牛场生产中,为了保证饲料的稳定均衡供应,需要编制奶牛场饲料供应计划,它是安排饲料生产、组织饲料采购的依据。规模较大的养牛场,除年度计划外,应分别按季度或月份制订饲料计划,以保证饲料的常年均衡供应。为使本实验内容能够密切结合生产实际,需要指导教师在实验课中,根据实验项目内容介绍该项计划在牛场的实际编制程序和方法及需要注

意的实际问题。

参考文献：

[1]周贵，王永军. 牛生产学. 长春：吉林科学技术出版社，2007.
[2]莫放. 牛生产学. 2 版. 北京：中国农业大学出版社，2010.
[3]李建国. 现代奶牛生产. 北京：中国农业大学出版社，2007.

实验三十一　奶牛场饲养管理规程的制订

一、实验目的和要求

奶牛场饲养管理规程是指导奶牛生产的纲领性技术文件，在奶牛生产中占有非常重要的地位。通过本实验，让学生掌握奶牛生产的整个环节，掌握奶牛场饲养管理规程制订内容和方法。

二、实验原理

综合运用动物营养学、饲料学、动物繁殖学、动物饲养管理学、动物环境卫生学、牛生产学等课程知识，制订奶牛场饲养管理规程。

三、实验器材与材料

牛场的基础资料、生产记录；牛场的生产方式、管理措施等。

四、实验内容

奶牛场饲养管理规程有很多的表述方式，如标准化奶牛饲养管理技术规程，标准化规模奶牛养殖场生产管理技术规范，中华人民共和国专业标准《高产奶牛饲养管理规范》（ZBB 43002—85）等。奶牛场饲养管理规程一般包括如下 12 个方面的内容，现在以奶牛场饲养管理规程第一部分奶牛场环境做具体说明，其他内容只列标题供参考。

1. 奶牛场环境

（1）奶牛场应建在地势平坦干燥、背风向阳、排水良好、场地水源充足、未被污染和没有发生过任何传染病的地方。距干线公路 1 000 m，村庄 500 m，并在村庄下风处。

（2）奶牛场周围应设绿化隔离带，牛舍应具备良好的清粪排尿系统。奶牛场净道和污道应分开，污道在下风向，雨水和污水应分开。

（3）奶牛场应设管理和生活区、生产和饲养区、生产辅助区、挤奶厅、畜粪堆贮区和病牛隔离区，各区应相互隔离。运送饲料和生奶的道路与装运牛粪的道路应分开，并尽可能减少交叉点。挤奶厅应设在门口处，避免送奶车进入场内。管理区和生产区应处上风向，粪污处理区应处下风向。

（4）奶牛舍内的温度、湿度、气流和光照应满足牛不同饲养阶段的需求，以降低牛群发生疾病的机会。

(5)奶牛舍地面和墙壁应选用适宜材料，以便于进行彻底清洗消毒。

(6)奶牛场排污应遵循无害化和资源化的原则。

2. 奶牛的引进

3. 水质要求

4. 饲料和饲料添加剂

5. 兽药使用

6. 防疫、监测

7. 卫生消毒

8. 奶牛场的管理

(1)日常管理

(2)人员管理

(3)饲喂管理

(4)挤奶管理

9. 产品运输

10. 病死牛及产品处理

11. 废弃物处理

12. 出场销售记录

五、方法和步骤

先由指导教师进行讲解，将学生分成若干小组，确定每个小组的工作任务，查资料、编写提纲，完成奶牛场饲养管理规程的某一内容，然后进行讲解、讨论，在教师的指导下进行整合，补充完善，形成完整的奶牛场饲养管理规程。

六、注意事项

本实验的内容多、工作量大，灵活安排时间，也可以作为课外练习。

七、实验结果

选择中华人民共和国专业标准《高产奶牛饲养管理规范》(ZBB 43002—85)的第五部分“5. 管理”为例，介绍奶牛场饲养管理规程的具体内容和编制方法。

5. 管理

(1)奶牛场应建造在地势高燥、采光充足、排水良好、环境幽静、交通方便、没有传染病威胁和三废污染、易于组织防疫的地方，严禁在低洼潮湿、排水不良和人群密集的地方建场。

(2)牛舍建筑应符合卫生要求，坚固耐用、冬暖夏凉、宽敞明亮、具备良好的清粪排尿系统，舍外设粪尿池，有条件的地方可利用粪尿池制作沼气。

(3)在牛舍外的向阳面，应设运动场，并和牛舍相通。每头牛占用面积 20 m^2 左右。运动场地面应平坦，为沙土地，有一定坡度，四周建有排水沟，场内有荫棚和饮水槽、矿物质补饲槽，四周围栏坚实、美观，运动场应有专人管理清扫粪便、垫平坑洼、排除污泥积水。

(4)牛舍和运动场周围应有计划地种树、种草、种花、美化环境，改善奶牛场小气候。

(5)奶牛场各饲养阶段应分群(槽)管理，合理安排挤奶、饲喂、饮水、刷拭、打扫卫生、运动、休息等工作日程，一切生产作业必须在规定时间完成，作息时间不应轻易变动。

(6)严格执行防疫、检疫和其他兽医卫生制度，定期进行消毒，建立系统的奶牛病历档案；每年定期进行1～2次健康检查，其中包括酮病、骨营养不良等病的检查；春秋季各进行一次检蹄修蹄。建议在犊牛阶段进行去角。

(7)高产奶牛每天必须铺换褥草，坚持刷拭，清洗乳房和牛体上的粪便污垢，夏季最好每周进行一次水浴或沐浴(气温过高时应每天一至数次)，并应采取排风和其他防暑措施；冬季防寒保暖。

(8)高产奶牛每天保持一定时间和距离的缓慢运动。对乳房容积大、行动不便的高产奶牛，可作牵行运动。酷热天气中午牛舍外温度过高时，应改变放牛和运动时间。

(9)高产奶牛每胎必须有60～70 d干奶期，建议采用快速干奶法，干奶前用CMT法进行隐性乳腺炎检查，对强阳性(＋＋以上)应治疗后干奶，在最末一次挤奶后向每个乳头内注入干奶药剂，干奶后加强乳房检查与护理。

(10)高产奶牛前两周进入产房，对出入产房牛应进行健康检查，建立产房档案。产房必须干燥卫生、无贼风。建立产房值班和交接班制度，加强围产期的护理，母牛分娩前，应对其后躯、外阴进行消毒。对于分娩正常的母牛，不得人工助产，如遇难产，兽医应及时处理。

(11)高产奶牛分娩后，应及早驱使站起，饮以温水，喂以优质青草，同时用温水或消毒液清洗乳房、后躯和牛尾。然后清除粪便、更换清洁柔软褥草。分娩后1～1.5 h，进行第一次挤奶，但不要挤净，同时观察母牛食欲、粪便及胎衣的排出情况，如发现异常，应及时诊治。分娩两周后，应作酮尿病等检查，如无疾病，食欲正常，可转大群管理。

八、讨论与作业

1. 讨论题

制订奶牛场饲养管理规程的主要原则和步骤有哪些？

2. 作业

为某实验奶牛场制订奶牛场饲养管理规程。

九、生产应用

制定奶牛场饲养管理规程是奶牛场的一项重要工作，为保证编制规程的科学性，合理性和实用性，首先要学习和理解国家农业行业标准《无公害食品　奶牛饲养管理准则》、《奶牛饲养饲料使用准则》等国家标准，需要综合考虑牛场生产各个部门，生产环节的生产能力状况，进行综合的评价，最后制订出符合本厂生产实际的饲养管理规程。本课需要指导教师在实验课中，根据实验项目内容，介绍该项规程在牛场的实际编制程序和方法，使学生学到更多的生产实用知识。

参考文献：

[1]周贵，王立克，黄瑞华，等.畜禽生产学实验教程.北京：中国农业大学出版社，2006.
[2]莫放.牛生产学.2版.北京：中国农业大学出版社，2010.
[3]王根林.养牛学.北京：中国农业出版社，2002.

第九篇　牛的遗传育种管理

实验三十二　牛的数量性状遗传参数的计算(一)
遗传力的估计

一、实验目的和要求

通过资料整理与运算,熟悉对牛的数量性状遗传力的估计方法。

对于乳牛产乳量的遗传力,要用亲属间的表型值资料来间接估计,最常用的有女母回归法与半同胞组内相关法两种。要求掌握其基本运算程序。

二、实验原理

遗传力是反映数量性状遗传规律的一个定量指标,要想由表型变异来估计性状遗传力,需要利用在遗传上关系明确的两类个体同一性状的资料,借助于这一确定的遗传关系和它们的表型相关就可以估计出该性状的遗传力。遗传力是表明某一性状受到遗传控制的程度。它介于 0 与 1 之间,当等于 1 时表明表型变异完全是由遗传的因素决定的,当等于 0 时表明表型变异由环境所造成。

三、实验器材与材料

1. 实验器材:计算器,计算机,打印机等。

2. 实验材料

(1)由女母回归法估计遗传力:应用下列原始生产记录资料。

第一胎产乳量　　kg

编号	母亲产乳量 x	女儿产乳量 y	编号	母亲产乳量 x	女儿产乳量 y
1	3 800	4 600	6	4 100	3 500
2	3 900	3 000	7	6 100	3 600
3	4 800	4 200	8	5 500	5 200
4	3 800	4 100	9	4 200	4 200
5	3 300	3 500	10	5 000	5 000

(2)由半同胞组内相关法估计遗传力:应用下列原始生产记录资料。

第一胎产乳量 kg

女儿序号	公牛号				
	A	B	C	D	E
1	4 330	4 350	6 500	5 060	5 490
2	5 800	4 160	5 610	5 010	5 970
3	5 320	6 000	5 200	5 720	4 920
4	4 450	4 560	5 260	6 080	5 040
5	4 990	4 250	5 840	5 000	5 460
6	4 480	4 540	5 080	6 100	6 690
7	5 120	4 170	4 200	5 090	2 700
8	6 050	3 700	4 660	5 550	3 830
9	5 530	3 920	6 200	4 680	5 160
10	5 730	5 610	5 560	5 480	5 610

四、实验内容

1. 由女母回归法估计遗传力。

2. 由半同胞组内相关法估计遗传力。

五、方法和步骤

1. *女母回归法*

由子代对一个亲本的回归系数估计遗传力。所用的公式是：

$$h^2 = 2b_{op}$$

式中：h^2 为遗传力；b_{op}为女儿对母亲的回归系数。

示例：根据吉林省良种场203号公牛和102号公牛的女儿及其母亲头胎产乳量的资料计算遗传力（提示：由于资料中女母对数不相同，故应先分别求出203号公牛和102号公牛的女儿对母亲头胎产乳量的回归系数，然后进行加权平均，以求得平均回归系数）。

第一步：按照原始资料整理成下表，并计算必要的数据。

203号公牛

女母对序号	母亲第一胎产乳量/kg		女儿第一胎产乳量 y/kg	xy
	x	x^2		
1	5 127	26 286 129	3 845	19 713 315
2	5 465	29 866 225	4 757	25 997 005
3	5 688	32 353 344	6 338	36 050 544
4	5 359	28 718 881	3 332	17 856 188

续表

女母对序号	母亲第一胎产乳量/kg		女儿第一胎产乳量 y/kg	xy
	x	x^2		
5	5 127	26 286 129	4 715	24 173 805
6	7 421	55 071 241	5 046	37 446 366
7	4 741	22 477 081	5 309	25 169 969
8	6 532	42 667 024	6 582	42 993 624
9	5 595	31 304 025	5 309	29 703 855
10	4 022	16 176 484	5 431	21 843 482
n=10	55 077	311 206 563	50 664	280 948 153

102 号公牛

女母对序号	母亲第一胎产乳量/kg		女儿第一胎产乳量 y/kg	xy
	x	x^2		
1	3 523	12 411 529	4 607	16 230 461
2	5 632	31 719 424	5 466	30 784 512
3	3 572	12 759 184	5 683	20 299 676
4	2 848	8 111 104	3 849	10 961 952
5	4 417	19 509 889	2 256	9 964 752
n=5	19 992	84 511 130	21 861	88 241 353

第二步：分别求出每头公牛内女儿均值对母亲均值的回归系数。

(1)203 号公牛

$$b_{yx}=\frac{n\sum xy-\sum x\sum y}{n\sum x^2-(\sum x)^2}$$

$$=\frac{280\ 948\ 153\times 10-55\ 077\times 50\ 664}{311\ 206\ 563\times 10-(55\ 077)^2}$$

$$=0.242\ 5$$

(2)102 号公牛

$$b_{yx}=\frac{n\sum xy-\sum x\sum y}{n\sum x^2-(\sum x)^2}$$

$$=\frac{88\ 241\ 353\times 5-19\ 992\times 21\ 861}{84\ 511\ 130\times 5-(19\ 992)^2}$$

$$=0.181\ 9$$

第三步：上述资料由于女母对数不相同，要进行加权，求平均回归系数。

$$b=\frac{b_1\times 10+b_2\times 5}{10+5}$$

$$=\frac{0.2425\times10+0.1819\times5}{15}$$

$$=0.2223$$

第四步：将所求得的平均回归系数乘上 2，就是该性状的遗传力。

$h^2=2\times0.2223=0.4446$

2. 半同胞组内相关法

用二因子方差分析法估计遗传力。所用的公式是：

$$t_{(HS)}=\frac{MS_B-MS_w}{MS_B+(k_0-1)MS_w}$$

式中：$t_{(HS)}$ 为半同胞组内相关系数；MS_B 为组间均方；MS_w 为组内均方；k_0 为 k 的加权值（k 为女儿数）。

示例：试根据长春市畜牧场六头公牛的女儿产乳量资料计算遗传力。

第一步：按照原始资料整理成下表，并计算必要的数据。

公牛号	女儿数 k	女儿产乳量 x/kg	$\sum x$	$(\sum x)^2$
10	3	4 074,3 949,3 503	$T_1=11\ 526$	132 848 676
12	5	6 134,4 750,4 544,3 588,4 817	$T_2=23\ 833$	568 011 889
13	10	4 848,4 744,3 265,5 432,3 778,2 959,4 628,4 687,3 946,3 803	$T_3=42\ 090$	1 771 568 100
14	8	4 236,3 717,4 837,2 969,4 558,5 365,3 369,4 481	$T_4=33\ 532$	1 124 395 024
17	3	5 268,6 245,4 272	$T_5=15\ 785$	249 166 225
18	9	4 701,4 716,3 849,5 153,6 092,4 141,5 051,3 317,5 339	$T_6=42\ 359$	1 794 284 881
	$n=38$	$\sum x^2=779\ 270\ 248$	$\sum T=169\ 125$	

第二步：求校正系数（C）。

$$C=\frac{(\sum T)^2}{n}=\frac{2\ 860\ 326\ 563}{38}=752\ 717\ 516.4$$

第三步：计算平方和（SS）。

a. 公牛间平方和

$$SS_B=\sum\frac{(\sum x)^2}{n}-C$$

$$=\frac{132\ 848\ 676}{3}+\frac{568\ 011\ 889}{5}+\frac{1\ 771\ 568\ 100}{10}+$$

$$\frac{1\ 124\ 395\ 024}{8}+\frac{249\ 166\ 225}{3}+\frac{1\ 794\ 284\ 881}{9}-752\ 717\ 516.4$$

$=758\ 011\ 852.8-752\ 717\ 516.4$

$=5\ 294\ 336.4$

b. 公牛内女儿间平方和

$$SS_w=\sum x^2-\sum\frac{(\sum x)^2}{n}$$

$=779\ 270\ 248-758\ 001\ 852.8$

$=21\ 258\ 395.2$

第四步：计算自由度(df)。

公牛间：$df=k-1=6-1=5$

公牛内：$df=N-k=38-6=32$

总的：$df=N-1=38-1=37$

第五步：计算均方(MS)。

a. 公牛间均方

$$MS_B=\frac{5\ 294\ 336.4}{5}=1\ 058\ 867.28$$

b. 公牛内均方

$$MS_w=\frac{21\ 258\ 395.2}{32}=2\ 417\ 070.1$$

第六步：列方差分析表。

变异来源	平方和	自由度	均方
公牛间	5 294 336.4	5	1 058 867.28
公牛内	21 258 395.2	32	664 324.85
总的	26 552 731.6	37	

第七步：求 k_0 值。

$$k_0=\frac{N-\frac{\sum k^2}{N}}{n-1}=\frac{38-\frac{288}{38}}{6-1}=\frac{38-7.58}{5}=6.084$$

第八步：计算组内相关系数。

$$t_{(HS)}=\frac{1\ 058\ 867.28-664\ 324.85}{1\ 058\ 867.28+6.084\times664\ 324.85}=\frac{394\ 542.43}{5\ 100\ 619.67}=0.077\ 35$$

第九步：计算遗传力。

$$h^2=4\times t_{(HS)}=4\times0.077\ 35=0.309\ 4$$

六、注意事项

1. 在实验课前，要求学生复习相关的理论知识内容，为实验课学习打下良好基础。

2. 在实验课中，要重点学习和掌握计算的原理与方法，反复练习，学会在生产实际中的应用。

七、实验结果

记录实验数据资料，分析和比较实验结果，为不断提高数量性状遗传特性，改良提高牛群生产性能提供科学依据。

八、讨论与作业

(一)讨论题

讨论牛遗传力的估计计算在奶牛生产中有哪些重要意义。

(二)作业

1. 由女母回归法估计遗传力：用10对母女第一胎产乳量的原始记录资料。
2. 由半同胞组内相关法估计遗传力：用5头公牛女儿第一胎产乳量的原始记录资料。

九、生产应用

进行遗传力的估计计算与分析，对牛的遗传育种具有重要的意义，是牛场牛群改良的重要依据。在实验课上由任课教师结合生产实际情况进行介绍、讲解与分析。

参考文献：

[1]黑龙江省畜牧兽医学校. 养牛学实习指导. 北京：农业出版社，1981.
[2]周贵，王永军. 牛生产学. 长春：吉林科学技术出版社，2007.
[3]李宁. 动物遗传学. 3版. 北京：中国农业出版社，2011.
[4]吴常信. 动物遗传学. 北京：高等教育出版社，2009.

实验三十三 牛的数量性状遗传参数的计算(二) 遗传相关的估计

一、实验目的和要求

通过资料整理与运算，熟悉对牛的数量性状遗传相关的估计方法。要求掌握协方差分析的基本运算程序。

二、实验原理

遗传相关是指同一遗传材料的两个性状间由于遗传原因所体现的相关，即这个性状基因型值间的相关。通常用遗传相关来描述不同性状之间由于各种遗传原因造成的相关程度大小。遗传相关的估计方法与遗传力估计方法类似，需要通过两类亲缘关系明确的个体的两个性状表型值间的关系来估计。

三、实验器材与材料

1. 实验器材：计算器，计算机，打印机等。

2. 实验材料：用下列原始记录资料。

3 头公牛女儿的头胎产乳量和 12 月龄体重 kg

女儿序号	公牛号					
	A		B		C	
	产奶量(x)	体重(y)	产奶量(x)	体重(y)	产奶量(x)	体重(y)
1	4 370	364	2 290	344	4 700	337
2	4 720	368	3 820	330	5 010	325
3	5 310	397	4 200	336	4 160	324
4	3 340	317	4 490	352	3 870	347
5	4 360	348	3 740	267	5 510	324
6	5 560	407	3 920	315		
7	3 360	319				

四、实验内容

通过对牛场数据资料的整理与运算，实现牛的数量性状遗传相关的估计。

五、方法和步骤

计算遗传相关所用的公式是：

$$r_{\mathrm{A}}=\frac{COV\cdot S_xS_y}{\sqrt{\delta^2 s_x\cdot\delta^2 s_y}}$$

式中：r_{A} 为遗传相关；$COV\cdot S_xS_y$ 为公牛间 x 与 y 性状的协变量组分；$\delta^2 s_x$ 为公牛间 x 性状的变量组分；$\delta^2 s_y$ 为公牛间 y 性状的变量组分。

示例：试根据黑龙江省红色草原牧场六头公牛女儿的头胎产乳量和乳脂率的资料计算遗传相关。

第一步：按照原始资料整理成下表。

女儿数	公牛号											
	453		501		139		5038		486		40	
	x/kg	y/%	x/kg	y/%	x/kg	y/%	x/kg	y/%	x/kg	y/%	x/kg	y/%
1	2 815	3.12	3 130	3.72	3 363	3.30	4 692	3.34	3 732	3.34	3 078	3.54
2	3 912	3.47	3 776	3.49	2 799	3.74	4 555	3.28	4 553	3.72	3 433	3.10
3	3 296	3.41	3 202	3.71	3 258	3.45	3 716	3.12	2 375	3.52	2 519	3.78
4	2 996	3.26					4 112	3.43	3 490	4.09	2 893	4.00
5	3 170	3.39					4 145	3.00				

续表

女儿数	公牛号											
	453		501		139		5038		486		40	
	x/kg	y/%	x/kg	y/%	x/kg	y/%	x/kg	y/%	x/kg	y/%	x/kg	y/%
6	3 220	3.19					4 055	3.23				
7	3 563	3.02					4 799	3.21				
8	3 834	3.50					4 862	2.90				
9	3 758	3.32					5 147	3.49				
10	2 511	3.88					4 590	4.01				
11	4 022	3.51					3 176	3.94				
12	4 628	3.32					3 991	3.67				
13	3 074	3.97					4 309	4.05				
14	3 227	3.67					3 125	3.76				
15	2 790	3.55					3 655	3.76				
16							3 329	3.30				
17							4 173	3.88				
18							3 261	3.04				
19							4 114	3.08				
20							3 432	3.42				
21							4 502	3.33				
22							3 893	3.15				
23							4 158	3.44				
24							3 954	3.34				
25							4 311	3.33				
26							3 858	3.74				

第二步：计算必要的数据。

a. 分别计算各头公牛的数据

如本例中453号公牛的女儿须按下法求出必要的数据。

$$\sum x = 2\,815 + 3\,912 + 3\,296 + \cdots + 2\,790 = 50\,816$$

$$\sum y = 3.12 + 3.47 + 3.41 + \cdots + 3.55 = 51.58$$

$$\sum xy = (2\,815 \times 3.12) + (3\,912 \times 3.47) + \cdots + (2\,790 \times 3.55) = 174\,213.91$$

$$\sum x^2 = 2\,815^2 + 3\,912^2 + 3\,296^2 + \cdots + 2\,790^2 = 176\,549\,084$$

$$\sum y^2 = 3.12^2 + 3.47^2 + 3.41^2 + \cdots + 3.55^2 = 178.321\,2$$

$$\sum x \sum y / K = \frac{50\,816 \times 51.58}{15} = 174\,739.29$$

$$(\sum x)^2 / K = (50\,816)^2 / 15 = 172\,151\,057.10$$

$(\sum y)^2/K=(51.58)^2/15=177.37$

其他公牛的女儿，也须计算上列各项数据。

b. 计算全部公牛各项数据的总和

$$\sum K=15+3+3+\cdots+4=55$$

$$\sum K^2=15^2+3^2+3^2+\cdots+4^2=951$$

$$\sum\sum x=50\ 816+10\ 108+9\ 420+\cdots+11\ 923=202\ 331$$

$$\sum\sum y=51.58+10.92+\cdots+14.42=191.32$$

$$\sum\sum xy=174\ 213.91+36\ 701.26+\cdots+42\ 632.24=701\ 258.38$$

$$\sum\sum x^2=176\ 549\ 084+34\ 307\ 880+\cdots+35\ 974\ 383=767\ 758\ 249$$

$$\sum\sum y^2=178.32+39.78+\cdots+52.43=670.36$$

$$\sum\frac{\sum x\sum y}{K}=174\ 739.29+36\ 793.12+\cdots+42\ 982.42=702\ 877.98$$

$$\sum\frac{(\sum x)^2}{K}=172\ 151\ 057+34\ 057\ 221+\cdots+35\ 539\ 482=752\ 835\ 085.50$$

$$\sum\frac{(\sum y)^2}{K}=177.4+39.7+\cdots+51.9=665.88$$

将上列数据整理成下表。

	公牛号						$\sum$
	453	501	139	5038	486	40	
K	15	3	3	26	4	4	55
K^2	225	9	9	676	16	16	951
$\sum x$	50 816	10 108	9 420	105 914	14 150	11 923	202 331
$\sum y$	51.58	10.92	10.49	89.24	14.67	14.42	191.32
$\sum xy$	174 213.91	36 701.26	32 806.26	362 868.57	52 036.14	42 632.24	701 258.38
$\sum x^2$	176 549 084	34 307 880	29 758 734	438 689 810	52 478 358	35 974 383	767 758 249
$\sum y^2$	178.32	39.78	36.78	308.94	54.11	52.43	670.36
$\sum x\sum y/K$	174 739.29	36 793.12	32 938.6	363 529.44	51 895.13	42 982.42	702 877.98
$(\sum x)^2/K$	172 151 057.07	34 067 221.33	2 957 800.00	431 452 899.85	50 055 625.00	35 539 482.25	752 835 085.50
$(\sum y)^2/K$	177.37	39.75	36.68	306.30	53.80	51.98	665.88

第三步：求校正系数。

$C_x=(202\ 331)^2/55=744\ 324\ 247$

$C_y=(191.32)^2/55=665$

$C_{xy}=202\ 331\times 191.32/55=703\ 818$

第四步：计算总平方和（SS）与乘积和（SCP）。

$SS_x=767\ 758\ 249-744\ 324\ 247=23\ 434\ 002$

$SS_y=670-665=5$

$SCP_{xy}=701\ 258-703\ 818=-2\ 560$

第五步：计算公牛间平方和（SS_B）与乘积和（SCP_B）。

$SS_{Bx}=752\ 835\ 086-744\ 324\ 247=8\ 510\ 839$

$SS_{By}=666-665=1$

$SCP_{Bxy}=702\ 877-703\ 818=-939$

第六步：计算公牛内平方和（SS_W）与乘积和（SCP_W）。

$SS_{Wx}=23\ 434\ 002-8\ 510\ 839=14\ 923\ 163$

$SS_{Wy}=5-1=4$

$SCP_{Wxy}=-2\ 560-(-939)=-1\ 621$

第七步：计算自由度（df）。

公牛间：$df=6-1=5$

公牛内：$df=55-6=49$

总　的：$df=55-1=54$

第八步：计算均方（MS）。

a. x 性状的均方

$MS_{Bx}=8\ 510\ 839\div 5=1\ 702\ 168$

$MS_{Wx}=14\ 923\ 163\div 49=304\ 554$

b. y 性状的均方

$MS_{By}=1\div 5=0.2$

$MS_{Wy}=4\div 49=0.08$

第九步：列协方差分析表。

变异来源	自由度	x		y		xy	
		平方和	均方	平方和	均方	乘积和	均积
公牛间	5	8 510 839	1 702 168	1	0.2	—939	188
公牛内	49	14 923 163	304 554	4	0.08	—1 621	—33
总　的	54	23 434 002		5		—2 560	

第十步：计算 K_0 值。

$$K_0=\frac{\sum K-\dfrac{\sum K^2}{\sum K}}{n-1}=\frac{55-\dfrac{951}{55}}{5}=7.54$$

第十一步：计算变量组分与协变量组分。

a. 公牛间产乳量的变量组分

$$\delta^2 s_x=\frac{MS_{Bx}-MS_{Wx}}{K_0}=\frac{1\ 702\ 168-304\ 554}{7.54}=185\ 360$$

b. 公牛间乳脂率的变量组分

$$\delta^2 s_y = \frac{MS_{By} - MS_{Wy}}{K_0} = \frac{0.2 - 0.08}{7.54} = 0.02$$

c. 公牛间产乳量和乳脂率的协变量组分

$$COV \cdot S_x S_y = \frac{CP_{Bxy} - CP_{Wxy}}{K_0} = \frac{-188 - (-33)}{7.54} = -20.6$$

第十二步：计算遗传相关。

$$r_A = \frac{COV \cdot S_x S_y}{\sqrt{\delta^2 s_x \cdot \delta^2 s_y}} = \frac{-20.6}{\sqrt{185\ 360 \times 0.02}} = -0.34$$

六、注意事项

1. 要求学生复习相关的理论知识内容，为实验课学习打下良好基础。
2. 重点学习和掌握计算的原理与方法，学会在生产实际中的应用。

七、实验结果

记录实验数据资料，分析和比较实验结果，为改良提高牛群生产性能提供科学依据。

八、讨论与作业

1. 讨论题

讨论和认识牛遗传相关的估计计算在奶牛生产中的重要意义。

2. 作业

用 3 头公牛女儿的原始记录资料计算头胎产乳量和 12 月龄体重的遗传相关。

九、生产应用

进行遗传相关的估计计算与分析，对牛的遗传育种具有重要意义，是牛群改良的重要依据。在实验课上由任课教师结合生产实际情况进行具体介绍与分析。

参考文献：

[1]黑龙江省畜牧兽医学校. 养牛学实习指导. 北京：农业出版社，1981.
[2]周贵，王永军. 牛生产学. 长春：吉林科学技术出版社，2007.
[3]李婉涛，张京和. 动物遗传育种. 北京：中国农业大学出版社，2007.
[4]刘榜. 家畜育种学. 北京：中国农业出版社，2007.

实验三十四　牛近交系数和亲缘系数的计算

一、实验目的和要求

熟悉和掌握牛的近交系数与亲缘系数的计算方法。

二、实验原理

近交系数是指根据近亲交配的世代数，将基因的纯化程度用百分数来表示即为近交系数，也指个体由于近交而造成异质基因减少时，同质基因或纯合子所占的百分比也叫近交系数。通常以 F 或 f 来表示。

亲缘系数又称血缘系数、亲属间遗传相关系数、亲缘相关系数，是指将群体中个体之间基因组成的相似程度用数值来表示即为血缘系数。意义即拥有共同祖先的两个人，在某一位点上具有同一基因的概率。

亲缘系数与近交系数不同，近交系数 F_X 是说明 X 这个个体本身是什么程度的近交产生的，而亲缘系数则是反映两个个体间的遗传相关（亲缘）程度。

三、实验器材和材料

1. 实验器材：计算器，计算机，打印机，直尺，坐标纸等。

2. 实验材料

(1)牛场存栏各类牛群的系谱资料。

(2)牛场近几年的选种选配计划资料。

四、实验内容

1. 近交系数的计算。

2. 亲缘系数的计算。

五、方法和步骤

(一)近交系数的计算

近交系数是表示纯和的相同基因来自共同祖先的一个大致百分数。也就是衡量实行近交以后杂合基因部分比近交前减低的百分数，或减低了多少的一个度量。其计算公式如下：

$$F_X = \sum\left[\left(\frac{1}{2}\right)^{n+n'+1}(1+F_A)\right]\cdots\cdots(a)$$

或 $$F_X = \frac{1}{2}\sum\left[\left(\frac{1}{2}\right)^{N}(1+F_A)\right]\cdots\cdots(b)$$

式中：F_X 表示个体 X 的近交系数。$\sum$ 表示总和，即把从各个共同祖先分别计算的 F_X 值累加起来。1/2 表示每代遗传结构之半数。n 表示从 X 的父亲到共同祖先的世代数。n' 表示从 X 的母亲到共同祖先的世代数。N 表示从 X 的父亲到共同祖先的世代数及 X 的母亲到共同祖先的世代数的和，也就是从父亲逐代往上数，经过共同祖先再逐代往下数直到母亲。包括双亲在内，看一共有多少个世代。1 是个常数，所以加 1，是因为从亲代到子代还要经过一代。F_A 表示个体 A 的共同祖先的近交系数，计算方法与计算 F_x 相同，如共同祖先不是近交个体，则这一部分可省略不计。

上列 a、b 两式，在实践中均可应用，算法与结果也相同，只是在公式表示上略有差别，a 式中的 $n+n'$，也就等于 b 式中的 N，a 式括弧右上方的 1，也就是 b 式括弧前的 1/2。

例 1　半同胞交配

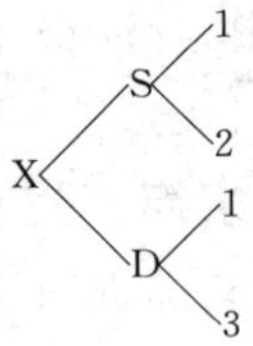

横式系谱

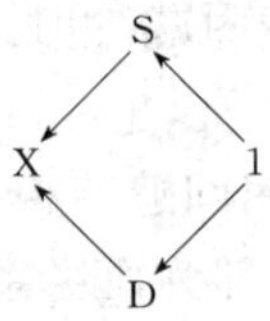

结构式系谱

在这个系谱中，唯一的共同祖先是 1 号，由图可见，由 1 到父亲 S 的箭头数是 1，到母亲 D 的箭头数也是 1，合起来是 2，如果把这个通路加以展开，则成为 X←S←1→D→X，可以看出，接父母亲共同祖先的箭头数是 2，这个 2 也就是公式中的 N，代入公式 b 则得：

$$F_x=\frac{1}{2}\left(\frac{1}{2}\right)^2=\frac{1}{2}\times\frac{1}{4}=0.125 \text{ 即得 } 12.5\%$$

例 2　全同胞交配

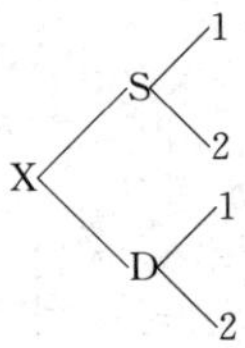

横式系谱

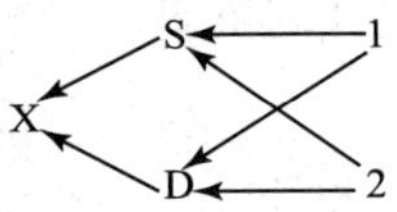

结构式系谱

方法与上述的半同胞交配相同，只不过多加 1 个共同祖先和一条通路。这两条通路是：

$$X\leftarrow S\overset{1}{\leftarrow}1\xrightarrow{2}D\rightarrow X=\left(\frac{1}{2}\right)^2=0.25$$

$$X\leftarrow S\overset{1}{\leftarrow}2\xrightarrow{2}D\rightarrow X=\left(\frac{1}{2}\right)^2=0.25$$

总计　　　　0.50

个体 X 的近交系数是这两条通路总和的 1/2，即 $F_x=\frac{1}{2}(0.50)=0.25$ 即 25%。

(二)亲缘系数的计算

亲缘系数是表示两头牛之间的亲缘相关程度，也就是表示两个动物具有相同基因的概率。亲缘关系有两种：一种是直系亲属，一种是旁系亲属，由于公式不同，须分别进行计算。

1. 直系亲属间亲缘系数的计算公式

$$R_{XA}=\sum\left(\frac{1}{2}\right)^n\sqrt{\frac{1+F_A}{1+F_X}}$$

式中：R_{XA} 表示牛 X 和 A 之间的亲缘系数。n 表示从 X 到 A 所经过的代数。F_A、F_X 表示 A 和

X个体的近交系数。

在这个公式中，当涉及的个体都不是近交个体时，则根号的数字等于1。

例如：现有289号公牛的横式系谱如下，先将其改制成结构式系谱，计算它与其共同祖先16号公牛间的亲缘关系。

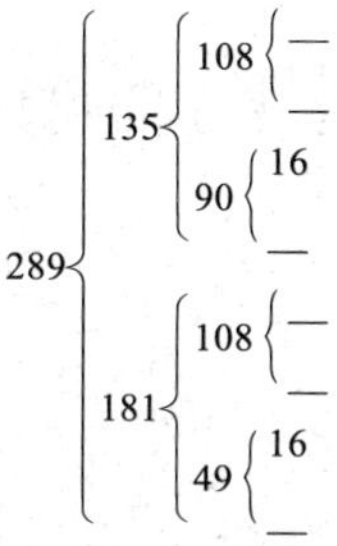

横式系谱

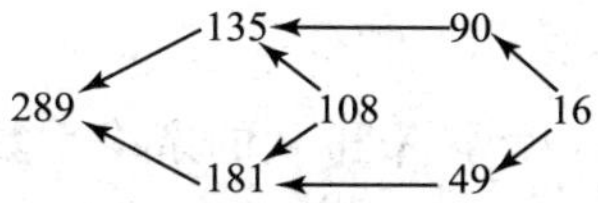

结构式系谱

从以上系谱可以看出，289号与16号之间的亲缘关系，有两条通径路线，即289←135←90←16和289←181←49←16，每条通路的代数都是15.63%，代入公式后则得：

$$R_{289,16}=\left[\left(\frac{1}{2}\right)^3+\left(\frac{1}{2}\right)^3\right]\sqrt{\frac{1+0}{1+0.156}}=\frac{1}{4}\sqrt{\frac{1}{1.156}}=0.2325=23.25\%$$

2.旁系亲属间亲缘系数的计算公式

$$R_{XY}=\frac{\sum\left[\left(\frac{1}{2}\right)^n(1+F_A)\right]}{\sqrt{(1+F_X)(1+F_Y)}}$$

式中：R_{XC}表示牛X和Y之间的亲缘系数。n表示个体X和Y通过共同祖先的每一条通路而连接的箭头数。F_X表示牛X的近交系数。F_Y表示牛Y的近交系数。F_A表示共同祖先的近交系数。

如果X、Y和共同祖先三者，都不是近交个体，则公式变为：

$$R_{XY}=\sum\left[\left(\frac{1}{2}\right)^n\right]$$

例如：仍用289号公牛的系谱求135号和181号间的亲缘系数。

从289号公牛系谱中可看出135号和181号之间有108号和16号两个共同祖先，其通径路线为：$135\xrightarrow{1}108\xrightarrow{2}181$，$135\xrightarrow{1}90\xrightarrow{2}16\xrightarrow{3}49\xrightarrow{4}181$。代入公式后则得：

$$R_{135,181}=\left(\frac{1}{2}\right)^2+\left(\frac{1}{2}\right)^4=0.25+0.0625=0.3125=31.25\%$$

六、注意事项

1.学生在实验课中，要重点学习和掌握计算的原理与方法。

2.学习和理解其在生产实际中的应用价值和应用方法。

七、实验结果

记录实验数据结果，查阅历年该牛场选种选配记录资料，研究与评价其在生产上的应用效果。

八、讨论与作业

(一)讨论题

讨论计算牛群的近交系数和亲缘系数的计算方法与技巧,说明其在牛场选种选配工作中的重要意义。

(二)作业

1. 根据下面x的系谱,计算A和B的亲缘系数。

2. 将下面8号公牛的系谱改成结构式系谱,先计算8号公牛的近交系数,然后分别计算4和9,8和1之间的亲缘系数。

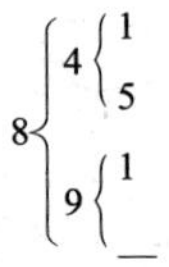

九、生产应用

在牛场进行牛近交系数和亲缘系数的计算与分析具有重要的意义,是进行牛群选种选配,品种改良工作的重要依据。在实验课上由任课教师结合生产实际情况进行具体介绍讲解与分析。

参考文献:

[1]昝林森,唐万寿.牛生产学实验实习指导.杨凌:西北农林科技大学,2000.
[2]周贵,王永军.牛生产学.长春:吉林科学技术出版社,2007.
[3]刘文忠,徐银学.动物育种学实验教程.北京:中国农业大学出版社,2007.

实验三十五　种公牛的后裔测定

一、实验目的和要求

通过计算与分析,熟悉母女比较法和同龄同期女儿比较法进行种公牛的后裔测定的方法。

二、实验原理

根据后裔的生产性能和外貌等特征来估测种公牛的育种值和遗传组成,以评定其种用价值。测定时主要以种公牛的后代平均表型值为依据,其随机取样须有一定数量,以便使取得的遗传信息可靠和正确。常用的方法主要有母女比较法和同期同龄女儿比较法等。

母女比较法，即以女儿平均表型值与所配母畜的平均表型值之差来反映种公畜的遗传作用。此法虽较女儿平均值法准确，但仍未排除季节和饲养管理差异的影响。如果计算出的值为正值，说明被测公牛遗传性能较好，且数值越大越好；如得出负值，说明被测公牛遗传性不如对照公牛，负值越大说明差距越大。

同期同龄女儿比较法，即将种公畜的女儿与其他公畜的同期同龄女儿作对比，从而评价公牛品质优劣，是现在采用较普遍的方法。相对值超过100%以上者，为良种公牛，超得越多，说明该公牛越好。

三、实验器材与材料

1. 实验器材：计算器，计算机，打印机，直尺，日历表等。

2. 实验材料

(1)××乳牛场2011—2012年度分产次整理的305 d平均产乳量资料(表35-1)，该场407号、408号、409号、410号公牛配偶及同期泌乳女儿305 d产乳量记录资料(表35-2)。

(2)××乳牛场802号公牛的女儿及该场其他公牛的女儿2011年度产乳记录资料，经过分季随机选定，初算如表35-3所示。

四、实验内容

1. 母女比较法。

2. 同期同龄女儿比较法。

五、方法和步骤

1. 母女比较法

(1)计算校正系数　将××乳牛场2011—2012年度分产次整理的305 d产乳量资料中的第一泌乳期的平均产乳量设为1，计算其他产次的校正系数(表35-1)。

(2)利用上项校正系数，将2011—2012年度407号、408号、409号、410号种公牛配偶及同期泌乳的女儿各产次的305 d产乳量资料(表35-2)校正成第一泌乳期产乳量。并分别求出每头公牛配偶和女儿的平均产乳量。

(3)计算母女差：求每头公牛女儿与配偶的平均产乳量之差，即：

母女差＝女儿平均产乳量－母亲(公牛配偶)平均产乳量

(4)分析：根据每头公牛母女差大小来分析比较各公牛的品质。凡母女差为正值，说明公牛好，正值越大，公牛越优良。

2. 同期同龄女儿比较法

(1)计算××乳牛场802号种公牛若干女儿的第一胎平均产乳量$M\text{x}$。

(2)计算该场同时期产犊的其他公牛女儿的第一胎平均产乳量M。

(3)求上两项之差，即$d=M\text{x}-M$。

(4)计算该场此公牛女儿头数$N\text{x}$及其同期同龄牛头数N的权数(亦称有效女儿数或调和均数)：

$$W=\frac{N_X\times N}{N_X+N}$$

(5)计算该场此公牛女儿与同期同龄牛产乳量的加权平均数 dW：$d\times W$。

(6)此公牛女儿所在的其他场也按上述程序计算各场的 d、W 和 dW。

(7)计算此公牛女儿与同期同龄牛的总加权平均差数：

$$DW=\frac{\sum dW}{\sum W}$$

(8)计算此公牛的后裔测定相对值(亦即公牛评分)：

$$\text{相对值}=\frac{DW+\overline{M}}{\overline{M}}$$

式中：$\overline{M}$ 为统一鉴定标准中的第一胎的二等标准。$\sum W$ 超过 20 时，测定结果就比较可靠，也即该公牛的女儿头数越多，可靠性越大。

说明：

①802 号公牛为黑白花奶牛，各鉴定群均为黑白花奶牛；

②黑白花奶牛产乳量评级标准中规定，第一泌乳期二等牛为 3 000 kg。

表 35-1　各产次 305 d 平均产乳量及校正系数　kg

项目	产次						
	一	二	三	四	五	六	七
头数	50	21	23	43	25	31	20
305 d 产乳量	3 876	4 632	4 931	5 187	5 458	5 689	5 406
校正系数	1.000						

表 35-2　种公牛配偶及女儿产乳性能比较　kg

公牛号	母女对数	配偶 305 d 产乳量			女儿 305 d 产乳量			母女差
		产次	产乳量	校正成第一泌乳期乳量	产次	产乳量	校正成第一泌乳期乳量	
407	4	4	5 002		1	3 870		
		4	5 238		1	4 298		
		4	5 876		1	4 842		
		5	5 974		2	5 003		
				配偶平均产乳量＝			女儿平均产乳量＝	
408	4	5	5 673		2	4 246		
		4	5 281		1	4 003		
		5	5 554		2	4 308		
		4	5 389		1	4 112		
				配偶平均产乳量＝			女儿平均产乳量＝	

续表 35-2

公牛号	母女对数	配偶 305 d 产乳量			女儿 305 d 产乳量			母女差
		产次	产乳量	校正成第一泌乳期乳量	产次	产乳量	校正成第一泌乳期乳量	
409	8	4	5 431		1	4 436		
		4	5 321		1	4 184		
		5	5 164		2	4 003		
		5	5 578		2	4 739		
		4	5 214		1	4 361		
		5	5 637		2	4 722		
		4	5 710		1	4 836		
		5	5 427		2	4 724		
		配偶平均产乳量＝			女儿平均产乳量＝			
410	11	5	5 221		2	4 001		
		4	5 002		1	4 021		
		4	5 466		1	4 738		
		5	5 179		2	4 265		
		4	5 821		1	4 639		
		4	5 300		1	4 501		
		4	5 412		1	4 512		
		5	5 433		2	4 198		
		4	5 117		1	4 231		
		4	5 115		1	4 099		
		5	5 436		2	4 463		
		配偶平均产乳量＝			女儿平均产乳量＝			

表 35-3　××乳牛场 802 号公牛的后裔测定　　kg

乳牛场	802 号公牛女儿		同场其他公牛女儿		$d=M_x-M$	$W=\frac{N_x\times N}{N_x+N}$	dW
	头数 N_x	平均产乳量 M_x	头数 N	平均产乳量 M			
2011 年 1～3 月产犊者							
甲	3	3 678	2	3 617			
乙	1	3 427	2	3 473			
丙	2	3 512	6	3 501			
丁	3	3 733	4	3 668			
2011 年 4～6 月产犊者							
甲	2	3 841	3	3 789			
乙	4	3 379	1	3 360			
丁	4	3 476	2	3 428			
戊	1	3 685	4	3 652			
2011 年 8～10 月产犊者							
丙	1	3 525	3	3 549			
丁	3	3 382	5	3 307			
总计 $\sum$						$\sum W$	$\sum dW=$

六、注意事项

1. 在实验前要求学生系统复习有关的理论知识内容，以便于更好地理解和掌握公牛的后裔测定的操作方法

2. 种公牛的后裔测定是一项复杂的技术工作，所以在测定前应系统学习和掌握其原理与操作方法。

3. 学习应用计算机处理数据资料技术，进行公牛的后裔测定工作。

七、实验结果

记录实验数据结果，为种公牛的评价与应用提供重要的数据资料。

八、讨论与作业

(一)讨论题

奶牛种公牛的后裔测定需要哪些必要的记录资料？如何进行操作？

(二)作业

1. 用母女比较法进行407号、408号、409号、410号种公牛后裔测定的报告。

各产次305 d平均产乳量校正系数 kg

项目	产次						
	一	二	三	四	五	六	七
头数							
305 d产乳量							
校正系数							

种公牛配偶及其女儿产乳性能比较 kg

公牛号	母女对数	配偶305 d产乳量			女儿305 d产乳量			母女差
		产次	产乳量	校正成第一泌乳期产乳量	产次	产乳量	校正成第一泌乳期产乳量	
				配偶平均产乳量＝			女儿平均产乳量＝	
				配偶平均产乳量＝			女儿平均产乳量＝	
				配偶平均产乳量＝			女儿平均产乳量＝	
				配偶平均产乳量＝			女儿平均产乳量＝	

填写人：

2.用同期同龄女儿比较法进行××乳牛场802号种公牛后裔测定报告。

乳牛场　　号公牛的后裔测定

kg

乳牛场	802号公牛的女儿		同场其他公牛的女儿		$d=M_x-M$	$W=\frac{N_x \times N}{N_x+N}$	dW
	头数 N_x	平均产乳量 M_x	头数 N	平均产乳量 M			
年　月至　年　月产犊者							
年　月至　年　月产犊者							
年　月至　年　月产犊者							
总计 $\sum$						$\sum W$	$\sum dW$

填写人：

九、生产应用

1.××乳牛场101号、102号、103号及104号种公牛的后裔测定

(1)计算校正系数：以第一泌乳期305 d产乳量为1，计算出各产次的校正系数。例如下表中第二产次的校正系数为3 543.8÷3 907.17=0.907，其余类推。

各产次305 d平均产乳量及校正系数

kg

项　目	产次						
	一	二	三	四	五	六	七
头数	41	17	17	42	21	19	12
305 d产乳量	3 543.80	3 907.17	4 413.20	4 555.01	4 854.52	4 274.79	4 413.20
校正系数	1.000	0.907	0.803	0.778	0.730	0.829	0.803

(2)根据被测公牛配偶及女儿(成对母女)的产次,应用上项校正系数,将其 305 d 产乳量校正成第一泌乳期产乳量。并分别计算各公牛配偶及女儿的平均产乳量和母女差。

(3)分析:四头种公牛的母女差均为正值说明公牛的品质均好,但以 102 号和 101 号公牛最优,103 号公牛又比 104 公牛好。

成对母女生产乳性能比较

kg

公牛号	母女对数	配偶305 d产乳量			女儿305 d产乳量			母女差
		产次	产乳量	校正成第一泌乳期乳量	产次	产乳量	校正成第一泌乳期乳量	
101	3	4	5 024	3 908.7	1	4 416	4 416	
		4	5 178	4 028.5	1	4 602	4 602	
		5	5 001	3 650.7	2	4 324	3 921.9	
		配偶平均产乳量=3 862.6			女儿平均产乳量=4 313.3			450.7
102	4	5	4 902	3 578.5	2	4 502	4 083.3	
		4	4 876	3 793.5	1	4 240	4 240	
		5	5 021	3 665.3	2	4 630	4 199.4	
		4	4 987	3 879.9	1	4 370	4 370	
		配偶平均产乳量=3 729.3			女儿平均产乳量=4 223.2			493.9
103	8	3	4 890	3 926.7	1	4 003	4 003.0	
		5	4 980	3 635.4	2	4 217	3 824.8	
		4	5 100	3 967.8	1	4 201	4 201.0	
		5	4 975	3 631.8	2	4 008	3 635.3	
		4	5 212	4 054.9	1	4 161	4 161.0	
		4	5 054	3 932.0	1	4 324	4 324.0	
		5	5 012	3 658.8	2	4 006	3 633.4	
		5	4 979	3 634.7	2	4 214	3 822.1	
		配偶平均产乳量=3 805.3			女儿平均产乳量=3 950.6			145.3
104	11	4	5 862	4 560.6	1	4 132	4 132.0	
		4	4 998	3 888.4	1	4 200	4 200.0	
		5	5 623	4 104.8	2	4 500	4 081.5	
		4	5 421	4 217.5	1	4 038	4 038.0	
		5	4 969	3 627.4	2	4 104	4 722.3	
		5	5 038	3 677.7	2	4 217	3 824.8	
		3	5 263	4 226.2	1	4 136	4 136.0	
		4	5 144	4 002.0	1	4 008	4 008.0	
		5	5 367	3 917.9	2	4 222	3 829.4	
		4	5 552	4 319.5	1	4 579	4 579.0	
		5	5 941	4 336.9	2	4 932	4 473.3	
		配偶平均产乳量=4 079.9			女儿平均产乳量=4 093.1			13.2

2. ××乳牛场 801 号公牛的后裔测定

kg

乳牛场	802 号公牛的女儿		同场其他公牛的女儿		$d=Mx-M$	$W=\frac{Nx\times N}{Nx+N}$	dW
	头数 Nx	平均产乳量 Mx	头数 N	平均产乳量 M			
2011 年 12 月至 2012 年 2 月产犊者							
甲	2	3 500	2	3 420	+80	1.0	+80.0
乙	2	3 712	1	3 681	+31	0.7	+21.7
丙	4	3 497	5	3 516	−19	2.2	−41.8
丁	3	3 523	6	3 418	+105	2.0	+210.0
2012 年 3～5 月产犊者							
甲	1	3 260	1	3 227	+33	0.5	+16.5
丙	3	3 368	2	3 344	+24	1.2	+28.8
戊	2	3 911	4	3 876	+35	1.3	+45.5
2012 年 6～8 月产犊者							
乙	2	3 231	3	3 215	+16	1.2	+19.2
丁	1	3 495	2	3 489	+ 6	0.7	+ 4.2
总计 $\sum$						$\sum W=$ 10.8	$\sum dW=$ 384.1

由上表得出 $DW=384.1\div10.8=35.6$

如本地区鉴定标准中第一泌乳期二等牛为 3 000kg。则 801 号公牛后裔测定的相对值为(35.6+3 000)÷3 000×100%=101.19%(相对值超过 100%以上者，为良种公牛，超得越多，说明该公牛越好)。

参考文献：

[1]黑龙江省畜牧兽医学校.养牛学实习指导.北京:农业出版社,1981.
[2]周贵,王永军.牛生产学.长春:吉林科学技术出版社,2007.
[3]朱冬发.遗传与育种学实验指导.北京:科学出版社,2011.
[4]张勤.动物遗传育种中的计算方法.北京:科学出版社,2007.

第十篇 牛场建设与经营管理

实验三十六 肉牛场的规划与建设

一、实验目的和要求

使学生了解肉牛场规划与建设的重要性和基本原理，借助家畜环境卫生学、养牛学、建筑学等方面理论和知识，学习制订肉牛场的规划，参加实施肉牛场的建设，完善养牛学各个生产实践环节，并在生产实践中进行验证，以便形成整体的实践教学观。

二、实验原理

按照生物安全性选址，按照生产过程专业化要求规划各类牛舍，按照生产过程的相应顺序组成流水线式生产工艺，按照总出栏量、分批出栏量、工艺参数确定各类牛舍和总存栏量，按照各类牛体尺体重指数确定各类牛头均占舍面积，按照产品安全性、动物福利、肉牛生理特性等全盘考虑和设计肉牛舍，在前面各项基础上，按照生产效率及利润最大化、前瞻性等进行肉牛场的规划与建设。

三、实验器材与材料

施工图、示意图、各种建筑器械等。

四、实验内容

1. 牛场选址。
2. 场区内布局。
3. 牛场建设。
4. 牛场公共设施的配套。

五、方法和步骤

(一)肉牛场规划

1. 肉牛场场址选择

(1)自然条件　肉牛场应选择在地势高燥、平坦或稍有坡度、向阳、通风的地方，地形为长方形或正方形的宽阔地带、地势不太复杂的地方，以便于各类建筑物的科学布局和合理配置。场区内水源充足，水质符合国家饮用水标准，同时取用方便，其土质以沙壤土最为理想。

(2)社会条件　肉牛场应选择距居民点、学校、医院的主导风向的下风向或侧风向1 000 m以外，距干线公路、铁路1 000 m以上，交通便利、距村镇电网较近，电力资源供应充分且架取方便，周围3 km以内无大型化工厂、矿厂、肉品加工厂、屠宰场、皮革加工厂、造纸厂、炼焦厂或其他畜牧场污染源。

肉牛场不能选择在风景名胜区、水源保护区、自然保护区的核心区和缓冲区、文化教育科学研究区等人口集中区域。

(3)其他资源　肉牛养殖属劳动相对密集型产业，肉牛场要求周边特定劳动力等资源充足；肉牛养殖饲草消耗量大，要求周边饲草、饲料资源丰富，且运送方便，饲草供应半径应在5 km内。

2.场地规划

牛场的场地规划应本着整齐紧凑、科学合理，利于生产管理、便于防疫安全和结合长远规划为目标。

(1)分区　肉牛养殖场内根据地势和主风方向分生活管理区、辅助生产区、生产区和粪污及隔离区四大部分。内设有净道和污道，应有一定的绿化面积，建立绿化带，美化和改善肉牛养殖场的环境，降低噪声，减轻污染。

①生活管理区　包括门卫(值班室)、办公室、技术培训室、饲养员宿舍等，位于上风向。

②辅助生产区　包括饲料加工间、饲料原料及成品库、青贮窖、干草棚、晒场、配电室及水泵房等，位于生活管理区的下或侧风向。

③生产区　包括育肥牛舍、消毒更衣室和车辆消毒池等，位于生活管理区和辅助生产区的下风向。

④粪污及隔离区　包括粪污处理场所、兽医室、病畜隔离圈舍等，位于全场最下风向，并与生产区相距50 m以上的距离。

⑤肉牛养殖场外周边及场内各区之间应设置绿篱带等，用以分割场内各功能区、防火以及改善小区环境等。

(2)布局　牛场建筑物应以功能分类，同类尽量集中在一起；同类建筑应本着在生物安全性、防火、采光、通风前提下，能满足肉牛生理特性，建筑物应美观整齐；不同类之间应在功能关系上建立最佳联系；净道、污道必须分开设置。

①牛舍布局　牛舍走向应把防暑(或防寒)、防潮、采光等因素综合考虑，同时结合主方向和地势。

东西走向牛舍便于阳面采光，但阴面不能采光，对日粮中维生素D的需求量增加，且可能生长发育不均匀；南北走向牛舍虽然可以全部采光，但只能是半天采光，两者都可以在屋顶采用阳光板补偿采光，采光充足时不仅节省维生素D，还可以使牛舍干燥，减少体表寄生虫病的发病率，但会加大夏季防暑难度。

由于肉牛不挤奶，考虑到饲喂便利，肉牛舍一般设计为双列对头式；一般按照性别、年龄、体重大小分群分舍，所以饲槽都设计为统槽，不是单槽，这样可利用竟食性增加采食量；由于一般选择公牛进行育肥，所以牛床坡度一般比较大，便于尿液排走。

②其他布局要求　各类建筑物设计时应充分考虑适应机械化操作要求，譬如使用TMR、机械清粪设备时对饲喂与清粪通道宽度的要求，青贮窖使用青贮取料机对出入口及出入坡度要求，饲料原料贮存间对车辆出入库房的要求等。

青贮窖、干草棚、饲料加工间应设在场门(生产区场门)附近，同时考虑取用方便，距离牛舍较近。

隔离圈舍距离生产区最少不少于 50 m 直线距离。

3. 肉牛场建设

(1)牛舍建筑结构要求

①地基和墙基　地基应为坚实的土层，具有足够的强度和稳定性，压缩性和膨胀性小，抗冲刷力强，地下水位 2 m 以下，无侵蚀作用。墙基指墙埋入土层的部分，是墙的延续，墙基要坚实、牢固、防潮、防冻、防腐蚀，比墙体宽 10～15 cm。

②墙体　按墙体的封闭程度分为封闭式、半开放式、开放式和棚舍式。墙体一般用普通砖和砂浆修建，厚度为 24～36 cm，要设 0.5～1.0 m 的墙裙，墙根地面向外有 0.5 m 的滴水板，适当向外斜。

③地面　地面有土地面、立砖地面、水泥地面、石头地面等。土地面不易清粪，不便消毒；立砖地面保温性能优于水泥，但不如水泥结实，宜作犊牛舍地面；水泥和石头地面结实耐用，便于消毒和冲洗，但保温性能差，地面有水时不防滑。成年牛舍一般常用水泥地面，用水泥地面要压上防滑纹，以免滑倒，引起不必要的经济损失。

④屋顶　屋顶具有防雨雪、防风吹日晒的功能，一般采用木架或钢木结构，之上可用作物秸秆(如高粱秆)、荆条、芦苇等编织成帘状，也可用木板等固定于檩条或椽子上，再铺上瓦。彩钢顶是近年来大型规模性牛场普遍采用的屋顶结构，具有美观、对屋顶支撑结构要求低、结实耐用、保温等优点，只是造价稍高。

就屋顶性状看，有钟楼式、半钟楼式及普通屋顶等，还可以分为单坡式和双坡式等。钟楼式可增加通风换气、采光能力，提高防暑效果，适合于高温高湿地区，东西走向牛舍采用半钟楼式时，可增加牛舍阴面采光能力，普通屋顶便于防寒保温。

⑤门洞　依机械化饲喂程度不同而定，人工饲喂时，繁殖母牛舍、育肥牛舍宽 1.80～2.00 m，高 2.00～2.20 m；犊牛舍、架子牛舍宽 1.40～1.60 m，高 2.00～2.20 m；使用 TMR 时宽度为 3.50～4.50 m，高度在 2.8～3.0 m。

⑥窗户　规格、数目因防暑、防寒的要求，结合采光系数而异，一般宽为 1.50～2.00 m，高 2.00～2.40 m，采光系数为 1∶(10～16)，窗户距地面 1.20～1.40 m。

⑦高度　因牛舍类型、地区气温而异，双坡式为 3.0～3.5 m，单坡式 2.5～2.8 m，钟楼式稍高点，棚舍式略低些。

(2)牛舍内部结构

①建设面积　每头肉牛所占牛舍的面积 4.5～6.8 m^2，运动场面积 4.0～6.0 m^2。

②饲喂通道地面　牛舍饲喂通道是用于饲喂的专用通道，贯穿牛舍中轴线，宽度因饲喂方式而定，人工饲喂和使用 TMR 时宽度分别为 1.2～1.6 m 和 3.5～4.5 m。其地面应高出舍外地面 0.20～0.30 m，出入口处应用坡道相连接，便于 TMR 使用。

③牛床　牛床应具有保温、防滑、坚固耐用、易于清洁消毒和排污方便的特点。牛床长度为 1.6～2.0 m，宽度 0.85～1.4 m，坡度 1.5%～2.0%。

④饲槽　饲槽位于牛床前，通常为通槽，饲槽长度与牛床宽度一致，饲槽底部应高于牛床 0.1～0.3 m。应保持坚实、光滑，人工饲喂时，槽底为圆弧形便于牛采食而不剩草料；当使用 TMR 时为便于机械清理剩余日粮，槽底以平面为宜，槽宽 0.50 m 左右。

人工饲喂时，槽底固定颈链，拴系牛；便于 TMR 使用，则采用自动颈枷。

⑤粪尿沟　位于牛床后部与清粪通道之间，人工清粪时，粪尿沟宽度 0.33 m，沟深 0.10～

0.20 m，按照1.5%～2.0%的坡度向排水口倾斜，机械清粪时，粪尿沟为平面结构，便于使用机械。

⑥运动场　运动场上配置凉棚、水槽、补饲槽和刷拭设备。

(3)公共设施

①供水　肉牛场的用水量包括生产用水(牛饮水、加工饲料用水等)、生活用水、灌溉和消防用水等。肉牛水的需要量按照干物质采食量的3～5倍计算，但夏天还会增加，一般每头每日平均按40～50 L计算；人的生活用水按每人每日40～60 L计算。

②供电　肉牛场供电设施必须专线专用，变压器容量应高出全场满负荷运转时的最大电力设施设备容量。

③消毒池　消毒池设在肉牛场大门口及生产区进口处，池内用麻袋片或棕垫制成消毒垫，其宽度应宽于一般的车辆宽，为2.5 m以上，略窄于大门，避免其他人或自行车从消毒池旁边通过；其长度以使车辆的轮子在里面旋转一圈以上为宜；深度一般为15 cm，纵向池沿采用15°坡度，消毒池避免过深且同时过陡。

消毒室是为外来人员进入生产区消毒使用的，一般为串联的两个房间，各5～10 m^2，其中一个为消毒室，内设洗手池、消毒池、喷雾消毒设施，并安装有紫外线灯，另一个为更衣室。外来人员在更衣室换上罩衣、鞋套等后进入。

④场区道路硬化与绿化　必须设净道与污道，主道硬化，宽度在6 m以上，承重10 t以上，其他道在4 m左右，道路旁应绿化。

肉牛场的周边及场内应设置林带，用以分割区界及区内各功能区、防火以及改善场区环境等。

⑤隔离室　隔离牛舍为外购牛入场后隔离或本场已发现的、可疑为传染病的病牛，应选择在生产区下风向、50 m以外地方。

六、注意事项

1. 要统筹兼顾牛场的建设和牛场经营，在有限的资金范围内合理地使用，避免建设规模偏大，使经营管理的运行资金偏小而影响牛场的正常运作。

2. 牛场建设坚持长远规划、分期分阶段建设的原则，随着牛群规模的逐渐扩大，而实施第二期和第三期牛场建设工程，提高资金的周转利用率。

3. 根据牛群的结构特点，科学合理地分配各类牛舍的建筑。

七、实验结果

根据实验内容，记录，分析实验结果。

八、讨论与作业

1. 讨论题

肉牛场的育肥牛舍是否配置运动场？如果配置，其头均面积多少较为合适？其优缺点各是什么？

2. 作业

如果年出栏1 000头育肥牛，且育肥牛源全部来自于本场，各类牛的存栏数是多少？(假设育肥牛的平均日增重为 1.0 kg，出栏体重 600 kg，繁殖母牛的年繁殖率为 95%，犊牛成活率 95%，犊牛 6 月龄断奶体重为 220 kg。）

九、生产应用

肉牛场的规划与建设是开始进行肉牛生产的第一项重要的综合性和系统性工作。首先需要全面考量肉牛场的建设目标，投资规模，发展前景，市场状况，建设规模，建设地点的自然、地理、气候等自然环境状况，饲料资源情况，建筑材料资源和建设成本投资能力，牛场的选址，场区内布局，牛舍及生产配套建筑设施和大型生产设备规划，牛场建设工程进度等。

本课需要学生学习和了解国家农业行业标准，《无公害食品　肉牛生产技术规范》，《牛肉质量检验和卫生管理技术规范》，《无公害食品　肉牛饲养饲料使用准则》。作为一门重要的实践性课程，需要任课教师在实验课中根据肉牛场规划建设的实际案例，具体讲解、说明与分析。

参考文献：

[1]黄应祥. 肉牛无公害综合饲养技术. 北京：中国农业出版社，2003.

[2]周贵，王永军. 牛生产学. 长春：吉林科学技术出版社，2007.

[3]莫放. 牛生产学. 2 版. 北京：中国农业大学出版社，2010.

实验三十七　奶牛场建设规划设计与成本预算

一、实验目的和要求

（一）实验目的

1. 奶牛场的总体规划及牛舍建筑设计是牛场建设经营必不可少的环节，熟悉规划原则，规划符合实际需求的牛场建设与布局。

2. 成本计算内容综合、复杂，涉及的数据较多，要付出较多的时间和精力。可使学生体验牛场经营、学习预算方法。

（二）实验要求

1. 通过参观考察奶牛场和查找相关资料，进行实际设计，掌握奶牛场的总体规划及牛舍建筑设计。

2. 了解牛场经营各项支出及市场行情，熟悉牛场布局原则及工作流程，熟练制作 PPT，并力求做得漂亮。

3. 了解不同饲养规模、牛场布局、人员配备情况、工资数额、周转计划、生产经营模式制定方法，并设计自己的牛场经营计划，进行成本预算、预期利润估算。

4. 熟悉成本核算与预测计算方法，对自己设计的牛场进行成本预算。

二、实验原理

按照生物安全性选址规划牛场布局，保证奶牛及其产品安全；按照生产过程专业化要求规划各类牛舍，按照生产过程的相应顺序组成流水线式生产工艺，为高效生产奠定基础；按照各类牛体尺体重指数确定各类牛头均占舍面积，为正常生长发育和动物福利提供保障。在前面各项基础上，按照生产效率及利润最大化、前瞻性等进行奶牛场的规划与建设。

在确定的饲养规模前提下，根据各类牛比例及饲料消耗定额，确定饲草料消耗量；根据奶牛场生产定额，确定人员配备；根据市场规律，确定资源配置；应用会计法原理对自己设计的牛场进行成本预算。

三、实验器材与材料

计算机、制图软件、投影机等多媒体设备，收集的图片，参观奶牛养殖场。

四、实验内容

1. 投资可行性调研，确定投资计划。

2. 奶牛场的规划布局与牛舍建筑设计。

(1)参观中小型奶牛场以了解奶牛场的规划布局以及了解奶牛舍的建筑设计要求。

(2)由指导教师和技术员介绍牛场的场址选择、场区规划和平面布局的原则与要求，不同类型牛舍的建筑特点、规格、内部设施和牛舍建筑的基本技术要求。

(3)然后由学生分组讨论并根据给出的条件设计一个奶牛场，包括奶牛场的规划布局和牛舍的建筑结构及牛场的附属设施等。

(4)设计一个年饲养 500～600 头的奶牛场；要求设计科学，布局适宜，结构合理，经济耐用，具有推广使用的价值。

3. 进行成本预算与投资收益计算。

五、方法和步骤

教师提前 1 周布置作业，学生分组，每组 3～5 人，精心准备设计牛场及各项成本预算讨论，并制作 PPT；

学生上讲台讲述自己设计规划牛场的预算，在大家提问讨论后，对不合理部分老师同学讨论指出，共同使方案完美并将设计与预算进一步完善，主要内容有品种选择、场所选择、养殖方式、经营模式、日常管理、人员配备、成本预算、预期利润、效益，大家讨论其真实可行性，并共同补充完善。

(一)投资规模与计划的拟定

1. 市场前期考察

需要深入其他奶牛场、牛奶市场，了解具体情况，熟悉犊牛、育成牛、青年母牛的市场行情与价格，选择价格略高的高产奶牛，最好来自大型牛场，检疫合格、品种质量与性能可靠。了解消费习惯与市场需求情况、近几年的销售价格、市场前景等，并对市场有一定的预见性。

2. 投资资金

资金是经营的保障，合理计算收支，保障资金周转，才能有充足必备的资金经营生产，才能确切预测利润，奶牛资金的回报率比较低，投资回收的周期长，投资要量力而行。

3. 场址选取与场房建设

场址宜选择在地势高燥、地形好、地域开阔、背风向阳、土质松软、具有合理有利生态条件、交通方面要离主干道 200 m 以上、无工业污染、无噪声、土地成本低、透水性强的地区，有符合卫生要求的水源，保证生产生活及人畜饮水。场址还应综合考虑运输、与周边环境的交叉污染、地方农林牧业发展规划、城市建设发展规划等影响因素。

场房建设以经济适用又保证质量为准则，为牛只生长提供舒适环境，注意风向、地势、通风、隔热、保暖、阳光朝向、满足防疫要求。

4. 养殖模式、经营模式

可选用家庭养殖户、专业养殖小区、规模化养殖等模式，依其奶牛存栏量、单产水平、生产、加工、技术服务，饲养模式由粗放型向规模、由散户正逐渐通过养殖小区和家庭牧场等过渡模式，并向集约型养殖场方向发展。

5. 牛群和饲料

牛群是奶牛生产的根基，牛群周转计划合理，则母牛群的内部结构合理，保障生产经营的良性发展。

饲料是养牛生产的基础，实施饲料计划，是安排饲料生产、组织饲料采购的依据。规模较大的牛场，除年度计划外，应分别按季节或按月份制订饲料计划(参见实验三十)。

6. 人员和技术

挤奶、养殖人员合理配备，使生产经营有序进行，定期体检，保障人畜安全。员工责任感至关重要，可对本职工作中，日常的生产情况，掌握与处理，技术人员对疾病预防、控制及牛的发病率做好技术工作，将使牛群健康生产。合理的人员组成、工资待遇是员工积极工作的前提条件。

(二)规划设计

规划设计主要有土地使用、房屋布局与建设、牛舍内结构。在奶牛场布局的整体设计时，应将近期规划与长远规划结合起来，根据奶牛的饲养工艺要求，结合场地的地形、地势、交通运输条件，合理利用现有条件。

1. 奶牛场布局的整体设计原则

奶牛场特别是工厂化奶牛场(大中型)，在进行牛场布局时应按以下原则：

(1)因安全、防疫、消毒要求，奶牛场四周设围墙；在整体布局上至少将奶牛场划分为生产区、行政管理区和生活区三大功能区。通常按比率布局，如道路系数为 8%～10%，绿化系数为 30%～35%，建筑系数为 20%～25%，运动场地以及其他用地占 35%～40%。各区之间既相对独立，又有联系；生产区是整个奶牛场的核心，规划、布局应予全面考虑。

(2)生活管理区与生产区间应再设区内防疫区，出入口设值班室、人员更衣消毒室，车辆消毒应满足防疫消毒要求。生活管理区应在生产场区的上风、高燥处，保证 50 m 以上距离，并设置绿化隔离带。

(3)生产区主要包括牛舍、挤奶厅、人工授精室等生产性建筑，应在场区相对上风位置，其他应设在场区的下风位置 。

(4)奶牛场建筑物之间的距离，奶牛场建筑物的防火间距和卫生间距均为 30 m。

(5)场区内道路分净道和污道，两者严格分开，不得交叉混用。

(6)粪污处理区、粪尿污水处理区、病畜隔离区应有单独通道，便于病牛隔离、消毒和污物处理，应布置在场区的下风、较低处，病畜隔离区主要包括兽医室、隔离牛舍、病死牛处理及贮粪场，与生产区保持 300 m 以上的间距。

2. 奶牛场布局平面

根据奶牛场规划，搞好场区布局，可改善场区环境，科学组织生产，提高劳动生产率。按存栏 600 头母牛规模规划的平面布局见图 37-1。

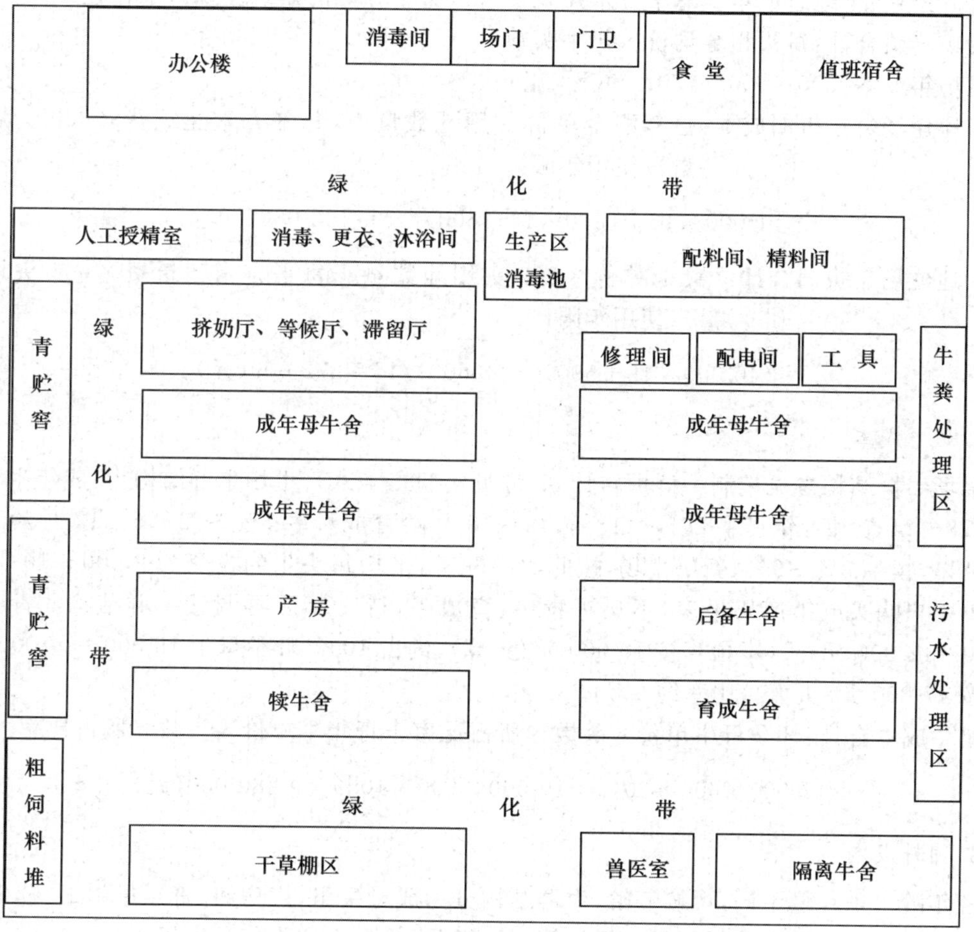

图 37-1　存栏 600 头母牛的奶牛场平面布局设计图

(三)投资预算

牛场投资预算可以分成 3 个不同的部分(以江西省 2013 年养牛行情进行预算)，依现有条件，包括投资资金、土地、房舍、经验、技术、人员、社会环境，因地制宜规划设计，按 600 头母牛规模计算。总成本，包括建筑物、设备以及奶牛等固定成本，包括死亡损失；牛场的饲料可变成本；牛场使用劳动力成本；管理费用和税费其他成本。生产经营收入，包括主产品收入各副产品收入。利润，包括超出饲料成本、折旧费、所有可变成本的收入。

1. 牛场建设固定资产费用

如在养殖小区租用则前期投入较少，可按租金 200 元/头计算；自建牛场，则要计算建设费用，这将是一笔大开支，包括土地成本，占地按每头 12 m^2 计算，600 头母牛，需要约 12 亩土地，如租用，租金每年 1 000 元/亩算，建场可采用装配式牛舍，造价为 300 元/m^2。如买地，偏远地区买地按 40 000 元/亩算，则是 480 000 元，牛场建设固定资产按 15 年折旧。

买地建场的费用：按每头 12 m^2 计算，600 头则为 7 200 m^2，每平方米建筑费估算为 500 元。

计算公式：土地总成本＋每平方米建筑费×每头牛分摊的建筑面积×牛存栏量。

租场养殖合计：每头租金均价×奶牛头数

租场年成本：200×600＝120 000(元/年)。

租地建场每年折旧成本：每年租金单价×用地数量＋(每平方米建筑费×600 头用地数量)/使用年限

$$1\,000\times12+(300\times12\times600)/15=156\,000(\text{元})$$

买地建场年折旧合计：(买地单价×600 头用地数量＋每平方米建筑费×600 头用地数量)/使用年限

$$(40\,000\times12+500\times12\times600)/15=272\,000(\text{元})$$

2. 奶牛成本

牛场牛群结构参见编制牛群周转计划(详见实验二十八)，牛场牛群结构为：成年牛58%～65%，18～24 个月青年母牛 16%～18%，12～18 月龄育成母牛 6%～7%，6～12 月龄育成牛 7%～8%，犊牛 8%～9%；新奶牛场，按此比率配备，平均每头牛的投资为 8 000～10 000 元，通常养殖户购买成年产奶牛多，不购买犊牛、育成牛，待 1 年后再调整牛群结构。青年母牛 10 000～12 000 元/头(本预算按 10 000 元/头算)，约占 10%，怀孕母牛 15 000～17 000 元(本预算按 17 000 元/头算)，比率约 90%。

奶牛成本合计：怀孕母牛单价×头数×所占比率＋青年牛单价×头数×所占比率。

$$17\,000\times600\times90\%+10\,000\times600\times10\%=9\,780\,000(\text{元})$$

3. 饲料成本

各年龄牛采食量不同，可按年龄、牛群结构分为成母牛组、产房组、青年母牛组、犊牛组，单个计算，最后汇总，本实验对新母牛场预算，仅计算成母牛组和青年母牛组。

(1)精饲料

混合精饲料年供应量＝(育成牛采食量×育成牛数量＋成年母牛产奶量/奶料系数比×成年母牛数量)×30×12

混合精料奶料系数比一般为 3，即每产 3 kg 奶增加 1 kg 精料，成年母牛日采食平均值估计为 7.5 kg/(头・d)，育成牛采食量估计为 3 kg，精料单价为 3 元/kg。

$$\text{年混合精饲料费}=3\times(7.5\times600\times90\%+3\times600\times10\%)\times30\times12=4\,568\,400(\text{元})$$

(2)青贮玉米　成年母牛采食量 15 kg/(头・d)，育成牛采食量 10 kg/(头・d)，犊牛采食量 3 kg/(头·d)(本预算省略),青贮玉米单价约 0.6 元/kg。

该牛场青贮玉米年成本＝青贮玉米单价×(成母牛日采食量×成母牛头数＋育成牛日采食量×育成牛头数)×30×12

＝0.6×(15×600×90%＋10×600×10%)×30×12＝1 879 200(元)

(3)干草　成年母牛采食量 5kg/(头·d),育成牛采食量 3 kg/(头·d),犊牛采食量 1.5 kg/(头·d)(本预算省略),干草年供应量计算方法同上,干草单价约 0.6 元/kg。

该牛场年干草成本＝干草单价×(成年牛日采食量×成母牛头数＋育成牛日采食量×育成牛头数)×30×12

0.6×(5×600×90%＋3×600×10%)×30×12＝622 080(元)

(4)酒糟等辅料　成年母牛采食量 10 kg/(头·d),育成牛采食量 6 kg/(头·d),酒糟等辅料单价为 0.4 元/kg。

该牛场年辅料成本＝酒糟单价×(成年牛日采食量×成母牛头数＋育成牛日采食量×育成牛头数)×30×12

0.4×(10×600×90%＋6×600×10%)×30×12＝829 440(元)

(5)青饲料　成年母牛采食量 15 kg/(头·d),育成牛采食量 10 kg/(头·d),犊牛采食量 5 kg/(头·d)(本预算省略)。

该牛场年青饲料成本＝青饲料单价×(成年牛日采食量×成母牛头数＋育成牛日采食量×育成牛头数)×30×12

0.15×(15×600×90%＋10×600×10%)×30×12＝469 800(元)

该牛场年总饲料成本:4 568 400＋1 879 200＋622 080＋829 440＋469 800＝8 368 920(元)

4.劳动力成本

可按现在工资行情、相应人工配备计算。按每 100 头配饲养员 4 人,挤奶员 1 人(挤奶工资可由挤奶公司付),每人月薪 3 000 元,技术员 1 人,月薪 6 000 元,600 头牛可配技术员 5 人,行政管理人员 6 人,平均月薪 2 500 元,600 头母牛场,技术、管理人员可适当减少,按 10 人计算,因很多牛奶公司配挤奶员去牧场工作,这份工资可不计,也可按每头牛每年人员工资费 250～300 元/(头·月)计算。

该牛场年总工资成本:每 100 头配工人数×6 ×月工资 ＋技术员人数×月工资＋管理人员×月工资×12

(4×3 000×6＋6 000×5＋6×2 500)×12＝1 404 000(元)

5.折旧费

按建设成本、固定资产和奶牛成本折旧,在实际工作中,也可事先规定折旧率、然后根据固定资产原值计算折旧额,或每年按一固定折旧值,如奶牛折旧可按 220 元/(头·年),建筑折旧按牛场年租金摊 200 元/(头·年),挤奶设备折旧一般是牛奶公司投资,可不计入成本,这项成本可塑性大,暂不计算。

计算公式为：

某项固定资产折旧率＝该固定资产年折旧额÷该固定资产原值×100％

某项固定资产年折旧额＝该固定资产原值×该固定资产折旧率

或每年基本折旧额＝(固定资产原值－残值＋清理费)÷使用年限

该牛场建设成本年折旧成本(按租金算)＝200×600＝120 000(元)

该牛场奶牛年折旧成本(按成本算)：(未死亡总奶牛原值－未死亡总淘汰牛价值)×成母牛数量×淘汰比率÷使用年限(按5年算)＋年死亡牛(估为2％)

该牛场奶牛成本年折旧总额：[17 000×600×(90％－2％)＋10 000×600×(10％－2％)－12 000×600×(100％－2％)]÷5＋(17 000×600×90％＋10 000×600×10％)×2％＝675 600(元)

6.其他费用

防疫灭菌费和人工授精费200元/(头·年)，水电费200元/(头·年)和物品费100元/(头·年)，环境社会综合费、税等100元/(头·年)，其他零散费用100元/(头·年)，合计700元/(头·年)。

其他费用年成本＝700×600＝420 000(元)

7.经营总收入

卖奶收入按牛奶单价4.4元/kg，年产5 000 kg计算；因新场，没有育成牛收入，淘汰牛也少，淘汰牛一般按15％计算，这里按场实际5％计算，可按每头12 000元计算(但已在折旧中扣除，可不计算)。牛犊收入要除去死亡率、流产率、受胎率等(均按5％计算)，牛粪收入按800元/(头·年)计算。

该牛场年牛奶收入：4.4×5 000×600×90％＝11 880 000(元)

该牛场年卖牛犊收入：1 000×600×90％×(1－5％－5％－5％)＝459 000(元)

该牛场年卖牛收入：12 000×600×90％×5％＝324 000(元)

该牛场卖粪收入：800×600＝480 000(元)

该牛场年总收入11 880 000＋459 000＋324 000＋480 000＝12 819 000(元)

8.年利润

该牛场年总收入－总成本

年利润＝牛奶＋卖牛犊＋卖牛收入＋卖粪－(饲料成本＋劳动力成本＋固定资产折旧费(按租金算)＋奶牛折旧＋年其他费用)

＝12 819 000－(8 368 920＋1 404 000＋120 000＋675 600＋420 000)＝1 830 480(元)

六、注意事项

规划设计要统筹全局并抓住细微之处，更要符合养殖条件与规模。利润预算要符合当地行情，任何收入、支出偏差，都可造成利润理想化或没利润。

七、实验结果

讨论分析已设计的实验结果可行性、与现实行情的差异性。

八、讨论与作业

1. 讨论题

试讨论和完善本实验中不太合理的设计和预算,并提出完善的理论、知识和技术依据。

2. 作业

按课程要求完成实验内容,完成和提交奶牛场建设规划设计与成本预算方案。

九、生产应用

奶牛场建设规划设计与成本预算是一项复杂的综合性实验课程内容。首先需要学生学习和了解国家农业行业标准,《无公害食品 奶牛饲养管理准则》,《无公害食品 奶牛饲养饲料使用准则》,《无公害食品 生鲜牛乳生产技术规范》,农业部关于《乳品质量安全监督管理条例》和《生鲜牛乳生产技术规程》等国家标准。作为一门重要的实践性课程,需要任课教师在授课时根据奶牛场规划建设的实际案例,具体说明与讲解,使学生能够理解和掌握奶牛场建设规划设计与成本预算的原理与方法。

参考文献:

[1]李建国.现代奶牛生产.北京:中国农业大学出版社,2007.

[2]姜明明.牛羊生产与疾病防治.北京:化学工业出版社,2012.

[3]陈历俊.原料乳生产与质量控制.北京:中国轻工业出版社,2008.

[4]周元军.著图说奶牛高效饲养技术.北京:中国农业出版社,2003.

[5]权凯.奶牛健康高产养殖手册.郑州:河南科学技术出版社,2010.

[6]王恬,陈桂银.畜禽生产.北京:高等教育出版社,2002.

[7]宋连喜.牛生产学.北京:中国农业大学出版社,2007.

[8]曹玉凤,李秋凤.规模化生态肉牛养殖技术.北京:中国农业大学出版社,2013.

[9]张建中.肉牛生产实用技术.北京:化学工业出版社,2009.

[10]莫放.养牛生产学.北京:中国农业大学出版社,2003.

[11]丁洪涛.牛生产.北京:中国农业出版社,2008.

实验三十八 计算机技术在奶牛场生产管理中的应用

一、实验目的和要求

在奶牛生产中,信息数据量大,任务项目多,计算机的应用可为奶牛生产管理提供很大的方便,使得数据资料记录准确,可靠,及时,查询方便,自动计算,报表迅速,一目了然,可以打印文件。

本实验以美国 Herd-Pro 公司的 StocKeeper2000 为例进行演示。该软件可以到沈阳农业大学畜牧兽医学院(http://www.syau.edu.cn/xmsy/)的“资源下载”中获得(仅供教学使用）。本实验通过教学实验演示和操作，使学生了解计算机在奶牛生产管理中的作用原理，并熟悉相应软件的特点和应用方法。

二、实验原理

奶牛场应用计算机信息技术，配合专用软件可以对奶牛群状况和大量的生产信息进行储存、加工处理和应用。计算机生产管理信息系统包括奶牛生产信息库、育种管理库、生产管理库及规范化饲养库等子系统。其中，育种管理库设有奶牛系谱档案管理、配种记录、冻精使用记录、母牛产犊记录、核心群母牛胎次和产奶量登记等栏目；生产管理库设有牛群日记、产奶记录、饲料消耗记录、母牛体重、饲料消耗量、泌乳量等信息；规范化饲养库设有高产奶牛饲养管理规范、典型日粮配方等。

计算机奶牛生产管理系统设有生产预测模块，包括奶牛发展规模、牛群结构、产奶量等的预测；生产决策模块包括生产区划布局、牛群结构优化、牛群周转、牛群发展规模、饲料供给、经济分析等决策过程。

计算机系统可进行牛舍内环境监控、人事管理、账目管理等。应用计算机技术预测母牛的发情或分娩，记录各种发情期等繁殖生理数据，加速后裔测定、制订选种选配方案，提高生产性能。

奶牛场还可以通过计算机局部网或 Internet 网，获取国内外奶业动态和生产技术信息。

三、实验器材与材料

1. 实验器材：计算机，打印机，相应软件等。
2. 实验材料：奶牛场牛群分群，牛群繁殖，牛群周转，泌乳量等记录材料。

四、实验内容

1. 软件应用于今日任务。
2. 软件应用于系谱记载任务。
3. 软件应用于牛群间隔统计。
4. 软件应用于生产统计。
5. 软件应用于报表。
6. 软件应用于库存管理。
7. 软件应用于其他功能。

五、方法和步骤

（一）软件的安装

按软件指示步骤安装。

（二）学习 StocKeeper 软件的使用方法，进行奶牛场模拟管理实验

1. 软件的运行

如果是 Windows2000 以上操作系统，操作者应保证是管理员身份运行，否则将不能正常

运行。

2. 理解屏幕

"窗口"会根据您的选择—选项、列表和检测等，它们指导您打开相应的功能，不用自己进行任何计算，程序会经常组织、显示和更新数据。StocKeeper 会不断地检测所有动物的历史事件并根据其历史记录中的日期和项目显示相关的数据。

在屏幕左侧，会看到畜群列表，畜群列表显示奶牛场所有动物列表的畜群。而在屏幕右侧的屏幕会根据操作者从左侧畜群列表的选择决定所要显示的数据，如果选择一个群组，则显示群组概述标签页，如果选择单个动物，则所有该动物的数据显示在 8 个标签页上，所有这些仅仅只需鼠标单击即可。此外，对于群组比较、群组数据输入和所有报表的简单群组过滤也是可以的。

标记 2 表示的是 StocKeeper 所有的主菜单，用来提供存取程序所有的主要功能，当然，这些功能中的大部分可以直接在屏幕上存取。

标记 3 表示 StocKeeper 的工具条，工具条中包含所有重要和常用细节的快捷图标，可以安装您的喜好来编辑和定制它们(例如，在工具条的空白区域单击您的鼠标右键就会弹出自定义工具条窗口)。

标记 4 是数据标签窗口，在 StocKeeper 中最方便的界面就是数据标签界面。屏幕的大部分被标签屏幕占据。这些标签允许快速查找和/或编辑任何一头或一群动物的数据。

3. 工具条

工具条定位在屏幕顶部主菜单的下面，这个工具条类似于其他软件的工具条，它包含 StocKeeper 常用任务的快捷方式，也可以增加经常使用的报表的快捷方式。工具条可以通过在"查看"菜单中的"工具条"单击其选中标记来显示和隐藏它。工具条中的图标解释如下：

标记 1　左和右箭头：该按钮从畜群列表中选择之前的动物或当前动物的下一个。

标记 2　增加和删除动物：动物身上有加号的用来增加动物，与从"畜群"菜单中选择"增加动物"相同。它会为要增加到数据库中的动物产生出生和购买事件窗口。

动物身上有减号的用来从数据库删除动物，与从"畜群"菜单中选择"删除动物"相同。这个容易与淘汰事件相混淆。"删除动物"是从数据库中永久删除该动物的所有数据，而"淘汰动物"仅仅是从畜群中删除，而它的记录保存到"淘汰群组"中，将来可以恢复，而并非从数据库中删除。

标记 3　畜群列表中树型查看和列表查看：这些图标用来以树型显示群组或区域以及用列表型显示单个动物列表间(没有群组和区域)进行切换。

标记 4　畜群列表群组和区域查看：这些图标用来在畜群列表查看中显示从群组或小组(三角箭头)的畜群列表和显示从圈舍和圈舍区域(上箭头)的畜群列表间进行切换。这些仅仅当处于树型显示模式时才能应用到畜群列表。

标记 5　三个图标分别表示显示或隐藏干奶牛、母牛和泌乳母牛，用于快速查看相应母牛。

标记 6　设定和删除过滤：用来设定和删除奶牛过滤条件，通过过滤，可以快速地了解符合要求的所有奶牛的情况。

标记 7　显示字段：显示字段图标(名字标签)允许改变动物在畜群列表中的缺省电脑 ID 标签，可以改变为包括畜舍名、耳标等的任意数字。

标记 8　语言选择:语言选择图标(旗子)允许切换到您所工作的语言中,这对于那些多语言牛场特别有用。

标记 9　查找:查找图标(放大镜)与"编辑"菜单中的查找菜单项相同,单击该图标会出现对话框,用来查找动物的名字和号码。

标记 10　自定义报表:用来制作符合自己要求的报表。

标记 11　选项:该图标打开 StocKeeper 选项窗口,您可以在 StocKeeper 中编辑各种设置。

标记 12　报表选项:该图标会打开报表选项屏幕,您可以改变单个报表的设置。

上面的所有工具条都可以根据自己的喜好进行重新设定,设定方法也很简单,通过主菜单上的"查看",然后选择"自定义工具条";也可以通过鼠标右键单击工具条上的空白区域的方法增加和删除工具条的快捷图标。两种方法都会产生自定义工具条窗口,左侧列表包含可用工具的列表,右侧列表包含您当前显示在工具条上的图标列表,在两个列表间的箭头允许从可用的工具条上移动图标,右侧箭头允许改变工具条上图标的顺序。

4. 数据标签窗口

在 StocKeeper 中最常用的就是数据标签窗口,这个窗口出现的标签会因畜群列表中的不同选择而发生改变。如果选择整个畜群,则出现畜群概述标签、群组概述标签、今日任务标签和事件标签、产奶数据标签;如果您选择一个群组或区域,则出现群组概述标签、事件标签和产奶数据标签;如果选择动物个体,则概述标签会消失,而出现当前状态标签、系谱树标签、间隔统计标签、生产统计标签、事件标签、产奶数据标签、泌乳曲线标签和图片标签。

(1)群组概述标签　群组概述标签是默认打开的界面。当该程序载入数据时,从畜群动物列表中选择畜群群组,并为整个畜群生成"群组概述标签"。群组概述标签给出现在选中的群组(或畜群)的概述,包括产奶、干奶动物的数量、不足 1 岁龄动物的数量和淘汰牛的数量。也显示出现在这个群组中的动物的群组,小组,区域,小区。得出群组的平均年龄,平均日产奶量(从产犊),刚泌乳时的平均年龄和平均泌乳量。这个标签页只有该畜群或群组从动物列表树中选中时才可见。

(2)生产概述标签　生产概述标签显示从畜群列表中选中的群组的检测日期的平均值(选中的检测日期),畜群的平均值波动和淘汰概况。这些信息是指定的检测日期的。如果选中了其他的检测日期或群组,那么生产概述标签显示的是新的检测日期和/或群组的信息。生产概述标签只有当一个群组或畜群从畜群列表中选中时才可见。

(3)今日任务标签　今日任务标签是 StocKeeper 非常有特色的一个标签,该标签生成一个 48 小时内的任务/查看报表(管理列表),它以清单的形式列出当天要完成的任务。每次启动该程序时都查看一下该标签页是一个好的习惯,这个标签只有当整个畜群或一个群组或小组(或者区域或小区)被选定时才可见,而当奶牛个体被选定时这个标签不会出现。正常的任务/查看报表将使用你在选项界面保存的间隔值(默认为 30 d)。

(4)当前状态标签　这个标签页只有当从动物列表中选择单独的动物时才可见。另外,所有以背景颜色显示的字段都不可以更改(如淘汰日期、活动状态等),而白色的字段可以直接在这一页中编辑。如果更改了这一页的某项,点击"应用"以便将这些更改保存到数据库中。

(5)系谱树标签　跟上面的一样,系谱树标签只有当单独的动物在畜群列表中选中时才可见。这个标签显示该动物的当前系谱信息,包括父亲和母亲,祖父和祖母。如果数据库中有后代的信息，也会列出。列出的其他信息包括年龄，出生日期，品种购买日期和价格。也列出知道的该动物的任何一个同胞。所有以背景颜色显示的字段都不可以更改，但是那些以白色字段显示的可以在这个界面直接编辑。更改后，单击“应用”将这些信息保存到数据库中去。

(6)间隔统计标签　间隔统计标签只有当某个动物个体从动物列表中选中时可见，显示该动物的时间跨越信息。总结出重要日期之间的天数或从某一事件到当前日期的天数。这些间隔用于日常管理决策。它也列出关于当前和以前哺乳期的重要日期。

(7)生产统计标签　生产统计标签只有当动物个体从动物列表中被选定时才可见。在这里，所有关于该动物的生产统计信息被总结出来。所有最近检测日期的信息都在“当前产奶数据”的框中。

(8)事件数据标签　不管是选择奶牛个体还是群体，事件数据标签都会出现。这是 StocKeeper 中最重要的界面之一。事件数据标签有两个重要的功能：①显示选中的个体的全部事件历史记录(如果在一个群组中该标签空着，则是部分历史记录)；②完成常规数据输入和历史记录更新。

这些可以是一个单独的动物，或整个选中的群组。查看事件历史记录是看一个动物个体所有存储的数据的一个快速方法。可以选择任何一个在左边的列表中输入的事件，并在右边查看该事件的细节。如果想编辑或删除这里的任何一条信息，在底部点击适当的按钮。

“事件数据标签”也是向动物或群组的记录中添加一个新的数据或事件的主要方式。当更新整个群组时，从畜群列表中选中多个动物或特定群组，选择“事件标签”及适当的事件。如果要编辑多个动物，并想将一个事件用于一个群组整体，你必须先在事件界面选择“全选”按钮。也可以按住“CTRL”键，从列出的动物或整个群组中选定任意动物个体。

(9)产奶数据标签　产奶数据标签有两个重要的功能：①显示选中动物的全部生产历史记录(对于群组，标签的历史部分保持空白)；②日常产奶数据的输入和编辑。数据输入可以对一个单个动物或一个选中的全部整体。

某选中动物的全部生产和哺乳期历史记录显示实际检测日期记录的数值，以及计算哺乳期和终生值。“总计”行在每一个哺乳期的最后显示，并根据干奶期，或当前哺乳期，或今日数据给出最终的估计值。如果要手工输入产奶数据(相对于直接从 DHI 和/或挤奶系统输入)，需要从这一界面选择“输入检测数据”，进入“生产事件”界面，在这里可以输入适当的信息(产奶量，脂肪，蛋白质，体细胞计数等)。如果购买了一头已经泌乳的奶牛时，“输入哺乳期数据”允许输入该动物过去哺乳期的信息。

如果想编辑已经存在的产奶数据，高亮显示该行，单击“编辑”。一个新的关于该检测日期的数据输入界面将会弹出。添加正确的信息，单击“应用”保存这些数据。

(10)泌乳曲线标签　不管是选择奶牛个体还是群体，“泌乳曲线”标签页都会显示。

如果选择了动物个体，将显示该动物当前的泌乳曲线。然后可以在下拉式菜单中的“选择显示曲线”选定一个，查看任何动物个体过去或当前的泌乳曲线。

如果选中了整个群组或泌乳期，将生成各种图表选项。可以选择绘制产奶、乳脂、乳蛋白、体细胞计数、泌乳期产奶量、泌乳期乳蛋白量、终生产奶量、终生脂肪量和终生蛋白量。这里，如果改变“动物数”框中的数值，则马上更改动物曲线数。可以用“向前”和“向后”按钮查看不同系列的动物。

这些图表根据所设置的参数来显示线图、条形图或散点图。在图表上的图表工具条上有很多用于图表显示的设计选项，通过这些选项可以更改图表比例，设置3D选项，更改标签和字体。通过哺乳期曲线工具条上的“属性”按钮（魔术棒图标）或在空白处右击，可以更改大多数的选项。更改X和Y轴值，可打开“属性窗口”，单击“坐标轴”标签，然后选择“详细资料”。

要打印泌乳期曲线，只需单击打印图标。提醒：可以用位于生产报表下的“泌乳期曲线报表”存取动物个体的哺乳期曲线。这一页报表显示饲养历史摘要、生产历史摘要、泌乳曲线、脂肪蛋白曲线和体细胞计数曲线。这个报表只对选中动物当前泌乳期有效。

(11)照片标签　只有当从畜群列表中选择了奶牛个体时，照片标签才可见。每头奶牛可以贴上两张照片。可识别的图片格式有BMP，JPG/JPEG和GIF文件（*.bmp，*.jpg or *.gif）。要想放置照片，点击文件名框右边的小按钮，将打开一个对话框，选择“浏览”在硬盘上找到所需的照片即可。

由于这些照片仅仅是超链接上的，而不是直接放置到数据库中去的，最好将所有的照片放到同一个文件夹中，建议最好将这个目录放到StocKeeper目录中。还有，最好给照片文件名约定一个命名习惯（例如以奶牛号命名），以便在StocKeeper中容易将动物照片和动物名和/或ID号连接在一起。

5.选项设置

StocKeeper可以根据使用者的喜好设置很多选项，在主菜单的“查看”中有“选项”项目，单击即可设置。选项的一般设置中，“用户信息”项用来设置与用户有关的一些信息，如农场名、用户名、地址和电话等；“密码”项用来保护农场数据，防止其他人意外输入数据，只有知道密码的人才能够打开该数据库，所以密码一定要安全保存，如果因某种原因密码忘记或丢失，可以联系Herd-Pro软件公司找回；“语言”设置可以设定StocKeeper启动时的默认语言。

在“自定义列表”设置中，用户可以根据自己牛场的实际情况进行相应设置，如“分类”设置中的奶牛分群（如母牛、公牛和淘汰牛）、小群组（泌乳母牛、高产奶牛、青母牛、犊牛等），牛场区域划分（栋、舍设置等），“事件选择”中设置操作员名字等。这里，需要注意的是系统启动后应该设置“泌乳选项”中的“数据输入”，因为StocKeeper软件缺省的产奶量单位是“磅”，而我国使用的是“千克”，所以应该将产奶数据的重量或体积单位设置为“产奶千克数”。还有，需要设置“时间间隔”和“警告”信息，因为软件根据这些信息在“今日任务”中给牛场管理者提示一些警告和建议相应的任务。

6.数据输入

数据输入是使用StocKeeper中最常用的任务，在StocKeeper中这个处理过程是非常简单的。数据输入包括生产数据输入、系谱数据输入、日常数据输入和事件数据输入。所有的典型数据输入包括三个基本步骤：选择奶牛个体（或奶牛群组）、选择数据和选择事件。这些奶牛每日必有的事件都可以在“事件数据”标签下进行输入。可以通过从“事件数据”标签下编辑已存在的数据事件报表来增加和改变数据，也可以在“当前状态”和“系谱树”标签下直接增加或编辑数据。系谱信息是在每个产犊（出生）事件和新增动物事件时自动增加的，可以在任何时候从“系谱”标签和从“畜群”菜单下选择编辑“系谱”来编辑系谱信息。生产数据可以从DHI、产奶流量计和ASCII格式文件中导入或通过从“产奶数据”标签下手动输入。

7.报表

StocKeeper内建大量可以很容易修改的报表，对于内建报表，还有一个功能强大的自定义报表精灵允许牛场管理者很容易创建所需要的任何类型报表。

所有报表和报表选项都可以通过“报表”菜单进行存取。当产生一个报表时，新的包含该报表的窗口会出现，该屏幕有一个在每个报表顶端的工具条，工具条包括如下按钮：表格内容、打印按钮、缩放按钮、向前或向后页按钮（对于多页报表）、产生选项屏幕的选项按钮、更新报表用的刷新按钮（如果需要）、保存报表用的保存按钮和退出报表的关闭按钮。

所有报表都是 PDF 文件格式，允许在屏幕上查看、打印和保存报表，甚至用 email 发送这个报表和发送到互联网上，一旦保存了报表，如果已经安装了 Acrobat Reader（PDF 阅读器）的话，可以任何时候进行查看。

StocKeeper 的报表有很多，主要包括：设置报表选项、繁殖报表、生产报表、事件报表、个体报表、畜群报表、其他报表和自定义报表。

8. 库存管理

通过库存管理，能够很容易地知道目前奶牛场的药物、饲料、精液和疫苗的使用情况和库存情况。不过，要想很好地使用库存管理，还需要管理者自己设定好各种本场的药物、饲料、精液和疫苗的名称和单位。这四种常见的库存的窗口设置界面是完全一样的。

9. 其他功能

除了上面所述的以外，StocKeeper 还具有一些其他功能，例如数据交换，不但支持直接从挤奶器采集数据，而且支持可移动便携设备（如 Palm）的数据交换，还支持目前世界上应用不算普及但前景广阔的 RFID（无线射频识别技术），通过这些设备，可以快速、准确地输入泌乳数据。

六、注意事项

1. 实验课任课教师需要指导学生正确安装和使用计算机及其附属设备，以避免仪器设备的损坏或发生事故。

2. 需要教师指导学生正确安装计算机实验应用软件，以保证学生顺利完成实验课的学习任务。

七、实验结果

根据实验内容，记录，分析实验结果。

八、讨论与作业

1. 讨论题

计算机在奶牛场生产管理中的应用主要有哪些方面的功能？效率如何？

2. 作业

在任课教师指导下，学生进行上机操作，课程最后由教师根据学生的学习实践情况做出综合总结。

九、生产应用

作为本实验项目的扩展内容，由任课教师安排，通过参观现代化规模化奶牛场，现场了解和学习应用计算机信息技术进行生产管理操作，了解奶牛场如何应用专用软件对奶牛群状况和大量的生产信息进行储存，加工处理和应用，为学生能够独立操作计算机管理系统打下良好基础。

参考文献：

[1]周贵，王立克，黄瑞华，等.畜禽生产学实验教程.北京：中国农业大学出版社，2006.

[2]莫放.牛生产学.2版.北京：中国农业大学出版社，2010.

第十一篇　教学实习

实习一　现代化、集约化奶牛场参观教学实习

一、实习目的和要求

使学生对现代化、集约化奶牛场场区内各功能区划分、奶牛生产的各环节有个直观的、感性的了解。

俗话说，“耳听为虚，眼见为实”，“百闻不如一见”，都是强调实践教学的重要性。养牛学是实践性非常强的一门课程，奶牛产业链是畜牧业中产业链最长、技术环节最多、高新技术及设备应用最为密集的产业，在系统学习了养牛学理论之后，通过参观奶牛场，在了解场区的布局、各功能区之间隔离带建设，净道、污道划分，饲草料种类，各类建筑及使用设备的操作等之后，对牛群结构、生产性能、疫病防控、经济效益等有了直观的了解，将课堂所学知识与生产实际情况做对照，理论联系实际，凝练所学知识，提高应用能力。

二、实习地点

奶牛场是按照生物安全性选址，按照生产过程专业化要求规划各类牛舍，按照生产过程的相应顺序组成流水线式生产工艺建设的。从专业角度入手，按照“理论来源于实践、理论联系实践和实践是检验真理的唯一标准”的原理，通过奶牛的行为、采食、消化、生产和健康等行为的观察，对现代化集约化奶牛场进行全方位的评价。

三、实习器材与材料

照相机、录音笔、卷尺、计算器，记录本等。

四、实习内容

1.参观各类牛舍，包括泌乳牛舍、干奶牛舍、哺乳和断奶犊牛舍、育成牛舍及青年牛舍，尤其是泌乳牛舍和哺乳牛舍，听取技术人员介绍各类牛的饲养管理条件情况及技术，同时注意观察牛舍内配备的一些设施。

2.参观饲料厂，观察主要饲料原料种类及表观状况，加工成品的粒度，听取技术人员介绍饲料加工情况和技术。

3.参观挤奶厅和鲜奶贮藏间，听取奶厅负责人介绍驱牛、清洗和按摩乳房、挤奶、药浴乳头、鲜奶暂存的情况和技术。

4.参观人工输精室，主要观察大小不同的各类液氮罐、细管冷冻精液、输精枪、无菌操作台等设施，听取该组技术负责人介绍牛群繁殖情况与技术。

5. 参观兽医室，主要观察一些兽医器械，如助产、修蹄、去角等方面器械，听取该组技术负责人介绍牛群主要代谢病、生殖系统病、肢蹄病的发病种类及防治情况与技术。

6. 参观资料室，听取技术人员介绍牛群育种资料的收集、整理和保存情况与技术。

7. 参观场区，听取奶牛场技术负责人介绍根据地势和主风方向划分的生活管理区、辅助生产区、生产区和粪污及隔离区部分，场区内净道和污道的设置，各功能区隔离带和绿化带建设情况，养殖场的环境等。

8. 参观奶牛场附属建筑，参观青贮窖、运动场、干草棚、供排水系统，听取技术人员介绍运行情况。

五、方法和步骤

(一)实习方法

(1)观察　用所学专业知识的眼光，观察实习内容。

(2)聆听　用谦虚和敬佩的态度，聆听各环节技术负责人介绍的经验和技术。

(3)询问　对自己感兴趣却没有介绍的部分或不懂得的知识进行询问。

(4)记录　将观察、聆听、询问的知识和内容记录于表 1-1 至表 1-5 中。

(5)思考　将课堂上所学的理论、知识与本场生产实践结合起来，进行系统的思考、分析，获得启发，再与有关技术负责人讨论。

(二)调查表格

表 1-1　生产性能相关调查表

生产水平/kg	全群平均年单产	应产牛平均日单产	实产牛平均日单产	
牛奶成分	乳脂率/%	乳蛋白率/%	体细胞数/万	尿素氮水平/(mg/100 mL)
奶厅	转盘或鱼骨式挤奶台	挤奶台规格	挤奶次数	脱杯类型
牛群观察	瘤胃充盈度评分	行走评分	粪便评分	日粮纤维长度
饲草料情况	青绿饲料种类数	精补料中蛋白质饲料种类数	干草种类数	饲喂方式

表 1-2　奶牛场建筑相关调查表

牛场建筑	选址状况	功能区完善程度	净污道严格区分	绿化情况
牛舍建筑	是否钟楼式	双列或多列式	是否使用 TMR	饲槽类型
运动场	有无卧床	头均面积	排水状况	周围植树情况
青贮窖	类型(地上、地下)	容量/m^3	建筑材料	是否联栋

表 1-3　繁殖效率及疾病防控相关调查表

繁殖效率	初配月龄/月	产犊间隔/天	精液类型(性控或普通)	配种(受胎)指数/次
	产后空怀天数	情期受胎率/%	总受胎率/%	繁殖成活率/%
繁殖疾患/%	难产	胎衣不下	卵巢囊肿	子宫炎
代谢疾患/%	酮病	酸中毒	产后瘫痪	蹄叶炎
典型病患/%	乳腺炎	肢蹄病	真胃移位	传染性疾病

表 1-4　牛群结构及更新相关调查表

牛群结构/%	成年母牛	青年母牛	育成牛	犊牛
牛群利用更新	成年牛更新率	成母牛平均胎次	平均利用胎次	

表 1-5　成本及效率相关调查表

牛群结构/%	成年母牛	青年母牛	育成牛	犊牛
饲养日成本/[元/(头·d)]	成年母牛	青年母牛	育成牛	犊牛
职工构成/人	直接生产人员	技术人员	管理人员	其他人员
效益评估	千克牛奶销售价/元	千克牛奶成本价/元	头均医药费/[元/(头·年)]	利润评估

六、注意事项

1. 消毒与更换工作衣

所有参观的学生必须经过紫外线消毒后，更换指定的工作衣与鞋套等，才能从规定的通道进入场区。

2. 要注意安全

禁止进入奶牛上下槽必经的通道、通往奶厅等的通道上，不得随意进入运动场内驱牛，牛在采食和挤奶时，不得随意触摸牛的后躯尤其是后腿和牛头等部位，避免高声喧哗引起奶牛的过激行为，避免突然接近牛体。

3. 自觉遵守场内的规章制度

进入场区内要严格遵守场内的规章制度，不得抽烟。

七、实习结果

1. 汇总，整理参观学习记录内容，填写实习表格。
2. 总结，归纳实习学到的主要知识内容。
3. 分析思考实习中发现和遇到的生产实际问题及其解决方法。

八、讨论与作业

(一)讨论题

1. 根据所学的专业知识，通过观察、聆听、询问等获得的信息，评估本场进一步提高泌乳量的途径。

2. 根据所学的专业知识，通过观察、聆听、询问等获得的信息，评估本场预防热应激的效果及改善的途径。

(二)作业

1. 根据所学的专业知识，通过观察、聆听、询问等获得的信息，评估本场劳动效率及其提高的途径。

2. 根据所学的专业知识，通过观察、聆听、询问等获得的信息，评估本场原奶中体细胞数及隐性乳腺炎发生情况，如何采取针对性措施降低隐性乳房炎发病率?

九、实习效果

由任课教师在实习课后根据完成实习项目内容情况，总结实习经验，组织实习学生讨论实习课程情况，具体分析，综合评价实习效果。

参考文献：

[1]周贵，王永军. 牛生产学. 长春：吉林科学技术出版社，2007.
[2]莫放. 牛生产学. 2 版. 北京：中国农业大学出版社，2010.
[3]李建国. 现代奶牛生产. 北京：中国农业大学出版社，2007.

实习二　现代化、规模化肉牛场参观教学实习

一、实习目的和要求

使学生对现代化、规模化肉牛场场区内各功能区划分、肉牛生产的各环节有个直观的、感性的了解。

随着封山禁牧政策的实施，能繁母牛由放牧方式正转变为舍饲养殖方式，由于不同产业间比较效益的差距、肉牛产业政策及产业技术滞后等原因，能繁母牛数量下降，许多肉牛场同时饲养能繁母牛，以便有的放矢地针对市场需求供应不同档次牛肉。

二、实习地点

肉牛场是按照生物安全性选址，按照生产过程专业化要求规划各类牛舍，按照生产过程的相应顺序组成流水线式生产工艺建设的。从专业角度入手，按照“理论来源于实践、理论联系实践和实践是检验真理的唯一标准”的原理，通过奶牛的行为、采食、消化、生产和健康等行为的观察，对现代化集约化肉牛场进行全方位的评价。

三、实习器材与材料

照相机、录音笔、卷尺、测角计、计算器等。

四、实习内容

1. 参观场区，听取肉牛场技术负责人介绍根据地势和主风方向划分的生活管理区、辅助生产区、生产区和粪污及隔离区部分，场区内净道和污道的设置，各功能区隔离带和绿化带建设情况，养殖场的环境等。

2. 参观各类牛舍，包括能繁母牛舍、犊牛舍、育成牛舍、育肥牛舍及隔离牛舍，听取技术人员介绍各类牛的饲养管理条件情况及技术，同时注意观察牛舍内配备的一些设施。

3. 参观饲料厂，观察主要饲料原料种类及表观状况，加工成品的粒度，听取技术人员介绍饲料加工情况和技术。

4. 参观人工输精室，主要观察大小不同的各类液氮罐、细管冷冻精液、输精枪、无菌操作台等设施，听取该组技术负责人介绍牛群繁殖情况与技术。

5. 参观兽医室，主要观察一些兽医器械，如助产、修蹄、去角等方面器械，听取该组技术负责人介绍牛群主要代谢病、生殖系统病、肢蹄病的发病种类及防治情况与技术。

6. 参观资料室，听取技术人员介绍牛群育种资料的收集、整理和保存情况与技术。

7. 参观肉牛场附属建筑，参观青贮窖、运动场、干草棚、供排水系统，听取技术人员介绍运行情况。

五、方法和步骤

(一)实习方法

(1)观察　用所学专业知识的眼光，观察实习内容。

(2)聆听　用谦虚和敬佩的态度，聆听各环节技术负责人介绍的经验和技术。

(3)询问　对自己感兴趣却没有介绍的部分或不懂得的知识进行询问。

(4)记录　将观察、聆听、询问的知识和内容记录于表 2-1 至表 2-4 中。

(5)思考　将课堂上所学的理论、知识与本场生产实践结合起来，进行系统的思考、分析，获得启发，再与有关技术负责人讨论。

(二)调查表格

表 2-1　肉牛场基本情况调查表

牛群结构/%	能繁母牛	犊牛	育成(架子)牛	育肥牛
能繁母牛群	规模/头	品种或杂交组合	平均胎次	平均体重/kg
育肥牛群	规模/头	品种或杂交组合	育肥开始体重/kg	出栏体重/kg
外购架子牛	产地	价格/(元/kg)	运输费用/(元/头)	体重损失/%
饲草料情况	青绿饲料种类数	精补料中蛋白质饲料种类数	干草种类数	饲喂方式

表 2-2　育肥牛群生产性能相关调查表

育肥性能	预期日增重/kg	育肥前期日增重	育肥后期日增重	平均日增重
	预期饲料转化率	育肥前期饲料转化率	育肥后期饲料转化率	平均饲料转化率
产肉性能	出栏体重/kg	屠宰率/%	净肉率/%	肉骨比
肉质	嫩度/kg	有无大理石纹	风味	熟肉率/%
牛群观察	瘤胃充盈度评分	行走(或肢蹄)评分	粪便评分	日粮纤维长度

表 2-3　能繁母牛群繁殖效率及疾病防控相关调查表

繁殖效率	初配月龄/月	产犊间隔/d	精液类型(性控或普通)	配种(受胎)指数/次
	产后空怀天数	情期受胎率/%	总受胎率/%	繁殖成活率/%

续表 2-3

繁殖疾患/%	难产	胎衣不下	卵巢囊肿	子宫炎
代谢疾患/%	酮病	酸中毒	产后瘫痪	蹄叶炎
典型病患/%	乳房炎	肢蹄病	真胃移位	传染性疾病

表 2-4　成本及效率相关调查表

牛群结构/%	能繁母牛	犊牛	育成(架子)牛	育肥牛
饲养日成本/[元/(头·d)]	检疫过渡期	育肥前期	育肥后期	平均
职工构成/人	直接生产人员	技术人员	管理人员	其他人员
效益评估(育肥牛)	千克增重成本 /元	千克体重销售价/元	头均医药费/[元/(头·年)]	利润评估

六、注意事项

1. 消毒与更换工作衣

所有参观的学生必须经过紫外线消毒后,更换指定的工作衣与鞋套等,才能从规定的通道进入场区。

2. 要注意安全

进入牛舍要集中注意力,提高警惕,禁止随意触摸牛头,避免高声喧哗及一哄而散行为引起肉牛的过激或自卫等反射行为,避免突然接近牛体。

3. 自觉遵守场内的规章制度

进入场区内要严格遵守场内的防火、防盗、防触电等各项规章制度,不得抽烟。

七、实习结果

1. 汇总,整理参观学习记录内容,填写实习表格。
2. 总结,归纳实习学到的主要知识内容。
3. 分析思考实习中发现和遇到的生产实际问题及其解决方法。

八、讨论与作业

(一)讨论题

根据所学的专业知识,通过观察、聆听、询问等获得的信息,请就本场品种资源的合理利用

(杂交组合等)提出意见或建议。

(二)作业

1. 根据所学的专业知识,通过观察、聆听、询问等获得的信息,针对本场饲草料资源、经济效益初步评估,提出本场育肥期最佳日增重,并给出可行性的依据。

2. 根据所学的专业知识,通过观察、聆听、询问等获得的信息,针对本场母牛情况和当地气候特点,提出最佳配种方案(能否采用同期发情? 何时进行? 如何使繁殖率达到最大化?)。

九、实习效果

在实习课后,由任课教师根据完成实习项目内容情况,总结实习经验。组织学生讨论实习课程情况,具体分析,综合评价实习效果。

参考文献:

[1]周贵,王永军. 牛生产学. 长春:吉林科学技术出版社,2007.
[2]王根林. 养牛学. 北京:中国农业出版社,2002.
[3]莫放. 养牛生产学. 2 版. 北京:中国农业大学出版社,2010.

实习三　规模化肉牛屠宰加工厂参观教学实习

一、实习目的和要求

(一)实习目的

通过在“规模化肉牛屠宰加工厂”进行参观实习,使学生对肉牛屠宰,牛肉产品加工生产以及牛肉制品的质量检验等各个生产环节的组织和生产过程有一个基本的感性认识。可以在现场观察工厂的基本布局、各类建筑设施与设备、工人的生产操作过程等。通过接待人员的讲解可以了解屠宰场的规模、生产结构、生产水平、产品种类,人员构成、投资规模、生产成本、市场营销和经济效益等企业基本情况。

通过参观实习,将课堂上所学习的理论知识与生产实际情况相对照,理论联系实际,对于加强“牛生产学课程”的学习效果,提高学生的学习兴趣和主动性都具有非常重要的积极意义。

(二)实习要求

1. 通过参观实习了解牛屠宰加工企业的机构组成,经营状况,运作管理方式等。
2. 了解屠宰加工厂的基本组成和厂区布局,设备设施配置等内容。
3. 掌握屠宰车间的生产工序过程的组成,工作内容和生产工艺流程。
4. 了解参观企业的产品种类、特性、质量、信誉,营销状况和市场占有情况等。
5. 了解牛产品质量检验的主要项目内容和检验方法。

二、实习地点

选择当地具有一定现代化、规模化和优质产品知名度的肉牛屠宰加工企业或屠宰厂，计划安排参观和实习内容。例如位于吉林省长春市的“皓月清真肉业集团股份有限公司”，它在国内以及亚洲和世界上都很著名。

三、实习器材与材料

摄像机，照相机，录音笔等记录设备；卷尺，计算器等器材。

四、实习内容

(1)听取参观讲解人员介绍。了解屠宰工厂企业建设发展，投资规模，组织建制的基本情况；了解厂区的基本布局和生产管理系统设置。

(2)参观肉牛屠宰车间和生产线。听取技术人员介绍车间的基本组成格局，屠宰生产过程(图 3-1a～h)，特殊工艺过程(见图片说明)，主要牛肉加工产品和生产组织管理规范。

(3)参观肉牛胴体低温贮藏库房。了解牛屠宰胴体的贮存过程，安全保鲜原理和技术措施等(图 3-1i)。

(4)参观牛肉分割包装车间。了解牛胴体分割，分级，包装的生产过程和生产质量检查控制程序(图 3-1j)。

(5)参观牛肉产品(熟食)加工车间。了解牛产品的种类，特色，生产过程，生产管理的基本情况等。

(6)参观牛产品质量检验室的检验工作项目和程序。

①牛屠宰和肉制品加工车间现场人员和工作面的环境检查

a. 车间冲洗卫生，清洁用水质量和微生物含量检查。

b. 产品接触面的细菌数抽样检查，包括工作服、工作帽、手套、套袖、围裙、靴鞋、牛肉分割案板、刀具、车间墙壁等。在抽样检查部位选择长 5 cm×宽 5 cm 面积，用无菌棉签在四角和中间五点取样。

c. 车间空气环境质量，空气沉降含细菌总数取样检查，在现场长 15 m×宽 15 m 面积，在四角和中间五点部位，用培养皿接取空气样本。

②牛肉及其制品质量检验项目

a. 鲜牛肉外观检查(肉块结构，新鲜度，肌肉、脂肪颜色、气味等)。

b. 理化特性检查，如含水量等特性指标检查。

c. 肉块细菌含量总数(主要包括大肠杆菌，沙门氏菌，金黄色葡萄球菌，埃希氏大肠杆菌等微生物的含量)。

d. 传染病病原微生物检查(ELISA 检验，血清学检查)。

e. 牛饲料违禁添加化学成分在牛肉中的残留检查(如盐酸克伦特罗、沙丁胺醇、莱克多巴胺、盐酸多巴胺等)。

(7)参观了解牛产品的国内、国际营销、储运、物流状况。

(8)参观工厂资料室。听取技术人员介绍技术资料档案的收集、整理、保存和使用等情况。

(9)参观工厂计划财务室。听取统计和财务人员介绍企业的生产统计数据、生产成本和利润等有关情况。

图片说明：

独特的清真屠宰生产工艺：

(1)程序控制　应用计算机程序控制车间生产线肉牛的屠宰过程。

(2)幻觉引导　亦称为牛的安乐屠宰技术，即在宰前肉牛通过三维空间自然化图像设置人工环境的通道进入屠宰车间，以减少牛在屠宰前的应激刺激，实施安乐屠宰，保持自然的肉质状态。

(3)激光点穴　用激光照射脑中枢部位特定的穴位，起到麻醉镇痛的效果，降低屠宰时的疼痛和痛苦。

(4)旋转定位　按照清真屠宰方式，宰前固定牛体，将牛头旋转朝向伊斯兰圣城麦加方向。

(5)无痛屠宰　快速割断头部肌肉，颈椎，主动脉大血管，气管和食管等组织。

(6)真空抽血　屠宰放血后，用真空泵抽出残留血液，以保持肌肉和脂肪的自然颜色。

(7)自动劈半　用计算机程序精准控制机械电锯，在脊椎中央劈开胴体，形成均等二分体。

(8)快速预冷　屠宰喷淋冲洗后，迅速传送进入冷藏库，快速降温，有利于进一步的长时间熟化储存和冷冻。

(9)精确排酸　把屠宰后的胴体快速降温至 15～16℃，待其完全僵直(尸僵)后悬挂在 4℃冷藏环境中，储存 72 h，完成抑制微生物，生化成熟和肉质嫩化的过程，改善肉质和风味。

(10)标准温控　屠宰后酮体在严格控制储存温度的条件下，经过一段时间的低温储藏。

(11)限时分割　胴体输送进入分割车间进行短时快速分割，以减少微生物污染机会，有利于保鲜和防变质。

(12)真空包装　用特制专用塑料袋包装胴体分割肉块，抽出空气，真空密封保存(图 3-1k)。

(13)快冷速冻　包装肉块快速降温冷冻，可进行长时间冷冻储存。

现代化规模化肉牛屠宰加工厂的五大主要产品：

(1)分割部位肉　按牛体不同部位进行的肉块分割，真空包装，在出售时优质优价(图 3-1l)。

(2)保鲜冷却肉　快速冷却储存的保鲜牛肉，新鲜快速供应市场(图 3-1m)。

(3)肥牛肉　食用肥牛火锅肉类，制作烤肉的特殊部位原料肉等。

(4)牛副产品　主要是具有食用价值的牛头、尾、蹄和内脏器官等部位，生化制品等。

(5)牛肉加工熟食产品　包括多种风味香肠，午餐牛肉，烤肉，牛蹄筋，牛骨汤等产品(图 3-1n)。

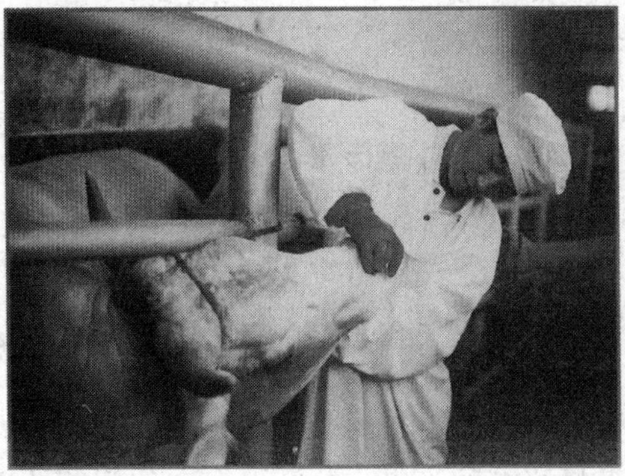

a. 宰前检疫

b. 彻底消毒

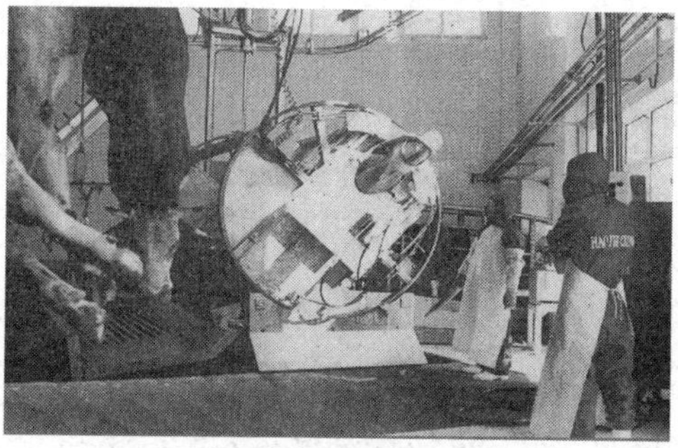

c. 清真屠宰

d. 宰后电刺激

e. 机械扒皮

f. 红脏、白脏

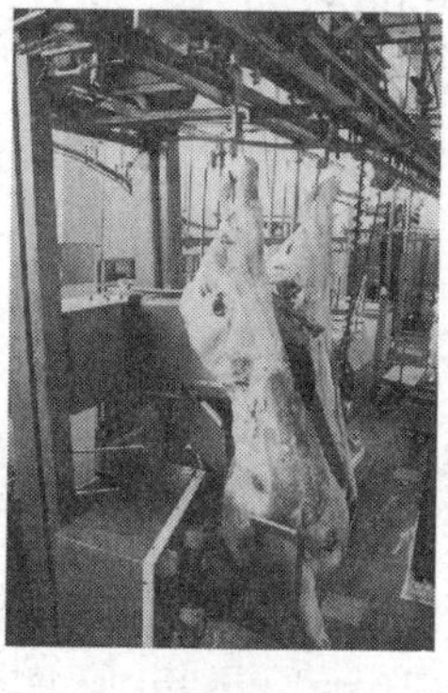

g. 自动劈半

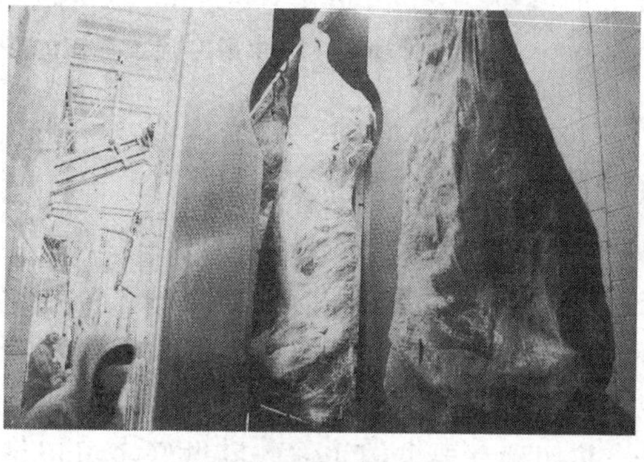

h. 胴体冲淋

i. 排酸嫩化

j. 分割

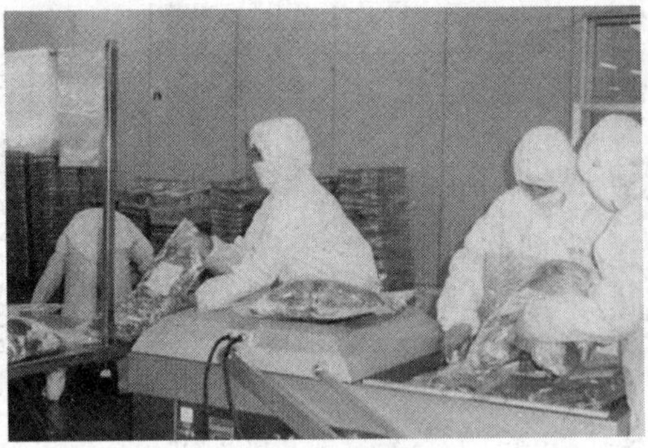

k. 真空包装

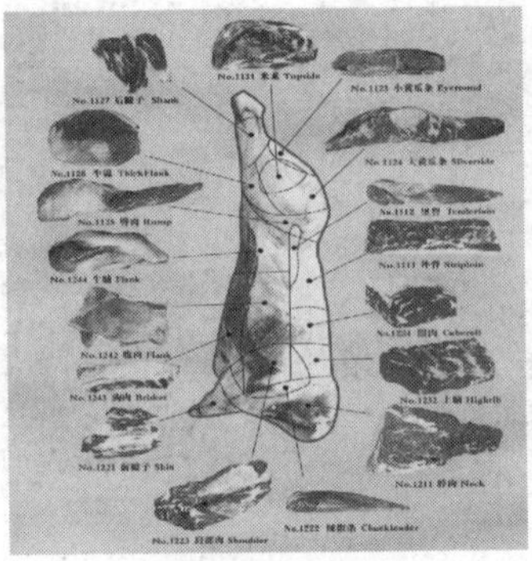

l. 牛肉胴体分割

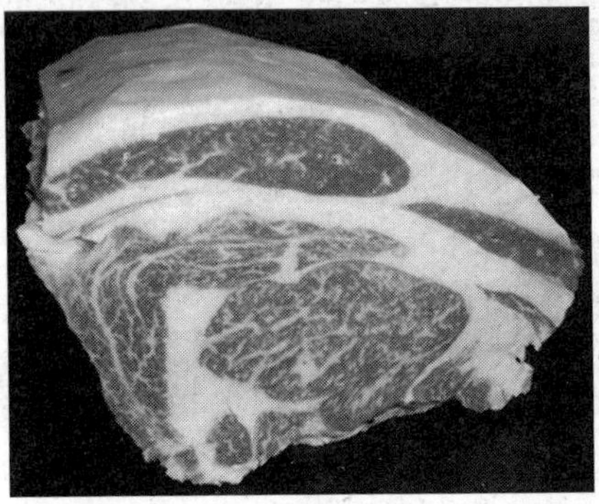

m. 生鲜肥牛肉

n. 牛肉加工熟食产品

图 3-1　规模化肉牛屠宰加工车间的屠宰和胴体分割过程

五、方法和步骤

(1)观看　仔细观看参观的所有内容。

(2)聆听　认真听取牛场各方面人员的介绍和指导教师的讲解。

(3)询问　对不懂的问题或需要详细深入了解的问题及时提问。

(4)思考　积极思考问题。将看到、听到的东西与课堂学过的有关理论知识内容相联系。

(5)记录　按照课程要求的实习内容做好实习记录,可采用笔记、录音、照片、录像等多种方式进行记录。

六、注意事项

1. 要求学生以班级为单位,按时到达集合地点,乘坐统一安排的交通工具赴实习现场。

2. 携带本课程的《牛生产学实验实习教程》以及必要的学习用具。

3. 统一着装,穿实验服,必要时需佩戴保护眼镜。

4. 在实习现场听从指导教师和工厂讲解人员的统一指挥和行动安排,与大型机械设备保持安全距离,注意人身安全。

七、实习结果

1. 汇总,整理参观学习记录内容,填写实习表格。

2. 总结，归纳实习学到的主要知识内容。

3. 分析思考实习中发现和遇到的生产实际问题及其解决方法。

八、讨论与作业

（一）讨论题

参观实习的肉牛屠宰加工企业的主要优势有哪些？还存在什么问题？今后的发展前景如何？

（二）作业

1. 以教学实习小组为单位，讨论和总结实习中看到的有关肉牛屠宰的主要技术关键问题。

2. 思考参观中的问题，对生产的发展提出改革或改进的建议。

3. 按课程教学计划要求，填写“屠宰厂参观实习调查表”（表 3-1），完成实习报告。

表 3-1　屠宰厂参观实习调查表

企业（工厂）名称：　　　　　　　　　　　　实习时间　　　年　　月　　日

员工人数		年屠宰量/万头			机械化程度			经营模式		生产模式		运行情况		产品种类			
技术管理	一线工人	肉牛	肉羊	其他	机械化	半机械化	手工	自宰	代宰	屠宰	屠宰＋加工	正常运行	暂停/停产	生鲜	熟食	生化制品	其他
参观实习记录																	

实习人：姓名：　　　专业：　　　年级：　　　班：　　　组别：　　　实习组长：

任课指导教师：

九、实习效果

近年来国内一些知名大型肉牛屠宰加工企业，通过多种形式接待了大量国内外参观学习和生产实习人员，提高了企业在国内外的知名度，吸引了国外众多的合作伙伴，扩大了产品和技术的出口与向国外投资的规模和范围，使企业做大做强。通过大专院校学生的实习，为企业培养了大量的后备专业人才，促进了企业的快速发展。

参考文献：

[1]吉林省长春皓月清真肉业集团股份有限公司交流资料，2014.

[2]王明利,李玉冰.牛羊屠宰加工技术.北京:中国农业大学出版社,2007.
[3]周贵,王永军.牛生产学.长春:吉林科学技术出版社,2007.
[4]莫放.养牛生产学.2版.北京:中国农业大学出版社,2010.

附:牛肉及其制品检验方法

牛肉质量包括其化学成分、细菌数量、感官质量(色、香、味、形)等。这些因素受生产条件、原辅料、加工操作人员的素质等多方面的影响。其中最重要的质量指标有三个方面:感官指标、理化指标和卫生指标。

一、感官检验

感官检验是对感官指标的综合检验,在综合平衡质量中占首要地位。感官质量是对高质量牛肉制品进行质量标准检测不可缺少的一部分,它是以人的感觉器官(视觉、嗅觉、味觉、听觉及触觉)进行分析判断,对肉制品的颜色、风味、外观、柔软度、含汁量、味道、气味等进行综合评价,判断质量。此法不仅迅速简便,而且具有理化检验无法取代的优点。但是,感官评定有着不及理化分析的缺点,同时语言和感觉所表达的内容是模糊不精确的,其结果不能用数值表示,因此,要求检查人员具有丰富的知识和经验。现具体说明如下:

视觉检验:它是确定牛肉及其制品的色泽、外形以及卫生状况的重要手段。

嗅觉检验:肉制品气味的好坏,决定着肉制品的质量,而嗅觉器官可以辨别出肉品的轻微差异。

味觉检验:通过舌部的味蕾能尝出各种复杂的味道。

触觉检验:用手指摁压或抚摸肉制品,来检查肉制品的生熟、软硬质地程度。检查有无隐藏的包虫和内伤,有无眼睛不易看出来的白色毛茬等。

肉品卫生检验人员常用视觉观察宰后胴体、内脏的各种情况及市场牛肉的新鲜程度,来评定肉的卫生品质。用嗅觉来辨别肉品的气味是否正常,有无变性臭、陈腐臭、油、霉臭及腐败臭气等。必要时可辅助以煮沸试验或其他加热试验的方法。对整片或大块的咸肉制品,则须用特制的竹签或不锈钢签子,做分点刺穿检验,嗅检其内部(尤其是厚实及靠近大骨骼的关节部分)有无异常。熟肉如冷切卤肉、灌肠及罐头肉品,则可品尝味道进行鉴别。变味及有异常口味的肉品,应按有关规定处理。听检常应用于罐头食品。用手指触摸及按捏肉品,可察觉它的表面干湿、腻滑、黏性、结实、松软、深部有无异常或异物等。

除卫生指标外,人们规定牛肉及制品的食用感官指标有嫩度、多汁性、风味强度、风味的适宜性和整体适宜性,可理解为肉的肥、瘦、筋腱、结缔组织、骨头及皮的有无和多少。

1.酱卤牛肉及其制品的检验方法

总的感官检验标准是要求肉质正常、无异物附着、无异味、无异臭。检验时,先看酱牛肉表面颜色是否正常、有无污垢以及牛肉制品上不应有的其他异物。然后,将检验刀插入肉品中心,轻轻拔出,立即嗅闻刀上的气味,应是牛肉特有的味道,没有异味,说明质量较好。需要说明的是,检验熟肉制品时不能在风口下进行,风会把气味吹散,同样使人嗅不到气味。如果发现有质量问题,就要逐个、逐块仔细检查。

高档牛肉及其制品外观应该是具有光泽的鲜红色，如果熟肉制品的颜色过于暗黑，缺乏光亮鲜明的色泽，则可能是回锅的陈旧肉制品，或原料肉放血不良，或硝酸钠使用不当和给熟肉制品涂抹颜色和调味料过量。酱肉的形状和口味，各地有自己的特色。总的要求是：外形洁净、完整、美观，滋味香而纯正，颜色正常，无夹生现象。

2. 烧烤牛肉类的检验方法

烧烤牛肉类是指烧烤后的牛肉制品。用刀切开烧烤牛肉制品时，可看到肌肉鲜艳，发亮，微红色，用检验刀压之无血水外溢，无异味，无异臭。叉烧肉类制品用刀切开时，可见组织紧密，色微红，脂肪白而透明，有光泽，食之有脆感，无异味，无异臭。检查时先看有无夹生或焦煳现象，然后嗅或品尝味道，并判断是否熟透。

3. 灌制牛肉的检验方法

(1)看灌肠表面的色泽和外表形态。先从观察肠体表面开始，看色泽是否合乎要求，若为熏制品，看其表面熏得是否均匀。再看肠体表面的清洁度和干爽度如何，以及是否有黏液、污秽和霉菌。然后看是否为灌肠本身固有的形状，是否有形状缺陷。质量好的灌肠具有该品种灌肠固有的外观和色泽，色泽自然、协调，表面具有光泽，干爽、清洁，无黏液、污秽、灰尘和霉菌。长短、粗细、大小一致，为该产品特有的形状。无裂痕，无陷痕等。如果发现一些灌肠的表面色泽不正常，可能是使用了不允许使用的化学合成色素胭脂红或使用了大量超标的亚硝酸盐所致。这种灌肠质量较差，食用后有害于身体健康。

(2)观察肠衣和肉馅结合的紧密度。手摸肠体检查灌肠的弹性，然后剥离肠衣后进行观察。若是质量好的灌肠，手摸肠体感到弹性好，且肠衣紧贴肉馅，牢固，不易剥离。质量差的灌肠，手摸肠体无弹性，肠体发软，手指按压处出现凹陷，不能恢复原状。肠体同肉馅分离或较易剥离。

(3)观察灌肠的内部结构。将肠体分别纵、横切开，观察其纵横剖面、切面是否光润、致密，有无气孔。再看内部肉馅的色泽及其色泽均匀性，脂肪分布的均匀性，肉馅和肉丁的色泽是否正常。质量好的灌肠结构致密，有弹性，切面光润，无气孔，肉馅色泽正常，自然一致，脂肪色泽洁白，分布均匀。质量差的灌肠内部结构松散，切面无光泽，气孔多，切片松散或有水液，难以立刀，肉馅色泽深浅不一，肉丁分布不匀，色泽发黄或边缘溶化。

(4)用嗅觉和味觉鉴定灌肠的气味和滋味。把灌肠的切片放在鼻子前嗅其气味，检查气味是否正常，有无本产品固有的香气。嗅后可放入口中品尝，检查滋味是否正常，咸淡是否适口，是否为本产品固有的鲜香味。质量好的灌肠，嗅之有本产品特有的香气，无异味、怪味和酸味。品尝其滋味鲜美，咸淡适中，口感好。质量差的灌肠，嗅之香气较差或有异味、怪味及酸味。品尝鲜香味差，有异味、酸味、怪味和腐败味，咸淡不适，口感差。

二、实验室检验

实验室检验有理化检验和微生物检验，这里主要介绍前者。

1. 理化检验

指的是在实验室中通过物理和化学的方法，对肉制品进行定性分析或定量分析，测定其化学组成的成分和比例。在产品的色、香、味、形等感官方面，要达到应有的指标。肉品中的蛋白质、脂肪、碳水化合物、亚硝酸盐、防腐剂等一些实验室理化检验的项目，是可以通过理化检验严格加以控制、测定和监督。肉品中常规的检测项目有硫化氢的测定、氨的测定、挥发性盐基氮的测定以及亚硝酸盐含量的测定等。

(1)硫化氢的检验　取去掉脂肪、筋膜以及血管的精肉 25 g，剪成 1 g 左右的肉块，置于大试管内，注入稀硫酸，以刚好淹没肉块为准，将潮湿的醋酸铅试纸(15 cm×8 cm 滤纸条，浸于10%醋酸铅水溶液中，以刚好湿润为度)，钩搭于玻棒的刺及钩上，然后将玻棒连橡皮塞一起插入试管内，拧紧橡皮塞，使纸的下端靠近液面，但玻棒勿与液体或试管壁接触。置于试管架上，经 30 min 后观察。必要时可将试管浸于 60℃温水中，加快反应速度。试纸变黄褐色到黑色则为阳性，表示肉已开始腐败；试纸不变色则为阴性，表示牛肉新鲜。

(2)氨的检验

①定性检验　以 1 份 25%的盐酸，3 份 96%乙醇和 1 份乙醚，配成爱贝尔氏试剂。试验时注 2～3 mL 试剂于大试管内，塞上橡皮塞，振摇 2～3 次，然后取下塞子，并立即塞上另一个橡皮塞，这个塞子下方插有一根铁丝，铁丝的下端弯曲成小钩，可挂住肉样。插入试管内时，肉块须不沾管壁，并距液面 1～2 cm。若肉已陈腐，有氨存在，数秒钟内即见试管中有白雾形成。本法也可应用于检验鱼肉及其他水产品等。

②半定量检验　应用纳瑟试剂法(表 3-2)。

表 3-2　氨含量及肉的鲜度

纳氏试剂滴数	肉汤透明度变化	氨含量/(mg/100 g)	评定符号	新鲜度
10	透明无变化	<16	—	一级鲜度
10	黄色透明	16～20	±	二级鲜度
10	淡黄色混浊有少量悬浮物	21～30	+	腐败初期
6～9	明显黄色，混浊	31～45	++	腐败
1～5	大量黄色或橙黄色沉淀	>46	+++	完全腐败

试剂的配制：升汞 100 g 和碘化钾 70 g，在 1 000 mL 容量瓶内，加蒸馏水到 400 mL，不断振摇同时加入冷的 NaOH 溶液(100 g NaOH 溶于 500 mL 蒸馏水中)，然后加水定容至 1 000 mL，过滤备用。

试验方法：取净肌肉组织 10 g，剪成 40～50 小块，浸于 100 mL 无氨水中，经 15 min，并不断振摇。然后过滤。灌注滤液 1 mL 于小试管中，用滴管吸试剂，缓慢滴加；每加一滴振摇试管并观察溶液的颜色与澄清度的变化，一直加到 10 滴为止。

判定：可按表 3-2 做出判定。如以不同定量的氨和定量的试剂在一组小试管或安瓿中做成对照管，则可做半定量检定。

(3)总挥发性盐基氮的测定　蛋白质在一些微生物或酶的作用分解后，产生小分子的碱性含氮物质有氨、伯胺、仲胺及叔胺等，此类物质均具有挥发性。因此，测定肉品中的总挥发性盐基氮(TVB-N)，有助于确定肉品的质量。肉品中 TVB-N 的测定可用半微量蒸馏法及微量扩散法，现介绍半微量凯氏蒸馏法。

样品处理：取除去脂肪、骨、筋腱后的精肉，捣碎研匀，称取 10 g 于 250 mL 三角烧瓶内，加无氨水 100 mL，不时振摇，浸泡 30 min 后，滤过，弃去初滤液供测定用。

试剂：1.0%氧化镁悬浮液，2.0%硼酸溶液。

指示剂:0.2%甲基红乙醇溶液,0.1%亚甲基蓝水溶液,临用时将两溶液等量混合。

标准溶液:0.01 mol/L 盐酸。

仪器:半微量凯氏定氮器、微量滴定管等。

方法:预先将盛有 10 mL 2.0%硼酸溶液的 100 mL 三角烧瓶,加入 5~6 滴混合指示剂后,置于半微量凯氏定氮器的冷凝管下端,将冷凝管下端插入液面下;然后取上述滤液 5 mL 加入蒸馏器反应室内,加 1%氧化镁悬浮液 5 mL,迅速盖塞,于漏斗中加少量蒸馏水以防漏气;通入蒸汽,待蒸汽充满蒸馏器内即关闭蒸汽出口管;从冷凝管出现第一滴冷凝水开始计算,蒸馏 5 min 即停止蒸馏,移动三角烧瓶使冷凝管离开硼酸液面,并用无氨蒸馏水洗涤冷凝管外面,吸收液用 0.01 mol/L 盐酸标准溶液滴定,终点呈蓝紫色,记录用量,即可计算。同时做空白对照实验。

计算:应用下列公式计算出 100 g 肉样中总挥发性盐基氮含量(单位为 g)。

$$X=\frac{(V_1-V_2)\times 14\times 100}{m\times 5/100}$$

式中:V_1为样品消耗的盐酸标准溶液量(mL);V_2为空白液消耗的盐酸标准溶液量(mL);m 为样品的质量(g)。

(4)亚硝酸盐测定 样品经沉淀蛋白质、除去脂肪后,在弱酸条件下亚硝酸盐与对氨基苯磺酸重氮化,再与盐酸萘乙二胺偶合形成紫红色染料,与标准比较定量。

试剂:亚铁氰化钾溶液、乙酸锌溶液、饱和四硼酸钠溶液、0.4%对氨基苯磺酸溶液、0.2%盐酸萘乙二胺溶液、亚硝酸钠标准液。

仪器:小型绞肉机、分光光度计等。

样品处理:称取 5.0 g 经绞碎混合的样品,置于 50 mL 烧杯中,加入 125 mL 四硼酸钠饱和溶液;搅均匀,以 70℃左右的热水约 30 mL 将样品全部洗入 500 mL 容量瓶中,置沸水浴中加热 15 min,取出后冷至室温,然后一面转动一面加入 5 mL 亚铁氰化钾溶液,摇匀,再加入 5 mL 乙酸锌溶液以沉淀蛋白质,加水至刻度,混匀,放置 0.5 h,除去上层脂肪,清液用滤纸过滤,弃去初滤液 30 mL,滤液备用。

测定:吸取 40 mL 上述滤液于 50 mL 比色管中,另吸取 0.00、0.02、0.04、0.06、0.08、0.10、0.20、0.25 mL 亚硝酸钠标准使用液(相当于 0、1、2、3、4、5、10、12.5 μg 亚硝酸钠),分别置于 50 mL 比色管中。在标准管与样品管中分别加入 2 mL 0.4%对氨基苯磺酸溶液,混匀,静置 3~5 min 后各加入 1 mL 0.2%盐酸萘乙二胺溶液,加水至刻度,混合静置 15 min,用 2 cm 比色杯,以零管调节零点,于波长 538 nm 测吸光度,绘制标准曲线比较定量。

$$X_1=(A_1\times 1\,000)/(M_1\times 40/500\times 1\,000)$$

式中:X_1为样品中亚硝酸盐的含量(mg/kg);M_1为样品质量(g);A_1为测定用样液中亚硝酸盐的含量(μg)。

2.微生物检验

微生物检验指标为 3 项细菌指标,即细菌总数、大肠菌群最近似数(MPN)和致病菌。

(1)菌落总数的检验 菌落总数的常规检验方法按 GB 4789.2—2003 执行。

(2)大肠菌群 MPN 检验 大肠菌群 MPN 的常规检验方法按 GB 4789.3—2003 执行。

(3)致病性微生物　食品中致病性微生物的检验中，列入国家标准的致病性微生物有13种，具体检验方法见GB 4789.4(6、7、8、9、10、11、12、13、14、15、16)—2003，每种都有详细、完整的检验方法。作为全国范围内的统一方法，在保证食品安全和维护消费者健康方面起了重要作用。列入出口食品专业标准的致病性微生物有7种，这些检验方法与发达国家的相应方法基本保持一致，同时也适合我国的国情。

实习四　奶牛全混合日粮(TMR)生产与应用教学实习

一、实习目的和要求

(一)实习目的

通过本次生产实习，使学生获得以下知识和技能：

1. 现代奶牛饲养方式与理念。
2. 奶牛全混合日粮(total mixed ration，TMR)的设计与使用。
3. TMR制作和饲养效果评价。

(二)实习要求

1. 要求学生掌握奶牛日粮营养的基本知识。
2. 要求了解不同TMR搅拌车的类型和操作要领。

二、实习地点

TMR实习地点应选择在当地实施TMR饲养效果较好的现代规模牧场进行。

三、实习器材与材料

1. TMR加工车间或TMR搅拌车、铲车、青贮饲料取料机、电子计量秤等。
2. 奶牛的各种饲草、饲料原料。
3. 计算机及奶牛日粮计算机配方软件。
4. 宾州筛、粗天平、计算器等。

四、实习内容

TMR生产应用的原理是利用精料补充料和青粗饲料在一定含水量情况下互相粘结的特性，可以制成TMR，使奶牛日粮以固定的精粗比被奶牛采食，避免挑食和出现代谢性疾病等。

1. 为各阶段奶牛制订典型日粮配方设计。
2. TMR日粮制作。
3. TMR日粮质量及饲喂效果评价。

五、方法和步骤

(一)了解奶牛分群情况

合理的奶牛分群是实施TMR饲养工艺的前提和基础，对保证奶牛健康、提高产奶量以及科学控制饲料成本具有重要意义。奶牛场通常给成母牛群配制6种不同类型和营养水平的TMR，即泌乳前期料、泌乳中期料、泌乳后期料、干奶前期料、围产前期料和围产后期料；后备牛群通常配制2种营养水平的TMR，即育成期料(7～14月龄)、青年期料(14月龄至产前21 d)。目前，犊牛不配制TMR。

(二)查询奶牛营养需要

满足奶牛营养需要应参考美国NRC奶牛营养需要(表4-1)或中国奶牛营养需要，根据其自身牛群实际情况设计TMR。根据奶牛分群情况、奶牛群平均体重和牛群基本信息，参考不同阶段奶牛营养需要以及奶牛场现有饲草、饲料种类、营养数据库和质量品控结果，可以利用CPM等软件，为奶牛制作TMR配方。

表4-1　美国NRC(2001)营养需要(平均体重650 kg)

营养素	干奶前期	围产前期	围产后期	泌乳前期	泌乳中期	泌乳后期
DMI/kg	13	10～11	17～19	23.6	22	19
NE_L/(MJ/kg)	5.82	6.32	7.15	7.49	7.24	6.40
脂肪/%	2	3	5	6	5	3
CP/%	13	15	19	18	16	14
降解蛋白CP(RDP)/%	70	60	60	62	64	68
瘤胃未降解蛋白CP/%(RUP)/%	25	32	40	38	36	32
小肠CP/%	35	30	40	31	32	34
ADF/%	30	24	21	19	21	24
NDF/%	40	35	30	28	30	32
eNDF/%	30	24	22	—	—	—
精饲料	—	—	—	50～58	40～52	35～48
NFC/%	30	34	35	38	36	34
Ca/%	0.6	0.7	1.1	1.0	0.8	0.6
P/%	0.26	0.3	0.33	0.46	0.42	0.36
Mg/%	0.16	0.2	0.33	0.3	0.2	0.20
S/%	0.16	0.2	0.25	0.25	0.25	0.25
维生素A/(万IU/d)	10	10	11	10	5	5
维生素D/(万IU/d)	3	3	3.5	3	2	2
维生素E/(IU/d)	600	1 000	800	600	400	200

(三)进行各阶段典型日粮配方设计

全混合日粮(TMR)要根据奶牛营养需要、物料种类及质量、牛群生产水平及健康状况等相关信息进行设计。

对于规模化奶牛场,应根据牛群大小、所处生理阶段、平均生产水平和饲养模式等实际情况制定不同日粮配方,分批生产和饲喂,以实现有序生产,提高饲料转化率和经济效益。例如,天津某奶牛公司各阶段日粮配方见表 4-2 和表 4-3。

表 4-2　成母牛各阶段日粮配方　kg

原料名称	泌乳前期	泌乳中期	泌乳后期	干奶前期	围产前期	围产后期
玉米	5.1	4.7	3.7	1.5	—	4
前期浓缩料	6.3	2.8	—	—	—	4.8
中后期浓缩料	—	3	4.8	—	—	—
产前混合料	—	—	—	—	5.7	—
干奶浓缩料	—	—	—	2.2	—	—
羊草	—	—	0.5	4.5	—	—
国产苜蓿	—	—	2.5	—	—	—
进口苜蓿	3.5	2.8	—	—	—	2.7
全株青贮	18	20	22	18	15	15
全棉籽	1.5	1.5	0.5	—	0.5	1.8
大豆皮	1.5	1.5	1.2	1	0.5	1
甜菜粕	2.8	2	2.2	—	0.5	2.2
燕麦草	1.5	1.5	1.5	1	3	1.5
啤酒糟	3.5	3.5	3.5	—	—	3.5

表 4-3　后备牛各阶段日粮配方　kg

原料名称	0～2 月龄	3～4 月龄	5～6 月龄	7～14 月龄	14～23 月龄	23～24 月龄
玉米	—	—	—	0.8	1	—
后备牛浓缩料	—	—	—	1.8	2.2	—
犊牛前期配合料	自由采食	3.5	1.5	—	—	—
犊牛后期配合料	—		2.5	—	—	—
产前混合料	—	—	—	—	—	5.7
进口苜蓿	—	1	1.5	—	—	—
羊草	—	—	—	2.5	4	—
全株青贮	—	—	4	—	—	15
秸秆青贮	—	—	—	15	22	—
燕麦草	—	—	—	—	—	3
大豆粕	—	—	—	—	—	0.5
甜菜粕	—	—	—	—	—	0.5
全棉籽	—	—	—	—	—	0.5

(四)根据电脑TMR配方设计奶牛场“用餐单”

根据奶牛头数、饲喂次数、TMR设备容量，按照TMR配方每日设计各奶牛群的饲喂方案，习惯称之为“用餐单”，天津某奶牛公司泌乳牛TMR用餐单构成见表4-4。

表4-4　(×××)奶牛场泌乳牛TMR用餐单构成

圈舍号	时间	头份	玉米粉	高产浓缩料	中低产浓缩料	甜菜粕	大豆皮	全棉籽	燕麦草	苜蓿	青贮	啤酒糟	糖蜜	水	TMR合计

(五)了解TMR加工车间及加工设备

TMR饲料加工设备集取料、切割、搅拌和饲料投放于一体，并采用计算机控制技术，保证了TMR的生产和使用。美国、以色列、加拿大、荷兰等奶业发达国家已普遍采用。我国起步较晚，但近年发展较快，目前在规模化奶牛场已有不少使用，效果显著。TMR饲料搅拌机有固定式和移动式两种。

1. 固定式饲料搅拌机

固定式饲料搅拌机多采用卧式绞龙，设备搅拌部分埋置于地下或半地下，以方便原料投放(图4-1和图4-2)。但搅拌制作好的成品TMR饲料需要传送装置提升到地面一定高度，装载在送料车上送往各个牛群。从性能价格比考虑，整个系统投资小、经济实用，但自动化程度相对要低一些。

图4-1　中小规模奶牛场单组固定饲料搅拌机

图4-2　大规模奶牛场多组固定搅拌机(TMR加工车间)

2.移动式饲料搅拌机

分为牵引式饲料搅拌机和自走式饲料搅拌机两种(图 4-3)。移动式自动化程度高,使用方便,但投资比较大。目前饲料搅拌机有国外进口的,也有国内生产的。搅拌机的大小以奶牛的饲养数量而定。规格有 5 m^3、7 m^3、9 m^3、12 m^3、15 m^3、19 m^3等可供选择。

图 4-3 移动式饲料搅拌机

(六)TMR 现场制作

1.饲料的装入顺序

搅拌时添加饲料原料应先添加轻的、较长的原料,较短较重的安排在最后添加,理想的加料次序应考虑搅拌车型号及饲料品种。

(1)卧式饲料搅拌车加料顺序　先加精料,之后加入干草,搅拌数分钟后加入青贮饲料,然后再加入多汁饲料和液体饲料,最后再根据需要加水。

(2)立式饲料搅拌车加料顺序　先加长干草,搅拌数分钟后加入精料,接着加入切短的粗料和青贮玉米,再加入多汁饲料和液体饲料,最后根据需要加水。

2.搅拌时间

掌握适宜搅拌时间的原则是确保搅拌后 TMR 中至少有 15%的粗饲料长度大于 1.8 cm。一般情况下,加入最后一种饲料继续搅拌 3~8 min,每车 TMR 从饲料加入到搅拌结束总的时间控制在 30 min 以内。

(七)TMR 饲喂要求

(1)确定饲喂次数:夏季成母牛每天投料 3 次以上,后备牛 2~3 次;其他季节成母牛每天投料 2~3 次,后备牛每天投料 1~2 次。成母牛要保证每次挤奶后有新鲜的饲料可供采食。

(2)确定饲喂量:TMR 专员应到牛舍观察奶牛日粮投放均匀度、采食及剩料情况,根据上次采食剩料量和天气情况来决定本次 TMR 的制作量。如果日剩余量占投喂量的 3%~5%,则说明 TMR 投喂量适宜。如果少于 3%,则说明投喂量不足,应该适当增加。如果超过 5%,则要按超过的数量递减。调整制作量时要以日粮配方来调整,即按头份调整,决不能只增减某种 TMR 原料。

(3)每天要估测 TMR 剩料的数量和品质,每周至少应称重 1 次,每 2 周取剩料样品送化验室检测营养成分。

(4)每天至少清槽1次，夏季应至少每周刷槽1次，并用0.2%高锰酸钾溶液对食槽进行消毒。

(5)确保饲槽22 h不空槽，定时推扫TMR，一般1～2 h推一遍。

(6)奶牛TMR水分低于50%时应加水至50%，后备牛TMR水分低于55%时，应加水至55%。

(7)每头每日TMR采食量超过设定采食量10%时，应及时调整TMR配方；TMR原料干物质变动超过3个百分点时，须及时调整奶牛用餐单。

六、注意事项

1. 实习前通过场方介绍了解奶牛场规模、饲养方式、牛舍布局与结构、饲料来源、饲料种类及饲料品控等情况。

2. TMR制作前了解牛群结构、奶牛分群、配方种类、TMR车类型等情况。

3. 实习过程中要听从实习指导老师和奶牛场技术员的现场指导及安排，注意TMR搅拌机操作规程和相关车辆行走路线，注意人身安全。

4. 认真实习，不做与实习无关的事情。

七、实习结果

TMR制作和饲喂效果测定与分析是本次实习的重要一环，最好能参与到底。

(一)数据记录与整理

TMR配方与制作信息要及时收集与记录，包括：TMR配方、牛群信息、TMR种类、批次、制作顺序、搅拌时间等。

(二)TMR制作质量与饲喂效果评价

1. TMR营养成分评价

在饲槽纵向的不同部位取新鲜的TMR样品4个，合并为500～1 000 g样品，密封后送到实验室分析其DM、CP、EE、Ash、Ca、P、NDF、ADF含量，建立奶牛场TMR监测数据库。用TMR品控值与TMR配方值进行比对，用来判断TMR制作过程及执行配方的精准性。TMR主要营养成分监测值允许误差范围见表4-5。

表4-5　TMR监测值允许误差

测定项目	允许误差/%
DM	±5
CP	±0.5
Ca	±0.2
P	±0.1
NDF	±2

2. TMR 物理形态评价

(1)粒度评定　利用 4 层式宾州分级筛，取新鲜 TMR 样品 800～1 000 g 置于最上层分级筛内，把分级筛沿每个方向用力晃动 5 次，循环 2 次，共计 40 次。计量每层饲料重量，并计算各层所占比例。若第一层所占比例高于标准，说明粒度过大，切割不充分；若第一层所占比例低于标准，说明粒度过小，切割过度。生产实践中一定要严格监控，认真执行粒度标准。宾州分级筛各层推荐比例见表 4-6 和图 4-4。

表 4-6　宾州分级筛各层 TMR 推荐参考重量比例　%

饲料种类	一层	二层	三层	四层
泌乳牛 TMR	10～15	20～25	40～45	20～25
后备牛 TMR	50～55	15～20	20～25	4～7
干奶牛 TMR	45～50	15～20	20～25	7～10

图 4-4　宾州分级筛筛完后情况

(2)混合均匀度评定　饲料混合均匀度影响 TMR 质量。通常在饲槽纵向 4 个不同部位取新鲜 TMR 样品各 1 个，单独用宾州分级筛测定各层比例，然后比较各样品的一致性。如果样品间同层变异低于 10%，说明 TMR 混合均匀；如果大于 10%，说明 TMR 混合不均匀，一方面会造成部分奶牛挑食过多的精料而引起瘤胃酸中毒或体况过肥；另一方面会造成部分奶牛采食不足精饲料而影响产奶量或体况偏瘦。

3. TMR 采食情况评价

(1)采食量评价　合格的 TMR 可刺激奶牛的食欲，从而保证奶牛每天的干物质采食量最大化。所以，可通过奶牛采食时的积极程度、实际的采食量以及饲槽中剩料情况来对 TMR 配方及制作效果进行评估。

劣质粗饲料或粗饲料过长均对奶牛干物质采食量有抑制作用。其原因在于奶牛采食较多消化率低的日粮时，日粮在瘤胃中发酵时间较长，瘤胃排空速度变慢，会抑制奶牛的采食量；反之，加快瘤胃排空速度，促进奶牛采食，则提高采食量。在生产中，奶牛场应建立牛群采食记录制度，记录内容见表 4-7。

表 4-7 牛群采食量记录表

日期	牛舍号	奶牛数	投喂量/kg	剩料量/kg	采食量/kg	头日采食鲜重/kg	含水量/%	干物质采食量/kg

(2)瘤胃充盈度评分 瘤胃充盈度评分能够反映奶牛过去特定时间内的采食量。每天应定时定点随机从牛体左后面观察一定数量奶牛左侧肷窝状态来评价奶牛瘤胃充盈度。瘤胃充盈度由饲料采食量、消化速率和饲料皱胃向小肠的流通速率等因素所决定，通常按 5 分标准评分，评分标准见表 4-8。

表 4-8 瘤胃充盈度评分标准

图例	评分	形态描述	说明
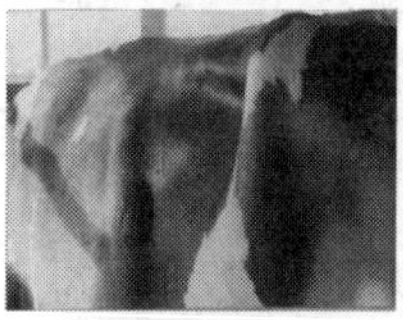	1 分	腰椎骨以下皮肤向内严重弯曲，从腰角处开始皮肤皱褶垂直向下。从侧面观察，肷窝深度凹陷。	这种牛可能由于突发疾病、饲料不足或适口性差，而导致奶牛至少 72 h采食量过少或没有采食。
	2 分	腰椎骨以下皮肤向内弯曲，从腰角处至最后一节肋骨开始皮肤皱褶斜向下。从侧面观察，肷窝凹陷。	这种评分常见于产后第一周的母牛，由于应激，奶牛至少 48 h 采食量不足或没有采食。如果泌乳后期奶牛出现这种信号，则表明饲料采食不足或饲料流通速率过快。
	3 分	腰椎骨以下皮肤弯曲不明显，从腰角处开始皮肤褶皱不明显。从侧面观察，肷窝刚刚可见。	这是泌乳牛的理想评分，表明采食充足，而且饲料在瘤胃中停留时间适宜。
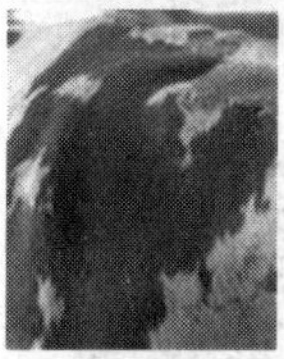	4 分	腰椎骨以下皮肤向外弯曲，从侧面观察，肷窝不明显。	这是泌乳后期和干奶期奶牛的理想评分。
	5 分	腰椎骨不明显，整个腹部皮肤紧绷，从侧面观察，肷窝充满。	这是干奶期和围产前期奶牛适宜评分。

4. 奶牛粪便评价

成年母牛一天排粪8～12次，排粪量为20～35 kg，在采食和瘤胃消化正常的情况下，奶牛排出的粪便落地有“扑通”声，落地后的粪便呈叠饼状，中间有较小的凹陷。

如果奶牛粪便普遍较稀，则提示日粮中含有过多的精饲料或缺乏有效的NDF；如果奶牛粪便普遍过于干燥，厚度过高，则提示TMR纤维量过多或精饲料饲喂量过少；如果一个群体奶牛采食同一个TMR，奶牛排出的粪便干稀不均匀，则提示日粮混合不均匀或粒度不合适，奶牛易出现挑食行为，也可能处于疾病状态。粪便评定按以下程序进行：

(1)粪便颜色和气味　粪便颜色因采食饲料种类不同而不同，一般正常粪便颜色为草黄色，而不正常的粪便颜色由草黄色逐渐变成褐色，也可变为黑色。奶牛正常粪便臭味较轻，而不正常的粪便臭味较重，甚至带有腥味或臭鸡蛋气味。

(2)粪便评分　通常根据奶牛粪便状态将其分为5个等级(表4-9，图4-5)。其中1分最干、粪坨最高，5分最稀、粪坨最低。

表4-9　粪便评分标准

级别	形态描述	原因
1分	粪很干，呈粪球状，粪坨高度超过7.5 cm	日粮基本以粗饲料为主，缺水
2分	粪干，粪坨高度5～7.5 cm，半成型的圆盘状	日粮纤维含量高，精饲料少
3分	粪呈叠饼状，中间有凹陷，粪坨高度在2～5 cm	日粮精粗比例合适
4分	粪软，没有固定形状，能流动，粪坨高度小于2 cm，周围有散点	缺乏有效NDF，精饲料和多汁饲料喂量大
5分	粪很稀，排便时呈弧形下落，无法成坨	食入过多蛋白质、淀粉等精饲料，缺乏有效NDF，饲料原料霉变或应激

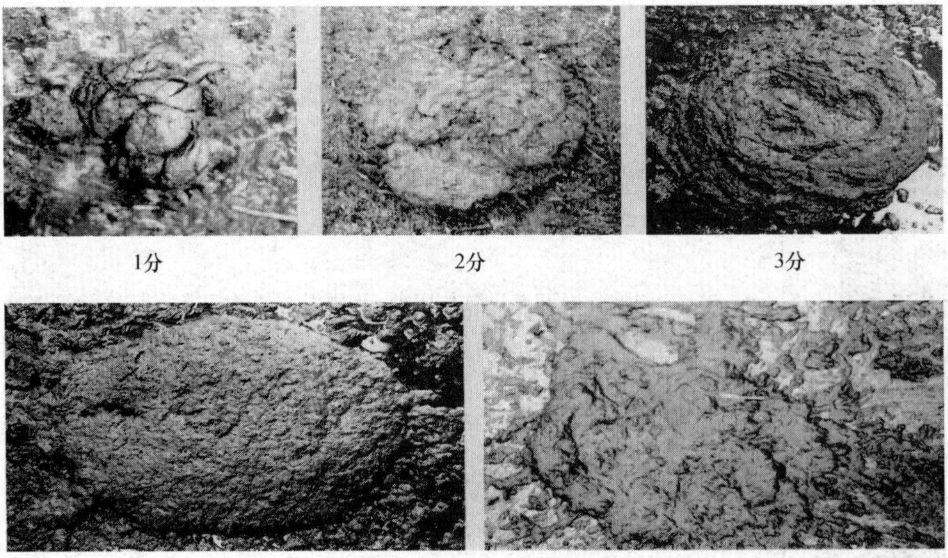

图4-5　粪便评分标准

成年母牛任何阶段粪便评分 3 分时都是可以接受的状态，低于 2 分或高于 4 分的粪便是不可以接受的。饲喂相同 TMR 的奶牛群粪便评分应该比较接近，如果群内个体间粪便评分差异较大，提示奶牛可能存在挑食现象，这时 TMR 专员要对搅拌效果进行评定，找出存在问题。

5. 反刍效果评价

如果日粮配方设计合理，TMR 加工达到标准，奶牛就会有足够反刍，生理指标和生产状况则趋于理想。奶牛采食后 0.5～1 h 便开始反刍，每天有 7～10 h 进行反刍。反刍时，每咀嚼 1 kg 干物质可以分泌 6～8 kg 唾液，唾液中含有丰富的 Na^+、HCO_3^- 和其他无机物等缓冲物质，一头奶牛每天产生的唾液量为 160～180 kg，缓冲作用相当于 1.2～1.4 kg 碳酸氢钠，这可以中和瘤胃内酸度，防止瘤胃 pH 急剧下降，维持瘤胃健康环境。

奶牛群休息时，如果反刍的奶牛达到 50%以上，说明这个牛群 TMR 混合均匀度、粒度及饲养环境适宜，奶牛瘤胃功能正常；如果反刍的奶牛低于 50%，说明 TMR 铡切过短、精料过多或饲养环境恶劣，奶牛可能患有瘤胃酸中毒，提示我们要跟踪评定 TMR 搅拌效果、重新评定 TMR 配方或要关注饲养环境。另外，还可以根据观察反刍次数、咀嚼时间来分析 TMR 精粗比是否合适。在一定范围内，饲料中物理有效纤维含量越高，奶牛咀嚼的时间就越长。

6. 按奶牛生产成绩评定

生产性能测定(DHI)结果可直接反映奶牛个体和群体生产性能。因此，可利用 DHI 测定数据来检验 TMR 配方和制作效果。

(1)产奶量　一般情况下，如果饲喂 TMR 后产奶量下降或没有达到预期的目标，可能存在两种情况：一是奶牛对饲喂的 TMR 不适应而影响采食量，提示要检查 TMR 生产过程、原料品质、TMR 水分含量、TMR 粒度等；二是 TMR 能量水平、蛋白质含量、能氮比例、氨基酸组成等不合理，提示要重新优化 TMR 配方。一般要求奶牛的实际产奶量和 TMR 配方预期的产量之间差异不应超过 3 kg。

(2)乳成分　奶牛采食 TMR 后，如果实际产奶量与 TMR 配方预计的产奶量一致或偏高，但乳脂率偏低，则可能是由于精粗比例过高，日粮 NDF 含量偏低或粗饲料粒度太细。如果乳蛋白偏低，则可能是日粮中可发酵碳水化合物含量偏低，导致瘤胃微生物蛋白质合成不足，也可能是日粮中蛋白质品质差、氨基酸不平衡，导致小肠可消化氨基酸品质差和总量偏少，也提示采食量不足。

(3)牛奶尿素氮含量　牛奶中尿素氮(milk urea nitrogen，MUN)可反映体内氮代谢情况，进而反映日粮蛋白质水平、瘤胃能氮平衡和奶牛瘤胃对氮的利用率。正常情况下牛奶中尿素氮含量在 140～180 mg/L。如果牛奶中的尿素氮含量高于上限，则有可能是以下原因：①日粮中蛋白质含量过高；②瘤胃蛋白降解率高；③日粮中非蛋白氮过多；④瘤胃快速降解碳水化合物不足；⑤能氮不平衡。这些情况都提示 TMR 制作不合理或配方不合理。

八、讨论与作业

(一)讨论题

1. 全混合日粮的优点和应用效果如何？

2. 未来奶业饲养方式及发展趋势。

(二)作业

1. 参与奶牛场某群奶牛 TMR 配方的设计与制作，写出制作与应用 TMR 的注意事项和改进意见。

2. 某奶牛场在应用 TMR 日粮后的初期发现有下列问题：奶牛左侧肷窝深度凹陷，且粪很稀，排便时呈弧形下落，无法成坨。请你根据所学知识进行分析是什么原因引起，并提出相应解决的对策。

3. 某奶牛场在应用 TMR 日粮后的初期发现有下列问题：牛奶中尿素氮含量达到了 190 mg/L，且粪便带有腥味或臭鸡蛋气味，请你根据所学知识进行分析是什么原因引起，并提出相应解决的对策。

九、实习效果

由任课教师在实习课后根据完成实习项目内容情况，总结实习经验，具体分析，综合评价实习效果。

参考文献：

[1]张学炜，李德林. 规模化奶牛场生产与经营管理手册. 北京：中国农业出版社，2014.
[2]周贵，王永军. 牛生产学. 长春：吉林科学技术出版社，2007.
[3]莫放. 养牛生产学. 2 版. 北京：中国农业大学出版社，2010.
[4]李建国. 现代奶牛生产. 北京：中国农业大学出版社，2007.

附 录

附录Ⅰ 牛场参观教学实习提纲

（供四年制动物科学本科专业使用）

一、实习目的

牛生产学是动物科学、动物生产及动物营养等相关专业的一门专业课，是基础理论与生产实践密切结合的综合性课程，是重要的必修专业课。根据牛生产学课程教学实习大纲内容的要求，特制定牛场参观教学实习提纲，以便学生在奶牛场和肉牛场参观学习时能有计划地进行资料搜集和整理。通过教学实习，使学生结合课堂上学到的基本理论知识，熟悉和了解生产现场的奶牛、肉牛及某些地方优良黄牛的品种特征、饲养管理技术、牛场建设和生产管理等内容。

通过参观、学习和现场技术人员和工人的讲解、指导，使学生熟悉和了解饲料加工、奶牛生产、牛奶加工和肉牛生产现场的生产过程、管理方法及进行简单的操作实践。

二、实习方法

1. 实习前，由指导教师讲解有关实习的目的、现场实习资料搜集提纲内容、资料的整理、归纳方法及实习报告要求等。

2. 指导教师将学生带到实习现场，聘请生产现场的领导、技术人员和工人引导学生参观生产现场、讲解生产过程，回答学生提出的各种问题。

3. 实习后，指导教师和学生共同总结实习情况，每个学生完成和上交“奶牛场实习报告”和“肉牛场实习报告”各一份。根据报告完成的质量评分，计入本门课程的总成绩。

三、实习内容

根据教学实习内容的要求，特制定如下教学实习提纲，以便学生能有计划地进行资料搜集和整理，具体内容如下：

1. 牛场自然条件

建场时间、地理位置（经、纬度）、环境、公路、交通条件；冬、夏极端温度，年平均降雨量，无霜期(d)，配套饲料地土质和面积，饲料生产条件。

2. 牛舍和运动场

(1)牛舍结构类型：棚式、舍式、棚舍式。

(2)屋顶：单坡、双坡、平顶、钟楼、通风口形式。

(3)墙壁：开敞式、半开敞式、封闭式。

(4)材料：砖瓦、木板、金属板、人造复合板、保温材料。

(5)动物排列方式：单列、双列、三列、四列、六列。

(6)通风方式:自然、通风机(电力消耗(度/(牛·年)))。

(7)夏季防暑、冬季保温方法。

(8)牛的固定方式(奶牛场、肉牛场):拴系、散栏。

(9)运动场面积:m^2/牛。

(10)每头牛占槽宽度:m/牛。

3.饲料和饮水

(1)饲料种类:粗料、精料、精/粗比。

(2)饲料种植:种类、品种、产量(kg/亩)。

(3)饲料贮存:草捆、青贮、黄贮。

(4)饲料加工:加工机械种类、加热、加湿、粉碎、混合。

(5)购买饲料:种类、数量(kg/牛)。

(5)饲喂方法:时间、次数、顺序(先粗后精、先干后湿、先喂后饮)。

(7)饲料运输:车辆种类、载重量(t)。

(8)饮水条件:水源、水质、用水量(L)。

4.奶牛场生产

(1)工作日程时间表。

(2)榨乳场地:牛舍、榨乳间。

(3)榨乳机械:移动式、固定管道式。

(4)挤奶时间、次数。

(5)乳房清洗、乳头消毒方法。

(6)牛奶挤后的处理和贮存(冷却处理等)、初加工。

(7)产量(总产、单产)。

(8)市场营销:价格、产品流向、市场销量。

(9)年经济效益:产值、利润(全场、每头)。

5.肉牛场生产

(1)工作日程时间表。

(2)肉牛品种、杂交组合。

(3)肥育类型、肥育期。

(4)饲料种类、精/粗比。

(5)出栏体重、屠宰率、净肉率。

(6)市场营销:价格、产品流向、市场销量。

(7)年经济效益:产值、利润(全场、每头)。

6.生产劳动管理

行政管理岗位、人数、饲养员人均管理牛头数。

7.牛舍管理

(1)清扫次数、时间、方法。

(2)消毒方法:药品、用量/m^2、次数/月。

8. 生产记录方法

(1)一般人工记录数据、资料、制作图、表。

(2)计算机管理、数据库管理、应用牛场生产管理计算机软件、管理分析生产资料。

9. 牛群状况

(1)各种类型动物数(品种、血缘):种公牛、成母牛、育成牛、青年牛、犊牛。

(2)犊牛饲养方法:开始哺喂初乳时间、粗料、育犊期全乳饲喂量、代乳料、开食料、去角时间和方法、去势时间和方法、断奶时间、断奶体重。

(3)产犊(存活)率＝本年度出生犊牛总数/上年度末成年母牛数×100%。

(4)平均产犊间隔(d)＝总个体产犊时间(d)/产犊母牛总数。

(5)总受胎率＝年内总受胎母牛数/年内平均母牛数×100%。

(6)育成牛:初配月龄、饲养方法、饲料特点。

(7)繁殖方法

①发情鉴定方法:人工观察、仪器检测。

②种公牛精液的来源(国内、国外)、品种。

③胚胎移植:胚胎来源(国内、国外)、品种、受体牛品种、妊娠率、产犊率、性别比例。

④冷配方法:一次发情输精次数(一次、两次),每次受孕的平均输精次数、输精量。

⑤妊娠诊断方法:人工、仪器检测。

⑥淘汰率、犊牛死亡率、犊牛成活率。

10. 疫病防治

(1)传染病:口蹄疫、布氏杆菌病、结核病、副结核病、气肿疽。

(2)免疫接种:疫苗种类、产地、接种时间、接种次数、免疫效果(保护率)。

(3)常见病:乳房炎、乳热症(产后瘫痪)、酮血病、流产、内外寄生虫病等。

11. 粪尿、清洗污水处理

无害化处理方法,粪、尿分离,发酵,制作有机肥。

12. 环境保护

牛场绿化、排污处理、环境监测方法。

附录Ⅱ　奶牛饲养标准应用表

内容选自《奶牛营养需要和饲料成分》(修订第三版),冯仰廉,陆治年主编,中国农业出版社,2007 年 4 月。

一、各类奶牛的营养需要表

表 1　成年母牛维持的营养需要量

体重/kg	日粮干物质/kg	奶牛能量单位/NND	产奶净能		可消化粗蛋白质/g	小肠可消化粗蛋白质/g	钙/g	磷/g	胡萝卜素/mg	维生素 A/IU
			/Mcal	/MJ						
350	5.02	9.17	6.88	28.79	341	283	21	16	37	15 000
400	5.55	10.13	7.60	31.80	377	313	24	18	42	17 000
450	6.06	11.07	8.30	34.73	432	342	27	20	48	19 000
500	6.56	11.97	8.98	37.57	446	370	30	22	53	21 000
550	7.04	12.88	9.65	40.38	479	398	33	25	58	23 000
600	7.52	13.73	10.30	43.10	511	424	36	27	64	26 000
650	7.98	14.59	10.94	45.77	542	450	39	30	69	28 000
700	8.44	15.43	11.57	48.41	573	476	42	32	74	30 000
750	8.98	16.24	12.18	50.96	605	502	45	34	79	32 000

注:①对第一个泌乳期的维持需要按表 1 基础增加 20%,第二个泌乳期增加 10%。

②如第一个泌乳期的年龄和体重过小,应按生长的需要计算实际增重的营养需要。

③放牧运动时,必须在表 1 的基础上增加能量需要,按正文中的说明计算。

④在环境温度低的情况下,维持能量消耗的增加,需在表 1 的基础上增加需要量,按正文计算。

⑤泌乳期间,每增重 1 kg 体重需增加 8 NND 和 325 g 可消化粗蛋白质;每减重 1 kg 需扣除 6.56 NND 和 250 g 可消化粗蛋白质。

表 2　每千克奶的能量、维生素 A 和钙磷的需要

乳脂率/%	日粮干物质/kg	奶牛能量单位/NND	产奶净能		胡萝卜素/mg	维生素 A/IU	钙/g	磷/g
			/Mcal	/MJ				
2.5	0.3～0.35	0.80	0.60	2.51	0.68	375	3.2	1.6
3.0	0.34～0.38	0.87	0.65	2.72	1.11	450	3.5	1.7
3.5	0.37～0.41	0.93	0.70	2.93	1.30	525	3.7	1.8
4.0	0.40～0.45	1.00	0.75	3.14	1.48	600	4.0	2.0
4.5	0.43～0.49	1.06	0.80	3.35	1.67	675	—	—
5.0	0.46～0.52	1.13	0.84	3.52	1.85	750	—	—
5.5	0.49～0.55	1.19	0.89	3.72	2.04	852	—	—

表 3　不同产奶量的 NND 需要(不包括维持)

乳脂率/%	日产奶量/kg																							
	4	6	8	10	12	14	16	18	20	22	24	26	28	30	32	34	36	38	40	42	44	46	48	50
3.0	3.48	5.22	6.96	8.70	10.4	12.2	13.9	15.7	17.4	19.1	20.9	22.6	24.4	26.1	27.8	29.6	31.3	33.1	34.8	36.5	38.3	40.0	41.8	43.5
3.5	3.72	5.58	7.44	9.30	11.2	13.0	14.9	16.6	18.6	20.5	22.3	24.2	26.0	27.9	29.8	31.6	33.5	35.3	37.2	39.1	40.9	42.8	44.6	46.5
4.0	4.00	6.00	8.00	10.0	12.0	14.0	16.0	18.0	20.0	22.0	24.0	26.0	28.0	30.0	32.0	34.0	36.0	38.0	40.0	42.0	44.0	46.0	48.0	50.0
4.5	4.24	6.36	8.48	10.6	12.7	14.8	17.0	19.1	21.2	23.3	25.4	27.6	29.7	31.8	33.9	36.0	38.2	40.3	42.4	44.5	46.6	48.8	50.9	53.0
5.0	4.52	6.78	9.04	11.3	13.6	16.2	18.1	20.3	22.6	24.9	27.1	29.4	31.6	33.9	36.2	38.4	40.7	42.9	45.2	47.5	49.7	52.0	54.2	56.5

注:①以上需要不包括维持,故需将各产奶需要加上表 1 的不同体重维持需要。

②产奶量在 40 kg 以上的产奶 NND 需要,可在表 3 基础上增加 6%。

表 4　每产 1 kg 奶的蛋白质需要　　g

乳蛋白率/%	可消化粗蛋白质		小肠可消化粗蛋白质	
	日产奶<30 kg	日产奶>30 kg	日产奶<30 kg	日产奶>30 kg
3.0	50.0	52.6	46.1	48.4
3.2	53.3	56.1	49.2	51.6
3.4	56.7	59.6	52.3	54.8
3.6	60.0	63.2	55.4	58.1

注:每产 1 kg 奶的小肠可消化粗蛋白质需要对日产奶 30 kg 以下为乳蛋白量/0.65,对日产奶 30 kg 以上为乳蛋白量/0.62。

每产 1 kg 奶的可消化粗蛋白质需要对日产奶 30 kg 以下为乳蛋白量/0.60,对日产奶 30 kg 以上为乳蛋白量/0.57。

表 5　维持加产奶的小肠可消化粗蛋白质(DCPSI)需要　　g

体重/kg	乳蛋白率/%	产奶量/kg													
		2	4	6	8	10	12	14	16	18	20	22	24	26	28
500	3.0	462	554	647	739	831	923	1 015	1 108	1 200	1 292	1 384	1 476	1 569	1 661
	3.2	468	567	665	764	862	960	1 039	1 157	1 256	1 354	1 452	1 551	1 649	1 748
	3.4	475	579	684	788	893	998	1 102	1 207	1 311	1 416	1 521	1 625	1 730	1 834
	3.6	481	592	702	813	924	1 035	1 146	1 256	1 367	1 476	1 589	1 700	1 810	1 920
550	3.0	490	582	675	767	859	951	1 043	1 136	1 228	1 320	1 412	1 504	1 597	1 689
	3.2	496	595	693	792	890	988	1 067	1 185	1 284	1 382	1 480	1 579	1 677	1 776
	3.4	503	607	712	816	921	1 026	1 130	1 235	1 339	1 444	1 549	1 653	1 758	1 862
	3.6	509	620	730	841	952	1 063	1 174	1 284	1 395	1 504	1 617	1 728	1 838	1 949
600	3.0	516	608	701	793	885	977	1 069	1 162	1 254	1 346	1 438	1 530	1 623	1 715
	3.2	522	621	719	818	916	1 014	1 093	1 261	1 310	1 408	1 506	1 604	1 703	1 802
	3.4	529	633	738	842	947	1 052	1 156	1 261	1 315	1 470	1 575	1 679	1 784	1 888
	3.6	535	646	756	867	978	1 089	1 200	1 310	1 421	1 530	1 643	1 754	1 864	1 975

续表 5

体重/kg	乳蛋白率/%	产奶量/kg													
		2	4	6	8	10	12	14	16	18	20	22	24	26	28
650	3.0	542	634	727	819	911	1 003	1 095	1 188	1 280	1 372	1 464	1 556	1 649	1 741
	3.2	548	647	745	844	942	1 040	1 119	1 237	1 336	1 434	1 532	1 631	1 729	1 828
	3.4	555	659	764	868	973	1 078	1 182	1 287	1 391	1 470	1 601	1 705	1 810	1 914
	3.6	561	672	782	893	1 004	1 115	1 226	1 336	1 447	1 530	1 669	1 780	1 890	2 001
700	3.0	568	660	753	845	937	1 029	1 121	1 214	1 306	1 398	1 490	1 582	1 675	1 767
	3.2	574	673	771	870	968	1 066	1 145	1 263	1 362	1 460	1 558	1 657	1 755	1 854
	3.4	581	685	790	894	999	1 104	1 208	1 313	1 417	1 522	1 627	1 731	1 836	1 940
	3.6	587	698	808	915	1 030	1 141	1 252	1 362	1 467	1 582	1 695	1 806	1 916	2 027

注：①日产奶 30 kg 以上需见表 4。

②维持需要 DCPSI(g)＝$3.5\times W^{0.75}$。

③产奶的 DCPSI 需要(g)＝$\frac{\text{乳蛋白(g)/奶(kg)}\times\text{产奶量(kg)}}{0.65}$。

表 6　高产奶牛小肠可消化粗蛋白质的需要及赖氨酸和蛋氨酸平衡　　g

体重/kg	乳蛋白/%	产奶量/(kg/d)														
		30			32			34			36			38		
		P	L	M	P	L	M	P	L	M	P	L	M	P	L	M
600	3.0	1 876	113	36	1 973	118	37	2 070	124	39	2 166	130	41	2 263	136	43
	3.2	1 972	118	37	2 075	124	39	2 178	131	41	2 282	137	43	2 385	143	45
	3.4	2 068	124	39	2 178	131	41	2 287	137	43	2 397	144	45	2 506	150	48
	3.6	2 167	130	41	2 283	137	43	2 399	144	46	2 516	151	48	2 632	158	50
650	3.0	1 902	114	36	1 999	120	38	2 096	126	40	2 192	132	42	2 289	137	43
	3.2	1 998	120	38	2 101	126	40	2 204	132	42	2 308	138	44	2 411	145	46
	3.4	2 094	126	40	2 204	132	42	2 313	139	44	2 423	145	46	2 532	152	48
	3.6	2 193	132	42	2 309	138	44	2 425	145	46	2 542	152	48	2 658	159	51
700	3.0	1 928	116	37	2 025	122	39	2 122	127	40	2 218	133	42	2 309	138	44
	3.2	2 024	121	38	2 127	128	40	2 230	134	42	2 334	140	44	2 437	146	46
	3.4	2 120	127	40	2 230	134	42	2 339	140	44	2 449	147	46	2 558	153	49
	3.6	2 219	133	42	2 335	140	44	2 451	147	47	2 568	154	49	2 684	161	51

续表 6

体重/kg	乳蛋白/%	产奶量/(kg/d)																	
		40			42			44			46			48			50		
		P	L	M	P	L	M	P	L	M	P	L	M	P	L	M	P	L	M
600	3.0	2 360	142	45	2 457	147	47	2 554	153	49	2 650	159	50	2 747	165	52	2 844	171	52
	3.2	2 488	149	47	2 591	155	49	2 694	162	51	2 798	168	53	2 901	174	55	3 004	180	57
	3.4	2 616	157	50	2 726	164	52	2 835	170	54	2 945	177	56	3 054	183	58	3 164	190	60
	3.6	2 748	165	52	2 864	172	54	2 980	179	57	3 097	186	59	3 213	193	61	3 329	200	63
650	3.0	2 386	143	45	2 483	149	47	2 580	155	49	2 676	161	51	2 773	166	53	2 870	172	54
	3.2	2 514	151	48	2 617	157	50	2 720	163	52	2 824	169	54	2 927	176	56	3 030	182	58
	3.4	2 642	158	50	2 752	165	52	2 861	172	54	2 971	178	56	3 080	185	59	3 190	191	61
	3.6	2 774	166	53	2 890	173	55	3 006	180	57	3 123	187	59	3 239	194	62	3 355	201	64
700	3.0	2 412	145	46	2 509	151	48	2 606	156	50	2 702	162	51	2 799	168	53	2 896	174	55
	3.2	2 540	152	48	2 643	159	50	2 746	165	52	2 850	171	54	2 953	177	56	3 056	183	58
	3.4	2 668	160	51	2 778	167	53	2 887	173	55	2 997	180	57	3 106	186	59	3 216	193	61
	3.6	2 808	168	53	2 916	175	55	3 032	182	58	3 149	189	60	3 265	196	62	3 381	203	64

注：P＝小肠可消化粗蛋白质(g)＝粗蛋白(g)/0.62 加维持需要。

L＝小肠可消化粗蛋白质中的赖氨酸(g)＝小肠可消化粗蛋白质(g)×0.06。

M＝小肠可消化粗蛋白质中的蛋氨酸(g)＝小肠可消化粗蛋白(g)×0.019。

高产奶牛的蛋白质需要可在该表基础上增加 6%。

表 7　母牛妊娠最后 4 个月的营养需要

体重/kg	怀孕月份	日粮干物质/kg	奶牛能量单位/NND	产奶净能		可消化粗蛋白质/g	小肠可消化粗蛋白质/g	钙/g	磷/g	胡萝卜素/mg	维生素 A/IU
				/Mcal	/MJ						
350	6	5.78	10.51	7.88	32.97	390	326	27	18	67	27 000
	7	6.28	11.44	8.58	35.90	424	356	31	20		
	8	7.23	13.17	9.88	41.34	455	398	37	22		
	9	8.70	15.84	11.84	49.54	509	452	45	25		
400	6	6.30	11.47	8.06	35.99	426	356	30	20	76	30 000
	7	6.81	12.40	9.30	38.92	460	386	34	22		
	8	7.76	14.13	10.60	44.36	491	428	40	24		
	9	9.22	16.80	12.60	52.72	545	482	48	27		
450	6	6.81	12.40	9.30	38.92	460	385	32	22	86	34 000
	7	7.32	13.33	10.00	41.84	494	415	37	24		
	8	8.27	15.07	11.30	47.28	542	457	43	26		
	9	9.73	17.73	13.30	55.65	604	511	51	29		

续表 7

体重/kg	怀孕月份	日粮干物质/kg	奶牛能量单位/NND	产奶净能		可消化粗蛋白质/g	小肠可消化粗蛋白质/g	钙/g	磷/g	胡萝卜素/mg	维生素 A/IU
				/Mcal	/MJ						
500	6	7.31	13.32	9.99	41.80	494	413	35	25	95	38 000
	7	7.82	14.25	10.69	44.73	528	443	40	27		
	8	8.78	15.99	11.99	50.17	576	485	46	29		
	9	10.24	18.65	13.99	58.54	638	539	54	32		
550	6	7.80	14.20	10.65	44.56	527	440	39	27	105	42 000
	7	8.31	15.13	11.35	47.49	561	470	43	29		
	8	9.26	16.87	12.65	52.93	609	512	49	31		
	9	10.72	19.53	14.65	61.30	671	566	57	34		
600	6	8.27	15.07	11.30	47.28	559	467	42	29	114	46 000
	7	8.78	16.00	12.00	50.21	593	497	46	31		
	8	9.73	17.73	13.30	55.65	641	539	52	33		
	9	11.20	20.40	15.30	64.02	703	593	60	36		
650	6	8.74	15.92	11.94	49.96	591	494	45	31	124	50 000
	7	9.25	16.85	12.64	52.89	625	524	49	33		
	8	10.21	18.59	13.94	58.33	673	566	55	35		
	9	11.67	21.25	15.94	66.70	735	620	63	38		
700	6	9.22	16.76	12.57	52.60	622	519	48	34	133	53 000
	7	9.71	17.69	13.27	55.53	656	549	52	36		
	8	10.67	19.43	14.57	60.97	704	591	58	38		
	9	12.13	22.09	16.57	69.33	766	645	66	41		
750	6	9.65	17.57	13.13	55.15	652	545	51	36	143	57 000
	7	10.16	18.51	13.88	58.08	686	575	55	38		
	8	11.11	20.24	15.18	63.52	734	617	61	40		
	9	12.58	22.91	17.18	71.89	796	671	69	43		

注:①怀孕牛干奶期间按表 7 计算营养需要。

②怀孕期间如未干奶,除按表 7 计算营养需要外还应加产奶营养需要。

表 8　生长母牛的营养需要

体重/kg	日增重/g	日粮干物质/kg	奶牛能量单位/NND	产奶净能		可消化粗蛋白质/g	小肠可消化粗蛋白质/g	钙/g	磷/g	胡萝卜素/mg	维生素 A/IU
				/Mcal	/MJ						
40	0		2.20	1.65	6.90	41		3	2	4.0	1 600
	200		2.67	2.00	8.37	92		6	4	4.1	1 600
	300		2.93	2.20	9.21	117		8	5	4.2	1 700
	400		2.23	2.42	10.13	141		11	6	4.3	1 700
	500		3.52	2.64	11.05	164		12	7	4.4	1 800
	600		3.84	2.86	12.05	188		14	8	4.5	1 800
	700		4.19	3.14	13.14	210		16	10	4.6	1 800
	800		4.56	3.42	14.31	231		18	11	4.7	1 900
50	0		2.56	1.92	8.04	49		3	2	5.0	2 000
	300		3.32	2.49	10.42	124		9	5	5.3	2 100
	400		3.60	2.70	11.30	148		11	6	5.4	2 200
	500		3.92	2.94	12.31	172		13	8	5.5	2 200
	600		4.24	3.18	13.31	194		15	9	5.6	2 200
	700		4.60	3.45	14.44	216		17	10	5.7	2 300
	800		4.99	3.74	15.65	238		19	11	5.8	2 300
60	0		2.89	2.17	9.08	56		5	3	6.0	2 400
	300		3.67	2.75	11.51	131		10	5	6.3	2 500
	400		3.96	2.97	12.43	154		12	6	6.4	2 600
	500		4.28	3.21	13.44	178		14	8	6.5	2 600
	600		4.63	3.47	14.52	199		16	9	6.6	2 600
	700		4.99	3.74	15.65	221		18	10	6.7	2 700
	800		5.37	4.03	16.87	243		20	11	6.8	2 700
70	0	1.22	3.21	2.41	10.09	63		4	4	7.0	2 800
	300	1.67	4.01	3.01	12.60	142		10	6	7.9	3 200
	400	1.85	4.32	3.24	13.56	168		12	7	8.1	3 200
	500	2.03	4.64	3.48	14.56	193		14	8	8.3	3 300
	600	2.21	4.99	3.74	15.65	215		16	10	8.4	3 400
	700	2.39	5.36	4.02	16.82	239		18	11	8.5	3 400
	800	3.61	5.76	4.32	18.08	262		20	12	8.6	3 400

续表 8

体重/kg	日增重/g	日粮干物质/kg	奶牛能量单位/NND	产奶净能		可消化粗蛋白质/g	小肠可消化粗蛋白质/g	钙/g	磷/g	胡萝卜素/mg	维生素 A/IU
				/Mcal	/MJ						
	0	1.35	3.51	2.63	11.01	70		5	4	8.0	3 200
	300	1.80	1.80	3.24	13.56	149		11	6	9.0	3 600
	400	1.98	4.64	3.48	14.57	174		13	7	9.1	3 600
80	500	2.16	4.96	3.72	15.57	198		15	8	9.2	3 700
	600	2.34	5.32	3.99	16.70	222		17	10	9.3	3 700
	700	2.57	5.71	4.28	17.91	245		19	11	9.4	3 800
	800	2.79	6.12	4.59	19.21	268		21	12	9.5	3 800
	0	1.45	3.08	2.85	11.93	76		6	5	9.0	3 600
	300	1.84	4.64	3.48	14.57	154		12	7	9.5	3 800
	400	2.12	4.96	3.72	15.57	179		14	8	9.7	3 900
90	500	2.30	5.29	3.97	16.62	203		16	9	9.9	4 000
	600	2.48	5.65	4.24	17.75	226		18	11	10.1	4 000
	700	2.70	6.06	4.54	19.00	249		20	12	10.3	4 100
	800	2.93	6.48	4.86	20.34	272		22	13	10.5	4 200
	0	1.62	4.08	3.06	12.81	82		6	5	10.0	4 000
	300	2.07	4.93	3.70	15.49	173		13	7	10.5	4 200
	400	2.25	5.27	3.95	16.53	202		14	8	10.7	4 300
100	500	2.43	5.61	4.21	17.62	231		16	9	11.0	4 400
	600	2.66	5.99	4.49	18.79	258		18	11	11.2	4 400
	700	2.84	6.39	4.79	20.05	285		20	12	11.4	4 500
	800	3.11	6.81	5.11	21.39	311		22	13	11.6	4 600
	0	1.89	4.73	3.55	14.86	97	82	8	6	12.5	5 000
	300	2.39	5.64	4.23	17.70	186	164	14	7	13.0	5 200
	400	2.57	5.96	4.47	18.71	215	190	16	8	13.2	5 300
	500	2.79	6.35	4.76	19.92	243	215	18	10	13.4	5 400
125	600	3.02	6.75	5.06	21.18	268	239	20	11	13.6	5 400
	700	3.24	7.17	5.38	22.51	295	264	22	12	13.8	5 500
	800	3.51	7.63	5.72	23.94	322	288	24	13	14.0	5 600
	900	3.74	8.12	6.09	25.48	347	311	26	14	14.2	5 700
	1 000	4.05	8.67	6.50	27.20	370	332	28	16	14.4	5 800

续表 8

体重/kg	日增重/g	日粮干物质/kg	奶牛能量单位/NND	产奶净能		可消化粗蛋白质/g	小肠可消化粗蛋白质/g	钙/g	磷/g	胡萝卜素/mg	维生素 A/IU
				/Mcal	/MJ						
150	0	2.21	5.35	4.01	16.78	111	94	9	8	15.0	6 000
	300	2.70	6.31	4.73	19.80	202	175	15	9	15.7	6 300
	400	2.88	6.67	5.00	20.92	226	200	17	10	16.0	6 400
	500	3.11	7.05	5.29	22.14	254	225	19	11	16.3	6 500
	600	3.33	7.47	5.60	23.44	279	248	21	12	16.6	6 600
	700	3.60	7.92	5.94	24.86	305	272	23	13	17.0	6 800
	800	3.83	8.40	6.30	26.36	331	296	25	14	17.3	6 900
	900	4.10	8.92	6.69	28.00	356	319	27	16	17.6	7 000
	1 000	4.41	9.49	7.12	29.80	378	339	29	17	18.0	7 200
175	0	2.48	5.93	4.45	18.62	125	106	11	9	17.5	7 000
	300	3.02	7.05	5.29	22.14	210	184	17	10	18.2	7 300
	400	3.20	7.48	5.61	23.48	238	210	19	11	18.5	7 400
	500	3.42	7.95	5.96	24.94	266	235	22	12	18.8	7 500
	600	3.65	8.43	6.32	26.45	290	257	23	13	19.1	7 600
	700	3.92	8.96	6.72	28.12	316	281	25	14	19.4	7 800
	800	4.19	9.53	7.15	29.92	341	304	27	15	19.7	7 900
	900	4.50	10.15	7.61	31.85	365	326	29	16	20.0	8 000
	1 000	4.82	10.81	8.11	33.94	387	346	31	17	20.3	8 100
200	0	2.70	6.48	4.86	20.34	160	133	12	10	20.0	8 000
	300	3.29	7.65	5.74	24.02	244	210	18	11	21.0	8 400
	400	3.51	8.11	6.08	25.44	271	235	20	12	21.5	8 600
	500	3.74	8.59	6.44	26.95	297	259	22	13	22.0	8 800
	600	3.96	9.11	6.83	28.58	322	282	24	14	22.5	9 000
	700	4.23	9.67	7.25	30.34	347	305	26	15	23.0	9 200
	800	4.55	10.25	7.69	32.18	372	327	28	16	23.5	9 400
	900	4.86	10.91	8.18	34.23	396	349	30	17	24.0	9 600
	1 000	5.18	11.60	8.70	36.41	417	368	32	18	24.5	9 800
250	0	3.20	7.53	5.65	23.64	189	157	15	13	25.0	10 000
	300	3.83	8.83	6.62	27.70	270	231	21	14	26.5	10 600
	400	4.05	9.31	6.98	29.21	296	255	23	15	27.0	10 800
	500	4.32	9.83	7.37	30.84	323	279	25	16	27.5	11 000
	600	4.59	10.40	7.80	32.64	345	300	27	17	28.0	11 200

续表 8

体重/kg	日增重/g	日粮干物质/kg	奶牛能量单位/NND	产奶净能		可消化粗蛋白质/g	小肠可消化粗蛋白质/g	钙/g	磷/g	胡萝卜素/mg	维生素 A/IU
				/Mcal	/MJ						
250	700	4.86	11.01	8.26	34.56	370	323	29	18	28.5	11 400
	800	5.18	11.65	8.74	36.57	394	345	31	19	29.0	11 600
	900	5.54	12.37	9.28	38.83	417	365	33	20	29.5	11 800
	1 000	5.90	13.13	9.83	41.13	437	385	35	21	30.0	12 000
300	0	3.69	8.51	6.38	26.70	216	180	18	15	30.0	12 000
	300	4.37	10.08	7.56	31.64	295	253	24	16	31.5	12 600
	400	4.59	10.68	8.01	33.52	321	276	26	17	32.0	12 800
	500	4.91	11.31	8.48	35.49	346	299	28	18	32.5	13 000
	600	5.18	11.99	8.99	37.62	368	320	30	19	33.0	13 200
	700	5.49	12.72	9.54	39.92	392	342	32	20	33.5	13 400
	800	5.85	13.51	10.13	42.39	415	362	34	21	34.0	13 600
	900	6.21	14.36	10.77	45.07	438	383	36	22	34.5	13 800
	1 000	6.62	15.29	11.47	48.00	458	402	38	23	35.0	14 000
350	0	4.14	9.43	7.07	29.59	243	202	21	18	35.0	14 000
	300	4.86	11.11	8.33	34.86	321	273	27	19	36.8	14 700
	400	5.13	11.76	8.82	36.91	345	296	29	20	37.4	15 000
	500	5.45	12.44	9.33	39.04	369	318	31	21	38.0	15 200
	600	5.76	13.17	9.88	41.34	392	338	33	22	38.6	15 400
	700	6.08	13.96	10.47	43.81	415	360	35	23	39.2	15 700
	800	6.39	14.83	11.12	46.53	442	381	37	24	39.8	15 900
	900	6.84	15.75	11.81	49.42	460	401	39	25	40.4	16 100
	1 000	7.29	16.75	12.56	52.56	480	419	41	26	41.0	16 400
400	0	4.55	10.32	7.74	32.39	268	224	24	20	40.0	16 000
	300	5.36	12.28	9.21	38.54	344	294	30	21	42.0	16 800
	400	5.63	13.03	9.77	40.88	368	316	32	22	43.0	17 200
	500	5.94	13.81	10.36	43.35	393	338	34	23	44.0	17 600
	600	6.30	14.65	10.99	45.99	415	359	36	24	45.0	18 000
	700	6.66	15.57	11.68	48.87	438	380	38	25	46.0	18 400
	800	7.07	16.56	12.42	51.97	460	400	40	26	47.0	18 800
	900	7.47	17.64	13.24	55.40	482	420	42	27	48.0	19 200
	1 000	7.97	17.80	14.10	59.00	501	437	44	28	49.0	19 600

续表 8

体重/kg	日增重/g	日粮干物质/kg	奶牛能量单位/NND	产奶净能		可消化粗蛋白质/g	小肠可消化粗蛋白质/g	钙/g	磷/g	胡萝卜素/mg	维生素 A/IU
				/Mcal	/MJ						
450	0	5.00	11.16	8.37	35.03	293	244	27	23	45.0	18 000
	300	5.80	13.25	9.94	41.59	368	313	33	24	48.0	19 200
	400	6.10	14.04	10.53	44.06	393	335	35	25	49.0	19 600
	500	6.50	14.88	11.16	46.70	417	355	34	26	50.0	20 000
	600	6.80	15.80	11.85	49.59	439	377	39	27	51.0	20 400
	700	7.20	16.79	12.58	52.64	461	398	41	28	52.0	20 800
	800	7.70	17.84	13.38	55.99	484	419	43	29	53.0	21 200
	900	8.10	18.99	14.24	59.59	505	439	45	30	54.0	21 600
	1 000	8.60	20.23	15.17	63.48	524	456	47	31	55.0	22 000
500	0	5.40	11.97	8.98	37.58	317	264	30	25	50.0	20 000
	300	6.30	14.37	10.78	45.11	392	333	36	26	53.0	21 200
	400	6.60	15.27	11.45	47.91	417	355	38	27	54.0	21 600
	500	7.00	16.24	12.18	50.97	441	377	40	28	55.0	22 000
	600	7.30	17.27	12.95	54.19	463	397	42	29	56.0	22 400
	700	7.80	18.39	13.79	57.70	485	418	44	30	57.0	22 800
	800	8.20	19.61	14.71	61.55	507	438	46	31	58.0	23 200
	900	8.70	20.91	15.68	65.61	529	458	48	32	59.0	23 600
	1 000	9.30	22.33	16.75	70.09	548	476	50	33	60.0	24 000
550	0	5.80	12.77	9.58	40.09	341	284	33	28	55.0	22 000
	300	6.80	15.31	11.48	48.04	417	354	39	29	58.0	23 000
	400	7.10	16.27	12.20	51.05	441	376	40	30	59.0	23 600
	500	7.50	17.29	12.97	54.27	465	397	41	31	60.0	24 000
	600	7.90	18.40	13.80	57.74	487	418	45	32	61.0	24 400
	700	8.30	19.57	14.68	61.43	510	439	47	33	62.0	24 800
	800	8.80	20.85	15.64	65.44	533	460	49	34	63.0	25 200
	900	9.30	22.25	16.69	69.84	554	480	51	35	64.0	25 600
	1 000	9.90	23.76	17.82	74.56	573	496	53	36	65.0	26 000
600	0	6.20	13.53	10.15	42.47	364	303	36	30	60.0	24 000
	300	7.20	16.39	12.29	51.43	441	374	42	31	66.0	26 400
	400	7.60	17.48	13.11	54.86	465	396	44	32	67.0	26 800
	500	8.00	18.64	13.98	58.50	489	418	46	33	68.0	27 200
	600	8.40	19.88	14.91	62.39	512	439	48	34	69.0	27 600

续表 8

体重/kg	日增重/g	日粮干物质/kg	奶牛能量单位/NND	产奶净能		可消化粗蛋白质/g	小肠可消化粗蛋白质/g	钙/g	磷/g	胡萝卜素/mg	维生素 A/IU
				/Mcal	/MJ						
600	700	8.90	21.23	15.92	66.61	535	459	50	35	70.0	28 000
	800	9.40	22.67	17.00	71.13	557	480	52	36	71.0	28 400
	900	9.90	24.24	18.18	76.07	580	501	54	37	72.0	28 800
	1 000	10.50	25.93	19.45	81.38	599	518	56	38	73.0	29 200

表 9　生长公牛的营养需要

体重/kg	日增重/g	日粮干物质/kg	奶牛能量单位/NND	产奶净能		可消化粗蛋白质/g	小肠可消化粗蛋白质/g	钙/g	磷/g	胡萝卜素/mg	维生素 A/IU
				/Mcal	/MJ						
40	0		2.20	1.65	6.19	41		2	2	4.0	1 600
	200		2.63	1.97	8.25	92		6	4	4.1	1 600
	300		2.87	2.15	9.00	117		8	5	4.2	1 700
	400		3.12	2.34	9.80	141		11	6	4.3	1 700
	500		3.39	2.54	10.63	164		12	7	4.4	1 800
	600		3.68	2.76	11.55	188		14	8	4.5	1 800
	700		3.99	2.99	12.52	210		16	10	4.6	1 800
	800		4.32	3.24	13.56	231		18	11	4.7	1 900
50	0		2.56	1.92	8.04	49		3	3	5.0	2 000
	300		3.24	2.43	10.17	124		9	5	5.3	2 100
	400		3.51	2.63	11.01	148		11	6	5.4	2 200
	500		3.77	2.83	11.85	172		13	8	5.5	2 200
	600		4.08	3.06	12.81	194		15	9	5.6	2 200
	700		4.40	3.30	13.81	216		17	10	5.7	2 300
	800		4.73	3.55	14.86	238		19	11	5.8	2 300
60	0		2.89	2.17	9.08	56		4	4	7.0	2 800
	300		3.60	2.70	11.30	131		10	6	7.9	3 200
	400		3.85	2.89	12.10	154		12	7	8.1	3 200
	500		4.15	3.11	13.02	178		14	8	8.3	3 300
	600		4.45	3.34	13.98	199		16	10	8.4	3 400
	700		4.77	3.58	14.98	221		18	11	8.5	3 400
	800		5.13	3.85	16.11	243		20	12	8.6	3 400

续表 9

体重/kg	日增重/g	日粮干物质/kg	奶牛能量单位/NND	产奶净能/Mcal	产奶净能/MJ	可消化粗蛋白质/g	小肠可消化粗蛋白质/g	钙/g	磷/g	胡萝卜素/mg	维生素 A/IU
70	0	1.2	3.21	2.41	10.09	63		4	4	7.0	3 200
	300	1.6	3.93	2.95	12.35	142		10	6	7.9	3 400
	400	1.8	4.20	3.15	13.18	168		12	7	8.1	3 600
	500	1.9	4.49	3.37	14.11	193		14	8	8.3	3 700
	600	2.1	4.81	3.61	15.11	215		15	10	8.4	3 700
	700	2.3	5.15	3.86	16.16	239		18	11	8.5	3 800
	800	2.5	5.51	4.13	17.28	262		20	12	8.6	3 800
80	0	1.4	3.51	2.63	11.01	70		5	4	8.0	3 200
	300	1.8	4.24	3.18	13.31	149		11	6	9.0	3 600
	400	1.9	4.52	3.39	14.19	174		13	7	9.1	3 600
	500	2.1	4.81	3.61	15.11	198		15	8	9.2	3 700
	600	2.3	5.13	3.85	16.11	222		17	9	9.3	3 700
	700	2.4	5.48	4.11	17.20	245		19	11	9.4	3 800
	800	2.7	5.85	4.39	18.37	268		21	12	9.5	3 800
90	0	1.5	3.80	2.85	11.93	76		6	5	9.0	3 600
	300	1.9	4.56	3.42	14.31	154		12	7	9.5	3 800
	400	2.1	4.84	3.63	15.19	179		14	8	9.7	3 900
	500	2.2	5.15	3.86	16.16	203		16	9	9.9	4 000
	600	2.4	5.47	4.10	17.16	226		18	11	10.1	4 000
	700	2.6	5.83	4.37	18.29	249		20	12	10.3	4 100
	800	2.8	6.20	4.65	19.46	272		22	13	10.5	4 200
100	0	1.6	4.08	3.06	12.81	82		6	5	10.0	4 000
	300	2.0	4.85	3.64	15.23	173		13	7	10.5	4 200
	400	2.2	5.15	3.86	16.16	202		14	8	10.7	4 300
	500	2.3	5.45	4.09	17.12	231		16	9	11.0	4 400
	600	2.5	5.79	4.34	18.16	258		18	11	11.2	4 400
	700	2.7	6.16	4.62	19.34	285		20	12	11.4	4 500
	800	2.9	6.55	4.91	20.55	311		22	13	11.6	4 600

续表 9

体重/kg	日增重/g	日粮干物质/kg	奶牛能量单位/NND	产奶净能		可消化粗蛋白质/g	小肠可消化粗蛋白质/g	钙/g	磷/g	胡萝卜素/mg	维生素 A/IU
				/Mcal	/MJ						
125	0	1.9	4.73	3.55	14.86	97	82	8	6	12.5	5 000
	300	2.3	5.55	4.16	17.41	186	164	14	7	13.0	5 200
	400	2.5	5.87	4.40	18.41	215	190	16	8	13.2	5 300
	500	2.7	6.19	4.64	19.42	243	215	18	10	13.4	5 400
	600	2.9	6.55	4.91	20.55	268	239	20	11	13.6	5 500
	700	3.1	6.93	5.20	21.76	295	264	22	12	13.8	5 600
	800	3.3	7.33	5.50	23.02	322	288	24	13	14.0	5 700
	900	3.6	7.79	5.84	24.44	347	311	26	14	14.2	5 800
	1 000	3.8	8.28	6.21	25.99	370	332	28	16	14.4	5 900
150	0	2.2	5.35	4.01	16.78	111	94	9	8	15.0	6 000
	300	2.7	6.21	4.66	19.50	202	175	15	9	15.7	6 300
	400	2.8	6.53	4.90	20.51	226	200	17	10	16.0	6 400
	500	3.0	6.88	5.16	21.59	254	225	19	11	16.3	6 500
	600	3.2	7.25	5.44	22.77	279	248	21	12	16.6	6 600
	700	3.4	7.67	5.75	24.06	305	272	23	13	17.0	6 800
	800	3.7	8.09	6.07	25.40	331	296	25	14	17.3	6 900
	900	3.9	8.56	6.42	26.87	356	319	27	16	17.6	7 000
	1 000	4.2	9.08	6.81	28.50	378	339	29	17	18.0	7 200
175	0	2.5	5.93	4.45	18.62	125	106	11	9	17.5	7 000
	300	2.9	6.95	5.21	21.80	210	184	17	10	18.2	7 300
	400	3.2	7.32	5.49	22.98	238	210	19	11	18.5	7 400
	500	3.4	7.75	5.81	24.31	266	235	22	12	18.8	7 500
	600	3.6	8.17	6.13	25.65	290	257	23	13	19.1	7 600
	700	3.8	8.65	6.49	27.16	316	281	25	14	19.4	7 700
	800	4.0	9.17	6.88	28.79	341	304	27	15	19.7	7 800
	900	4.3	9.72	7.29	30.51	365	326	29	16	20.0	7 900
	1 000	4.6	10.32	7.74	32.39	387	346	31	17	20.3	8 000
200	0	2.7	6.48	4.86	20.34	160	133	12	10	20.0	8 100
	300	3.2	7.53	5.65	23.64	244	210	18	11	21.0	8 400
	400	3.4	7.95	5.96	24.94	271	235	20	12	21.5	8 600
	500	3.6	8.37	6.28	26.28	297	259	22	13	22.0	8 800
	600	3.8	8.84	6.63	27.74	322	282	24	14	22.5	9 000

续表 9

体重/kg	日增重/g	日粮干物质/kg	奶牛能量单位/NND	产奶净能		可消化粗蛋白质/g	小肠可消化粗蛋白质/g	钙/g	磷/g	胡萝卜素/mg	维生素 A/IU
				/Mcal	/MJ						
200	700	4.1	9.35	7.01	29.33	347	305	26	15	23.0	9 200
	800	4.4	9.88	7.41	31.01	372	327	28	16	23.5	9 400
	900	4.6	10.47	7.85	32.85	396	349	30	17	24.0	9 600
	1 000	5.0	11.09	8.32	34.82	417	368	32	18	24.5	9 800
250	0	3.2	7.53	5.65	23.64	189	157	15	13	25.0	10 000
	300	3.8	8.69	6.52	27.28	270	231	21	14	26.5	10 600
	400	4.0	9.13	6.85	28.67	296	255	23	15	27.0	10 800
	500	4.2	9.60	7.20	30.13	323	279	25	16	27.5	11 000
	600	4.5	10.12	7.59	31.76	345	300	27	17	28.0	11 200
	700	4.7	10.67	8.00	33.48	370	323	29	18	28.5	11 400
	800	5.0	11.24	8.43	35.28	394	345	31	19	29.0	11 600
	900	5.3	11.89	8.92	37.33	417	366	33	20	29.5	11 800
	1 000	5.6	12.57	9.43	39.46	437	385	35	21	30.0	12 000
300	0	3.7	8.51	6.38	26.70	216	180	18	15	30.0	12 000
	300	4.3	9.92	7.44	31.13	295	253	24	16	31.5	12 600
	400	4.5	10.47	7.85	32.85	321	276	26	17	32.0	12 800
	500	4.8	11.03	8.27	34.61	346	299	28	18	32.5	13 000
	600	5.0	11.64	8.73	36.53	368	320	30	19	33.0	13 200
	700	5.3	12.29	9.22	38.85	392	342	32	20	33.5	13 400
	800	5.6	13.01	9.76	40.84	415	362	34	21	34.0	13 600
	900	5.9	13.77	10.33	43.23	438	383	36	22	34.5	13 800
	1 000	6.3	14.61	10.96	45.86	458	402	38	23	35.0	14 000
350	0	4.1	9.43	7.07	29.59	243	202	21	18	35.0	14 000
	300	4.8	10.93	8.20	34.31	321	273	27	19	36.8	14 700
	400	5.0	11.53	8.65	36.20	345	296	29	20	37.4	15 000
	500	5.3	12.13	9.10	38.08	369	318	31	21	38.0	15 200
	600	5.6	12.80	9.60	40.17	392	338	33	22	38.6	15 400
	700	5.9	13.51	10.13	42.19	415	360	35	23	39.2	15 700
	800	6.2	14.29	10.72	44.86	442	381	37	24	39.8	15 900
	900	6.6	15.12	11.34	47.45	460	401	39	25	40.4	16 100
	1 000	7.0	16.01	12.01	50.25	480	419	41	26	41.0	16 400

续表 9

体重/kg	日增重/g	日粮干物质/kg	奶牛能量单位/NND	产奶净能		可消化粗蛋白质/g	小肠可消化粗蛋白质/g	钙/g	磷/g	胡萝卜素/mg	维生素 A/IU
				/Mcal	/MJ						
400	0	4.5	10.32	7.74	32.39	268	224	24	20	40.0	16 000
	300	5.3	12.08	9.05	37.91	344	294	30	21	42.0	16 800
	400	5.5	12.76	9.57	40.05	368	316	32	22	43.0	17 200
	500	5.8	13.47	10.10	42.26	393	338	34	23	44.0	17 600
	600	6.1	14.23	10.67	44.65	415	359	36	24	45.0	18 000
	700	6.4	15.05	11.29	47.24	438	380	38	25	46.0	18 400
	800	6.8	15.93	11.95	50.0	460	400	40	26	47.0	18 800
	900	7.2	16.91	12.68	53.06	482	420	42	27	48.0	19 200
	1 000	7.6	17.95	13.46	56.32	501	437	44	28	49.0	19 600
450	0	5.0	11.16	8.37	35.03	293	244	27	23	45.0	18 000
	300	5.7	13.04	9.78	40.92	368	313	33	24	48.0	19 200
	400	6.0	13.75	10.31	43.14	393	335	35	25	49.0	19 600
	500	6.3	14.51	10.58	45.53	417	355	37	26	50.0	20 000
	600	6.7	15.33	11.50	48.10	439	377	39	27	51.0	20 400
	700	7.0	16.21	12.16	50.88	461	398	41	28	52.0	20 800
	800	7.4	17.17	12.88	53.89	484	419	43	29	53.0	21 200
	900	7.8	18.20	13.65	57.12	505	439	45	30	54.0	21 600
	1 000	8.2	19.32	14.49	60.63	524	456	47	31	55.0	22 000
500	0	5.4	11.97	8.93	37.58	317	264	30	25	50.0	20 000
	300	6.2	14.13	10.60	44.36	392	333	36	26	53.0	21 200
	400	6.5	14.93	11.20	46.87	417	355	38	27	54.0	21 600
	500	6.8	15.81	11.86	49.63	441	377	40	28	55.0	22 000
	600	7.1	16.73	12.55	52.51	463	397	42	29	56.0	22 400
	700	7.6	17.75	13.31	55.69	485	418	44	30	57.0	22 800
	800	8.0	18.85	14.14	59.17	507	438	46	31	58.0	23 200
	900	8.4	20.01	15.01	62.81	529	458	48	32	59.0	23 600
	1 000	8.9	21.29	15.97	66.82	548	476	50	33	60.0	24 000
550	0	5.8	12.77	9.58	40.09	341	284	33	28	55.0	22 000
	300	6.7	15.04	11.28	47.20	417	354	39	29	58.0	23 000
	400	6.9	15.92	11.94	49.96	441	376	41	30	59.0	23 600
	500	7.3	16.84	12.63	52.85	465	397	43	31	60.0	24 000

续表 9

体重/kg	日增重/g	日粮干物质/kg	奶牛能量单位/NND	产奶净能		可消化粗蛋白质/g	小肠可消化粗蛋白质/g	钙/g	磷/g	胡萝卜素/mg	维生素 A/IU
				/Mcal	/MJ						
550	600	7.7	17.84	13.38	55.99	487	418	45	32	61.0	24 400
	700	8.1	18.89	14.17	29.29	510	439	47	33	62.0	24 800
	800	8.5	20.04	15.03	62.89	533	460	49	34	63.0	25 200
	900	8.9	21.31	15.98	66.87	554	480	51	35	64.0	25 600
	1 000	9.5	22.67	17.00	71.13	573	496	53	36	65.0	26 000
600	0	6.2	13.53	10.15	42.47	364	303	36	30	60.0	24 000
	300	7.1	16.11	12.08	50.55	441	374	42	31	66.0	26 400
	400	7.4	17.08	12.81	53.60	465	396	44	32	67.0	26 800
	500	7.8	18.13	13.60	56.91	489	418	46	33	68.0	27 200
	600	8.2	19.24	14.43	60.38	512	439	48	34	69.0	27 600
	700	8.6	20.45	15.34	64.19	535	459	50	35	70.0	28 000
	800	9.0	21.76	16.32	68.29	557	480	52	36	71.0	28 400
	900	9.5	23.17	17.38	72.72	580	501	54	37	72.0	28 800
	1 000	10.1	24.69	18.52	77.49	599	518	56	38	73.0	29 200

表 10　种公牛的营养需要

体重/kg	日粮干物质/kg	奶牛能量单位/NND	产奶净能		可消化粗蛋白质/g	钙/g	磷/g	胡萝卜素/mg	维生素 A/IU
			/Mcal	/MJ					
800	11.37	19.05	14.29	59.79	677	45	34	85	34
900	12.42	20.81	15.61	65.32	739	49	37	95	38
1 000	13.44	22.52	16.89	70.64	800	53	40	106	42
1 100	14.44	24.26	18.15	75.94	860	57	43	117	47
1 200	15.42	25.83	19.37	81.05	917	61	46	127	51
1 300	16.37	27.49	20.57	86.07	974	65	49	138	55
1 400	17.31	28.99	21.74	90.97	1 030	39	52	148	59

二、奶牛常用饲料的成分与营养价值表

表 11　青绿饲料

编号	饲料名称	样品说明	原样中						
			干物质/%	粗蛋白质/%	钙/%	磷/%	总能量/(MJ/kg)	奶牛能量单位/(NND/kg)	可消化粗蛋白质/(g/kg)
2-01-601	岸杂一号	2省3样平均值	23.9	3.7	—	—	4.43	0.42	22
2-01-602	绊根草	湖北,大地绊根草营养期	23.8	2.7	0.13	0.03	4.09	0.39	16
2-01-604	白芽	湖北	35.8	1.5	0.11	0.04	6.42	0.49	9
2-01-605	冰草	北京,中间冰草	23.0	3.1	0.13	0.06	4.15	0.40	19
2-01-606	冰草	北京,西伯利亚冰草	24.6	4.1	0.18	0.07	4.42	0.42	25
2-01-607	冰草	北京,蒙古冰草	28.8	3.8	0.12	0.09	5.17	0.50	23
2-01-608	冰草	北京,沙生冰草	27.2	4.2	0.14	0.08	4.91	0.47	25
2-01-017	蚕豆苗	四川新都,小胡豆花前期	11.2	2.7	0.07	0.05	2.08	0.24	16
2-01-018	蚕豆苗	四川新都,小胡豆盛花期	12.3	2.2	0.08	0.04	2.23	0.24	13
2-01-026	大白菜	北京,小白口	4.4	1.1	0.06	0.04	0.78	0.10	7
2-01-027	大白菜	北京,大青口	4.6	1.1	0.04	0.04	0.83	0.10	7
2-01-609	大白菜	上海	4.5	1.0	0.11	0.03	0.72	0.09	6
2-01-030	大白菜	长沙,大麻叶齐心白菜	7.0	1.8	0.10	0.05	1.19	0.15	11
2-01-610	大麦青割	北京,5月上旬	15.7	2.0	—	—	2.78	0.29	12
2-01-611	大麦青割	北京,5月下旬	27.9	1.8	—	—	4.84	0.52	11
2-01-614	大豆青割	北京,全株	35.2	3.4	0.36	0.29	5.76	0.59	20
2-01-238	大豆青割	江苏扬州,全株	25.7	4.3	—	0.30	4.85	0.51	26
2-01-615	大豆青割	浙江,茎叶	25.0	5.4	0.11	0.03	4.46	0.49	32
2-01-616	大早熟禾	北京	33.0	3.4	0.15	0.07	5.93	0.52	20
2-01-617	多叶老芒麦	北京	30.0	5.2	0.17	0.08	5.51	0.53	31
2-01-618	甘薯蔓	上海	11.2	1.0	0.23	0.06	1.89	0.19	6
2-01-619	甘薯蔓	南京	12.4	2.1	—	0.26	2.29	0.23	13
2-01-062	甘薯蔓	湖北,加蓬红薯藤营养期	11.8	2.4	—	—	2.06	0.21	14
2-01-620	甘薯蔓	广西,夏甘薯藤	12.7	2.2	—	—	2.44	0.25	13
2-01-621	甘薯蔓	广西,秋甘薯藤	14.5	1.7	—	—	2.50	0.26	10
2-01-622	甘薯蔓	四川,成熟期	30.0	1.9	0.60	0.01	5.03	0.44	11
2-01-068	甘薯蔓	四川荣昌,南瑞苕成熟期	12.1	1.4	0.17	0.05	2.08	0.21	8
2-01-071	甘薯蔓	贵州,红薯藤成熟期	10.9	1.7	0.27	0.03	1.85	0.18	10
2-01-071	甘薯蔓	11省市15样平均值	13.0	2.1	0.20	0.05	2.25	0.22	13
2-01-623	甘蔗尾	广州	24.6	1.5	0.07	0.01	4.32	0.37	9

干物质中														
总能量 /(MJ/kg)	消化能 /(MJ/kg)	产奶净能		奶牛能量单位 /(NND/kg)	粗蛋白质 /%	可消化粗蛋白质 /(g/kg)	粗脂肪 /%	粗纤维 /%	无氮浸出物/%	粗灰分 /%	钙 /%	磷 /%	胡萝卜素 /(mg/kg)
		/(MJ/kg)	/(Mcal/kg)											
18.51	11.22	5.52	1.32	1.76	15.5	93	5.0	33.1	36.8	9.6	—	—	—
17.19	10.50	5.13	1.23	1.64	11.3	68	2.1	34.5	39.9	12.2	0.55	0.13	—
17.93	8.87	4.33	1.03	1.37	4.2	25	2.0	44.4	43.0	6.4	0.31	0.11	—
18.05	11.11	5.44	1.30	1.74	13.5	81	3.0	31.7	43.0	8.7	0.57	0.26	—
17.97	10.92	5.35	1.28	1.71	16.7	100	2.0	30.9	41.5	8.9	0.73	0.28	—
17.96	11.09	5.38	1.30	1.74	13.2	79	2.1	32.6	44.1	8.0	0.42	0.31	—
18.09	11.04	5.44	1.30	1.73	15.4	93	2.2	31.3	43.0	8.1	0.51	0.29	—
18.64	13.54	6.79	1.61	2.14	24.1	145	5.4	20.5	39.3	10.7	0.63	0.45	—
18.13	12.39	6.18	1.46	1.95	17.9	107	3.3	28.5	40.7	9.8	0.65	0.33	—
17.66	14.33	7.11	1.70	2.27	25.0	150	4.5	9.1	47.7	13.6	1.36	0.91	—
17.99	13.73	6.81	1.63	2.17	23.9	143	4.3	8.7	52.2	10.9	0.87	0.87	—
16.05	12.68	6.27	1.50	2.00	22.2	133	4.4	11.1	40.0	22.2	2.44	0.67	—
17.13	13.54	6.71	1.61	2.14	25.7	154	4.3	11.4	41.4	17.1	1.43	0.71	—
17.72	11.76	5.8	1.39	1.85	12.7	76	3.2	29.9	43.9	10.2	—	—	—
17.36	11.86	5.88	1.40	1.86	6.5	39	1.4	27.2	58.1	6.8	—	—	—
16.37	10.73	5.26	1.26	1.68	9.7	58	6.0	28.7	35.2	20.5	1.02	0.82	290.43
18.89	12.59	6.19	1.49	1.98	16.7	100	8.2	27.6	36.2	11.3	—	1.17	—
17.82	12.44	6.15	1.47	1.96	21.6	130	2.9	22.0	42.0	11.6	0.44	0.12	289.86
17.98	10.12	4.97	1.18	1.58	10.3	62	2.1	35.5	44.8	7.3	0.45	0.21	—
18.37	11.27	5.60	1.33	1.77	17.3	104	4.3	25.7	43.7	9.0	0.57	0.27	—
16.88	10.85	5.31	1.27	1.70	8.9	54	4.5	19.6	53.6	13.4	2.05	0.54	38.06
18.52	11.81	5.81	1.39	1.85	16.9	102	6.5	19.4	47.6	9.7	—	2.10	—
17.43	11.35	5.56	1.33	1.78	20.3	122	5.1	16.9	42.4	15.3	—	—	—
19.27	12.49	6.19	1.48	1.97	17.3	104	7.9	18.1	49.6	7.1	—	—	—
17.28	11.43	5.61	1.34	1.79	11.7	70	3.4	17.2	57.2	10.3	—	—	81.6
16.77	9.46	4.63	1.10	1.47	6.3	38	3.3	24.3	53.7	12.3	2.00	0.03	—
17.14	11.09	5.44	1.30	1.74	11.6	69	4.1	19.0	52.9	12.4	1.40	0.41	—
16.97	10.58	5.19	1.24	1.65	15.6	94	4.6	18.3	45.9	15.6	2.48	0.28	—
17.29	10.82	5.31	1.27	1.69	16.2	97	3.8	19.2	47.7	13.1	1.54	0.38	—
17.59	9.69	4.70	1.13	1.50	6.1	37	2.0	31.3	53.7	6.9	0.28	0.04	—

续表 11

编号	饲料名称	样品说明	原样中						
			干物质/%	粗蛋白质/%	钙/%	磷/%	总能量/(MJ/kg)	奶牛能量单位/(NND/kg)	可消化粗蛋白质/(g/kg)
2-01-625	甘蓝包	广州	7.8	1.3	0.06	0.04	1.24	0.15	8
2-01-626	甘蓝包	广州，甘蓝包外叶	7.6	1.2	0.12	0.02	1.27	0.13	7
2-01-627	甘蓝包	广西，甘蓝包外叶	10.9	1.3	—	—	1.82	0.23	8
2-01-628	葛藤	广州，爪哇葛藤	20.5	4.5	—	—	4.04	0.30	27
2-01-629	葛藤	广州，沙葛藤	20.9	3.5	0.13	0.01	3.98	0.30	21
2-01-630	狗尾草	湖北，卡松古鲁种	10.1	1.1	—	—	1.74	0.15	7
2-01-631	黑麦草	北京，阿文土意大利黑麦草	16.3	3.5	0.10	0.04	2.86	0.34	21
2-01-632	黑麦草	北京，伯克意大利黑麦草	18.0	3.3	0.13	0.05	3.15	0.37	20
2-01-633	黑麦草	北京，菲斯塔多年生黑麦草	19.2	3.3	0.15	0.05	3.36	0.40	20
2-01-634	黑麦草	南京	16.3	2.1	—	—	2.92	0.34	13
2-01-635	黑麦草	广西，抽穗期	22.8	1.7	—	—	3.97	0.36	10
2-01-636	黑麦草	四川，第一次收割	13.2	2.2	0.18	—	2.35	0.23	13
2-01-099	胡萝卜秧	4 省市 4 样平均值	12.0	2.0	0.38	0.05	2.07	0.23	13
2-01-638	花生藤	浙江	29.3	4.5	—	—	5.30	0.47	27
2-01-639	花生藤	广州	24.6	2.5	0.53	0.02	4.48	0.33	15
2-01-640	坚尼草	广州，抽穗期	25.3	2.0	—	—	4.39	0.43	12
2-01-641	坚尼草	广西，拔节期	23.4	1.6	—	—	4.07	0.35	10
2-01-642	坚尼草	广西，初穗期	32.7	1.2	—	—	5.67	0.47	7
2-01-131	聚合草	河北沧州，始花期	11.8	2.1	0.28	0.01	1.87	0.20	13
2-01-643	萝卜叶	北京	10.6	1.9	0.04	0.01	1.52	0.19	11
2-01-177	马铃薯秧	贵州	11.6	2.3	—	—	2.15	0.15	14
2-01-644	芒草	湖南，拔节期	34.5	1.6	0.16	0.02	6.26	0.52	10
2-01-645	苜蓿	北京，盛花期	26.2	3.8	0.34	0.01	4.73	0.40	23
2-01-646	苜蓿	北京，5 月中旬	17.5	1.5	—	—	3.08	0.25	9
2-01-197	苜蓿	吉林公主岭，亚洲苜蓿营养期	25.0	5.2	0.52	0.06	4.55	0.47	31
2-01-647	苜蓿	上海	21.9	4.6	0.31	0.09	4.05	0.41	28
2-01-201	苜蓿	南北，杂花苜蓿初花期	28.8	5.1	0.35	0.09	5.36	0.56	31
2-01-648	苜蓿	陕西，紫花苜蓿	20.2	3.6	0.47	0.06	3.55	0.36	22
2-01-209	苜蓿	四川，黄花苜蓿现蕾期	13.9	3.1	0.13	0.05	2.68	0.31	19
2-01-649	牛尾草	北京，梅尔多牛尾草	21.3	4.5	0.19	0.05	3.81	0.45	27
2-01-227	荞麦苗	贵州，初花期	19.8	2.8	0.69	0.14	3.57	0.36	17
2-01-226	荞麦苗	四川，盛花期	17.4	2.0	—	0.05	3.05	0.31	12
2-01-650	青菜	上海	19.1	2.9	0.36	0.05	2.67	0.32	17

干物质中													
总能量/(MJ/kg)	消化能/(MJ/kg)	产奶净能		奶牛能量单位/(NND/kg)	粗蛋白质/%	可消化粗蛋白质/(g/kg)	粗脂肪/%	粗纤维/%	无氮浸出物/%	粗灰分/%	钙/%	磷/%	胡萝卜素/(mg/kg)
		/(MJ/kg)	/(Mcal/kg)										
15.93	12.22	6.03	1.44	1.92	16.7	100	1.3	12.8	52.6	16.7	0.77	0.51	—
16.72	10.93	5.53	1.28	1.71	15.8	95	3.9	15.8	48.7	15.8	1.58	0.26	4.56
16.66	13.34	6.61	1.58	2.11	11.9	72	4.6	11.9	56.9	14.7	—	—	—
19.71	9.74	4.63	1.10	1.46	22.0	132	5.4	35.6	30.7	6.3	—	—	—
19.04	9.56	4.52	1.08	1.44	16.7	100	4.3	30.6	42.6	5.7	0.62	0.05	—
17.27	10.17	4.64	1.11	1.49	10.9	65	5.0	31.7	37.6	14.9	—	—	—
17.54	12.83	6.53	1.56	2.09	21.5	129	4.3	20.9	38.7	14.7	0.61	0.25	—
17.51	13.02	6.44	1.54	2.06	18.3	110	3.3	23.3	42.2	12.8	0.72	0.28	—
17.48	13.18	6.53	1.56	2.08	17.2	103	3.1	25.0	42.2	12.5	0.78	0.26	—
17.92	13.57	6.53	1.56	2.09	12.9	77	4.9	24.5	47.2	10.4	—	—	342.72
17.41	10.14	4.96	1.18	1.58	7.5	45	3.1	29.8	50.0	9.6	—	—	—
17.79	11.13	5.45	1.31	1.74	16.7	100	2.3	28.0	43.2	9.8	1.36	—	—
17.21	12.18	6.00	1.44	1.92	18.3	110	5.0	18.3	42.5	15.8	3.17	0.42	171.52
18.09	10.29	5.02	1.20	1.60	15.4	92	2.7	21.2	53.9	6.8	—	—	—
18.24	8.71	4.27	1.01	1.34	10.2	61	3.7	35.4	43.1	7.7	2.15	0.08	—
17.36	10.87	5.30	1.27	1.70	7.9	47	2.4	33.6	46.2	9.9	—	—	—
17.38	9.64	4.66	1.12	1.50	6.8	41	1.7	38.9	43.2	9.7	—	—	—
17.33	9.29	4.50	1.08	1.44	3.7	22	1.8	40.4	45.3	8.9	—	—	—
15.88	10.84	5.34	1.27	1.69	17.8	107	1.7	11.9	50.8	17.8	2.37	0.08	—
14.07	11.43	5.57	1.34	1.79	17.9	108	3.8	8.5	40.6	29.2	0.38	0.09	300.00
18.50	8.42	4.05	0.97	1.29	19.8	119	6.0	23.3	39.7	11.2	—	—	—
18.15	9.71	4.75	1.13	1.51	4.6	28	2.9	33.9	53.9	4.6	0.46	0.06	—
18.06	9.83	4.81	1.15	1.53	14.5	87	1.1	35.9	41.2	7.3	1.30	0.04	—
17.58	9.23	4.47	1.07	1.43	8.6	51	2.3	32.6	48.0	8.6	—	—	—
18.22	11.96	5.88	1.41	1.88	20.8	125	1.6	31.6	37.2	8.8	2.08	0.24	—
19.32	11.91	5.85	1.40	1.87	21.0	126	2.7	32.0	35.6	8.7	1.42	0.41	216.60
18.61	12.35	6.11	1.46	1.94	17.7	106	3.1	26.4	46.5	6.3	1.22	0.31	—
17.56	11.37	5.59	1.34	1.78	17.8	107	1.5	32.2	37.1	11.4	2.33	0.30	—
19.25	14.07	6.98	1.67	2.23	22.3	134	7.2	19.4	42.4	8.6	0.94	0.36	—
17.89	13.36	6.61	1.58	2.11	21.1	127	3.8	23.0	39.9	12.2	0.89	0.23	—
18.01	11.58	5.71	1.36	1.82	14.1	85	3.5	24.2	42.4	10.6	3.48	0.71	—
17.52	11.36	5.57	1.34	1.78	11.5	69	2.3	30.5	46.0	9.8	—	0.29	—
14.00	10.72	5.29	1.26	1.68	15.2	91	1.0	40.8	10.5	32.5	1.88	0.26	—

续表 11

编号	饲料名称	样品说明	原样中						
			干物质/%	粗蛋白质/%	钙/%	磷/%	总能量/(MJ/kg)	奶牛能量单位/(NND/kg)	可消化粗蛋白质/(g/kg)
2-01-625	雀麦草	北京,坦波无芒雀麦草	25.3	4.1	0.64	0.07	4.45	0.48	25
2-01-246	三叶草	北京,苏联三叶草	19.7	3.3	0.26	0.06	3.65	0.39	20
2-01-247	三叶草	武昌,新西兰红三叶现蕾期	11.4	1.9	—	—	2.04	0.24	11
2-01-248	三叶草	武昌,新西兰红三叶初花期	13.9	2.2	—	—	2.51	0.27	13
2-01-250	三叶草	武昌,地中海红三叶盛花期	12.7	1.8	—	—	2.36	0.25	11
2-01-653	三叶草	广西,分枝期	13.0	2.1	—	—	2.22	0.26	13
2-01-654	三叶草	广西,初花期	19.6	2.4	—	—	3.45	0.38	14
2-01-254	三叶草	贵州,红三叶,6样平均值	18.5	3.7	—	—	3.46	0.38	22
2-01-655	沙打旺	北京	14.9	3.5	0.20	0.05	2.61	0.30	21
2-01-343	苕子	浙江,初花期	15.0	3.2	—	—	2.86	0.29	19
2-01-658	苏丹草	广西,拔节期	18.5	1.9	—	—	3.34	0.33	11
2-01-659	苏丹草	广西,抽穗期	19.7	1.7	—	—	3.06	0.35	10
2-01-333	甜菜叶	新疆	8.7	2.0	0.11	0.04	1.39	0.17	12
2-01-661	通心菜	上海	9.9	2.3	0.10	—	1.63	0.20	14
2-01-663	象草	湖南	16.4	2.4	0.04	—	3.11	0.31	14
2-01-664	象草	广东,湛江	20.0	2.0	0.05	0.02	3.70	0.36	12
2-01-665	向日葵托	广州	10.3	0.5	0.10	0.01	1.69	0.17	3
2-01-666	向日葵叶	2省市2样平均值	17.0	2.7	0.74	0.04	2.63	0.29	16
2-01-667	小冠花	北京	20.0	4.0	0.31	0.06	3.59	0.40	24
2-01-668	小麦青割	北京,春小麦	29.8	4.8	0.27	0.03	5.43	0.57	29
2-01-669	鸭茅	北京,杰斯柏鸭茅	20.6	3.2	0.49	0.06	3.70	0.34	19
2-01-670	鸭茅	北京,伦鸭茅	21.2	2.8	0.11	0.06	3.64	0.32	17
2-01-671	燕麦青割	北京,刚抽穗	19.7	2.9	0.11	0.07	3.65	0.40	17
2-01-672	燕麦青割	黑龙江	25.5	4.1	9.00	0.06	4.68	0.45	25
2-01-673	燕麦青割	广西,扬花期	22.1	2.4	—	—	3.39	0.38	14
2-01-674	燕麦青割	广西,灌浆期	19.6	2.2	—	—	3.50	0.32	13
2-01-677	野青草	北京,狗尾草为主	25.3	1.7	—	0.12	4.36	0.40	13
2-01-678	野青草	北京,稗草为主	34.5	3.8	0.14	0.11	5.81	0.54	23
2-01-680	野青草	广州,混杂草	29.6	2.3	—	—	5.26	0.49	14
2-01-681	野青草	广西,沟边草	32.8	2.3	—	—	5.73	0.53	14
2-01-682	拟高粱	北京	18.4	2.2	0.13	0.14	3.22	0.34	13
2-01-683	拟高粱	湖南,拔节期	18.5	1.2	0.21	0.05	3.29	0.31	7
2-01-243	玉米青割	哈尔滨,乳熟期玉米叶	17.9	1.1	0.06	0.04	3.37	0.32	7

干物质中													
总能量/(MJ/kg)	消化能/(MJ/kg)	产奶净能		奶牛能量单位/(NND/kg)	粗蛋白质/%	可消化粗蛋白质/(g/kg)	粗脂肪/%	粗纤维/%	无氮浸出物/%	粗灰分/%	钙/%	磷/%	胡萝卜素/(mg/kg)
		/(MJ/kg)	/(Mcal/kg)										
17.60	12.06	5.97	1.42	1.90	16.2	97	2.8	30.0	39.1	11.9	2.53	0.28	—
18.52	12.56	6.19	1.48	1.98	16.8	101	2.5	28.9	45.7	6.1	1.32	0.30	—
17.96	13.32	6.67	1.58	2.11	16.7	100	6.1	18.4	46.5	12.3	—	—	—
18.07	12.33	6.11	1.46	1.94	15.8	95	5.0	23.7	44.6	10.8	—	—	—
18.59	12.49	6.19	1.48	1.97	14.2	85	—	26.0	42.5	10.2	—	—	—
17.14	12.68	6.28	1.50	2.00	16.2	97	3.1	20.0	47.4	13.1	—	—	—
17.60	12.31	6.02	1.45	1.94	12.2	73	3.1	25.5	49.5	9.7	—	—	148.58
18.73	13.01	6.44	1.54	2.05	20.0	120	4.9	22.2	44.9	8.1	—	—	184.14
17.52	12.76	6.32	1.51	2.01	23.5	141	3.4	15.4	44.3	13.4	1.34	0.34	—
19.09	12.28	6.07	1.45	1.93	21.3	128	4.0	32.7	34.7	7.3	—	—	—
18.05	11.38	5.68	1.34	1.78	10.3	62	4.3	29.2	47.6	8.6	—	—	—
18.26	11.33	5.53	1.33	1.78	8.6	52	36	31.5	50.3	6.1	—	—	—
15.96	12.40	6.15	1.47	1.95	23.0	138	3.4	11.5	40.2	21.8	1.26	0.46	—
16.45	12.80	6.36	1.52	2.02	23.2	139	3.0	10.1	45.5	18.2	1.01	—	—
18.97	12.02	5.94	1.42	1.89	14.6	88	—	29.3	35.4	12.8	0.24	—	—
18.53	11.47	5.65	1.35	1.80	10.0	60	3.0	35.0	47.0	5.0	0.25	0.10	—
16.36	10.57	5.19	1.24	1.65	4.9	29	2.9	19.4	60.2	12.6	0.97	0.10	—
15.46	10.91	5.35	1.28	1.71	15.9	95	3.5	10.6	48.2	21.8	4.35	0.24	—
17.94	12.68	6.30	1.50	2.00	20.0	120	3.0	21.0	46.0	10.0	1.55	0.30	—
18.21	12.15	5.98	1.43	1.91	16.1	97	2.3	28.9	45.3	7.4	0.91	0.10	—
17.96	10.57	5.19	1.24	1.65	15.5	93	3.9	28.6	41.3	10.7	2.38	0.29	—
17.17	9.72	4.76	1.13	1.51	13.2	79	3.8	28.3	40.6	14.2	0.52	0.28	—
18.54	12.86	6.40	1.52	2.03	14.7	88	4.6	27.4	45.7	7.6	0.56	0.36	—
18.36	11.26	5.52	1.32	1.76	16.1	96	3.1	28.2	45.1	7.5	35.3	0.24	0.25
17.78	10.99	5.40	1.29	1.72	10.9	65	2.7	30.8	47.1	8.6	—	—	—
17. 65	10.46	5.15	1.22	1.63	11.2	67	2.6	33.2	44.4	8.7	—	—	—
17.20	10.15	4.98	1.19	1.58	6.7	40	2.8	28.1	52.6	9.9	—	0.47	—
16.85	10.06	4.89	1.17	1.57	11.0	66	2.0	29.9	44.1	13.0	0.41	0.32	—
17.78	10.60	5.19	1.24	1.66	7.8	47	2.7	35.1	46.3	8.1	—	—	—
17.47	10.36	5.06	1.21	1.62	7.0	42	2.1	35.1	47.0	8.8	—	—	—
17.49	11.76	5.81	1.39	1.85	12.0	72	2.7	28.3	46.7	10.3	0.71	0.16	—
17.77	10.72	5.24	1.26	1.68	6.5	39	2.2	33.0	51.9	6.5	1.14	0.43	—
18.84	11.40	5.64	1.34	1.79	6.1	37	2.8	29.1	55.3	6.7	0.34	0.22	—

续表 11

编号	饲料名称	样品说明	原样中						
			干物质/%	粗蛋白质/%	钙/%	磷/%	总能量/(MJ/kg)	奶牛能量单位/(NND/kg)	可消化粗蛋白质/(g/kg)
2-01-685	玉米青割	黑龙江	22.9	1.5	—	0.02	4.11	0.41	9
2-01-686	玉米青割	上海，未抽穗	12.8	1.2	0.08	0.06	2.30	0.23	7
2-01-687	玉米青割	上海，抽穗期	17.6	1.5	0.09	0.05	3.16	0.31	9
2-01-688	玉米青割	上海，有玉米穗	12.9	1.1	0.04	0.03	2.26	0.22	7
2-01-689	玉米青割	上海，乳熟期占 1/2	18.5	1.5	0.06	—	3.20	0.32	9
2-01-241	玉米青割	宁夏，西德 2 号抽穗期	24.1	3.1	0.08	0.08	4.19	0.48	19
2-01-690	玉米全株	北京，晚熟	27.1	0.8	0.09	0.10	4.72	0.49	5
2-01-693	紫云英	上海	16.2	3.2	0.21	0.05	2.94	0.33	19
2-01-695	紫云英	南京，盛花期	9.0	1.3	—	—	1.68	0.19	8
2-01-429	紫云英	8 省市 8 样平均值	13.0	2.9	0.18	0.07	2.42	0.28	17

表 12　青贮类饲料

编号	饲料名称	样品说明	原样中						
			干物质/%	粗蛋白质/%	钙/%	磷/%	总能量/(MJ/kg)	奶牛能量单位/(NND/kg)	可消化粗蛋白质/(g/kg)
3-03-002	草木犀青贮	青海西宁，已结籽，pH 4.0	31.6	5.1	0.53	0.08	5.55	0.53	31
3-03-601	冬大麦青贮	北京 7 样平均值	22.2	2.6	0.05	0.03	3.82	0.40	16
3-03-602	甘薯藤青贮	北京，秋甘薯藤	33.1	2.0	0.46	0.15	5.14	0.47	12
3-03-004	甘薯藤青贮	广西，窖贮 6 个月	21.7	2.8	—	—	3.77	0.34	17
3-03-005	甘薯藤青贮	上海	18.3	1.7	—	—	2.98	0.24	10
3-03-021	甜菜叶青贮	吉林	37.5	4.6	0.39	0.10	6.05	0.69	28
3-03-025	玉米青贮	吉林汉阳，收获后黄干贮	25.0	1.4	0.10	0.02	4.35	0.25	8
3-03-031	玉米青贮	浙江，乳熟期	25.0	1.5	—	—	4.35	0.39	9
3-03-603	玉米青贮	黑龙江红色草原牧场	29.2	1.6	0.09	0.08	5.28	0.47	10
3-03-605	玉米青贮	4 省市 5 样平均值	22.7	1.6	0.10	0.06	3.96	0.36	10
3-03-606	玉米大豆青贮	北京	21.8	2.1	0.15	0.06	3.46	0.35	13
3-03-010	胡萝卜青贮	甘肃	23.6	2.1	0.25	0.03	3.29	0.44	13
3-03-011	胡萝卜青贮	青海西宁，起薹	19.7	3.1	0.35	0.03	3.21	0.33	19
3-03-019	苜蓿青贮	青海西宁，盛花期	33.7	5.3	0.50	0.10	6.25	0.52	32

干物质中													
总能量/(MJ/kg)	消化能/(MJ/kg)	产奶净能		奶牛能量单位/(NND/kg)	粗蛋白质/%	可消化粗蛋白质/(g/kg)	粗脂肪/%	粗纤维/%	无氮浸出物/%	粗灰分/%	钙/%	磷/%	胡萝卜素/(mg/kg)
		/(MJ/kg)	/(Mcal/kg)										
17.94	11.42	5.68	1.34	1.79	6.6	39	1.7	30.1	57.2	4.4	—	0.09	63.40
17.97	11.64	5.63	1.35	1.80	9.4	56	3.1	32.8	46.9	7.8	0.63	0.47	—
17.98	11.24	5.51	1.32	1.76	8.5	51	2.3	33.0	50.0	6.3	0.51	0.28	—
17.51	10.90	5.36	1.28	1.71	8.5	51	2.3	34.1	45.7	9.3	0.31	0.23	—
17.31	11.05	5.46	1.30	1.73	8.1	49	2.2	29.2	51.4	9.2	0.32	—	—
17.41	12.63	6.23	1.49	1.99	12.9	77	1.7	27.4	48.5	9.5	0.33	0.33	—
17.40	11.52	5.69	1.36	1.81	3.0	18	1.5	29.2	60.9	5.5	0.33	0.37	—
18.41	12.90	6.48	1.53	2.04	19.8	119	3.7	25.3	40.7	10.5	1.30	0.31	—
18.63	13.35	6.61	1.58	2.11	14.4	87	6.7	16.7	54.4	7.8	—	—	—
18.60	13.61	6.77	1.62	2.15	22.3	134	5.4	19.2	43.1	10.0	1.38	0.54	—

干物质中													
总能量/(MJ/kg)	消化能/(MJ/kg)	产奶净能		奶牛能量单位/(NND/kg)	粗蛋白质/%	可消化粗蛋白质/(g/kg)	粗脂肪/%	粗纤维/%	无氮浸出物/%	粗灰分/%	钙/%	磷/%	胡萝卜素/(mg/kg)
		/(MJ/kg)	/(Mcal/kg)										
17.57	10.84	5.27	1.26	1.68	16.1	97	3.2	32.3	35.4	13.0	1.68	0.25	—
17.23	11.59	5.68	1.35	1.80	11.7	70	3.2	29.8	42.8	12.6	0.23	0.14	—
15.54	9.28	4.44	1.06	1.42	6.0	36	2.7	18.4	55.3	17.5	1.39	0.45	—
17.37	10.17	4.94	1.18	1.57	12.9	77	5.1	21.7	47.0	13.4	—	—	—
16.27	8.63	4.15	0.98	1.31	9.3	56	6.0	24.6	39.9	20.2	—	—	—
16.13	11.82	5.77	1.38	1.84	12.3	74	6.4	19.7	38.9	22.7	1.04	0.27	—
17.38	6.75	3.14	0.75	1.00	5.6	34	1.2	35.6	50.0	7.6	0.40	0.08	—
17.38	10.13	4.88	1.17	1.56	6.0	36	4.4	30.8	47.6	11.2	—	—	—
18.09	10.43	5.03	1.21	1.61	5.5	33	2.4	31.5	55.5	5.1	0.31	0.27	—
17.45	10.29	4.98	1.19	1.59	7.0	42	2.6	30.4	51.1	8.8	0.44	0.26	—
15.90	10.40	5.00	1.20	1.61	9.6	58	2.3	31.7	37.6	18.8	0.69	0.28	—
13.92	11.96	5.89	1.40	1.86	8.9	53	2.1	18.6	42.8	27.5	1.06	0.13	—
16.30	10.82	5.27	1.26	1.68	15.7	94	6.6	28.9	24.4	24.4	1.78	0.15	—
18.54	10.03	4.87	1.16	1.54	15.7	94	4.2	38.0	30.6	11.6	1.48	0.30	—

表 13　块根、块茎、瓜果类饲料

编号	饲料名称	样品说明	原样中						
			干物质/%	粗蛋白质/%	钙/%	磷/%	总能量/(MJ/kg)	奶牛能量单位/(NND/kg)	可消化粗蛋白质/(g/kg)
4-04-601	甘薯	北京	24.6	1.1	—	0.07	4.08	0.58	7
4-04-602	甘薯	上海	24.4	1.1	—	—	4.12	0.57	7
4-04-018	甘薯	贵州，贵阳	23.0	1.1	0.14	0.06	3.86	0.54	7
4-04-200	甘薯	7省市8样平均值	25.0	1.0	0.13	0.05	4.25	0.59	7
4-04-207	甘薯	8省市40样甘薯干平均值	90.0	3.9	0.15	0.12	1.52	2.14	25
4-04-603	胡萝卜	张家口	9.3	0.8	0.05	0.03	1.58	0.23	5
4-04-604	胡萝卜	黑龙江，红色胡萝卜	13.7	1.4	0.06	0.05	2.33	0.33	9
4-04-605	胡萝卜	黑龙江，黄色胡萝卜	13.4	1.3	0.07	—	2.32	0.33	8
4-04-606	胡萝卜	上海2样平均值	11.6	0.9	0.16	0.04	2.05	0.29	6
4-04-077	胡萝卜	贵州	10.8	1.0	—	—	1.85	0.27	7
4-04-208	胡萝卜	12省市13样平均值	12.0	1.1	0.15	0.09	2.04	0.29	7
4-04-092	萝卜	北京，白萝卜	8.2	0.6	0.05	0.03	1.32	0.20	4
4-04-094	萝卜	浙江，长大萝卜	7.0	0.9	—	—	1.17	0.17	6
4-04-210	萝卜	11省市11样平均值	7.0	0.9	0.05	0.03	1.15	0.17	6
4-04-607	马铃薯	浙江	21.2	1.1	0.01	0.05	3.53	0.51	7
4-04-110	马铃薯	宁夏固原	18.8	1.3	—	—	3.15	0.44	8
4-04-114	马铃薯	贵州威宁，米粒种	15.2	1.1	0.02	0.06	2.59	0.36	7
4-04-211	马铃薯	10省市10样平均值	22.0	1.6	0.02	0.03	3.72	0.52	10
4-04-608	木薯粉	广西	94.0	3.1	—	—	1.61	2.26	20
4-04-136	南瓜	四川成都，柿饼瓜青皮	6.4	0.7	—	—	1.12	0.15	5
4-04-212	南瓜	9省市9样平均值	10.0	1.0	0.04	0.02	1.71	0.24	7
4-04-610	甜菜	黑龙江2样平均值	9.9	1.4	0.03	—	1.75	0.22	9
4-04-157	甜菜	贵州威宁，糖用	13.5	0.9	0.03	0.04	2.33	0.32	6
4-04-213	甜菜	8省市9平均值	15.0	2.0	0.06	0.04	2.59	0.31	13
4-04-611	甜菜丝干	北京	88.6	7.3	0.66	0.07	1.54	1.97	47
4-04-162	芜菁甘蓝	云南，洋萝卜新西兰2号	10.0	1.1	0.05	0.01	1.77	0.25	7
4-04-164	芜菁甘蓝	云南，洋萝卜新西兰2号	10.0	1.0	0.06	微	1.71	0.25	7
4-04-161	芜菁甘蓝	云南，洋萝卜新西兰4号	10.0	1.0	0.05	微	1.69	0.25	7
4-04-215	芜菁甘蓝	3省5样平均值	10.0	1.0	0.06	0.02	1.71	0.25	7
4-04-168	西瓜皮	甘肃兰州	6.6	0.6	0.02	0.02	1.17	0.14	4

干物质中													
总能量/(MJ/kg)	消化能/(MJ/kg)	产奶净能		奶牛能量单位/(NND/kg)	粗蛋白质/%	可消化粗蛋白质/(g/kg)	粗脂肪/%	粗纤维/%	无氮浸出物/%	粗灰分/%	钙/%	磷/%	胡萝卜素/(mg/kg)
		/(MJ/kg)	/(Mcal/kg)										
16.58	14.94	7.41	1.77	2.36	4.5	29	0.8	3.3	86.2	5.3	—	0.28	—
16.90	14.81	7.32	1.75	2.34	4.5	29	1.2	4.1	86.1	4.1	—	—	—
16.76	14.88	7.36	1.76	2.35	4.8	31	0.9	3.0	87.0	4.3	0.61	0.26	—
16.99	14.95	7.41	1.77	2.36	4.0	26	1.2	3.6	88.0	3.2	0.52	0.20	39.82
16.92	15.06	7.44	1.78	2.38	4.3	28	1.4	2.6	88.8	2.9	0.17	0.13	—
17.01	15.64	7.74	1.85	2.47	8.6	56	2.2	8.6	73.1	7.5	0.54	0.32	—
17.01	15.25	7.57	1.81	2.41	10.2	66	1.5	10.2	70.8	7.3	0.44	0.36	—
17.33	15.57	7.74	1.85	2.46	9.7	63	2.2	12.7	68.7	6.7	0.52	—	348.08
17.67	15.80	7.82	1.87	2.50	7.8	50	5.2	12.1	67.2	7.8	1.38	0.34	—
17.08	15.80	7.87	1.88	2.50	9.3	60	1.9	7.4	75.0	6.5	—	—	—
16.99	15.30	7.57	1.81	2.42	9.2	60	2.5	10.0	70.0	8.3	1.25	0.75	—
16.04	15.43	7.68	1.83	2.44	7.3	48	微	9.8	73.2	9.8	0.61	0.37	2.00
16.73	15.37	7.61	1.82	2.43	12.9	84	1.4	10.0	65.7	10.0	—	—	—
16.49	15.37	7.61	1.82	2.43	12.9	84	1.4	10.0	64.3	11.4	0.71	0.43	—
16.68	15.23	7.53	1.80	2.41	5.2	34	0.5	1.9	88.2	4.2	0.05	0.24	0.41
16.75	14.84	7.39	1.76	2.34	6.9	45	0.5	2.7	85.1	4.8	—	—	—
17.03	15.00	7.43	1.78	2.37	7.2	47	0.7	2.0	86.8	3.3	0.13	0.39	—
16.89	14.98	7.41	1.77	2.36	7.3	47	0.5	3.2	39.5	4.1	0.09	0.14	—
17.11	15.22	7.53	1.80	2.40	3.3	21	0.7	2.4	92.1	1.4	—	—	—
17.43	14.86	7.43	1.76	2.34	10.9	71	3.1	4.7	65.6	7.8	—	—	—
17.06	15.20	7.53	1.80	2.40	10.0	65	3.0	12.0	68.0	7.0	0.40	0.20	64.29
17.67	14.12	6.99	1.67	2.22	14.1	92	3.0	15.2	59.6	8.1	0.30	—	—
17.26	15.02	7.47	1.78	2.37	6.7	43	4.4	5.2	81.5	2.2	0.22	0.30	—
17.28	13.18	6.47	1.55	2.07	13.3	87	2.7	11.3	60.7	12.0	0.40	0.27	—
17.36	14.13	7.00	10.67	2.22	8.2	54	0.7	22.1	63.9	5.1	0.74	0.08	—
17.73	15.80	7.87	1.88	2.50	11.0	71	1.0	13.0	67.0	8.0	0.50	0.10	—
17.13	15.80	7.87	1.88	2.50	10.0	65	微	16.0	66.0	8.0	0.60	微	—
16.93	15.80	7.87	1.88	2.50	10.0	65	1.0	15.0	66.0	3.0	0.50	微	—
17.09	15.80	7.87	1.88	2.50	10.0	65	2.0	13.0	67.0	8.0	0.60	0.20	—
17.79	13.51	6.65	1.59	2.12	9.1	59	3.0	19.7	53.0	15.2	0.30	0.30	—

表 14　青干草类饲料

编号	饲料名称	样品说明	原样中						
			干物质/%	粗蛋白质/%	钙/%	磷/%	总能量/(MJ/kg)	奶牛能量单位/(NND/kg)	可消化粗蛋白质/(g/kg)
1-05-601	白茅	南京,地上茎叶	90.9	7.4	0.28	0.09	1.68	1.23	44
1-05-602	碧草	黑龙江	93.4	5.0	—	—	1.62	1.07	30
1-05-603	绊根草	湖南,营养期茎叶	92.6	9.6	0.52	0.13	1.68	1.33	58
1-05-604	草木犀	江苏,整株	88.3	16.8	2.42	0.02	1.50	1.36	101
1-05-605	大豆干草	大庆	94.6	11.8	1.50	0.70	1.70	1.44	71
1-05-606	大米草	江苏,整株	83.2	12.8	0.42	0.02	1.50	1.26	77
1-05-608	黑麦草	四川	90.8	11.6	—	—	1.63	1.50	70
1-05-609	胡枝子	江西	94.7	16.6	0.93	0.11	1.90	1.42	100
1-05-610	混合牧草	内蒙古,夏季,以禾本科为主	90.1	13.9	—	—	1.76	1.36	83
1-05-611	混合牧草	内蒙古,秋季,以禾本科为主	92.2	9.6	—	—	1.68	1.41	58
1-05-612	混合牧草	内蒙古,冬季状态	88.7	2.3	—	—	1.54	0.97	14
1-05-614	芨芨草	内蒙古,结实期	89.3	10.7	—	—	1.65	1.19	64
1-05-615	碱草	内蒙古,营养期	90.3	19.0	—	—	1.72	1.54	114
1-05-616	碱草	内蒙古,抽穗期	90.1	13.4	—	—	1.69	1.40	80
1-05-617	碱草	内蒙古,结实期	91.7	7.4	—	—	1.68	1.03	44
1-0-619	芦苇	新疆,抽穗前地面 10 cm 以上	91.3	8.8	0.11	0.11	1.61	1.27	53
1-05-620	芦苇	2 省市 2 样品平均值	95.7	5.5	0.80	0.10	1.66	1.15	33
1-05-621	米儿蒿	河北察北牧场,结籽期	89.2	11.9	1.09	0.81	1.59	1.48	71
1-05-622	苜蓿干草	北京,苏联苜蓿 2 号	92.4	16.8	1.95	0.28	1.63	1.64	101
1-05-623	苜蓿干草	北京,上等	86.1	15.8	2.08	0.25	1.55	1.54	95
1-05-624	苜蓿干草	北京,中等	90.1	15.2	1.43	0.24	1.63	1.37	91
1-05-625	苜蓿干草	北京,下等	88.7	11.6	1.24	0.39	1.61	1.27	70
1-05-626	苜蓿干草	黑龙江,紫花苜蓿	93.9	17.9	—	—	1.68	1.86	107
1-05-627	苜蓿干草	黑龙江齐齐哈尔市,野生	93.1	13.0	—	—	1.71	1.60	78
1-05-029	苜蓿干草	吉林,公农 1 号苜蓿现蕾期一茬	87.4	19.8	—	—	1.60	1.74	119
1-05-031	苜蓿干草	吉林,公农 1 号苜蓿营养期一茬	87.7	18.3	1.47	0.19	1.63	1.64	110
1-05-040	苜蓿干草	河南扶沟,盛花期	88.4	15.5	1.10	0.22	1.60	1.58	93
1-05-044	苜蓿干草	新疆石河子,紫花苜蓿盛花期	91.3	18.7	1.31	0.18	1.73	1.74	112
1-05-628	苜蓿干草	新疆,和田苜蓿 2 号	92.8	15.1	2.19	0.20	1.63	1.63	91
1-05-629	披碱草	河北,5～9 月	94.9	7.7	0.30	0.01	1.75	1.24	46
1-05-630	披碱草	吉林,抽穗期	88.8	6.3	0.39	0.29	1.55	1.23	38
1-05-631	披碱草	吉林	89.8	4.8	0.11	0.10	1.57	1.19	29

干物质中													
总能量/(MJ/kg)	消化能/(MJ/kg)	产奶净能		奶牛能量单位/(NND/kg)	粗蛋白质/%	可消化粗蛋白质/(g/kg)	粗脂肪/%	粗纤维/%	无氮浸出物/%	粗灰分/%	钙/%	磷/%	胡萝卜素/(mg/kg)
		/(MJ/kg)	/(Mcal/kg)										
14.48	8.88	4.24	1.01	1.35	8.1	49	3.3	32.3	51.8	4.4	0.31	0.10	—
17.35	7.63	3.59	0.86	1.15	5.4	32	1.9	39.6	43.7	9.4	—	—	—
18.16	9.38	4.52	1.08	1.44	10.4	62	2.8	30.5	50.2	6.0	0.56	0.14	—
16.99	10.01	4.84	1.16	1.54	19.0	114	1.8	31.6	31.9	15.6	2.74	0.02	—
17.99	9.89	4.78	1.14	1.52	12.5	75	1.2	30.3	50.2	5.8	1.59	0.74	35.77
17.41	9.85	4.78	1.14	1.51	15.4	92	3.2	36.4	30.5	14.4	0.50	0.02	—
17.93	10.77	5.19	1.24	1.65	12.8	77	3.2	30.1	44.9	9.0	—	—	—
20.09	9.76	4.69	1.12	1.50	17.5	105	7.1	38.6	31.7	5.1	0.98	0.12	—
19.49	9.82	4.74	1.13	1.51	15.4	93	6.3	38.2	33.4	6.7	—	—	—
18.25	9.94	4.82	1.15	1.53	10.4	62	5.1	29.5	46.4	8.6	—	—	—
17.33	7.32	3.45	0.82	1.09	2.6	16	4.5	40.5	40.4	7.1	—	—	—
18.42	8.76	4.18	1.00	1.33	12.0	72	2.5	43.9	34.3	7.4	—	—	—
19.00	11.01	5.38	1.28	1.71	21.0	126	4.1	28.7	39.1	7.1	—	—	—
18.71	10.09	4.88	1.17	1.55	14.9	89	2.9	35.0	44.5	5.8	—	—	—
18.27	7.49	3.52	0.84	1.12	8.1	48	3.4	45.0	35.4	8.1	—	—	—
17.62	9.11	4.36	1.04	1.39	9.6	58	2.3	35.4	43.4	9.3	0.12	0.12	—
17.38	7.97	3.76	0.90	1.20	5.7	34	2.0	36.3	47.1	8.9	0.08	0.10	—
17.83	10.73	5.19	1.24	1.66	13.3	80	2.4	27.7	48.3	8.3	1.22	0.91	—
17.60	11.42	5.57	1.33	1.77	18.2	109	1.4	31.9	37.3	11.1	2.11	0.30	500.00
18.06	11.51	5.61	1.34	1.79	18.4	110	1.7	29.0	42.4	8.5	2.42	0.29	—
18.11	9.89	4.78	1.14	1.52	16.9	101	1.1	42.1	30.9	9.1	1.59	0.27	—
18.20	9.36	4.48	1.07	1.43	13.1	78	1.4	48.8	28.2	8.6	1.40	0.44	190.23
17.88	12.67	6.23	1.49	1.98	19.1	114	2.7	26.4	41.3	10.5	—	—	—
18.32	11.09	5.40	1.29	1.72	14.0	84	1.9	37.1	40.3	6.8	—	—	179.46
17.84	12.73	6.23	1.49	1.99	22.7	136	1.8	29.1	34.8	11.7	—	—	500.77
18.59	12.00	5.87	1.40	1.87	20.9	125	1.5	35.9	34.4	7.3	1.68	0.22	14.27
18.09	11.50	5.61	1.34	1.79	17.5	105	2.6	28.7	42.1	9.0	1.24	0.25	—
18.92	12.21	6.01	1.43	1.91	20.5	123	3.9	31.5	37.7	7.4	1.43	0.20	—
17.52	11.31	5.51	1.32	1.76	16.3	98	1.3	34.4	37.0	11.1	2.36	0.22	—
18.48	8.60	4.11	0.98	1.31	8.1	49	1.9	46.8	38.0	5.2	0.32	0.01	—
17.48	9.07	4.34	1.04	1.39	7.1	43	2.0	36.3	45.7	8.9	0.44	0.33	—
17.43	8.71	4.15	0.99	1.33	5.3	32	1.6	37.3	47.8	8.0	0.12	0.11	—

续表 14

编号	饲料名称	样品说明	原样中						
			干物质/%	粗蛋白质/%	钙/%	磷/%	总能量/(MJ/kg)	奶牛能量单位/(NND/kg)	可消化粗蛋白质/(g/kg)
1-05-632	雀麦草	内蒙古,野生无芒雀麦抽穗期	91.6	2.7	—	—	1.67	1.39	16
1-05-633	雀麦草	内蒙古,野生无芒雀麦结实期	93.2	10.3	—	—	1.66	1.37	62
1-05-634	雀麦草	黑龙江	94.3	5.7	—	—	1.68	1.26	34
1-05-635	雀麦草	湖南,雀麦草叶	90.9	14.9	0.64	0.13	1.60	1.69	89
1-05-637	苕子	浙江,初花期	90.5	19.1	—	—	1.73	1.73	115
1-05-638	苕子	浙江,盛花期	95.6	17.8	—	—	1.77	1.79	107
1-05-640	苏丹草	辽宁,抽穗期	90.0	6.3	—	—	1.67	1.32	38
1-05-641	苏丹草	南京	91.5	6.9	—	—	1.61	1.39	41
1-05-642	燕麦干草	北京	86.5	7.7	0.37	0.31	1.50	1.31	46
1-05-644	羊草	东北,三级草	88.3	3.2	0.25	0.18	1.56	1.15	19
1-05-645	羊草	黑龙江,4 样平均值	91.6	7.4	0.37	0.18	1.70	1.38	44
1-05-646	野干草	北京,秋白草	85.2	6.8	0.41	0.31	1.43	1.25	41
1-05-647	野干草	北京,水涝池	90.8	2.9	0.50	0.10	1.54	1.22	17
1-05-648	野干草	河北张家口,禾本科野草	93.1	7.4	0.61	0.93	1.65	1.38	44
1-05-054	野干草	内蒙古海金山	91.4	6.2	—	—	1.64	1.32	37
1-05-055	野干草	吉林,山草	90.6	8.9	0.54	0.09	1.63	1.27	53
1-05-656	野干草	山东沿化,野生杂草	92.1	7.6	0.45	0.07	1.61	1.30	46
1-05-649	野干草	上海,次杂草	90.9	6.3	0.31	0.29	1.42	1.14	38
1-05-650	野干草	河南,杂草	90.8	5.8	0.41	0.19	1.38	1.25	35
1-05-060	野干草	河南洛阳,杂草	90.8	6.9	0.51	0.22	1.53	1.29	41
1-05-651	野干草	广州,杂草	84.0	3.3	0.03	0.02	1.47	1.11	20
1-05-003	野干草	新疆,草原野干草	91.7	6.8	0.61	0.08	1.67	1.27	41
1-05-062	野干草	新疆,羽茅草为主	90.2	7.7	—	0.08	1.66	1.21	46
1-05-063	野干草	新疆,芦苇为主	89.0	6.2	0.04	0.12	1.53	1.13	37
1-05-652	针茅	内蒙古,沙生针茅抽穗期	86.4	7.9	—	—	1.64	1.10	47
1-05-653	针茅	内蒙古,贝尔加针茅结实期	88.8	8.4	—	—	1.70	1.15	50
1-05-081	紫云英	江苏,盛花期全株	88.0	22.3	3.63	0.53	1.68	1.91	134
1-05-082	紫云英	江苏,结荚期全株	90.8	19.4	—	—	1.71	1.67	116

干物质中													
总能量/(MJ/kg)	消化能/(MJ/kg)	产奶净能		奶牛能量单位/(NND/kg)	粗蛋白质/%	可消化粗蛋白质/(g/kg)	粗脂肪/%	粗纤维/%	无氮浸出物/%	粗灰分/%	钙/%	磷/%	胡萝卜素/(mg/kg)
		/(MJ/kg)	/(Mcal/kg)										
18.21	9.87	4.76	1.14	1.52	2.9	18	3.4	30.0	44.7	8.1	—	—	—
17.80	9.59	4.62	1.10	1.47	11.1	66	3.0	33.0	43.6	9.3	—	—	—
17.86	8.78	4.18	1.00	1.34	6.0	36	2.3	36.2	48.9	6.6	—	—	—
17.63	11.93	5.85	1.39	1.86	16.4	98	2.3	25.0	46.2	10.1	0.70	0.14	—
19.12	12.25	6.01	1.43	1.91	21.1	127	4.3	32.9	34.1	7.5	—	—	—
18.52	12.01	5.87	1.40	1.87	18.6	112	2.3	33.1	38.7	7.3	—	—	—
18.51	9.57	4.61	1.10	1.47	7.0	42	1.6	37.9	51.1	2.4	—	—	—
17.57	9.88	4.77	1.14	1.52	7.5	45	3.4	30.4	49.4	9.3	—	—	—
17.32	9.85	4.77	1.14	1.51	8.9	53	1.6	32.8	47.3	9.4	0.43	0.36	—
17.56	8.57	4.08	0.98	1.30	3.6	22	1.5	36.8	52.3	5.8	0.28	0.20	—
18.51	9.81	4.71	1.13	1.51	8.1	48	3.9	32.1	50.9	5.0	0.40	0.20	—
16.83	9.57	4.85	1.10	1.47	8.0	48	1.3	32.3	47.1	11.4	0.48	0.36	—
16.97	8.52	4.20	1.01	1.34	3.2	19	1.2	37.8	48.3	9.5	0.55	0.11	—
17.70	9.66	4.63	1.11	1.48	7.9	48	2.8	28.0	53.8	7.4	0.66	0.42	—
17.94	9.43	4.54	1.08	1.44	6.8	41	2.7	33.4	50.7	6.5	—	—	—
18.02	9.17	4.39	1.05	1.40	9.8	59	2.2	37.2	43.5	7.3	0.06	0.10	—
17.44	9.23	4.41	1.06	1.41	8.3	50	2.1	33.7	46.9	9.1	0.49	0.08	—
15.13	8.28	3.96	0.94	1.25	6.9	42	1.8	23.1	48.3	19.9	0.34	0.32	—
16.38	9.02	4.34	1.03	1.38	6.4	38	1.7	27.8	51.2	12.9	0.45	0.21	—
16.82	9.29	4.47	1.07	1.42	7.6	46	2.2	31.4	46.5	12.3	0.56	0.24	—
17.46	8.69	4.14	0.99	1.32	3.9	24	1.4	34.5	53.6	6.5	0.04	0.02	—
18.26	9.07	4.34	1.04	1.38	7.4	44	2.7	40.1	43.6	6.1	0.67	0.09	—
18.43	8.81	4.22	1.01	1.34	8.5	51	1.9	37.5	48.2	3.9	—	0.09	—
17.24	8.38	4.00	0.95	1.27	7.0	42	2.8	32.8	46.7	10.7	0.04	0.13	—
18.96	8.40	4.00	0.95	1.27	9.1	55	2.4	51.6	32.4	4.3	—	—	—
19.16	8.53	4.05	0.97	1.30	9.5	57	4.1	51.4	29.6	5.6	—	—	—
19.11	13.81	6.81	1.63	2.71	25.3	152	5.5	22.2	38.2	8.9	4.13	0.60	—
18.85	11.81	5.76	1.38	1.84	21.4	128	5.5	22.2	42.1	8.7	—	—	—

表15　农副产品类饲料

编号	饲料名称	样品说明	原样中						
			干物质/%	粗蛋白质/%	钙/%	磷/%	总能量/(MJ/kg)	奶牛能量单位/(NND/kg)	可消化粗蛋白质/(g/kg)
1-06-602	大麦秸	宁夏固原	95.2	5.8	0.13	0.02	16.19	1.31	15
1-06-603	大麦秸	新疆	88.4	4.9	0.05	0.06	15.62	1.04	12
1-06-632	大麦秸	北京	90.0	4.9	0.12	0.11	15.81	1.17	14
1-06-604	大麦秸	吉林公主岭	89.7	3.2	0.61	0.03	16.32	1.10	8
1-06-605	大麦秸	辽宁盘山	93.7	4.8	—	—	17.17	1.12	12
1-06-606	大麦秸	河南淮阳	92.7	9.1	1.23	0.20	17.11	1.09	23
1-06-630	稻草	北京	90.0	2.7	0.11	0.05	13.41	1.04	7
1-06-612	风柜谷尾	广州，瘪稻谷	88.5	5.6	0.16	0.21	14.29	0.79	14
1-06-613	甘薯蔓	北京，含土量较多	90.5	13.2	1.72	0.26	14.66	1.25	42
1-06-038	甘薯蔓	山东25样平均值	90.0	7.6	1.63	0.08	15.78	1.39	24
1-06-100	甘薯蔓	7个省市13样平均值	88.0	8.1	1.55	0.11	15.29	1.34	26
1-06-615	谷草	黑龙江，小麦秆，2样平均值	90.7	4.5	0.34	0.03	15.54	1.33	10
1-06-617	花生藤	山东，伏花生	91.3	11.0	2.46	0.04	16.11	1.54	28
1-06-618	糜草	宁夏，糯米小秆	91.7	5.2	0.25	—	15.78	1.34	11
1-06-619	荞麦秸	宁夏固原	95.4	4.2	0.11	0.02	15.74	1.07	9
1-06-620	小麦秸	北京，冬小麦	90.0	3.9	0.25	0.03	7.49	0.99	10
1-06-623	燕麦秸	河北张家口，甜燕麦秸，青海种	93.0	7.0	0.17	0.01	16.92	1.33	15
1-06-624	燕麦秸	河北张家口，莜麦秸	95.2	8.8	0.29	0.10	17.39	1.27	19
1-06-631	黑麦秸	北京	90.0	3.5	—	—	16.25	1.11	9
1-06-629	玉米秸	北京	90.0	5.8	—	—	15.22	1.21	18

表16　谷实类饲料

编号	饲料名称	样品说明	原样中						
			干物质/%	粗蛋白质/%	钙/%	磷/%	总能量/(MJ/kg)	奶牛能量单位/(NND/kg)	可消化粗蛋白质/(g/kg)
4-07-029	大米	江苏，4样糙米平均值	87.0	8.8	0.04	0.25	15.55	2.28	57
4-07-601	大米	广州，广场131	87.1	6.8	—	—	15.30	2.24	44
4-07-602	大米	广州，木泉	86.1	9.1	—	—	15.34	2.24	59
4-07-038	大米	9省市，16样籼稻米平均值	87.5	8.5	0.06	0.21	15.54	2.29	55
4-07-034	大米	湖南，碎米，较多谷头	88.2	8.8	0.05	0.28	15.77	2.26	57
4-07-603	大米	3省市3样平均值	86.6	7.1	0.02	0.10	15.39	2.26	46

干物质中													
总能量/(MJ/kg)	消化能/(MJ/kg)	产奶净能		奶牛能量单位/(NND/kg)	粗蛋白质/%	可消化粗蛋白质/(g/kg)	粗脂肪/%	粗纤维/%	无氮浸出物/%	粗灰分/%	钙/%	磷/%	胡萝卜素/(mg/kg)
		/(MJ/kg)	/(Mcal/kg)										
17.01	9.02	4.36	1.03	1.38	6.1	15	1.9	35.5	45.6	10.9	0.14	0.02	—
17.67	7.82	3.70	0.88	1.18	5.5	14	3.3	38.2	43.8	9.2	0.06	0.07	—
17.44	8.51	4.08	0.98	1.30	5.5	16	1.8	71.8	10.4	10.6	0.13	0.12	—
18.20	8.12	3.84	0.92	1.23	3.6	9	0.6	52.1	39.7	4.1	0.68	0.03	—
18.32	7.93	3.76	0.90	1.20	5.1	13	0.9	54.1	35.1	4.8	—	—	—
18.50	7.81	3.70	0.88	1.18	9.8	25	2.0	48.1	33.5	6.6	1.33	0.22	—
16.10	8.61	3.65	0.87	1.16	3.1	8	1.2	66.3	13.9	15.6	0.12	0.05	—
16.15	6.10	2.79	0.67	0.89	6.3	16	2.3	27.0	49.4	15.0	0.18	0.24	—
16.20	9.05	4.35	1.04	1.38	14.6	47	3.4	25.3	37.2	19.4	1.90	0.29	—
17.54	10.04	4.84	1.16	1.54	8.4	27	3.2	34.1	43.9	10.3	1.81	0.09	—
17.39	9.90	4.77	1.14	1.52	9.2	30	3.1	32.4	44.3	11.0	1.76	0.13	—
17.13	9.56	4.62	1.10	1.47	5.0	11	1.3	35.9	48.7	9.0	0.37	0.03	—
17.64	10.89	5.31	1.27	1.69	12.0	31	1.6	32.4	45.2	8.7	2.69	0.04	—
17.21	9.53	4.61	1.10	1.46	5.7	12	1.3	32.9	51.8	8.3	0.27	—	—
16.50	7.48	3.55	0.84	1.12	4.4	10	0.8	41.6	41.2	13.0	0.12	0.02	—
17.22	8.35	3.45	0.83	1.10	4.4	11	0.6	78.2	6.1	10.8	0.28	0.03	—
18.20	9.35	4.48	1.07	1.43	7.5	16	2.4	28.4	58.0	3.9	0.18	0.01	—
18.27	8.77	4.81	1.00	1.33	9.2	20	1.4	46.2	37.1	6.0	0.30	0.11	—
17.07	9.72	3.86	0.92	1.23	3.9	10	1.2	75.3	9.1	10.5	—	—	—
16.92	10.71	4.22	1.01	1.34	6.5	20	0.9	68.9	17.0	6.8	—	—	—

干物质中													
总能量/(MJ/kg)	消化能/(MJ/kg)	产奶净能		奶牛能量单位/(NND/kg)	粗蛋白质/%	可消化粗蛋白质/(g/kg)	粗脂肪/%	粗纤维/%	无氮浸出物/%	粗灰分/%	钙/%	磷/%	胡萝卜素/(mg/kg)
		/(MJ/kg)	/(Mcal/kg)										
17.88	16.53	8.23	1.97	2.62	10.1	66	2.3	0.8	85.3	1.5	0.05	0.29	—
17.57	16.23	8.07	1.93	2.57	7.8	51	1.4	2.2	87.3	1.4	—	—	—
17.82	16.41	8.16	1.95	2.60	10.6	69	1.7	1.5	84.8	1.4	—	—	—
20.73	16.51	8.20	1.96	2.62	9.7	63	1.8	0.9	86.2	1.4	0.07	0.24	—
17.87	16.17	8.07	1.92	2.56	10.0	65	2.7	2.7	82.2	2.4	0.06	0.32	—
17.77	16.46	8.20	1.96	2.61	8.2	53	2.4	0.8	87.1	1.5	0.02	0.12	—

续表 16

编号	饲料名称	样品说明	原样中						
			干物质/%	粗蛋白质/%	钙/%	磷/%	总能量/(MJ/kg)	奶牛能量单位/(NND/kg)	可消化粗蛋白质/(g/kg)
4-07-604	大麦	河北察北牧场,春大麦	88.8	11.5	0.23	0.46	16.41	2.08	75
4-07-022	大麦	20省市49样平均值	88.8	10.8	0.12	0.29	15.80	2.13	70
4-07-041	稻谷	江苏,粳稻	88.8	7.7	0.06	0.16	15.72	2.05	50
4-07-043	稻谷	浙江上虞,早稻	87.0	9.1	—	0.31	15.23	1.94	59
4-07-048	稻谷	湖北天门,中稻	90.3	6.8	—	—	15.63	1.98	44
4-07-068	稻谷	湖南攸县,杂交晚稻	91.6	8.6	0.05	0.16	15.92	2.05	56
4-07-074	稻谷	9省市34样籼稻平均值	90.6	8.3	0.13	0.28	15.68	2.04	54
4-07-605	高粱	北京,红高粱	87.0	8.5	0.09	0.36	15.79	2.05	55
4-07-075	高粱	北京,杂交多穗	88.4	8.0	0.05	0.34	15.62	2.04	52
4-07-081	高粱	黑龙江	87.3	8.0	0.02	0.38	15.79	2.06	52
4-07-083	高粱	吉林农安,小粒高粱	86.0	6.9	0.12	0.20	14.85	1.93	45
4-07-091	高粱	辽宁10样平均值	93.0	9.8	—	—	16.94	2.20	64
4-07-606	高粱	广州,多穗高粱	85.2	8.2	0.01	0.16	15.18	1.97	53
4-07-103	高粱	贵州	85.2	6.3	0.03	0.31	15.10	1.98	41
4-07-104	高粱	17省市38样平均值	89.3	8.7	0.09	0.28	16.12	2.09	57
4-07-607	荞麦	上海	89.6	10.0	—	0.14	16.49	2.08	65
4-07-120	荞麦	贵州威宁,苦荞,带壳	86.2	7.3	0.02	0.30	15.72	1.62	47
4-07-123	荞麦	11省市14样平均值	87.1	9.9	0.09	0.30	15.82	1.94	64
4-07-608	小麦	北京八一鸭场,次等	87.5	8.8	0.07	0.84	15.50	2.30	57
4-07-157	小麦	湖南零陵,加拿大进口	90.0	11.6	0.03	0.18	16.07	2.37	75
4-07-609	小麦	广州,小麦穗	96.6	15.4	0.31	0.00	17.56	2.51	100
4-07-164	小麦	15省市28样平均值	91.8	12.1	0.11	0.36	16.43	2.39	79
4-07-610	小米	北京,小米粉	86.2	9.2	0.04	0.28	15.50	2.23	60
4-07-173	小米	8省市9样平均值	86.8	8.9	0.05	0.32	15.69	2.24	58
4-07-176	燕麦	河北张家口	93.5	11.7	0.15	0.43	17.85	2.16	76
4-07-188	燕麦	11省市17样平均值	90.3	11.6	0.15	0.33	16.86	2.13	75
4-07-193	玉米	北京,白玉米1号	88.2	7.8	0.02	0.21	16.03	2.27	51
4-07-194	玉米	北京,黄玉米	88.0	8.5	0.02	0.21	16.18	2.35	55
4-07-611	玉米	黑龙江齐市,龙牧一号	89.2	9.8	—	—	16.72	2.40	64
4-07-247	玉米	新疆,碎玉米	89.8	9.1	—	0.21	15.80	2.30	59
4-07-253	玉米	云南,黄玉米,6样平均值	88.7	7.6	0.02	0.22	16.34	2.31	49

干物质中													
总能量/(MJ/kg)	消化能/(MJ/kg)	产奶净能		奶牛能量单位/(NND/kg)	粗蛋白质/%	可消化粗蛋白质/(g/kg)	粗脂肪/%	粗纤维/%	无氮浸出物/%	粗灰分/%	钙/%	磷/%	胡萝卜素/(mg/kg)
		/(MJ/kg)	/(Mcal/kg)										
18.47	14.85	7.35	1.76	2.34	13.0	84	4.8	8.7	69.5	4.1	0.26	0.52	—
17.80	15.19	7.55	1.80	2.40	12.2	79	2.3	5.3	76.7	9.1	0.14	0.33	—
17.71	14.64	7.22	1.73	2.31	8.7	56	2.1	9.7	75.9	3.6	0.07	0.18	—
17.51	14.17	6.98	1.67	2.23	10.5	68	2.8	10.2	70.3	6.2	—	0.36	—
17.31	13.95	6.87	1.64	2.19	7.5	49	2.1	12.3	72.4	5.6	—	—	—
17.38	14.22	7.03	1.68	2.24	9.4	60	2.2	9.9	72.8	5.7	0.05	0.17	—
17.31	14.30	7.07	1.69	2.25	9.2	60	1.7	9.4	74.5	5.3	0.14	0.31	—
18.14	14.93	7.41	1.77	2.36	9.8	64.	4.1	1.7	82.0	2.4	0.10	0.41	—
17.66	14.64	7.24	1.73	2.31	9.0	59	1.6	2.7	85.0	1.7	0.06	0.38	—
18.08	14.95	7.39	1.77	2.36	9.2	60	3.8	1.7	83.3	2.1	0.02	0.44	—
17.27	14.26	7.03	1.68	2.24	8.0	52	3.3	2.3	80.6	5.8	0.14	0.23	—
18.21	14.99	7.41	1.77	2.37	10.5	68	3.9	1.5	82.2	1.9	—	—	—
17.81	14.67	7.24	1.73	2.31	9.6	63	2.7	2.1	83.1	2.5	0.01	0.19	—
17.72	14.74	7.28	1.74	2.32	7.4	48	2.2	2.7	86.2	1.5	0.04	0.36	—
18.06	14.84	7.31	1.76	2.34	9.7	63	3.7	2.5	81.6	2.5	0.10	0.31	—
18.41	14.72	7.29	1.74	2.32	11.2	73	2.9	11.2	73.2	1.6	—	0.16	—
18.24	12.06	5.93	1.41	1.88	8.5	55	2.3	17.6	69.7	1.9	0.02	0.35	—
18.17	14.15	7.01	1.67	2.23	11.4	74	2.6	13.2	69.7	3.1	0.10	0.34	—
17.72	16.57	8.24	1.97	2.63	10.1	65	1.6	0.9	85.9	1.5	0.08	0.55	—
17.86	16.60	8.24	1.97	2.63	12.9	84	1.6	0.9	82.9	1.8	0.03	0.20	—
18.18	16.39	8.15	1.95	2.60	15.9	104	2.8	3.5	74.4	3.3	0.32	—	—
17.90	16.42	8.15	1.95	2.60	13.2	86	2.0	2.6	79.7	2.5	0.12	0.39	—
17.99	16.32	8.11	1.94	2.59	10.7	69	3.4	0.9	83.2	1.9	0.05	0.32	—
18.07	16.23	8.11	1.94	2.59	10.3	67	3.1	1.5	83.5	1.6	0.06	0.37	—
19.09	14.65	7.25	1.73	2.31	12.5	81	7.4	10.8	65.2	4.1	0.16	0.46	—
18.67	14.95	7.38	1.77	2.36	12.8	83	5.8	9.9	67.2	4.3	0.17	0.37	—
18.18	16.24	8.07	1.93	2.57	8.8	57	3.9	2.4	83.3	1.6	0.02	0.24	—
18.38	16.83	8.38	2.00	2.67	9.7	63	4.9	1.5	82.0	1.9	0.02	0.24	2.50
18.75	16.95	8.45	2.02	2.69	11.0	71	5.8	1.9	79.6	1.7	—	—	—
17.60	16.17	8.02	1.92	2.56	10.1	66	1.7	2.1	83.5	2.6	—	0.23	—
18.43	16.43	8.16	1.95	2.60	8.6	56	4.8	2.5	82.8	1.4	0.02	0.25	2.50

续表 16

编号	饲料名称	样品说明	原样中						
			干物质/%	粗蛋白质/%	钙/%	磷/%	总能量/(MJ/kg)	奶牛能量单位/(NND/kg)	可消化粗蛋白质/(g/kg)
4-07-254	玉米	云南,白玉米,6 样平均值	89.9	8.8	0.05	0.19	16.65	2.23	57
4-07-222	玉米	山东 32 样平均值	87.6	8.6	0.09	0.18	15.92	2.26	56
4-07-263	玉米	23 省市 120 样平均值	88.4	8.6	0.08	0.21	16.14	2.28	56

表 17　豆类饲料

编号	饲料名称	样品说明	原样中						
			干物质/%	粗蛋白质/%	钙/%	磷/%	总能量/(MJ/kg)	奶牛能量单位/(NND/kg)	可消化粗蛋白质/(g/kg)
5-09-401	蚕豆	上海,等外	89.0	27.5	0.11	0.39	17.03	2.29	179
5-09-012	蚕豆	广东,次蚕豆	88.0	28.5	—	0.18	16.70	2.29	185
5-09-200	蚕豆	云南 7 样平均值	88.0	23.8	0.10	0.47	16.55	2.24	155
5-09-201	蚕豆	全国 14 样平均值	88.0	24.9	0.15	0.40	16.45	2.25	162
5-09-025	大豆	北京	90.2	40.0	0.28	0.61	21.21	2.94	260
5-09202	大豆	吉林 2 样平均值	90.0	36.5	0.05	0.42	21.43	2.97	237
5-09-052	大豆	黑龙江,次品	90.8	31.7	0.31	0.48	21.75	2.61	206
5-09-206	大豆	上海 2 样平均值	88.0	40.5	—	0.47	20.54	2.85	263
5-09-207	大豆	河南 9 样平均值	90.0	37.8	0.33	0.41	21.08	2.92	246
5-09-047	大豆	广东	88.0	39.6	—	0.26	20.44	2.84	257
5-09-602	大豆	贵州,本地黄豆	88.0	37.5	0.17	0.55	20.11	2.74	244
5-09-217	大豆	全国 16 省市 40 样平均值	88.0	37.0	0.27	0.48	20.55	2.76	241
5-09-028	黑豆	河北黄骅	94.7	40.7	0.27	0.60	21.63	2.97	265
5-09-031	黑豆	内蒙古	92.3	34.7	—	0.69	21.04	2.83	226
5-09-082	榄豆	贵州安顺	85.6	21.5	0.39	0.47	15.85	2.16	140

表 18　糠麸类饲料

编号	饲料名称	样品说明	原样中						
			干物质/%	粗蛋白质/%	钙/%	磷/%	总能量/(MJ/kg)	奶牛能量单位/(NND/kg)	可消化粗蛋白质/(g/kg)
4-08-001	大豆皮	北京	91.0	18.8	—	0.35	17.16	1.85	113
4-08-002	大麦麸	北京	87.0	15.4	0.33	0.48	16.00	2.07	92
4-08-016	高粱糠	2 省 8 个样平均值	91.1	9.6	0.07	0.81	17.42	2.17	58

干物质中													
总能量/(MJ/kg)	消化能/(MJ/kg)	产奶净能		奶牛能量单位/(NND/kg)	粗蛋白质/%	可消化粗蛋白质/(g/kg)	粗脂肪/%	粗纤维/%	无氮浸出物/%	粗灰分/%	钙/%	磷/%	胡萝卜素/(mg/kg)
		/(MJ/kg)	/(Mcal/kg)										
18.55	16.35	8.12	1.94	2.59	9.8	64	5.0	2.8	80.9	1.6	0.06	0.21	—
18.17	16.28	8.08	1.93	2.58	9.8	64	3.4	2.1	83.3	1.4	0.10	0.21	—
18.26	16.28	8.08	1.93	2.58	9.7	63	4.0	2.3	82.5	1.6	0.09	0.24	—

干物质中													
总能量/(MJ/kg)	消化能/(MJ/kg)	产奶净能		奶牛能量单位/(NND/kg)	粗蛋白质/%	可消化粗蛋白质/(g/kg)	粗脂肪/%	粗纤维/%	无氮浸出物/%	粗灰分/%	钙/%	磷/%	胡萝卜素/(mg/kg)
		/(MJ/kg)	/(Mcal/kg)										
19.13	16.24	8.08	1.93	2.57	30.9	201	1.7	9.1	54.8	3.5	0.12	0.44	—
18.97	16.42	8.16	1.95	2.60	32.4	211	0.5	9.2	54.5	3.4	—	0.20	—
18.80	16.07	7.99	1.91	2.55	27.0	176	1.7	8.5	59.0	3.8	0.11	0.53	—
18.69	16.14	8.03	1.92	2.56	28.3	184	1.6	8.5	57.8	3.8	0.17	0.45	—
23.51	20.83	10.21	2.44	3.26	44.3	288	18.1	7.0	25.6	5.0	0.31	0.68	—
23.81	20.62	10.38	2.47	3.30	40.5	264	20.6	5.1	29.1	4.7	0.06	0.47	1.16
23.96	18.06	9.04	2.16	2.87	34.9	227	21.4	14.0	25.6	4.2	0.34	0.53	—
23.34	20.25	10.18	2.43	3.24	46.0	299	17.6	7.8	22.3	6.3	—	0.53	—
23.42	20.29	10.19	2.43	3.24	42.0	273	18.8	6.2	27.7	5.3	0.37	0.46	—
23.23	20.19	10.14	2.42	3.23	45.0	292	17.2	5.7	26.7	5.5	—	0.30	—
22.86	19.50	9.75	2.34	3.11	42.6	277	15.6	10.1	26.4	5.3	0.19	0.63	—
23.35	19.64	9.83	2.35	3.14	42.0	273	18.4	5.8	28.5	5.2	0.31	0.55	—
22.84	19.64	9.83	2.35	3.14	43.0	279	15.7	7.3	28.7	5.3	0.29	0.63	0.49
22.80	19.21	9.62	2.30	3.07	37.6	244	16.4	10.0	31.4	4.7	—	0.75	—
18.20	15.94	7.92	1.89	2.52	25.1	163	1.1	6.7	61.9	5.3	0.46	0.55	—

干物质中													
总能量/(MJ/kg)	消化能/(MJ/kg)	产奶净能		奶牛能量单位/(NND/kg)	粗蛋白质/%	可消化粗蛋白质/(g/kg)	粗脂肪/%	粗纤维/%	无氮浸出物/%	粗灰分/%	钙/%	磷/%	胡萝卜素/(mg/kg)
		/(MJ/kg)	/(Mcal/kg)										
18.85	12.98	6.40	1.52	2.03	20.7	124	2.9	27.6	43.0	5.6	—	0.38	
18.39	15.07	7.46	1.78	2.38	17.7	106	3.7	6.6	67.5	4.6	0.38	0.55	
19.12	15.09	7.49	1.79	2.38	10.5	63	10.0	4.4	69.7	5.4	0.08	0.89	

续表 18

编号	饲料名称	样品说明	原样中						
			干物质/%	粗蛋白质/%	钙/%	磷/%	总能量/(MJ/kg)	奶牛能量单位/(NND/kg)	可消化粗蛋白质/(g/kg)
4-08-007	黑麦麸	甘肃山丹,细麸	91.9	13.7	0.04	0.48	16.80	1.98	82
4-08-006	黑麦麸	甘肃山丹,粗麸	91.7	8.0	0.05	0.13	16.43	1.45	48
4-08-601	黄面粉	湖北,三等面粉	87.8	11.1	0.12	0.13	15.70	2.33	67
4-08-602	黄面粉	北京,进口小麦次粉	87.5	16.8	—	0.12	16.55	2.24	101
4-08-603	黄面粉	北京,土面粉	87.2	9.5	0.08	0.44	17.84	2.28	57
4-08-018	米糠	广东玉康	89.1	10.6	0.10	1.50	17.38	2.09	64
4-08-003	米糠	上海	88.4	14.2	0.22	—	18.67	2.27	85
4-08-012	米糠	四川德阳,杂交中稻	92.1	14.0	0.12	1.60	17.84	2.11	84
4-08-029	米糠	云南弥渡	91.0	12.0	0.18	0.83	18.53	2.18	72
4-08-030	米糠	4 省市 13 样平均值	90.2	12.1	0.14	1.04	18.20	2.16	73
4-08-058	小麦麸	山西 2 样平均值	87.2	13.9	—	—	16.00	1.88	83
4-08-049	小麦麸	山东 39 样平均值	89.3	15.0	0.14	0.54	16.27	1.89	90
4-08-604	小麦麸	上海,进口小麦	88.2	11.7	0.11	0.87	16.22	1.86	70
4-08-060	小麦麸	江苏 3 样平均值	86.2	15.0	0.35	0.80	16.27	1.87	90
4-08-057	小麦麸	河南 9 样平均值	88.3	15.6	0.21	0.81	16.44	1.95	94
4-08-067	小麦麸	广东 14 样平均值	87.8	12.7	0.11	0.92	16.06	1.89	76
4-08-070	小麦麸	贵州	90.8	11.8	—	—	16.59	1.69	71
4-08-045	小麦麸	吉林	89.3	13.1	0.25	0.90	13.23	1.93	79
4-08-077	小麦麸	云南 9 样平均值	89.8	13.9	0.15	0.92	16.55	1.96	83
4-08-075	小麦麸	四川,七二粉麸皮	89.8	14.2	0.14	1.86	16.24	1.94	85
4-08-076	小麦麸	四川,八四粉麸皮	88.0	15.4	0.12	0.85	15.90	1.90	92
4-08-078	小麦麸	全国 115 样平均值	88.6	14.4	0.18	0.78	16.24	1.91	86
4-08-088	玉米皮	北京	87.9	10.1	—	—	16.74	1.58	61
4-08-089	玉米皮	内蒙古	87.5	9.9	0.08	0.48	16.07	1.79	59
4-08-092	玉米皮	河南	89.5	7.8	—	—	16.31	1.87	47
4-08-094	玉米麸	6 省市 6 平均值	88.2	9.7	0.28	0.35	16.17	1.84	58

干物质中													
总能量/(MJ/kg)	消化能/(MJ/kg)	产奶净能		奶牛能量单位/(NND/kg)	粗蛋白质/%	可消化粗蛋白质/(g/kg)	粗脂肪/%	粗纤维/%	无氮浸出物/%	粗灰分/%	钙/%	磷/%	胡萝卜素/(mg/kg)
		/(MJ/kg)	/(Mcal/kg)										
18.29	13.71	6.78	1.62	2.15	14.9	89	3.4	8.7	69.0	5.3	0.04	0.52	
17.82	10.26	4.98	1.19	1.58	8.7	52	2.3	20.8	63.1	5.0	0.05	0.14	
17.89	16.73	8.35	1.99	2.65	12.6	76	1.5	0.9	83.6	1.4	0.14	0.15	
18.92	16.16	8.03	1.92	2.56	19.2	115	5.6	7.1	63.3	4.8	—	0.14	
20.46	16.49	8.21	1.96	2.61	10.9	65	0.8	1.5	85.2	1.6	0.09	0.50	
19.50	14.87	7.37	1.76	2.35	11.9	71	11.9	7.3	62.1	6.8	0.11	1.68	
21.11	16.21	8.05	1.93	2.57	16.1	96	19.6	7.1	47.9	9.4	0.25	—	
19.37	14.54	7.19	1.72	2.29	15.2	91	11.8	10.4	53.5	9.0	0.13	1.74	
20.37	15.17	7.53	1.80	2.40	13.2	79	18.4	11.9	44.7	11.9	0.20	0.91	
20.18	15.16	7.53	1.80	2.39	13.4	80	17.2	10.2	48.0	11.2	0.16	1.15	
18.36	13.72	6.78	1.62	2.16	15.9	96	5.0	10.6	61.8	6.7	—	—	
18.22	13.49	6.66	1.59	2.12	16.8	101	3.6	11.5	62.0	6.0	0.16	0.60	
18.39	13.44	6.64	1.58	2.11	13.3	80	4.8	11.5	65.4	5.1	0.12	0.99	
18.92	13.83	6.81	1.63	2.17	17.4	105	5.9	11.5	59.8	5.3	0.41	0.93	
18.62	14.04	6.92	1.66	2.21	17.7	106	4.5	9.6	63.0	5.1	0.24	0.92	
18.30	13.70	6.78	1.61	2.15	14.5	87	4.6	9.8	65.6	5.9	0.13	1.05	
18.27	11.95	5.86	1.40	1.86	13.0	78	5.0	12.9	62.9	6.3	—	—	
18.17	13.76	6.78	1.62	2.16	14.7	88	3.8	9.2	67.1	5.3	0.28	1.01	2.93
18.43	13.88	6.86	1.64	2.18	15.5	93	4.2	9.7	65.8	4.8	0.17	1.02	
18.09	13.75	6.78	1.62	2.16	15.8	95	3.5	8.1	67.0	5.6	0.16	2.07	
18.07	13.74	6.76	1.62	2.16	17.5	105	2.3	9.3	65.9	5.0	0.14	0.97	
18.33	13.72	6.78	1.62	2.16	16.3	98	4.2	10.4	63.4	5.8	0.20	0.88	
19.05	11.56	5.62	1.35	1.80	11.5	69	5.6	15.7	64.8	2.4	—	—	
18.37	13.06	6.41	1.53	2.05	11.3	68	4.1	10.9	70.3	3.4	0.09	0.55	
18.22	13.32	6.57	1.57	2.09	8.7	52	3.1	10.9	75.3	2.1	—	—	
18.34	13.30	6.53	1.56	2.09	11.0	66	4.5	10.3	70.2	4.0	0.32	0.40	

表 19 饼粕类饲料

编号	饲料名称	样品说明	原样中						
			干物质/%	粗蛋白质/%	钙/%	磷/%	总能量/(MJ/kg)	奶牛能量单位/(NND/kg)	可消化粗蛋白质/(g/kg)
5-10-601	菜籽饼	上海,浸提	89.7	40.0	—	—	17.23	2.22	260
5-10-016	菜籽饼	四川新都,浸提,2样平均值	92.5	40.9	0.74	1.07	18.09	2.32	266
5-10-022	菜籽饼	13省市,机榨,21样平均值	92.2	36.4	0.73	0.95	18.90	2.43	237
5-10-023	菜籽饼	2省,土榨,2样平均值	90.1	34.1	0.84	1.64	18.71	2.33	222
5-10-045	豆饼	北京,2样平均值	91.1	44.7	0.28	0.61	18.80	2.66	291
5-10-031	豆饼	上海	87.6	43.4	0.30	0.50	18.28	2.57	282
5-10-602	豆饼	四川,溶剂法	89.0	45.8	0.32	0.67	17.66	2.60	298
5-10-036	豆饼	河南开封,冷榨	95.1	45.6	—	—	19.90	2.80	296
5-10-037	豆饼	河南开封,热榨	87.3	40.7	0.43	—	18.21	2.57	265
5-10-028	豆饼	吉林,热榨,2样平均值	90.0	41.8	0.34	0.77	18.65	2.64	272
5-10-027	豆饼	黑龙江,机榨,2样平均值	91.0	41.8	—	—	19.01	2.41	272
5-10-039	豆饼	广东,机榨,8样平均值	89.0	42.6	0.31	0.49	18.34	2.60	277
5-10-043	豆饼	13省,机榨,42样平均值	90.6	43.0	0.32	0.50	18.74	2.64	280
5-10-053	胡麻饼	北京,亚麻仁饼,机榨	91.1	35.9	0.39	0.87	18.41	2.46	233
5-10-057	胡麻饼	内蒙古,亚麻仁饼,机榨	93.8	32.3	0.62	1.00	19.34	2.41	210
5-10-603	胡麻饼	黑龙江齐齐哈尔市,亚麻仁饼	88.8	27.2	—	—	17.89	2.31	177
5-10-061	胡麻饼	新疆,机榨,4样平均值	92.4	31.9	0.74	0.74	18.64	2.46	207
5-10-062	胡麻饼	8省市,机榨,11样平均值	92.0	33.1	0.58	0.77	18.60	2.44	215
5-10-064	花生饼	北京,机榨,2样平均值	89.0	41.7	0.23	0.64	18.59	2.62	271
5-10-065	花生饼	河北保定,冷榨	91.4	42.5	0.32	0.50	19.48	2.77	276
5-10-066	花生饼	山东10样平均值	89.0	49.1	0.30	0.29	19.33	2.75	319
5-10-604	花生饼	上海,浸提	90.1	48.8	—	—	17.99	2.57	317
5-10-605	花生饼	南京	88.5	39.5	0.33	0.55	17.20	2.45	257
5-10-067	花生饼	河南,机榨,6样平均值	92.0	49.6	0.17	0.59	19.75	2.82	322
5-10-072	花生饼	广东9样平均值	89.0	46.7	0.19	0.61	18.79	2.69	304
5-10-606	花生饼	四川,机榨	92.0	45.8	—	0.57	19.49	2.58	298
5-10-607	花生饼	四川,溶剂法	92.0	47.4	0.20	0.65	18.79	2.47	308
5-10-075	花生饼	9省市,机榨,34样平均值	89.9	46.4	0.24	0.52	19.22	2.71	302
5-10-077	米糠饼	上海,脱脂米糠	90.8	15.9	—	—	16.49	1.83	103
5-10-608	米糠饼	广州	82.5	15.3	—	—	15.67	1.71	99
5-10-083	米糠饼	云南,浸提	89.9	14.9	0.14	1.02	15.37	1.67	97
5-10-084	米糠饼	7省市,机榨,13样平均值	90.7	15.2	0.12	0.18	16.64	1.86	99

干物质中													
总能量/(MJ/kg)	消化能/(MJ/kg)	产奶净能		奶牛能量单位/(NND/kg)	粗蛋白质/%	可消化粗蛋白质/(g/kg)	粗脂肪/%	粗纤维/%	无氮浸出物/%	粗灰分/%	钙/%	磷/%	胡萝卜素/(mg/kg)
		/(MJ/kg)	/(Mcal/kg)										
19.21	15.65	7.79	1.86	2.47	44.6	290	2.6	13.0	29.1	10.7	—	—	—
19.55	15.85	7.88	1.88	2.51	44.2	287	2.1	14.5	31.1	8.2	0.80	1.16	—
20.50	16.62	8.26	1.98	2.64	39.5	257	8.5	11.6	31.8	8.7	0.79	1.03	—
20.76	16.32	8.14	1.94	2.59	37.8	246	9.5	15.8	28.2	8.7	0.93	1.82	—
20.63	18.33	9.19	2.19	2.92	49.1	319	5.0	6.5	33.2	6.1	0.31	0.67	—
20.87	18.42	9.22	2.20	2.93	49.5	322	5.5	8.0	31.1	5.9	0.34	0.57	—
19.85	18.34	9.17	2.19	2.92	51.5	334	1.0	6.7	34.3	6.5	0.36	0.75	0.44
20.92	18.48	9.24	2.21	2.94	47.9	312	6.9	6.2	32.3	6.6	—	—	—
20.86	18.48	9.24	2.21	2.94	46.6	303	6.6	6.0	34.8	6.0	0.49	—	—
20.72	18.41	9.21	2.20	2.93	46.4	302	6.0	5.7	36.1	5.8	0.38	0.86	—
20.88	16.69	8.33	1.99	2.65	45.9	299	6.6	5.5	36.6	5.4	—	—	0.22
20.61	18.34	9.16	2.19	2.92	47.9	311	5.5	5.7	34.5	6.4	0.35	0.55	—
20.68	18.30	9.16	2.19	2.91	47.5	308	6.0	6.3	33.8	6.5	0.35	0.55	—
20.20	17.02	8.49	2.03	2.70	39.4	256	5.6	9.8	39.1	6.1	0.43	0.95	—
20.62	16.22	8.08	1.93	2.57	34.4	224	9.0	12.9	37.0	6.7	0.66	1.07	—
20.15	16.41	8.15	1.95	2.60	30.6	199	12.7	11.0	32.9	12.7	—	—	0.33
20.17	16.78	8.37	2.00	2.66	34.5	224	8.2	9.0	40.0	8.2	0.80	0.80	—
20.22	16.72	8.33	1.99	2.65	36.0	234	8.2	10.7	37.0	8.3	0.63	0.84	—
20.89	18.48	9.25	2.21	2.94	46.9	305	8.3	5.5	31.2	8.1	0.26	0.72	—
21.31	19.00	9.50	2.27	3.03	46.5	302	7.9	4.3	36.8	4.6	0.35	0.55	—
21.73	19.36	9.71	2.32	3.09	55.2	359	8.1	6.0	24.4	6.4	0.34	0.33	—
19.96	17.92	8.95	2.14	2.85	54.2	352	0.6	6.1	33.0	6.2	—	—	—
19.44	17.42	8.70	2.08	2.77	44.6	290	4.1	4.1	37.5	9.7	0.37	0.62	—
21.46	19.21	9.62	2.30	3.07	53.9	350	6.3	5.4	29.5	4.9	0.18	0.64	0.22
21.11	18.95	9.51	2.27	3.02	52.5	341	6.3	4.6	30.4	6.2	0.21	0.69	—
21.18	17.63	8.78	2.10	2.80	49.8	324	6.4	12.0	25.7	6.2	—	0.62	—
20.43	16.91	8.42	2.01	2.68	51.5	335	1.3	14.1	28.2	4.9	0.22	0.71	—
21.38	18.90	9.46	2.26	3.01	51.6	335	7.3	6.5	28.6	6.0	0.27	0.58	—
18.16	12.88	6.32	1.51	2.02	17.5	114	7.6	10.2	52.8	11.9	—	—	—
19.00	13.22	6.49	1.55	2.07	18.5	121	11.3	12.2	45.2	12.7	—	—	—
17.10	11.92	5.82	1.39	1.86	16.6	108	1.8	13.3	57.8	10.5	0.16	1.13	—
18.34	13.09	6.44	1.54	2.05	16.8	109	8.0	9.8	54.4	11.0	0.13	0.20	—

续表 19

编号	饲料名称	样品说明	原样中						
			干物质/%	粗蛋白质/%	钙/%	磷/%	总能量/(MJ/kg)	奶牛能量单位/(NND/kg)	可消化粗蛋白质/(g/kg)
5-10-609	棉籽饼	上海	84.4	20.7	0.87	0.63	15.73	1.49	135
5-10-610	棉籽粕	上海,去壳浸提,2样平均值	88.3	39.4	0.23	2.01	17.25	2.24	256
5-10-101	棉籽饼	湖南,土榨,棉绒较多	93.8	21.7	0.26	0.55	19.81	1.82	141
5-10-611	棉籽粕	四川,去壳,机榨,浸提	92.5	41.0	0.16	1.20	18.15	2.35	267
5-10-612	棉籽饼	4省市,去壳,机榨,6样平均值	89.6	32.5	0.27	0.81	18.00	2.34	211
5-10-110	向日葵粕	北京,去壳浸提	92.6	46.1	0.53	0.35	18.65	2.17	300
5-10-613	向日葵饼	内蒙古	93.3	17.4	0.40	0.94	18.34	1.50	113
5-10-113	向日葵粕	吉林,带壳,复浸	92.5	32.1	0.29	0.84	17.87	1.57	209
5-10-124	椰子饼	广东	90.3	16.6	0.04	0.19	19.07	2.20	108
5-10-126	玉米胚芽饼	北京	93.0	17.5	0.05	0.49	18.39	2.33	114
5-10-614	芝麻饼	广西,片状	89.1	38.0	—	—	18.04	2.35	247
5-10-147	芝麻饼	河南南阳	92.0	39.2	2.28	1.19	19.12	2.50	255
5-10-138	芝麻饼	10省市,机榨,13样平均值	90.7	41.1	2.29	0.79	18.29	2.40	267

表 20　动物性饲料

编号	饲料名称	样品说明	原样中						
			干物质/%	粗蛋白质/%	钙/%	磷/%	总能量/(MJ/kg)	奶牛能量单位/(NND/kg)	可消化粗蛋白质/(g/kg)
5-13-022	牛乳	北京,全脂鲜奶	13.0	3.3	0.12	0.09	3.22	0.50	21
5-13-601	牛乳	哈尔滨,全脂鲜奶	12.3	3.1	0.12	0.09	2.98	0.47	20
5-13-602	牛乳	哈尔滨,脱脂奶	9.6	3.7	—	—	1.81	0.29	24
5-13-021	牛乳	上海,全脂鲜奶	13.3	3.3	0.12	0.09	3.32	0.52	21
5-13-132	牛乳	四川,全脂鲜奶	12.0	3.2	0.10	0.10	2.93	0.46	21
5-13-024	牛乳粉	北京,全脂鲜奶	98.0	26.2	1.03	0.88	24.76	3.78	170
5-13-.89	鱼粉	北京,橡皮鱼,带鱼	88.8	50.4	4.63	3.29	16.95	2.25	328
5-13-085	鱼粉	天津,淡鱼	91.0	52.9	—	—	15.01	2.24	344
5-13-086	鱼粉	天津,咸鱼	94.2	42.6	—	—	14.25	2.07	277
5-13-084	鱼粉	上海	89.5	60.3	3.53	0.63	20.79	3.07	392
5-13-093	鱼粉	浙江,鱼粉	91.2	58.6	6.13	1.03	11.07	1.78	381
5-13-096	鱼粉	浙江,淡鱼	96.8	50.8	—	—	18.32	2.72	330
5-13-099	鱼粉	广东电白	90.8	46.4	—	—	16.67	2.50	302

干物质中													
总能量/(MJ/kg)	消化能/(MJ/kg)	产奶净能		奶牛能量单位/(NND/kg)	粗蛋白质/%	可消化粗蛋白质/(g/kg)	粗脂肪/%	粗纤维/%	无氮浸出物/%	粗灰分/%	钙/%	磷/%	胡萝卜素/(mg/kg)
		/(MJ/kg)	/(Mcal/kg)										
18.63	11.37	5.52	1.32	1.77	24.5	159	1.4	24.4	43.4	6.3	0.92	0.75	—
19.54	16.02	7.96	1.90	2.54	44.6	290	2.4	11.8	33.0	8.3	0.26	2.28	—
20.17	12.42	6.11	1.46	1.94	23.1	150	7.2	25.2	39.8	4.7	0.28	0.59	—
19.62	16.04	7.99	1.91	2.54	44.3	288	1.5	13.0	34.5	6.7	0.17	1.30	—
20.09	16.47	8.20	1.96	2.61	36.3	236	6.4	11.9	38.5	6.9	0.30	0.90	—
20.14	14.85	7.37	1.76	2.34	49.8	324	2.6	12.7	27.5	7.3	0.57	0.38	—
19.65	10.42	5.06	1.21	1.61	18.6	121	4.4	42.0	29.8	5.1	0.43	1.01	—
19.32	10.96	5.30	1.27	1.70	34.7	226	1.3	24.5	33.0	6.4	0.31	0.91	—
21.11	15.41	7.65	1.83	2.44	18.4	119	16.7	15.9	40.8	8.2	0.04	0.21	—
19.77	15.83	7.88	1.88	2.51	18.8	122	6.0	16.0	57.3	1.8	0.05	0.53	—
20.25	16.63	8.28	1.98	2.64	42.6	277	9.0	7.2	29.1	11.3	—	—	—
20.78	17.11	8.54	2.04	2.72	42.6	277	11.2	7.8	27.1	11.3	2.48	1.29	0.22
20.16	16.68	8.31	1.98	2.65	45.3	295	9.9	6.5	24.1	14.1	2.52	0.87	—

干物质中													
总能量/(MJ/kg)	消化能/(MJ/kg)	产奶净能		奶牛能量单位/(NND/kg)	粗蛋白质/%	可消化粗蛋白质/(g/kg)	粗脂肪/%	粗纤维/%	无氮浸出物/%	粗灰分/%	钙/%	磷/%	胡萝卜素/(mg/kg)
		/(MJ/kg)	/(Mcal/kg)										
24.79	—	12.05	2.88	3.85	25.4	165	30.8	—	38.5	5.4	0.92	0.69	—
24.20	—	12.01	2.87	3.82	25.2	164	28.5	—	40.7	5.7	0.98	0.73	1166.6
18.83	—	9.50	2.27	3.02	38.5	251	2.1	—	52.1	7.3	—	—	—
24.96	—	12.26	2.93	3.91	24.8	161	31.6	—	38.3	5.3	0.90	0.68	—
24.43	—	12.05	2.88	3.83	26.7	173	29.2	—	38.3	5.8	0.83	0.83	—
25.26	—	12.09	2.89	3.86	26.7	174	31.2	—	38.3	5.8	1.05	0.90	—
19.09	17.84	8.91	2.13	2.84	56.8	369	13.9	—	—	23.1	5.21	3.70	—
16.49	15.57	7.73	1.85	2.46	58.1	378	6.5	—	—	30.4	—	—	—
15.13	13.97	6.90	1.65	2.20	45.2	294	10.8	—	—	41.6	—	—	—
23.23	21.41	10.76	2.57	2.43	67.4	438	17.9	—	—	12.0	3.94	0.70	—
12.13	12.49	6.11	1.46	1.95	64.3	418	5.0	—	—	29.9	6.72	1.13	—
18.92	17.67	8.82	2.11	2.81	52.5	341	16.0	—	—	24.4	—	—	—
18.36	17.33	8.62	2.06	2.75	51.1	332	15.4	—	—	23.3	—	—	—

续表 20

编号	饲料名称	样品说明	原样中						
			干物质/%	粗蛋白质/%	钙/%	磷/%	总能量/(MJ/kg)	奶牛能量单位/(NND/kg)	可消化粗蛋白质/(g/kg)
5-13-105	鱼粉	日本鱼粉 3 省 3 样平均值	89.0	60.2	4.51	2.67	17.48	2.59	391
5-13-114	鱼粉	秘鲁鱼粉 8 省 8 样平均值	89.0	60.5	9.90	2.90	18.33	2.74	393

表 21 糟渣类饲料

编号	饲料名称	样品说明	原样中						
			干物质/%	粗蛋白质/%	钙/%	磷/%	总能量/(MJ/kg)	奶牛能量单位/(NND/kg)	可消化粗蛋白质/(g/kg)
1-11-601	豆腐渣	广州，黄豆	10.1	3.1	0.05	0.03	2.10	0.29	20
1-11-602	豆腐渣	省市，4 样平均值	11.0	3.3	0.05	0.03	2.27	0.31	21
1-11-032	粉渣	北京，绿豆粉渣	14.0	2.1	0.06	0.03	2.57	0.30	14
4-11-046	粉渣	河北石家庄，玉米粉渣	15.0	1.6	0.01	0.05	2.85	0.40	10
4-11-603	粉渣	上海，玉米淀粉渣	8.9	1.0	0.03	0.05	1.66	0.20	7
4-11-058	粉渣	玉米粉渣，6 省 7 样平均值	15.0	1.8	0.02	0.02	2.79	0.39	12
1-11-044	粉渣	湖南，玉米蚕豆粉渣	15.0	1.4	0.13	0.02	2.73	0.28	9
1-11-063	粉渣	云南南涧，蚕豆粉渣	15.0	2.2	0.07	0.01	2.78	0.26	14
1-11-048	粉渣	河南郑州郊区，豌豆粉渣	15.0	3.5	0.13	—	2.67	0.28	23
1-11-059	粉渣	重庆，豌豆粉渣	9.9	1.4	0.05	0.02	1.84	0.20	9
4-11-032	粉渣	福建南安，甘薯粉渣	15.0	0.3	—	—	2.59	0.36	2
1-11-040	粉渣	贵州，巴山豆粉渣	10.9	1.7	—	—	2.00	0.26	11
4-11-069	粉渣	马铃薯粉渣，3 省 3 样平均值	15.0	1.0	0.06	0.04	2.63	0.29	7
4-11-073	粉渣	上海，玉米粉渣	2.0	0.3	—	0.01	0.41	0.06	2
5-11-083	酱油渣	重庆，黄豆 2 份麸 1 份	22.4	7.1	0.11	0.03	4.74	0.48	46
5-11-080	酱油渣	宁夏银川，豆饼 3 份麸 2 份	24.3	7.1	0.11	0.03	5.48	0.66	46
5-11-103	酒糟	吉林，高粱酒糟	37.7	9.3	—	—	7.54	0.96	60
5-11-098	酒糟	江苏，米酒糟	20.3	6.0	—	—	4.43	0.57	39
4-11-096	酒糟	河南淮阳，甘薯干	35.0	5.7	1.14	0.10	5.41	0.53	37
1-11-093	酒糟	湖南，甘薯稻谷	35.0	2.8	0.22	0.12	4.97	0.17	18
4-11-113	酒糟	四川乐山，玉米加 15%谷壳	35.0	6.4	0.09	0.07	6.92	0.70	42
4-11-092	酒糟	贵州，玉米酒糟	21.0	4.0	—	—	4.26	0.43	26
4-11-604	木薯渣	广州，风干样	91.0	3.0	0.32	0.02	15.95	2.15	20
1-11-605	啤酒渣	上海	11.5	3.3	0.06	0.04	8.98	0.26	21

干物质中													
总能量/(MJ/kg)	消化能/(MJ/kg)	产奶净能		奶牛能量单位/(NND/kg)	粗蛋白质/%	可消化粗蛋白质/(g/kg)	粗脂肪/%	粗纤维/%	无氮浸出物/%	粗灰分/%	钙/%	磷/%	胡萝卜素/(mg/kg)
		/(MJ/kg)	/(Mcal/kg)										
19.63	18.27	9.12	2.18	2.91	67.6	440	8.7	—	—	21.3	5.07	3.00	—
20.60	18.29	9.67	2.31	3.08	68.0	442	10.9	—	—	16.2	4.38	3.26	—

干物质中													
总能量/(MJ/kg)	消化能/(MJ/kg)	产奶净能		奶牛能量单位/(NND/kg)	粗蛋白质/%	可消化粗蛋白质/(g/kg)	粗脂肪/%	粗纤维/%	无氮浸出物/%	粗灰分/%	钙/%	磷/%	胡萝卜素/(mg/kg)
		/(MJ/kg)	/(Mcal/kg)										
20.75	18.04	9.00	2.15	2.87	30.7	200	5.0	23.8	39.6	1.0	0.50	0.30	—
20.64	17.72	8.82	2.11	2.82	30.0	195	7.3	19.1	40.0	0.9	0.45	0.27	—
18.36	13.64	6.74	1.61	2.14	15.0	97	0.7	20.0	62.1	2.1	0.43	0.21	—
19.06	16.80	8.40	2.00	2.67	10.7	69	6.0	9.3	72.7	1.3	0.07	0.33	27.78
18.73	14.27	7.08	1.69	2.25	11.2	73	3.4	15.7	68.5	1.1	0.34	0.56	—
18.62	16.40	8.16	1.95	2.60	12.0	78	4.7	9.3	71.3	2.7	0.13	0.13	—
18.18	11.98	5.87	1.40	1.87	9.3	61	1.3	30.0	55.3	4.0	0.87	0.13	—
18.50	11.17	5.44	1.30	1.73	14.7	95	0.7	35.3	45.3	4.0	0.47	0.07	—
17.78	11.98	5.87	1.40	1.87	23.3	152	10.0	18.0	27.3	21.3	0.87	—	—
18.55	12.90	6.36	1.52	2.02	14.1	92	1.0	25.3	57.6	2.0	0.51	0.20	—
17.29	15.20	7.53	1.80	2.40	2.0	13	2.0	5.3	88.7	2.0	—	—	—
18.35	15.11	7.49	1.79	2.39	15.6	101	0.9	20.2	60.6	2.8	—	—	—
17.54	12.38	6.07	1.45	1.93	6.7	43	2.7	8.7	78.0	4.0	0.40	0.27	—
20.67	18.81	9.41	2.25	3.00	15.0	98	15.0	5.0	60.0	5.0	—	0.50	—
21.17	13.64	6.74	1.61	2.14	31.7	206	8.9	15.2	41.5	2.7	0.49	0.13	—
22.56	17.10	8.54	2.04	2.72	29.2	190	18.5	13.6	32.5	6.2	0.45	0.12	—
20.01	16.08	8.01	1.91	2.55	24.7	160	11.1	9.0	46.7	8.5	—	—	—
21.81	17.66	8.82	2.11	2.81	29.6	192	15.8	5.4	43.8	5.4	—	—	—
15.47	9.85	4.77	1.14	1.51	16.3	106	4.9	16.9	37.1	24.9	3.26	0.29	—
14.21	3.65	1.51	0.36	0.49	8.0	52	1.7	21.4	43.4	25.4	0.63	0.34	—
19.77	12.78	6.28	1.50	2.00	18.3	119	9.7	14.3	51.4	6.3	0.26	0.02	—
20.31	13.07	6.44	1.54	2.05	19.0	124	10.5	11.0	55.7	3.8	—	—	66.67
17.52	14.97	7.41	1.77	2.36	3.3	21	2.3	6.2	86.5	1.8	0.35	0.02	—
18.06	14.36	7.11	1.70	2.26	28.7	187	11.3	18.3	37.4	4.3	0.52	0.35	—

续表 21

编号	饲料名称	样品说明	原样中 干物质/%	粗蛋白质/%	钙/%	磷/%	总能量/(MJ/kg)	奶牛能量单位/(NND/kg)	可消化粗蛋白质/(g/kg)
5-11-606	啤酒渣	哈尔滨	13.6	3.6	0.06	0.08	2.71	0.27	23
5-11-607	啤酒渣	2 省市 3 样平均值	23.4	6.8	0.09	0.18	4.77	0.51	44
1-11-608	甜菜渣	北京	15.2	1.3	0.11	0.02	2.28	0.30	8
1-11-609	甜菜渣	黑龙江	8.4	0.9	0.08	0.05	1.35	0.16	6
1-11-610	甜菜渣	黑龙江	12.2	1.4	0.12	0.01	2.00	0.24	9
5-11-146	饴糖渣	内蒙古	22.9	7.6	0.10	0.16	4.99	0.56	49
5-11-147	饴糖渣	四川双流，大米 95%，大麦 5%	22.6	7.0	0.01	0.04	4.54	0.51	45
4-11-148	饴糖渣	重庆，玉米	16.4	1.4	0.02	—	3.22	0.34	9
5-11-611	饴糖渣	湖南，麦芽糖渣	28.5	9.0	—	0.13	5.35	0.60	59

干物质中 总能量/(MJ/kg)	消化能/(MJ/kg)	产奶净能/(MJ/kg)	产奶净能/(Mcal/kg)	奶牛能量单位/(NND/kg)	粗蛋白质/%	可消化粗蛋白质/(g/kg)	粗脂肪/%	粗纤维/%	无氮浸出物/%	粗灰分/%	钙/%	磷/%	胡萝卜素/(mg/kg)
19.91	12.69	6.23	1.49	1.99	26.5	172	4.4	16.9	46.3	5.9	0.44	0.59	—
20.37	13.87	6.82	1.63	2.18	29.1	189	8.1	16.7	40.6	5.6	0.38	0.77	—
15.00	12.62	6.19	1.48	1.97	8.6	56	0.7	18.4	53.3	19.1	0.72	0.13	—
16.07	12.21	5.98	1.43	1.90	10.7	70	1.2	31.0	40.5	16.7	0.95	0.60	0.22
16.36	12.59	6.19	1.48	1.97	11.5	75	0.8	31.1	41.8	14.8	0.98	0.08	—
21.78	15.47	7.66	1.83	2.45	33.2	216	13.5	9.2	39.3	4.8	0.44	0.70	—
20.11	14.33	7.07	1.69	2.26	31.0	201	5.3	2.2	60.2	1.3	0.04	0.18	—
19.65	13.22	6.49	1.55	2.07	8.5	55	8.5	10.4	72.0	0.6	0.12	—	—
18.77	13.42	6.61	1.58	2.11	31.6	205	5.6	14.4	36.1	12.6	—	0.6	—

表 22 矿物质饲料

编号	饲料名称	样品说明	干物质/%	钙/%	磷/%
6-14-001	白云石	北京		21.16	0
6-14-002	蚌壳粉	东北	99.3	40.82	0
6-14-003	蚌壳粉	东北	99.8	46.46	—
6-14-004	蚌壳粉	安徽	85.7	23.51	—
6-14-006	贝壳粉	吉林榆树	98.9	32.93	0.03
6-14-007	贝壳粉	浙江舟山	98.6	34.76	0.02
6-14-015	蛋壳粉	湖南	91.2	29.33	0.14
6-14-016	蛋壳粉	四川	—	37.00	0.15
6-14-017	蛋壳粉	云南会泽，粗蛋白 6.3%	96.0	25.99	0.10
6-14-018	骨粉	天津	94.5	31.26	14.17
6-14-021	骨粉	浙江余杭，脱胶	95.2	36.39	16.37
6-14-022	骨粉	河南南阳	91.0	31.82	13.39
6-14-027	骨粉	云南昆明	93.4	29.23	13.13
6-14-030	蛎粉	北京	99.6	39.23	0.23
6-14-032	磷酸钙	北京，脱氟	—	27.91	14.38
6-14-035	磷酸氢钙	云南，脱氟	99.8	21.85	8.64
6-14-037	马牙石	云南昆明	风干	38.38	0
6-14-038	石粉	河南南阳，白色	97.1	39.49	—
6-14-039	石粉	河南大理石，灰色	99.1	32.54	—
6-14-040	石粉	广东	风干	42.21	微
6-14-041	石粉	广东	风干	55.67	0.11
6-14-042	石粉	云南昆明	92.1	33.98	0
6-14-044	石灰石	吉林	99.7	32.0	—
6-14-045	石灰石	吉林九台	99.9	24.48	—
6-14-046	碳酸钙	浙江湖州，轻质碳酸钙	99.1	35.19	0.14
6-14-048	蟹壳粉	上海	89.9	23.33	1.59

表 23 奶牛常用矿物质饲料的元素含量表

饲料名称	化学式	元素含量/%	
碳酸钙	$CaCO_3$	Ca＝40	
石灰石粉	$CaCO_3$	Ca＝35.89	P＝0.02
煮骨粉	—	Ca＝24～25	P＝11～18
蒸骨粉	—	Ca＝31～32	P＝13～15
磷酸氢二钠	$Na_2HPO_4 \cdot 12H_2O$	P＝8.7	Na＝12.8

续表 23

饲料名称	化学式	元素含量/%	
亚磷酸氢钠	$NaHPO_3 \cdot 5H_2O$	P =14.3	Na=21.3
硫酸钠	$Na_3PO_4 \cdot 12H_2O$	P =8.2	Na=12.1
焦磷酸钠	$Na_4P_2O_7 \cdot 10H_2O$	P =14.1	Na=10.3
碳酸氢钙	$CaHPO_4 \cdot 2H_2O$	P =18.0	Ca=23.2
磷酸钙	$Ca_3(PO_4)_2$	P =20.0	Ca=38.7
过磷酸钙	$Ca(H_2PO_4)_2 \cdot H_2O$	P =24.6	Ca=15.9
氯化钠	NaCl	Na=39.7	Cl=60.3
硫酸亚铁	$FeSO_4 \cdot 7H_2O$	Fe=20.1	
碳酸亚铁	$FeCO_3 \cdot H_2O$	Fe=41.7	
碳酸亚铁	$FeCO_3$	Fe=48.2	
氯化亚铁	$FeCl_2 \cdot 4H_2O$	Fe=28.1	
氯化铁	$FeCl_3 \cdot 6H_2O$	Fe=20.7	
氯化铁	$FeCl_3$	Fe=34.4	
硫酸铜	$CuSO_4 \cdot 5H_2O$	Cu=39.8	S=20.06
氯化铜	$CuCl_2 \cdot 2H_2O$(绿色)	Cu=47.2	Cl=52.71
氧化镁	MgO	Mg=60.31	
硫酸镁	$MgSO_4 \cdot 7H_2O$	Mg=20.18	S=26.58
氢氧化铜	$Cu(OH)_2$	Cu=65.2	
氯化铜(白色)	$CuCl_2$	Cu=64.2	
硫酸锰	$MnSO_4 \cdot 5H_2O$	Mu=22.8	
碳酸锰	$MnCO_3$	Mn=47.8	
氧化锰	MnO	Mn=77.4	
氯化锰	$MnCl_2 \cdot 4H_2O$	Mn=27.8	
硫酸锌	$ZnSO_4 \cdot 7H_2O$	Zn=22.7	
碳酸锌	$ZnCO_3$	Zn=52.1	
氧化锌	ZnO	Zn=80.3	
氯化锌	$ZnCl_2$	Zn=48.0	
碘化钾	KI	I=76.4	K=23.56
二氧化锰	MnO_2	Mn=63.2	
亚硒酸钠	$Na_2SeO_3 \cdot 5H_2O$	Se=30.0	
硒酸钠	$Na_2SeO_4 \cdot 10H_2O$	Se=21.4	
硫酸钴	$CoSO_4$	Co=38.02	S=20.68
碳酸钴	$CoCO_3$	Co=49.55	
氯化钴	$CoCl_2 \cdot 6H_2O$	Co=24.78	

三、牛奶粗蛋白质中的氨基酸含量

表 24　牛奶粗蛋白质中的氨基酸含量　　%

来源	异亮氨酸	亮氨酸	赖氨酸	蛋氨酸	胱氨酸	半胱氨酸	苯丙氨酸	酪氨酸	苏氨酸	色氨酸	缬氨酸	精氨酸	组氨酸	丙氨酸	天冬氨酸	谷氨酸	甘氨酸	脯氨酸	丝氨酸
1	5.6	10.2	8.2	2.9	1.0	—	5.4	4.5	5.0	1.4	7.4	4.0	3.0	3.8	8.5	23.0	2.0	9.4	5.9
2	5.13	9.84	7.71	2.48	—	0.79	4.88	—	4.41	1.37	6.32	3.37	2.84	—	—	—	—	—	—

注：1. 引自中 Orskow，1992；2. 引自 NRC，2001。

四、体重与代谢体重换算

表 25　体重与代谢体重换算

体重 W /kg	代谢体重 ($W^{0.75}$)	代谢体重 ($W^{0.67}$)	体重 W /kg	代谢体重 ($W^{0.75}$)	代谢体重 ($W^{0.67}$)	体重 W /kg	代谢体重 ($W^{0.75}$)	代谢体重 ($W^{0.67}$)	体重 W /kg	代谢体重 ($W^{0.75}$)
20	9.46	7.44	110	33.97	23.32	370	84.36	52.56	790	140.1
25	11.18	8.64	112	34.43	23.60	380	86.07	53.51	800	150.42
30	12.82	9.76	114	34.89	23.39	390	87.76	54.45	810	151.83
32	13.45	10.20	116	35.35	24.17	400	89.44	55.38	820	153.24
34	14.08	10.62	118	35.80	24.44	410	91.11	56.31	830	154.64
36	14.70	11.03	120	36.26	24.72	420	92.78	57.22	840	156.03
38	15.31	11.44	122	36.71	25.00	430	94.43	58.13	850	157.42
40	15.91	11.84	124	37.16	25.27	440	96.07	59.04	860	158.81
42	16.50	12.23	126	37.61	25.54	450	97.70	59.93	870	160.19
44	17.08	12.62	128	38.05	25.81	460	99.33	60.82	880	161.57
46	17.66	13.00	130	38.50	26.08	470	100.94	61.70	890	162.95
48	18.24	13.38	132	38.94	26.35	460	102.55	62.58	900	164.32
50	18.80	13.75	134	39.38	26.62	500	104.15	63.45	910	165.68
52	19.36	14.12	136	39.82	26.88	500	105.74	64.31	920	167.05
54	19.92	14.48	138	40.26	27.15	510	107.32	65.17	930	168.41
56	20.47	14.83	140	40.70	27.41	520	108.89	66.03	940	169.76
58	20.02	15.19	142	41.14	27.67	530	110.46	66.88	950	171.72
60	21.56	15.54	144	41.57	27.93	540	112.02	67.72	960	172.47
62	22.10	15.88	146	42.00	28.19	550	113.57	68.56	970	173.81
64	22.63	16.22	148	42.43	28.45	560	115.12	69.39	980	175.15
66	23.16	16.56	150	42.86	28.71	570	116.66	70.22	990	176.49

续表 25

体重 W /kg	代谢体重 ($W^{0.75}$)	代谢体重 ($W^{0.67}$)	体重 W /kg	代谢体重 ($W^{0.75}$)	代谢体重 ($W^{0.67}$)	体重 W /kg	代谢体重 ($W^{0.75}$)	代谢体重 ($W^{0.67}$)	体重 W /kg	代谢体重 ($W^{0.75}$)
68	23.68	16.90	160	44.90	29.98	580	118.19	71.04	1 000	177.83
70	24.20	17.23	170	47.08	31.22	590	119.71	71.86	1 010	179.16
72	24.72	17.56	180	49.14	32.44	600	121.23	72.67	1 020	180.49
74	25.23	17.88	190	51.18	33.63	610	122.74		1 030	181.81
76	25.74	18.20	200	53.18	34.81	620	124.25		1 040	183.14
78	26.25	18.52	210	55.17	35.97	630	125.75		1 050	184.46
80	26.75	18.84	220	57.12	37.10	640	127.24		1 060	185.77
82	27.25	19.15	230	59.06	38.23	650	128.73		1 070	187.08
84	27.75	19.47	240	60.98	39.33	660	130.21		1 080	188.39
86	28.24	19.77	250	62.87	40.42	670	131.69		1 090	189.70
88	28.73	20.08	260	64.75	41.50	680	133.16		1 100	191.00
90	29.22	20.39	270	66.61	42.56	690	134.63		1 110	192.31
92	29.71	20.69	280	68.45	43.61	700	136.09		1 120	193.60
94	30.19	20.99	290	70.27	44.65	710	137.54		1 130	194.90
96	30.67	21.29	300	72.08	45.67	720	139.00		1 140	196.19
98	31.15	21.58	310	73.88	46.69	730	140.44		1 150	197.48
100	31.62	21.88	320	73.66	47.69	740	141.88		1 160	498.77
102	32.10	22.17	330	77.43	48.69	750	143.32		1 170	200.05
104	32.67	22.46	340	79.18	49.67	760	144.75		1 180	201.33
106	33.04	22.75	350	80.92	50.64	770	146.17		1 190	202.61
108	33.50	23.04	360	82.65	51.61	780	147.59		1 200	203.89

附录Ⅲ　肉牛饲养标准应用表

内容选自中华人民共和国农业行业标准-肉牛饲养标准 Feeding stangard of beef cattle（NY/T 815—2004），起草人：冯仰廉、王加启、杨红建、莫放、魏宏阳、黄应祥、冯定远、王中华、龚月生、李树聪。中华人民共和国农业部发布 2004-09-01 实施。

一、各类肉牛的营养需要

表 1　生长肥育牛的每日营养需要量

LBW /kg	ADG /(kg/d)	DMI /(kg/d)	NEm /(MJ/d)	NEg /(MJ/d)	RND	NEmf /(MJ/d)	CP /(g/d)	IDCPm /(g/d)	IDCPg /(g/d)	IDCP /(g/d)	钙 /(g/d)	磷 /(g/d)
150	0	2.66	13.80	0	1.46	11.76	236	158	0	158	5	5
	0.3	3.29	13.80	1.24	1.87	15.10	377	158	103	261	14	8
	0.4	3.49	13.80	1.71	1.97	15.90	421	158	136	294	17	9
	0.5	3.70	13.80	2.22	2.07	16.74	465	158	169	328	19	10
	0.6	3.91	13.80	2.76	2.19	17.66	507	158	202	360	22	11
	0.7	4.12	13.80	3.34	2.30	18.58	548	158	235	393	25	12
	0.8	4.33	13.80	3.97	2.45	19.75	589	158	267	425	28	13
	0.9	4.54	13.80	4.64	2.61	21.05	627	158	298	457	31	14
	1.0	4.75	13.80	5.38	2.80	22.64	665	158	329	487	34	15
	1.1	4.95	13.80	6.18	3.02	20.35	704	158	360	518	37	16
	1.2	5.16	13.80	7.06	3.25	26.28	739	158	389	547	40	16
175	0	2.98	15.49	0	1.63	13.18	265	178	0	178	6	6
	0.3	3.63	15.49	1.45	2.09	16.90	403	178	104	281	14	9
	0.4	3.85	15.49	2.00	2.20	17.78	447	178	138	315	17	9
	0.5	4.07	15.49	2.59	2.32	18.70	489	178	171	349	20	10
	0.6	4.29	15.49	3.22	2.44	19.71	530	178	204	382	23	11
	0.7	4.51	15.49	3.89	2.57	20.75	571	178	237	414	26	12
	0.8	4.72	15.49	4.63	2.79	22.05	609	178	269	446	28	13
	0.9	4.94	15.49	5.42	2.91	23.47	650	178	300	478	31	14
	1.0	5.16	15.49	6.28	3.12	25.23	686	178	331	508	34	15
	1.1	5.38	15.49	7.22	3.37	27.20	724	178	361	538	37	16
	1.2	5.59	15.49	8.24	3.63	29.29	759	178	390	567	40	17
200	0	3.30	17.12	0	1.80	14.56	293	196	0	196	7	7
	0.3	3.98	17.12	1.66	2.32	18.70	428	196	105	301	15	9
	0.4	4.21	17.12	2.28	2.43	19.62	472	196	139	336	17	10

续表 1

LBW /kg	ADG /(kg/d)	DMI /(kg/d)	NEm /(MJ/d)	NEg /(MJ/d)	RND	NEmf /(MJ/d)	CP /(g/d)	IDCPm /(g/d)	IDCPg /(g/d)	IDCP /(g/d)	钙 /(g/d)	磷 /(g/d)
200	0.5	4.44	17.12	2.95	2.56	20.67	514	196	173	369	20	11
	0.6	4.66	17.12	3.67	2.69	21.76	555	196	206	403	23	12
	0.7	4.89	17.12	4.45	2.83	22.47	593	196	239	435	26	13
	0.8	5.12	17.12	5.29	3.01	24.31	631	196	271	467	29	14
	0.9	5.34	17.12	6.19	3.21	25.90	669	196	302	499	31	15
	1.0	5.57	17.12	7.17	3.45	27.82	708	196	333	529	34	16
	1.1	5.80	17.12	8.25	3.71	29.96	743	196	362	558	37	17
	1.2	6.03	17.12	9.42	4.00	32.30	778	196	391	587	40	17
225	0	3.60	18.71	0	1.87	15.10	320	214	0	214	7	7
	0.3	4.31	18.71	1.86	2.56	20.71	452	214	107	321	15	10
	0.4	4.55	18.71	2.57	2.69	21.76	494	214	141	356	18	11
	0.5	4.78	18.71	2.32	2.83	22.89	535	214	175	390	20	12
	0.6	5.02	18.71	4.13	2.98	24.10	576	214	209	423	23	13
	0.7	5.26	18.71	5.01	3.14	25.36	614	214	241	456	26	14
	0.8	5.49	18.71	5.95	3.33	26.90	652	214	273	488	29	14
	0.9	5.73	18.71	6.97	3.55	28.66	691	214	304	519	31	15
	1.0	5.96	18.71	8.07	3.81	30.79	726	214	335	549	34	16
	1.1	6.20	18.71	9.28	4.10	33.10	761	214	364	578	37	17
	1.2	6.44	18.71	10.59	4.42	35.69	796	214	391	606	39	18
250	0	3.90	20.24	0	2.20	17.18	346	232	0	232	8	8
	0.3	4.64	20.24	2.07	2.81	22.72	475	232	108	340	16	11
	0.4	4.88	20.24	2.85	2.95	23.85	517	232	143	375	18	12
	0.5	5.13	20.24	3.69	3.11	25.10	558	232	177	409	21	12
	0.6	5.37	20.24	4.59	3.27	26.44	599	232	211	443	23	13
	0.7	5.62	20.24	4.56	3.45	27.82	637	232	244	475.9	26	14
	0.8	5.87	20.24	6.61	3.65	29.50	672	232	276	507.8	29	15
	0.9	6.11	20.24	7.74	3.89	31.38	711	232	307	538.8	31	16
	1.0	6.36	20.24	8.97	4.18	33.72	746	232	337	568.6	34	17
	1.1	6.60	20.24	10.31	4.49	36.28	781	232	365	597.2	36	18
	1.2	6.85	20.24	11.77	4.84	39.06	814	232	392	624.3	39	18
275	0	4.19	21.74	0	2.40	19.37	372	249	0	249.2	9	9
	0.3	4.96	21.74	2.28	3.07	24.77	501	249	110	359	16	12

续表 1

LBW /kg	ADG /(kg/d)	DMI /(kg/d)	NEm /(MJ/d)	NEg /(MJ/d)	RND	NEmf /(MJ/d)	CP /(g/d)	IDCPm /(g/d)	IDCPg /(g/d)	IDCP /(g/d)	钙 /(g/d)	磷 /(g/d)
275	0.4	5.21	21.74	3.14	3.22	25.98	543	249	145	394.4	19	12
	0.5	5.47	21.74	4.06	3.39	27.36	581	249	180	429	21	13
	0.6	5.72	21.74	5.05	3.57	28.79	619	249	214	462.8	24	14
	0.7	5.98	21.74	6.12	3.75	30.29	657	249	247	495.8	26	15
	0.8	6.23	21.74	7.27	3.98	32.13	696	249	278	527.7	29	16
	0.9	6.49	21.74	8.51	4.23	34.18	731	249	309	558.5	31	16
	1.0	6.74	21.74	9.86	4.55	36.74	766	249	339	588	34	17
	1.1	7.00	21.74	11.34	4.89	39.50	798	249	367	616	36	18
	1.2	7.25	21.74	12.95	5.60	42.51	834	249	393	642.4	39	19
300	0	4.46	23.21	0	2.60	21.00	397	266	0	266	10	10
	0.3	5.26	23.21	2.48	3.32	26.78	523	266	112	377.6	17	12
	0.4	5.53	23.21	3.42	3.48	28.12	565	266	147	413.4	19	13
	0.5	5.79	23.21	4.43	3.66	29.58	603	266	182	448.4	21	14
	0.6	6.06	23.21	5.51	3.86	31.13	641	266	216	482.4	24	15
	0.7	6.32	23.21	6.67	4.06	32.76	679	266	249	515.5	26	15
	0.8	6.58	23.21	7.93	4.31	34.77	715	266	281	547.4	29	16
	0.9	6.85	23.21	9.29	4.58	36.99	750	266	312	578	31	17
	1.0	7.11	23.21	10.76	4.92	39.71	785	266	341	607.1	34	18
	1.1	7.38	23.21	12.37	5.29	42.68	818	266	369	634.6	36	19
	1.2	7.64	23.21	14.12	5.69	45.98	850	266	394	660.3	38	19
325	0	4.75	24.65	0	2.78	22.43	421	282	0	282.4	11	11
	0.3	5.57	24.65	2.69	3.54	28.58	547	282	114	396	17	13
	0.4	5.84	24.65	3.71	3.72	30.04	586	282	150	432.3	19	14
	0.5	6.12	24.65	4.80	3.91	31.59	624	282	185	467.6	22	14
	0.6	6.39	24.65	5.97	4.12	33.26	662	282	219	501.9	24	15
	0.7	6.66	24.65	7.23	4.36	35.02	700	282	253	535.1	26	16
	0.8	6.94	24.65	8.59	4.60	37.15	736	282	284	566.9	29	17
	0.9	7.21	24.65	10.06	4.90	39.54	771	282	315	597.3	31	18
	1.0	7.49	24.65	11.66	5.25	42.43	803	282	344	626.1	33	18
	1.1	7.76	24.65	13.40	5.65	45.61	839	282	371	653	36	19
	1.2	8.03	24.65	15.30	6.08	49.12	868	282	395	677.8	38	20

续表 1

LBW /kg	ADG /(kg/d)	DMI /(kg/d)	NEm /(MJ/d)	NEg /(MJ/d)	RND	NEmf /(MJ/d)	CP /(g/d)	IDCPm /(g/d)	IDCPg /(g/d)	IDCP /(g/d)	钙 /(g/d)	磷 /(g/d)
350	0	5.02	26.06	0	2.95	23.85	445	299	0	298.6	12	12
	0.3	5.87	26.06	2.90	3.76	30.38	569	299	122	420.6	18	14
	0.4	6.15	26.06	3.99	3.95	31.92	607	299	161	459.4	20	14
	0.5	6.43	26.06	5.17	4.16	33.60	645	299	199	497.1	22	15
	0.6	6.72	26.06	6.43	4.38	35.40	683	299	235	533.6	24	16
	0.7	7.00	26.06	7.79	4.61	37.24	719	299	270	568.7	27	17
	0.8	7.28	26.06	9.25	4.89	39.50	757	299	304	602.3	29	17
	0.9	7.57	26.06	10.83	5.21	42.05	789	299	336	634.1	31	18
	1.0	7.85	26.06	12.55	5.59	45.15	824	299	365	664	33	19
	1.1	8.13	26.06	14.43	6.01	48.53	857	299	393	691.7	36	20
	1.2	8.41	26.06	16.48	6.47	52.26	889	299	418	716.9	38	20
375	0	5.28	27.44	0	3.13	25.27	469	314	0	314.4	12	12
	0.3	6.16	27.44	3.10	3.99	32.22	593	314	119	433.5	18	14
	0.4	6.45	27.44	4.28	4.19	33.85	631	314	157	471.2	20	15
	0.5	6.74	27.44	5.54	4.41	35.61	669	314	193	507.7	22	16
	0.6	7.03	27.44	6.89	4.65	37.53	704	314	228	542.9	25	17
	0.7	7.32	27.44	8.34	4.89	39.5	743	314	262	576.6	27	17
	0.8	7.62	27.44	5.19	5.19	41.88	778	314	294	608.7	29	18
	0.9	7.91	27.44	5.52	5.52	44.60	810	314	324	638.9	31	19
	1.0	8.20	27.44	5.93	5.93	47.87	845	314	353	667.1	33	19
	1.1	8.49	27.44	6.26	6.26	50.54	878	314	378	692.9	35	20
	1.2	8.79	27.44	6.75	6.75	54.48	907	314	402	716	38	20
400	0	5.55	28.8	0	3.31	26.74	492	330	0	330	13	13
	0.3	6.45	28.8	3.31	4.22	34.06	613	330	116	446.2	19	15
	0.4	6.76	28.8	4.56	3.43	35.77	651	330	153	482.7	21	16
	0.5	7.06	28.8	5.91	4.66	37.66	689	330	188	518	23	17
	0.6	7.36	28.8	7.35	4.91	39.66	727	330	222	551.9	25	17
	0.7	7.66	28.8	8.90	5.17	41.76	763	330	254	584.3	27	18
	0.8	7.96	28.8	10.57	5.49	44.31	798	330	285	614.8	29	19
	0.9	8.26	28.8	12.38	5.64	47.15	830	330	313	643.5	31	19
	1.0	8.56	28.8	14.35	6.27	50.63	866	330	340	669.9	33	20
	1.1	8.87	28.8	16.49	6.74	54.43	895	330	364	693.8	35	21
	1.2	9.17	28.8	18.83	7.26	58.66	927	330	385	714.8	37	21

续表 1

LBW /kg	ADG /(kg/d)	DMI /(kg/d)	NEm /(MJ/d)	NEg /(MJ/d)	RND	NEmf /(MJ/d)	CP /(g/d)	IDCPm /(g/d)	IDCPg /(g/d)	IDCP /(g/d)	钙 /(g/d)	磷 /(g/d)
425	0	5.80	30.14	0	3.48	28.08	515	345	0	345.4	14	14
	0.3	6.73	30.14	3.52	4.43	35.77	636	345	113	458.6	19	16
	0.4	7.04	30.14	4.85	4.65	37.57	674	345	149	494	21	17
	0.5	7.35	30.14	6.28	4.90	39.54	712	345	183	528.1	23	17
	0.6	7.66	30.14	7.81	5.16	41.67	747	345	215	560.7	25	18
	0.7	7.97	30.14	9.45	5.44	43.89	783	345	246	591.7	27	18
	0.8	8.29	30.14	11.23	5.77	46.57	818	345	275	620.8	29	19
	0.9	8.60	30.14	13.15	6.14	49.58	850	345	302	647.8	31	20
	1.0	8.91	30.14	15.24	6.59	53.22	886	345	327	672.4	33	20
	1.1	9.22	30.14	17.52	7.09	57.24	918	345	349	694.4	35	21
	1.2	9.53	30.14	20.01	7.64	61.67	947	345	368	713.3	37	22
450	0	6.06	31.46	0	3.63	29.33	538	361	0	360.5	15	15
	0.3	7.02	31.46	3.72	4.63	37.41	659	361	110	470.7	20	17
	0.4	7.34	31.46	5.14	4.87	39.33	697	361	145	505.1	21	17
	0.5	7.66	31.46	6.65	5.12	41.38	732	361	177	538	23	18
	0.6	7.98	31.46	8.27	5.40	43.60	770	361	209	569.3	25	19
	0.7	8.30	31.46	10.01	5.69	45.94	806	361	238	598.9	27	19
	0.8	8.62	31.46	11.89	6.03	48.73	841	361	266	626.5	29	20
	0.9	8.94	31.46	13.93	6.43	51.92	873	361	291	651.8	31	20
	1.0	9.26	31.46	16.14	6.90	55.77	906	361	314	674.7	33	21
	1.1	9.58	31.46	18.55	7.42	59.96	938	361	334	697.8	35	22
	1.2	9.90	31.46	21.18	8.00	64.6	967	361	351	711.7	37	22
475	0	6.31	32.76	0	3.79	30.63	560	375	0	375.4	16	16
	0.3	7.30	32.76	3.93	4.84	39.08	681	375	107	482.7	20	17
	0.4	7.63	32.76	5.42	5.09	41.09	719	375	140	515.9	22	18
	0.5	7.96	32.76	7.01	5.35	43.26	754	375	172	547.6	24	19
	0.6	8.29	32.76	8.73	5.64	45.61	789	375	202	577.7	25	19
	0.7	8.61	32.76	10.57	5.94	48.03	825	375	230	605.8	27	20
	0.8	8.94	32.76	12.55	6.31	51.00	860	375	257	631.9	29	20
	0.9	9.27	32.76	14.70	6.72	54.31	892	375	280	655.7	31	21
	1.0	9.60	32.76	17.04	7.22	58.32	928	375	301	676.9	33	21
	1.1	9.93	32.76	19.58	7.77	62.76	957	375	320	695	35	22
	1.2	10.26	32.76	22.36	8.37	67.61	989	375	334	709.8	36	23

续表 1

LBW /kg	ADG /(kg/d)	DMI /(kg/d)	NEm /(MJ/d)	NEg /(MJ/d)	RND	NEmf /(MJ/d)	CP /(g/d)	IDCPm /(g/d)	IDCPg /(g/d)	IDCP /(g/d)	钙 /(g/d)	磷 /(g/d)
500	0	6.56	34.05	0	3.95	31.92	582	390	0	390.2	16	16
	0.3	7.58	34.05	4.14	5.04	40.71	700	390	104	494.5	21	18
	0.4	7.91	34.05	5.71	5.30	42.84	738	390	136	526.6	22	19
	0.5	8.25	34.05	7.38	5.58	45.10	776	390	167	557.1	24	19
	0.6	8.59	34.05	9.18	5.88	47.53	811	390	196	585.8	26	20
	0.7	8.93	34.05	11.12	6.20	50.08	847	390	222	612.6	27	20
	0.8	9.27	34.05	13.21	6.58	53.18	882	390	247	637.2	29	21
	0.9	9.61	34.05	15.48	7.01	56.65	912	390	269	659.4	31	21
	1.0	9.94	34.05	17.93	7.53	60.88	947	390	289	678.8	33	22
	1.1	10.28	34.05	20.61	8.10	65.48	979	390	305	695	34	23
	1.2	10.62	34.05	23.54	8.73	70.54	1 011	390	318	707.7	36	23

表 2　生长母牛的每日营养需要量

LBW /kg	ADG /(kg/d)	DMI /(kg/d)	NEm /(MJ/d)	NEg (MJ/d)	RND	NEmf /(MJ/d)	CP /(g/d)	IDCPm /(g/d)	IDCPg /(g/d)	IDCP /(g/d)	钙 /(g/d)	磷 /(g/d)
150	0	2.66	13.8	0	1.46	11.76	236	158	0	158	5	5
	0.3	3.29	13.8	1.37	1.9	15.31	377	158	101	259	13	8
	0.4	3.49	13.8	1.88	2	16.15	421	158	134	293	16	9
	0.5	3.70	13.8	2.44	2.11	17.07	465	158	167	325	19	10
	0.6	3.91	13.8	3.03	2.24	18.07	507	158	200	358	22	11
	0.7	4.12	13.8	3.67	2.36	19.08	548	158	231	390	25	11
	0.8	4.33	13.8	4.36	2.52	20.33	589	158	263	421	28	12
	0.9	4.54	13.8	5.11	2.69	21.76	627	158	294	452	31	13
	1.0	4.75	13.8	5.92	2.91	23.47	665	158	324	482	34	14
175	0	2.98	15.49	0	1.63	13.18	265	178	0	178	6	6
	0.3	3.63	15.49	1.59	2.12	17.15	403	178	102	280	14	8
	0.4	3.85	15.49	2.20	2.24	18.07	447	178	136	313	17	9
	0.5	4.07	15.49	2.84	2.37	19.12	489	178	169	346	19	10
	0.6	4.29	15.49	3.54	2.5	20.21	530	178	201	378	22	11
	0.7	4.51	15.49	4.28	2.64	21.34	571	178	233	410	25	12
	0.8	4.72	15.49	5.09	2.81	22.72	609	178	264	442	28	13
	0.9	4.94	15.49	5.96	3.01	24.31	650	178	295	472	30	14
	1.0	5.16	15.49	6.91	3.24	26.19	686	178	324	502	33	15

续表 2

LBW /kg	ADG /(kg/d)	DMI /(kg/d)	NEm /(MJ/d)	NEg (MJ/d)	RND	NEmf /(MJ/d)	CP /(g/d)	IDCPm /(g/d)	IDCPg /(g/d)	IDCP /(g/d)	钙 /(g/d)	磷 /(g/d)
200	0	3.30	17.12	0	1.80	14.56	293	196	0	196	7	7
	0.3	3.98	17.12	1.82	2.34	18.92	428	196	103	300	14	9
	0.4	4.21	17.12	2.51	3.47	19.46	472	196	137	333	17	10
	0.5	4.44	17.12	3.25	2.61	21.09	514	196	170	366	19	11
	0.6	4.66	17.12	4.04	2.76	22.30	555	196	202	399	22	12
	0.7	4.89	17.12	4.89	2.92	23.43	593	196	234	431	25	13
	0.8	5.12	17.12	5.82	3.10	25.06	631	196	265	462	28	14
	0.9	5.34	17.12	6.81	3.32	26.78	669	196	296	492	30	14
	1.0	5.57	17.12	7.89	3.58	28.87	708	196	325	521	33	15
225	0	3.60	18.71	0	1.87	15.10	320	214	0	214	7	7
	0.3	4.31	18.71	2.05	2.60	20.71	452	214	105	319	15	10
	0.4	4.55	18.71	2.82	2.74	21.76	494	214	138	353	17	11
	0.5	4.78	18.71	3.66	2.89	22.89	525	214	172	386	20	12
	0.6	5.02	18.71	4.55	3.06	24.10	576	214	204	418	23	112
	0.7	5.26	18.71	5.51	3.22	25.36	614	214	236	240	25	13
	0.8	5.49	18.71	6.54	3.44	26.90	652	214	267	481	28	14
	0.9	5.73	18.71	7.66	3.67	29.62	691	214	297	511	30	15
	1.0	5.96	18.71	8.88	3.95	31.92	726	214	326	540	33	16
250	0	3.90	20.24	0	2.20	17.78	346	232	0	232	8	8
	0.3	4.64	20.24	2.28	2.84	22.97	475	232	106	338	15	11
	0.4	4.88	20.24	3.14	3.00	24.23	517	232	140	372	18	11
	0.5	5.13	20.24	4.06	3.17	25.01	558	232	173	405	20	12
	0.6	5.37	20.24	5.05	3.35	27.03	599	232	206	438	23	13
	0.7	5.62	20.24	6.12	3.53	28.53	637	232	237	469	25	14
	0.8	5.87	20.24	7.27	3.76	30.38	672	232	268	500	28	15
	0.9	6.11	20.24	8.51	4.02	32.47	711	232	298	530	30	15
	1.0	6.36	20.24	9.86	4.33	34.98	746	232	326	558	33	17
275	0	4.19	21.74	0	2.40	19.37	372	249	0	249	9	9
	0.3	4.96	21.74	2.50	3.10	25.06	501	249	107	356	16	11
	0.4	5.21	21.74	3.45	3.27	26.40	543	249	141	391	18	12
	0.5	5.47	21.74	4.47	3.45	27.87	581	249	175	424	20	13
	0.6	5.72	21.74	5.56	3.65	29.46	619	249	208	457	23	14

续表 2

LBW /kg	ADG /(kg/d)	DMI /(kg/d)	NEm /(MJ/d)	NEg (MJ/d)	RND	NEmf /(MJ/d)	CP /(g/d)	IDCPm /(g/d)	IDCPg /(g/d)	IDCP /(g/d)	钙 /(g/d)	磷 /(g/d)
275	0.7	5.98	21.74	6.73	3.85	31.09	657	249	239	488	25	14
	0.8	6.23	21.74	7.99	4.10	33.10	696	249	270	519	28	15
	0.9	6.49	21.74	9.36	4.38	35.35	731	249	299	548	30	16
	1.0	6.74	21.74	10.85	4.72	38.07	766	249	327	576	32	17
300	0	4.46	23.21	0	2.60	21.00	397	266	0	266	10	10
	0.3	5.26	23.21	2.73	3.35	27.07	523	266	109	375	16	12
	0.4	5.53	23.21	3.77	3.54	28.58	565	266	143	409	18	13
	0.5	5.79	23.21	4.87	3.74	30.17	603	266	177	443	21	14
	0.6	6.06	23.21	6.06	3.95	31.88	641	266	210	476	23	14
	0.7	6.32	23.21	7.34	4.17	33.64	679	266	241	507	25	15
	0.8	6.58	23.21	8.72	4.44	35.82	715	266	271	537	28	16
	0.9	6.85	23.21	10.21	4.47	38.24	750	266	300	566	30	17
	1.0	7.11	23.21	11.84	5.10	41.17	785	266	328	794	32	17
325	0	4.75	24.65	0	2.78	22.43	421	282	0	282	11	11
	0.3	5.57	24.65	2.96	3.59	28.95	547	282	110	393	17	13
	0.4	5.84	24.65	4.08	3.78	30.54	586	282	145	427	19	14
	0.5	6.12	24.65	5.28	3.99	32.22	624	282	179	461	21	14
	0.6	6.39	24.65	6.57	4.22	34.06	662	282	212	494	23	15
	0.7	6.66	24.65	7.95	4.46	35.98	700	282	243	526	25	16
	0.8	6.94	24.65	9.45	4.74	38.28	736	282	273	556	28	16
	0.9	7.21	24.65	11.07	5.06	40.88	771	282	302	584	30	17
	1.0	7.49	24.65	12.82	5.45	44.02	803	282	329	611	32	18
350	0	5.02	26.06	0	2.95	23.85	445	299	0	299	12	12
	0.3	5.87	26.06	3.19	3.81	30.75	569	299	118	416	17	14
	0.4	6.15	26.06	4.39	4.02	32.47	607	299	155	454	19	14
	0.5	6.43	26.06	5.69	4.24	34.27	645	299	191	490	21	15
	0.6	6.72	26.06	7.07	4.49	36.23	683	299	226	524	23	16
	0.7	7.00	26.06	8.56	4.74	38.24	719	299	259	558	25	16
	0.8	7.28	26.06	10.17	5.04	40.71	757	299	290	589	28	17
	0.9	7.57	26.06	11.92	5.38	43.47	789	299	320	619	30	18
	1.0	7.85	26.06	13.81	5.80	46.82	824	299	348	646	32	18

续表 2

LBW /kg	ADG /(kg/d)	DMI /(kg/d)	NEm /(MJ/d)	NEg (MJ/d)	RND	NEmf /(MJ/d)	CP /(g/d)	IDCPm /(g/d)	IDCPg /(g/d)	IDCP /(g/d)	钙 /(g/d)	磷 /(g/d)
375	0	5.28	27.44	0	3.13	25.27	469	314	0	314	12	12
	0.3	6.16	27.44	3.41	4.04	32.59	593	314	115	429	18	14
	0.4	6.45	27.44	4.71	4.26	34.39	631	314	151	465	20	15
	0.5	6.74	27.44	6.09	4.50	36.32	669	314	185	500	22	16
	0.6	7.03	27.44	7.58	4.76	38.41	704	314	219	533	24	17
	0.7	7.32	27.44	9.18	5.03	40.58	743	314	250	565	26	17
	0.8	7.62	27.44	10.90	5.35	43.18	778	314	280	595	28	18
	0.9	7.91	27.44	12.77	5.71	46.11	810	314	308	622	30	19
	1.0	8.20	27.44	14.19	6.15	49.66	845	314	333	648	32	19
400	0	5.55	28.80	0	3.31	26.74	492	330	0	330	13	13
	0.3	6.45	28.80	3.64	4.26	34.43	613	330	111	441	18	15
	0.4	6.76	28.80	5.02	4.50	36.36	651	330	146	476	20	16
	0.5	7.06	28.80	6.50	4.76	38.41	689	330	180	510	22	16
	0.6	7.36	28.80	8.08	5.03	40.58	727	330	211	541	24	17
	0.7	7.66	28.80	9.79	5.31	42.89	763	330	242	572	26	17
	0.8	7.96	28.80	11.63	5.65	45.65	798	330	270	600	28	18
	0.9	8.26	28.80	13.62	6.04	48.74	830	330	296	626	29	19
	1.0	8.56	28.80	15.78	6.50	52.51	866	330	319	649	31	19
450	0	6.06	31.46	0	3.89	31.46	537	361	0	361	12	12
	0.3	7.02	31.46	4.10	4.40	35.56	625	361	105	465	18	14
	0.4	7.34	31.46	5.65	4.59	37.11	653	361	137	498	20	15
	0.5	7.65	31.46	7.31	4.80	38.77	681	361	168	528	22	16
	0.6	7.97	31.46	9.09	5.02	40.55	708	361	197	557	24	17
	0.7	8.29	31.46	11.01	5.26	42.47	734	361	224	585	26	17
	0.8	8.61	31.46	13.08	5.51	44.54	759	361	249	609	28	18
	0.9	8.93	31.46	15.32	5.79	46.78	784	361	271	632	30	19
	1.0	9.25	31.46	17.75	6.09	49.21	808	361	291	652	32	19
500	0	6.56	34.05	0	4.21	34.05	582	390	0	390	13	13
	0.3	7.57	34.05	4.55	4.78	38.60	662	390	98	489	18	15
	0.4	7.91	34.05	6.28	4.99	40.32	687	390	128	518	20	16
	0.5	8.25	34.05	8.12	5.22	42.17	712	390	156	547	22	16
	0.6	8.58	34.05	10.10	5.46	44.15	736	390	183	573	24	17

续表 2

LBW /kg	ADG /(kg/d)	DMI /(kg/d)	NEm /(MJ/d)	NEg (MJ/d)	RND	NEmf /(MJ/d)	CP /(g/d)	IDCPm /(g/d)	IDCPg /(g/d)	IDCP /(g/d)	钙 /(g/d)	磷 /(g/d)
500	0.7	8.92	34.05	12.23	5.73	46.28	760	390	207	597	26	17
	0.8	9.26	34.05	14.53	6.01	48.58	783	390	228	618	28	18
	0.9	9.60	34.05	17.02	6.32	51.07	805	390	247	637	29	19
	1.0	9.93	34.05	19.72	6.65	53.77	827	390	263	653	31	19

表 3 妊娠母牛的每日营养需要量

体重 /kg	妊娠月份	DMI /(kg/d)	NEm /(MJ/d)	NEg /(MJ/d)	RND	NEmf /(MJ/d)	CP /(g/d)	IDCPm /(g/d)	IDCPg /(g/d)	IDCP /(g/d)	钙 /(g/d)	磷 /(g/d)
300	6	6.32	23.21	4.32	2.80	22.60	409	266	28	294	14	12
	7	6.43	23.21	7.36	3.11	25.12	477	266	49	315	16	12
	8	6.60	23.21	11.17	3.50	28.26	587	266	85	351	18	13
	9	6.77	23.21	15.77	3.97	32.05	735	266	141	407	20	13
350	6	6.86	26.06	4.63	3.12	25.19	449	299	30	328	16	13
	7	6.98	26.06	7.88	3.45	28.87	517	299	53	351	18	14
	8	7.15	26.06	11.97	3.87	31.24	627	299	91	389	20	15
	9	7.32	26.06	16.89	4.37	35.30	775	299	151	450	22	15
400	6	7.39	28.80	4.94	3.43	27.69	488	330	32	362	18	15
	7	7.51	28.80	8.40	3.78	30.56	556	330	56	386	20	16
	8	7.68	28.80	12.76	4.23	34.13	666	330	97	427	22	16
	9	7.84	28.80	18.01	4.76	38.47	814	330	161	491	24	17
450	6	7.90	31.46	5.24	3.73	30.12	526	361	34	394	20	17
	7	8.02	31.46	8.92	4.11	33.15	594	361	60	420	22	18
	8	8.19	31.46	13.55	4.58	36.99	704	361	103	463	24	18
	9	8.36	31.46	19.13	5.15	41.58	852	361	171	532	27	19
500	6	8.40	34.05	5.55	4.03	32.51	563	390	36	426	22	19
	7	8.52	34.05	9.45	4.43	35.72	631	390	63	453	24	19
	8	8.69	34.05	14.35	4.92	39.76	741	390	109	499	26	20
	9	8.86	34.05	20.25	5.53	44.62	889	390	181	571	29	21
550	56	8.89	36.57	5.86	4.31	34.83	599	419	37	457	24	20
	7	9.00	36.57	9.97	4.73	38.23	667	419	67	486	26	21
	8	9.17	36.57	15.14	5.26	42.47	777	419	115	534	29	22
	9	9.34	36.57	21.37	5.90	47.62	925	419	191	610	31	23

表 4　哺乳母牛的每日营养需要量

体重/(kg)	DMI/(kg/d)	FCM/(kg/d)	NEm/(MJ/d)	NEL/(MJ/d)	RND	NEmf/(MJ/d)	CP/(g/d)	IDCPm/(g/d)	IDCPL/(g/d)	IDCP/(g/d)	钙/(g/d)	磷/(g/d)
300	4.47	0	23.21	0	3.50	28.31	332	266	0	266	10	10
	5.82	3	23.21	9.41	4.92	39.79	587	266	142	408	24	14
	6.27	4	23.21	12.55	5.40	43.61	672	266	190	456	29	15
	6.72	5	23.21	15.69	5.87	47.44	757	266	237	503	34	17
	7.17	6	23.21	18.83	6.34	51.27	842	266	285	551	39	18
	7.62	7	23.21	21.97	6.82	55.09	927	266	332	598	44	19
	8.07	8	23.21	25.10	7.29	58.92	1 012	266	379	645	48	21
	8.52	9	23.21	28.24	7.77	62.75	1 097	266	427	693	53	22
	8.97	10	23.21	31.38	8.24	66.57	1 182	266	474	740	58	23
350	5.02	0	26.06	0	3.93	31.78	372	299	0	299	12	12
	6.37	3	26.06	9.41	5.35	43.26	627	299	142	441	27	16
	6.82	4	26.06	12.55	5.83	47.08	712	299	190	488	32	17
	7.27	5	26.06	15.69	6.30	50.91	797	299	237	536	37	19
	7.72	6	26.06	18.83	6.77	54.74	882	299	285	583	42	20
	8.17	7	26.06	21.97	7.25	58.56	967	299	332	631	46	21
	8.62	8	26.06	25.10	7.72	62.39	1 052	299	379	678	51	23
	9.07	9	26.06	28.24	8.20	66.22	1 137	299	427	725	56	24
	9.52	10	26.06	31.38	8.67	70.04	1 222	299	474	773	61	25
400	5.55	0	28.80	0	4.35	35.12	411	330	0	330	13	13
	6.90	3	28.80	9.41	5.77	46.60	666	330	142	472	28	17
	7.35	4	28.80	12.55	6.24	50.43	751	330	190	520	33	18
	7.80	5	28.80	15.69	6.71	54.26	836	330	237	567	38	20
	8.25	6	28.80	18.83	7.19	58.08	921	330	285	615	43	21
	8.70	7	28.80	21.97	7.66	61.91	1 006	330	332	662	47	22
	9.15	8	28.80	25.10	8.14	65.74	1 091	330	379	709	52	24
	9.60	9	28.80	28.24	8.61	69.56	1 176	330	427	757	57	25
	10.05	10	28.80	31.38	9.08	73.39	1 261	330	474	804	62	26
450	6.06	0	31.46	0	4.75	38.37	449	361	0	361	15	15
	7.41	3	31.46	9.41	6.17	49.85	704	361	142	503	30	19
	7.86	4	31.46	12.55	6.64	53.67	789	361	190	550	35	20
	7.31	5	31.46	15.69	7.12	57.50	874	361	237	598	40	22
	8.76	6	31.46	18.83	7.59	61.33	959	361	285	645	45	23

续表 4

体重/(kg)	DMI/(kg/d)	FCM/(kg/d)	NEm/(MJ/d)	NEL/(MJ/d)	RND	NEmf/(MJ/d)	CP/(g/d)	IDCPm/(g/d)	IDCPL/(g/d)	IDCP/(g/d)	钙/(g/d)	磷/(g/d)
450	9.21	7	31.46	21.97	8.06	65.15	1 044	361	332	693	49	24
	9.66	8	31.46	25.10	8.54	68.98	1 129	361	379	740	54	26
	10.11	9	31.46	28.24	9.01	72.81	1 214	361	427	787	59	27
	10.56	10	31.46	31.38	9.48	76.63	1 299	361	474	835	64	28
500	6.56	0	34.05	0	5.14	41.52	486	390	0	390	16	16
	7.91	3	34.05	9.41	6.56	53.00	741	390	142	532	31	20
	8.36	4	34.05	12.55	7.03	56.83	826	390	190	580	36	21
	8.81	5	34.05	15.69	7.51	60.66	911	390	237	627	41	23
	9.26	6	34.05	18.83	7.98	64.48	996	390	285	675	46	24
	9.71	7	34.05	21.97	8.45	68.31	1 081	390	332	722	50	25
	10.16	8	34.05	25.10	8.93	72.14	1 166	390	379	770	55	27
	10.61	9	34.05	28.24	9.40	75.96	1 251	390	427	817	60	28
	11.06	10	34.05	31.38	9.87	79.79	1 336	390	474	864	65	29
550	7.04	0	36.57	0	5.52	44.60	522	419	0	419	18	18
	8.39	3	36.57	9.41	6.94	56.08	777	419	142	561	32	22
	8.84	4	36.57	12.55	7.41	59.91	862	419	190	609	37	23
	9.29	5	36.57	15.69	7.89	63.73	947	419	237	656	42	25
	9.74	6	36.57	18.83	8.36	67.56	1 032	419	285	704	47	26
	10.19	7	36.57	21.97	8.83	71.39	1 117	419	332	751	52	27
	10.64	8	36.57	25.10	9.31	75.21	1 202	419	379	799	56	29
	11.09	9	36.57	28.24	9.78	79.04	1 287	419	427	846	61	30
	11.54	10	36.57	31.38	10.26	82.87	1 372	419	474	893	66	31

表 5　哺乳母牛每千克 4%标准乳中的营养含量

干物质/g	肉牛能量单位(RND)	综合净能/MJ	脂 肪/g	粗蛋白质/g	钙/g	磷/g
450	0.32	2.57	40	85	2.46	1.12

表 6　肉牛对日粮微量矿物质元素需要量

微量元素	单位	需要量(以日粮干物质计)			最大耐受浓度[1]
		生长和肥育牛	妊娠母牛	泌乳早期母牛	
钴(Co)	mg/kg	0.10	0.10	0.10	10
铜(Cu)	mg/kg	10.00	10.00	10.00	100
碘(I)	mg/kg	0.50	0.50	0.50	50
铁(Fe)	mg/kg	50.00	50.00	50.00	1 000
锰(Mn)	mg/kg	20.00	40.00	40.00	1 000
硒(Se)	mg/kg	0.10	0.10	0.10	2
锌(Zn)	mg/kg	30.00	30.00	30.00	500

注 1. 参照 NRC(1996)

二、肉牛各类饲料成分与营养价值表

表 7　青绿饲料类和青贮类饲料成分与营养价值表

编号	饲料名称	样品说明	DM[a] /%	CP[b] /%	EE[c] /%	CF[d] /%	NFE[e] /%	Ash[f] /%	Ca[g] /%	P[h] /%	DE[i] /(MJ/kg)	NEmf[j] /(MJ/kg)	RND[k] /(个/kg)
2-01-610	大麦青割	北京	15.7	2.0	0.5	4.7	6.9	1.6	—	—	1.80	0.86	0.11
		5 月上旬	100.0	12.7	3.2	29.9	43.9	10.2	—	—	11.45	5.48	0.68
2-01-072	甘薯藤	11 省市	13.0	2.1	0.5	2.5	6.2	1.7	0.20	0.05	1.37	0.63	0.08
		15 样平均值	100.0	16.2	3.8	19.2	47.7	13.1	1.54	0.38	10.55	4.84	0.60
2-01-632	黑麦草	北京	18.0	3.3	0.6	4.2	7.6	2.3	0.13	0.05	2.22	1.11	0.14
		意大利黑麦草	100.0	18.3	3.3	23.3	42.2	12.8	0.72	0.28	12.33	6.17	0.76
2-01-645	苜蓿	北京	26.2	3.8	0.3	9.4	10.8	1.9	0.34	0.01	2.42	1.02	0.13
		盛花期	100.0	14.5	1.1	35.9	41.2	7.3	1.30	0.04	9.22	3.87	0.48
2-01-655	沙打旺	北京	14.9	3.5	0.5	2.3	6.6	2.0	0.20	0.05	1.75	0.85	0.10
			100.0	23.5	3.4	15.4	44.3	13.4	1.34	0.34	11.76	5.68	0.70
2-01-664	象草	广东湛江	20	2.0	0.6	7.0	9.4	1.0	0.15	0.02	2.23	1.02	0.13
			100.0	10.0	3.0	35.0	47.0	5.0	0.25	0.10	11.13	5.12	0.63
2-01-679	野青草	黑龙江	18.9	3.2	1.0	5.7	7.4	1.6	0.24	0.03	2.06	0.93	0.12
			100.0	16.9	5.3	30.2	39.2	8.5	1.27	0.16	10.92	4.93	0.61
2-01-677	野青草	北京	25.3	1.7	0.7	7.1	13.3	2.5	—	0.12	2.53	1.14	0.14
		狗尾草为主	100.0	6.7	2.8	28.1	52.6	9.9	—	0.47	10.01	4.50	0.56
3-03-605	玉米青贮	4 省市	22.7	1.6	0.6	6.9	11.6	2.0	0.10	0.06	2.25	1.00	0.12
		5 样品平均值	100.0	7.0	2.6	30.4	51.1	8.8	0.44	0.26	9.90	4.40	0.54

续表 7

编号	饲料名称	样品说明	DM[a] /%	CP[b] /%	EE[c] /%	CF[d] /%	NFE[e] /%	Ash[f] /%	Ca[g] /%	P[h] /%	DE[i] /(MJ/kg)	NEmf[j] /(MJ/kg)	RND[k] /(个/kg)
3-03-025	玉米青贮	吉林 收获后黄干贮	25.0	1.4	0.3	8.7	12.5	1.9	0.10	0.02	1.70	0.61	0.08
			100.0	5.6	1.2	35.6	50.0	7.6	0.40	0.08	6.78	2.44	0.30
3-03-606	玉米大豆青贮	北京	21.8	2.1	0.5	6.9	8.1	4.1	0.15	0.06	2.20	1.05	0.13
			100.0	9.6	2.3	31.7	37.6	18.8	0.69	0.28	10.09	4.82	0.60
3-03-601	冬大麦青贮	北京 7样品平均值	22.2	2.6	0.7	6.6	9.5	2.8	0.05	0.03	2.47	1.18	0.15
			100.0	11.7	3.2	29.7	42.8	12.6	0.23	0.14	11.14	5.33	0.66
3-03-011	胡萝卜叶青贮	青海西宁 起薹	19.7	3.1	1.3	5.7	4.8	4.8	0.35	0.03	2.01	0.95	0.12
			100.0	15.7	6.6	28.9	24.4	24.4	1.78	0.15	10.18	4.81	0.60
3-03-005	苜蓿青贮	青海西宁 盛花期	33.7	5.3	1.4	12.8	10.3	3.9	0.50	0.10	3.13	1.32	0.16
			100.0	15.7	4.2	38.0	30.6	11.6	1.48	0.30	9.29	3.93	0.49
3-03-021	甘薯蔓青贮	上海	18.3	1.7	1.1	4.5	7.3	3.7	—	—	1.53	0.64	0.08
			100.0	9.3	6.0	24.6	39.9	20.2	—	—	8.38	3.52	0.44
3-03-021	甜菜叶青贮	吉林	37.5	4.6	2.4	7.4	14.6	8.5	0.39	0.10	4.26	2.14	0.26
			100.0	12.3	6.4	19.7	38.9	22.7	1.04	0.27	11.36	5.69	0.70

注：a 表示干物质；b 表示粗蛋白质；c 表示粗脂肪；d 表示粗纤维；e 表示无氮浸出物；f 表示灰分；g 表示钙；h 表示磷；i 表示消化能；j 表示综合净能；k 表示肉牛能量单位。

表 8　块根、块茎、瓜果类饲料成分与营养价值表

编号	饲料名称	样品说明	DM /%	CP /%	EE /%	CF /%	NFE /%	Ash /%	Ca /%	P /%	DE /(MJ/kg)	NEmf /(MJ/kg)	RND /(个/kg)
4-04-601	甘薯	北京	24.6	1.1	0.2	0.8	21.2	1.3	—	0.07	3.70	2.07	0.26
			100.0	4.5	0.8	3.3	86.2	5.3	—	0.28	15.05	8.43	1.04
4-04-200	甘薯	7省市8样品平均值	25.0	1.0	0.3	0.9	22.0	0.8	0.13	0.05	3.83	2.14	0.26
			100.0	4.0	1.2	3.6	88.0	3.2	0.52	0.20	15.31	8.55	1.06
4-04-603	胡萝卜	张家口	9.3	0.8	0.2	0.8	6.8	0.7	0.05	0.03	1.45	0.82	0.10
			100.0	8.6	2.2	8.6	73.1	7.5	0.54	0.32	15.60	8.87	1.10
4-04-208	胡萝卜	12省市13样品平均值	12.0	1.1	0.3	1.2	8.4	1.0	0.15	0.09	1.85	1.05	0.13
			100.0	9.2	2.5	10.0	70.0	8.3	1.25	0.75	15.44	8.73	1.08
4-04-211	马铃薯	10省市10样品平均值	22.0	1.6	0.1	0.7	18.7	0.9	0.02	0.03	3.29	1.82	0.23
			100.0	7.5	0.5	3.2	85.0	4.1	0.09	0.14	14.97	8.28	1.02

续表 8

编号	饲料名称	样品说明	DM /%	CP /%	EE /%	CF /%	NFE /%	Ash /%	Ca /%	P /%	DE /(MJ/kg)	NEmf /(MJ/kg)	RND /(个/kg)
4-04-213	甜菜	8 省市 9 样品平均值	15.0	2.0	0.4	1.7	9.1	1.8	0.06	0.04	1.94	1.01	0.12
			100.0	13.3	2.7	11.3	60.7	12.0	0.40	0.27	12.93	6.71	0.83
4-04-611	甜菜丝干	北京	88.6	7.3	0.6	19.6	56.6	4.5	0.66	0.07	12.25	6.49	0.80
			100.0	8.2	0.7	22.1	63.9	5.1	0.74	0.08	13.82	7.33	0.91
4-04-215	芜青甘蓝	3 省市 5 样品平均值	10.0	1.0	0.2	1.3	6.7	0.8	0.06	0.02	1.58	0.91	0.11
			100.0	10.0	2.0	13.0	67.0	8.0	0.60	0.20	15.80	9.05	1.12

表 9 干草类饲料成分与营养价值表

编号	饲料名称	样品说明	DM /%	CP /%	EE /%	CF /%	NFE /%	Ash /%	Ca /%	P /%	DE /(MJ/kg)	NEmf /(MJ/kg)	RND /(个/kg)
1-05-645	羊草	黑龙江 4 样品平均值	91.6	7.4	3.6	29.4	46.6	4.6	0.37	0.18	8.78	3.70	0.46
			100.0	8.1	3.9	32.1	50.9	5.0	0.40	0.20	9.59	4.04	0.50
1-05-622	苜蓿干草	北京 苏联苜蓿 2 号	92.4	16.8	1.3	29.5	34.5	10.3	1.95	0.28	9.79	4.51	0.56
			100.0	18.2	1.4	31.9	37.3	11.1	2.21	0.30	10.59	4.89	0.60
1-05-625	苜蓿干草	北京 下等	88.7	11.6	1.2	43.3	25.0	7.6	1.24	0.39	7.67	3.13	0.39
			100.0	13.1	1.4	48.8	28.2	8.6	1.40	0.44	8.64	3.53	0.44
1-05-646	野干草	北京	85.2	6.8	1.1	27.5	40.1	9.6	0.41	0.31	7.86	3.43	0.42
		秋白草	100.0	8.0	1.3	32.3	47.1	11.4	0.48	0.36	9.22	4.03	0.50
1-05-071	野干草	河北 野草	87.9	9.3	3.9	25.0	44.2	5.5	0.33	—	8.42	3.54	0.44
			100.0	10.6	4.4	28.4	50.3	6.3	0.38	—	9.58	4.03	0.50
1-05-607	黑麦草	吉林	87.8	17.0	4.9	20.4	34.3	11.2	0.39	0.24	10.42	5.00	0.62
			100.0	19.4	5.6	23.2	39.1	12.8	0.44	0.27	11.86	5.70	0.71
1-05-617	碱草	内蒙古 结实期	91.7	7.4	3.1	41.3	32.5	7.4	—	—	6.54	2.37	0.29
			100.0	8.1	3.4	45.0	35.4	8.1	—	—	7.13	2.58	0.32
1-05-606	大米草	江苏 整株	83.2	12.8	2.7	30.3	25.4	12.0	0.42	0.02	7.65	3.29	0.41
			100.0	15.4	3.2	36.4	30.5	14.4	0.50	0.02	9.19	3.95	0.49

表 10　农副产品类饲料成分与营养价值表

编号	饲料名称	样品说明	DM /%	CP /%	EE /%	CF /%	NFE /%	Ash /%	Ca /%	P /%	DE /(MJ/kg)	NEmf /(MJ/kg)	RND /(个/kg)
1-06-062	玉米秸	辽宁 3 样品	90.0	5.9	0.9	24.9	50.2	8.1	—	—	5.83	2.53	0.31
		平均值	100.0	6.6	1.0	27.7	55.8	9.0	—	—	6.48	2.81	0.35
1-06-622	小麦秸	新疆	89.6	5.6	1.6	31.9	41.1	9.4	0.05	0.06	5.32	1.96	0.24
		墨西哥种 ·	100.0	6.3	1.8	35.6	45.9	10.5	0.06	0.07	5.93	2.18	0.27
1-06-620	小麦秸	北京	43.5	4.4	0.6	15.7	18.1	4.7	—	—	2.54	0.91	0.11
		冬小麦	100.0	10.1	1.4	36.1	41.6	10.8	—	—	5.85	2.10	0.26
1-06-009	稻草	浙江	89.4	2.5	1.7	24.1	48.8	12.3	0.07	0.05	4.84	1.92	0.24
		晚稻	100.0	2.8	1.9	27.0	54.6	13.8	0.08	0.06	5.42	2.16	0.27
1-06-611	稻草	河南	90.3	6.2	1.0	27.0	37.3	18.6	0.56	0.17	4.64	1.79	0.22
			100.0	6.9	1.3	29.9	41.3	20.6	0.62	0.19	5.17	1.99	0.25
1-06-615	谷草	黑龙江	90.7	4.5	1.2	32.6	44.2	8.2	0.34	0.03	6.33	2.71	0.34
		2 样品平均值	100.0	5.0	1.3	35.9	48.7	9.0	0.37	0.03	6.98	2.99	0.37
1-06-100	甘薯蔓	7 省市 31 样品	88.0	8.1	2.7	28.5	39.0	9.7	1.55	0.11	7.53	3.28	0.41
		平均值	100.0	9.2	3.1	32.4	44.3	11.0	1.76	0.13	8.69	3.78	0.47
1-06-617	花生蔓	山东	91.3	11.0	1.5	29.6	41.3	7.9	2.46	0.04	9.48	4.31	0.53
		伏花生	100.0	12.0	1.6	32.4	45.2	8.7	2.69	0.04	10.39	4.72	0.58

表 11　谷实类饲料成分与营养价值表

编号	饲料名称	样品说明	DM /%	CP /%	EE /%	CF /%	NFE /%	Ash /%	Ca /%	P /%	DE /(MJ/kg)	NEmf /(MJ/kg)	RND /(个/kg)
4-07-263	玉米	23 省市 120 样	88.4	8.6	3.5	2.0	72.9	1.4	0.08	0.21	14.47	8.06	1.00
		品平均值	100.0	9.7	4.4	2.3	82.5	1.6	0.09	0.24	16.36	9.12	1.13
4-07-194	玉米	北京	88.0	8.5	4.3	1.3	72.2	1.7	0.02	0.21	14.87	8.40	1.04
		黄玉米	100.0	9.7	4.9	1.5	82.0	1.9	0.02	0.24	16.90	9.55	1.18
4-07-104	高粱	17 省市 38 样	89.3	8.7	3.3	2.2	72.9	2.2	0.09	25.28	13.31	7.08	25.88
		品平均值	100.0	9.7	3.7	2.5	81.6	2.5	0.10	0.31	14.90	7.93	0.98
4-07-605	高粱	北京	87.0	8.5	3.6	25.5	71.3	2.1	0.09	25.36	13.09	6.98	25.86
		红高粱	100.0	9.8	4.1	1.7	82.0	2.4	0.10	0.41	15.04	8.02	0.99

续表 11

编号	饲料名称	样品说明	DM /%	CP /%	EE /%	CF /%	NFE /%	Ash /%	Ca /%	P /%	DE /(MJ/kg)	NEmf /(MJ/kg)	RND /(个/kg)
4-07-022	大麦	20 省市 49 样品平均值	88.8	10.8	2.0	4.7	68.1	3.2	0.12	25.29	13.31	7.19	25.89
			100.0	12.1	2.3	5.3	76.7	3.6	0.14	0.33	14.99	8.10	1.00
4-07-074	籼稻谷	9 省市 34 样品平均值	90.6	8.3	25.5	8.5	67.5	4.8	0.13	25.28	13.00	6.98	25.86
			100.0	9.2	1.7	9.4	74.5	5.3	0.14	0.31	14.35	7.71	0.95
4-07-188	燕麦	11 省市 17 样品平均值	90.3	11.6	5.2	8.9	60.7	3.9	0.15	25.33	13.28	6.95	25.86
			100.0	12.8	5.8	9.9	67.2	4.3	0.17	0.37	14.70	7.70	0.95
4-07-164	小麦	15 省市 28 样品平均值	91.8	12.1	25.8	2.4	73.2	2.3	0.11	25.36	14.82	8.29	25.03
			100.0	13.2	2.0	2.6	79.7	2.5	0.12	0.39	16.14	9.03	1.12

表 12 糠麸类饲料成分与营养价值表

编号	饲料名称	样品说明	DM /%	CP /%	EE /%	CF /%	NFE /%	Ash /%	Ca /%	P /%	DE /(MJ/kg)	NEmf /(MJ/kg)	RND /(个/kg)
4-08-078	小麦麸	全国 115 样品平均值	88.6	14.4	3.7	9.2	56.2	5.1	0.20	25.78	11.37	5.86	25.73
			100.0	16.3	4.2	10.4	63.4	5.8	0.20	0.88	13.24	6.61	0.82
4-08-049	小麦麸	山东 39 样品平均值	89.3	15.0	3.2	10.3	55.4	5.4	0.14	25.54	11.47	5.66	25.70
			100.0	16.8	3.6	11.5	62.0	6.0	0.16	0.60	12.84	6.33	0.78
4-08-094	玉米皮	北京	87.9	10.17	4.9	13.8	57.0	2.1	—	—	10.12	4.59	25.57
			100.0	11.5	5.6	15.7	64.8	2.4	—	—	11.51	5.52	0.65
0-08-030	米糠	4 省市 13 样品平均值	90.2	12.1	15.5	9.2	43.3	10.1	0.14	25.04	13.93	7.22	25.89
			100.0	13.4	17.2	10.2	48.0	11.2	0.16	1.15	15.44	8.00	0.99
4-08-016	高粱糠	2 省市 8 样品平均值	91.1	9.6	9.1	4.0	63.5	4.9	0.07	25.81	14.02	7.40	25.92
			100.0	10.5	10.0	4.4	69.7	5.4	0.08	0.89	15.39	8.13	1.01
4-08-603	黄面粉	北京 土面粉	87.2	9.5	25.7	25.3	74.3	25.4	0.08	25.44	14.24	8.08	25.00
			100.0	10.9	0.8	1.5	85.2	1.6	0.09	0.50	16.33	9.26	1.15
4-08-001	大豆皮	北京	91.0	18.8	2.6	25.4	39.4	5.1	—	25.35	11.25	5.40	25.67
			100.0	20.7	2.9	27.6	43.3	5.6	—	0.38	12.36	5.94	0.74

表 13　饼粕类饲料成分与营养价值表

编号	饲料名称	样品说明	DM /%	CP /%	EE /%	CF /%	NFE /%	Ash /%	Ca /%	P /%	DE /(MJ/kg)	NEmf /(MJ/kg)	RND /(个/kg)
5-10-043	豆饼	13 省 42 样品	90.6	43.0	5.4	5.7	30.6	5.9	0.32	25.50	14.31	7.41	25.92
	（机榨）	平均值	100.0	47.5	6.0	6.3	33.8	6.5	0.35	0.55	15.80	8.17	1.01
5-10-602	豆饼	四川	89.0	45.8	25.9	6.0	30.5	5.8	0.32	25.67	13.48	6.97	25.86
		溶剂法	100.0	51.2	1.0	6.7	34.3	6.5	0.36	0.75	15.15	7.83	0.97
5-10-022	菜籽饼	13 省市	92.2	36.4	7.8	10.7	29.3	8.0	0.73	25.95	13.52	6.77	25.84
	（机榨）	21 样品平均值	100.0	39.5	8.5	11.6	31.8	8.7	0.79	1.03	14.66	7.35	0.91
5-10-062	胡麻饼	8 省市	92.0	33.1	7.5	9.8	34.0	7.6	0.58	25.77	13.76	7.01	25.87
	（机榨）	11 样品平均值	100.0	36.0	8.2	10.7	37.0	8.3	0.63	0.84	14.95	7.62	0.94
5-10-075	花生饼	9 省市	89.9	46.4	6.6	5.8	25.7	5.4	0.24	25.52	14.44	7.41	25.92
	（机榨）	34 样品平均值	100.0	51.6	7.3	6.5	28.6	6.0	0.27	0.58	16.06	8.24	1.02
5-10-610	棉籽饼	上海浸 2 样品	88.3	39.4	2.1	10.4	29.1	7.3	0.23	2.01	12.05	5.95	25.74
	（去壳）	平均值	100.0	44.6	2.4	11.8	33.0	8.3	0.26	2.28	13.65	6.74	0.83
5-10-612	棉籽饼	4 省市 6 样品	89.6	32.5	5.7	10.7	34.5	6.2	0.27	25.81	13.11	6.62	25.82
	（去壳榨）	平均值	100.0	36.3	6.4	11.9	38.5	6.9	0.30	0.90	14.63	7.39	0.92
5-10-110	向日葵饼	北京	92.6	46.1	2.4	11.8	25.5	6.8	0.53	25.35	10.97	4.93	25.61
		去壳浸提	100.0	49.8	2.6	12.7	27.5	7.4	0.57	0.38	11.84	5.32	0.66

表 14　糟渣类饲料成分与营养价值表

编号	饲料名称	样品说明	DM /%	CP /%	EE /%	CF /%	NFE /%	Ash /%	Ca /%	P /%	DE /(MJ/kg)	NEmf /(MJ/kg)	RND /(个/kg)
5-11-103	酒糟	吉林	37.7	9.3	4.2	3.4	17.6	3.2	—	—	5.83	3.03	25.38
		高粱酒糟	100.0	24.7	11.1	9.0	46.7	8.5	—	—	15.46	8.05	1.00
4-11-092	酒糟	贵州	21.0	4.0	2.2	2.3	11.7	25.8	—	—	2.69	25.25	25.15
		玉米酒糟	100.0	19.0	10.5	11.0	55.7	3.4	—	—	12.89	5.94	0.73
4-11-058	玉米粉渣	6 省 7 样品	15.0	2.8	25.7	25.4	10.7	25.4	0.02	25.02	2.41	25.33	25.16
		平均值	100.0	12.0	4.7	9.3	71.3	2.7	0.13	0.13	16.10	8.86	1.10
4-11-069	马铃薯	3 省 3 样品	15.0	25.0	25.4	25.3	11.7	25.6	0.06	25.04	25.90	25.94	25.12
	粉渣	平均值	100.0	6.7	2.7	8.7	78.0	4.0	0.40	0.27	12.67	6.29	0.78
5-11-607	啤酒糟	2 省 3 样品	23.4	6.8	25.9	3.9	9.5	25.3	0.09	25.18	2.98	25.38	25.17
		平均值	100.0	29.1	8.1	16.7	40.6	5.6	0.38	0.77	12.27	5.91	0.73
1-11-609	甜菜渣	黑龙江	8.4	25.9	25.1	2.6	3.4	25.4	0.08	25.05	25.00	25.52	25.06
			100.0	10.7	1.2	31.0	40.5	16.7	0.95	0.60	11.92	6.17	0.76

续表 14

编号	饲料名称	样品说明	DM /%	CP /%	EE /%	CF /%	NFE /%	Ash /%	Ca /%	P /%	DE /(MJ/kg)	NEmf /(MJ/kg)	RND /(个/kg)
1-11-602	豆腐渣	2省市4样品平均值	11.0	3.3	25.8	2.1	4.4	25.4	0.05	25.03	25.77	25.93	25.12
			100.0	30.0	7.3	19.1	40.0	3.6	0.45	0.27	16.09	8.49	1.05
5-11-080	酱油渣	宁夏银川	24.3	7.1	4.5	3.3	7.9	25.5	0.11	25.03	3.62	25.73	25.21
			100.0	29.2	18.5	13.6	32.5	6.2	0.45	0.12	14.89	7.14	0.88

三、饲料在瘤胃和小肠中的营养价值

表 15 饲料有机物和蛋白质在肉牛瘤胃及小肠的营养价值(以饲料干物质基础计)

饲料名称	饲料来源	FOM /OM[a]	CP /%	DP[b] /%	ROP /%	MCP/(g/kg)		RENB[e] /g	IDCP[f]/(g/kg)		
						MCPf[c]	MCPp[d]		IDCPMF[g]	IDCPMP[g]	IDCPUDP[h]
豆饼	黑龙江	0.547	45.8	50.75	232	74	209	135	199	293	499
豆饼	黑龙江	0.546	43.4	50.72	220	74	198	—124	191	278	507
豆饼	黑龙江	0.771	42.4	66.02	280	105	252	—147	167	270	468
豆饼	黑龙江	0.629	44.2	58.43	258	86	232	—146	180	282	482
豆饼	黑龙江	0.621	34.4	57.66	198	84	178	—94	154	220	521
豆饼	黑龙江	0.645	37.8	59.87	226	88	203	—115	160	241	503
豆饼	黑龙江	0.66	40.9	61.23	250	90	225	—135	166	261	488
豆饼	吉林	0.614	41.8	50.07	209	84	188	—104	195	267	514
豆饼	吉林	0.682	48.7	63.23	308	93	277	—184	181	310	450
豆饼	北京	0.525	41.3	48.77	201	71	181	—110	187	265	519
豆饼	北京	0.68	41.2	63.11	260	92	234	—142	163	263	481
豆饼	北京	0.58	40.8	53.83	220	79	198	—119	178	261	507
豆饼	北京	0.475	40.7	44.08	179	65	161	—96	194	261	534
豆粕	北京	0.637	45.9	59.09	271	87	244	—157	183	293	474
豆粕	北京	0.418	47.9	38.77	186	57	167	—110	230	307	529
豆粕	北京	0.403	44.3	37.41	166	55	149	—94	219	284	542
豆粕	北京	0.568	40.8	52.71	215	77	194	—117	179	261	510
豆粕	北京	0.612	41.5	56.85	236	83	212	—129	174	265	497
豆粕	北京	0.599	43.9	55.59	244	81	220	—139	183	281	491
豆粕	黑龙江	0.598	42.5	56.49	240	81	216	—135	177	271	494
豆粕	东北	0.67	44.9	62.24	279	91	251	—160	174	286	469
豆粕	东北	0.525	44.1	48.71	215	71	194	—123	179	283	510
豆粕	河南	0.44	43.3	40.87	177	60	159	—99	208	278	535

续表 15

饲料名称	饲料来源	FOM/OM[a]	CP/%	DP[b]/%	ROP/%	MCP/(g/kg)		RENB[e]/g	IDCP[f]/(g/kg)		
						MCPf[c]	MCPp[d]		IDCPMF[g]	IDCPMP[g]	IDCPUDP[h]
豆粕	北京	0.477	41.5	44.29	184	65	166	−101	196	266	530
豆粕	中农大	0.164	48.4	14.7	71	22	64	−42	284	313	604
热处理豆饼	中农大	0.272	45.2	25.28	114	37	103	−66	246	292	576
黄豆粉	中农大	0.731	37.1	67.86	252	99	227	−128	147	236	486
花生饼	河北	0.425	35.4	54.29	192	58	173	−115	146	226	525
花生饼	北京	0.58	40.3	74.28	299	79	269	−190	123	256	456
花生粕	北京	0.546	53.5	54.14	290	74	261	−187	211	342	462
棉仁粕	河北	0.239	33.1	30.15	100	33	90	−57	173	213	585
棉仁粕	河南	0.296	36.3	37.35	136	40	122	−82	176	233	562
棉仁饼	河北	0.258	32.9	32.34	106	35	95	−60	169	211	581
棉仁饼	河北	0.322	41.3	40.66	168	44	151	−107	190	265	541
棉仁饼	河北	0.41	27.3	51.83	141	56	127	−71	125	175	558
棉仁饼	河南	0.305	37.2	38.48	143	41	129	−88	178	239	557
棉籽饼	河北	0.495	28.7	62.49	179	67	167	−94	117	183	534
棉籽饼	河南	0.417	28.6	58.43	167	57	150	−93	117	182	541
棉籽饼	北京	0.214	35.1	27.01	95	29	86	−57	187	227	588
菜籽粕	四川	0.44	33.7	46.17	156	60	140	−80	160	216	549
菜籽粕	上海	0.29	34.3	30.38	104	39	94	−55	183	221	582
菜籽粕	北京	0.406	37.5	42.62	160	55	144	−89	178	241	546
菜籽饼	河北	0.323	40	25.78	103	44	93	−49	224	258	583
菜籽饼	四川	0.338	42.8	27.02	116	46	104	−58	235	276	575
菜籽饼	北京	0.554	24.2	58.03	140	75	126	−51	119	155	559
葵花粕	北京	0.485	32.4	46.13	149	66	134	−68	160	206	553
葵花饼	北京	0.669	27.2	70	190	91	171	−80	117	173	527
葵花饼	内蒙古	0.72	30.2	76.56	231	98	208	−110	115	192	500
胡麻粕	河北	0.573	31	61.95	192	78	173	−95	131	198	525
芝麻饼	河北	0.449	35.7	46.59	166	61	149	−88	167	228	542
芝麻粕	北京	0.472	41.9	49.05	206	64	185	−121	183	268	516
芝麻渣粉	北京	0.582	42.4	54.79	232	72	209	−137	175	271	499
芝麻渣饼	北京	0.583	40.8	91.45	373	114	336	−222	103	258	408
芝麻饼	北京	0.789	3.535	85.57	304	107	274	−167	108	225	452
酒渣蛋白粉	北京	0.468	29.5	43.84	129	64	116	−52	153	189	566
酒渣蛋白粉	北京	0.415	36.8	34.24	126	56	113	−57	196	236	568

续表15

饲料名称	饲料来源	FOM/OM[a]	CP/%	DP[b]/%	ROP/%	MCP/(g/kg)		RENB[e]/g	IDCP[f]/(g/kg)		
						MCPf[c]	MCPp[d]		IDCPMF[g]	IDCPMP[g]	IDCPUDP[h]
玉米	东北	0.369	9.6	29.73	29	50	26	24	79	62	631
玉米	河北	0.593	7.6	43.44	33	73	30	43	79	49	629
玉米	河南	0.643	8.5	51.89	44	87	40	47	88	55	621
玉米	河南	0.508	8.3	40.94	34	69	31	38	80	54	628
玉米	北京	0.418	8.1	44.46	36	57	32	25	69	52	627
玉米	北京	0.618	8.4	49.82	42	84	38	46	86	54	623
玉米	北京	0.485	8.3	39.12	32	66	29	37	79	53	629
次粉	北京	0.786	16	80.34	129	107	116	−9	95	101	566
麸皮	北京	0.687	14.9	83.36	124	93	112	−19	81	95	569
麸皮	河北	0.740	15.9	85.11	135	101	122	−21	86	101	562
麸皮	河北	0.625	14.1	75.6	107	85	96	−11	82	89	580
碎米	河北	0.654	6.5	65.41	43	89	39	50	77	42	622
碎米	河北	0.639	7	63.92	45	87	41	46	77	45	621
米糠	河北	0.587	10.9	88.67	97	80	87	−7	64	69	587
米糠	北京	0.656	14.3	76.78	110	89	99	−10	84	91	579
豆腐渣	北京	0.548	21.8	60.2	131	75	118	−43	109	139	565
豆腐渣	北京	0.541	19.7	59.64	117	74	105	−31	104	126	574
豆腐渣	北京	0.743	19.4	80.02	155	101	140	−39	96	123	549
玉米胚芽饼	北京	0.543	14.2	54.28	77	74	69	5	94	91	600
饴糖糟	北京	0.365	6	36.47	22	50	19	31	58	36	636
玉米渣	北京	0.444	10.1	50.19	51	60	43	17	72	60	617
淀粉渣	北京	0.345	7.9	35.25	28	47	24	23	64	47	632
酱油渣	北京	0.619	26.1	64.26	168	84	143	−59	115	156	541
啤酒糟	北京	0.538	23.6	56.62	134	73	114	−41	112	141	563
啤酒糟	北京	0.354	25.2	37.24	94	48	80	−32	128	151	589
啤酒糟	北京	0.333	29.5	35.07	103	45	88	−43	147	177	583
啤酒糟	北京	0.458	20.4	48.18	98	62	83	−21	107	122	586
羊草	东北	0.384	6.7	52.73	35	52	30	22	56	40	579
羊草	东北	0.384	6.9	44.87	31	52	26	26	59	41	581
羊草	东北	0.384	6.1	51.89	32	52	27	25	54	36	581
羊草	东北	0.384	6.2	51.56	32	52	27	25	54	37	581
羊草	东北	0.384	5	57.79	29	52	25	27	49	30	583
羊草	东北	0.384	8.8	59.26	52	52	44	8	58	52	569

续表 15

饲料名称	饲料来源	FOM/OM[a]	CP/%	DP[b]/%	ROP/%	MCP/(g/kg)		RENB[e]/g	IDCP[f]/(g/kg)		
						MCPf[c]	MCPp[d]		IDCPMF[g]	IDCPMP[g]	IDCPUDP[h]
羊草	东北	0.384	5.4	63.32	34	52	29	23	48	32	580
羊草	东北	0.384	7.9	74.33	59	52	50	2	48	47	565
玉米青贮	北京	0.331	5.4	49.78	27	45	23	22	48	32	584
玉米青贮	北京	0.447	8.8	60.53	53	61	45	16	64	53	568
大麦青贮	北京	0.333	8.9	36.36	32	45	27	18	66	53	581
大麦青贮	北京	0.456	7.9	61.8	49	62	42	20	61	47	571
高粱青贮	北京	0.365	7.3	39.66	29	50	25	25	61	44	583
高粱青贮	北京	0.365	8.1	70.12	57	50	48	2	49	48	566
高粱青贮	北京	0.338	9.2	48.42	45	46	38	8	60	55	573
高粱青贮	北京	0.447	10.8	60.51	65	61	55	6	69	64	561
高粱青贮	北京	0.447	7.8	66.47	52	61	44	17	58	46	569
高粱青贮	北京	0.447	11.4	64.91	74	61	63	2	67	68	556
稻草	北京	0.273	3.8	39.91	15	37	13	24	26	9	0
稻草	北京	0.273	4.8	38.58	19	37	16	21	26	11	0
稻草	北京	0.273	3.1	37.76	12	37	10	27	26	7	0
复合处理稻草	中农大	0.4	7.7	68.48	53	54	45	9	38	32	0
玉米秸	河北	0.299	5.4	42.89	23	41	20	21	29	14	0
小麦秸	河北	0.281	4.4	29.9	13	38	11	27	27	8	0
黍秸	河北	0.281	4.3	43.23	19	38	16	22	27	11	589
亚麻秸	河北	0.281	4.5	43.01	19	38	16	22	27	11	589
干苜蓿秆	北京	0.444	13.2	61.1	81	60	69	−9	42	48	551
鲜苜蓿	北京	0.505	18.9	79.91	151	69	128	−59	71	112	509
羊茅	北京	0.482	11.2	70.29	79	66	67	−1	66	67	553
无芒雀麦	北京	0.553	11.1	65.99	73	75	62	13	75	66	556
红三叶	北京	0.658	21.9	80.6	177	89	150	−61	88	130	494
鲜青草	北京	0.536	18.7	73.61	138	71	117	−44	81	111	517

注：a. 瘤胃有机物发酵率(FOM/OM)是根据实测或抽样测定估算；

b. 瘤胃蛋白质降解率(DP)是根据牛瘤胃尼龙袋法实测；降解蛋白(RDP)＝DP(%)×粗蛋白(%)/10；

c. 按供给的能量估测瘤胃微生物产生量 MCPf(g)＝FOM(kg)×136；

d. 按供给的降解蛋白(RDP)估测瘤胃微生物蛋白质 MCPp(g)，对精饲料采用 0.90，对青饲料采用 0.85；

e. 瘤胃能氮平衡(RENB)为 MCPf -MCPp，瘤胃微生物蛋白质小肠的表观消化率为 0.70；

f. 小肠可消化蛋白质(IDCP)是根据微生物蛋白质产生量(MCP)和非降解蛋白质(UDP)估测；

g. IDCPMF 表示 IDCP 中的微生物蛋白质由 FOM 估测，IDCPMP 表示 IDCP 中的微生物蛋白质由 RDP 估测；

h. IDCPUDP 表示小肠可消化瘤胃非降解蛋白质。

四、常用饲料中的中性洗涤纤维和酸性洗涤纤维含量

表 16 常用饲料风干物质中的中性洗涤纤维(NDF)和酸性洗涤纤维(ADF)含量 %

饲料名称	DM	NDF	ADF
豆粕	87.93	15.61	9.89
豆粕	88.73	13.97	6.31
玉米	87.33	14.01	6.55
大米	86.17	17.44	0.53
玉米淀粉渣	87.26	59.71	
米糠	89.67	46.13	23.73
苜蓿		51.51	29.73
豆秸		75.26	46.14
羊草		72.68	40.58
羊草	15	67.24	41.21
羊草	92.09	67.02	40.99
羊草	92.51	71.99	30.73
稻草		75.93	46.32
麦秸		81.23	48.39
玉米秸(叶)		67.93	38.97
玉米秸(茎)		74.44	43.16

表 17 常用饲料干物质中的中性洗涤纤维(NDF)和酸性洗涤纤维(ADF)含量 %

饲料名称	DM	NDF	ADF
玉米淀粉渣	93.47	81.96	28.02
麦芽根	90.64	64.8	17.33
麸皮	88.54	40.1	11.62
整株玉米	17	61.3	34.86
青贮玉米	15.73	67.24	40.98
鲜大麦	30.33	65.7	39.46
青贮大麦	29.8	76.35	46.24
高粱青贮	93.65	67.63	43.71
高粱青贮	32.78	73.13	46.88
大麦青贮	93.99	77.79	53.05
啤酒糟	93.66	77.69	25.77
酱油渣	93.07	65.62	35.75
酱油渣	94.08	54.73	33.47

续表 17

饲料名称	DM	NDF	ADF
白酒糟	94.5	73.48	50.64
白酒糟	93.2	73.24	52.49
羊草	92.96	70.74	42.64
稻草	93.15	74.79	50.3
氨化稻草	93.92	74.15	55.28
苜蓿	91.46	60.34	44.66
玉米秸	91.64	79.48	53.24
小麦秸	94.45	78.03	72.63
氨化麦秸	88.96	78.37	54.62
谷草	90.66	74.81	50.78
氨化谷草	91.94	76.82	50.49
复合处理谷草	91.06	76.31	48.58
稻草	92.08	86.71	54.58
氨化稻草	92.33	83.19	49.59
复合处理稻草	91.68	77.95	50.59
玉米秸	91.85	83.98	66.57
氨化玉米秸	91.15	84.82	63.92
复合处理玉米秸	92.37	81.64	57.32
糜黍秸	91.59	78.32	45.38
氨化糜黍秸	91.43	75.88	46.04
复合氨化糜黍秸	92.18	72.16	42.02
莜麦秸	92.39	76.65	50.33
氨化莜麦秸	91.47	75.27	51.87
复合处理莜麦秸	92.04	79.91	49.36
麦秸	92.13	89.53	69.22
氨化麦秸	89.64	86.54	63.54
复合处理麦秸	91.93	82.75	61.53
荞麦秸	93.81	52.73	33.99
氨化荞麦秸	92.62	54.85	35.48
复合处理荞麦秸	93.19	55.16	33.4
麦壳	91.89	83.5	52.22
氨化麦壳	92.61	84.44	54.16
复合处理麦壳	92.42	84.94	53.29
白薯蔓	91.49	55.54	45.5

续表 17

氨化白薯蔓	91.88	61.25	45.83
复合处理白薯蔓	92.45	59.24	47
苜蓿秸	91.89	75.27	57.7
氨化苜蓿秸	90.78	77.91	58.02
复合处理苜蓿秸	92.51	72.85	53.48
花生壳	91.9	88.74	71.99
氨化花生壳	91.86	88.78	72.44
复合处理花生壳	92.24	86.29	74.75
豆荚	91.48	71.1	52.81
氨化豆荚	91.6	70.52	56.14
复合处理豆荚	92.17	66.7	54.32

附录Ⅳ 高产奶牛饲养管理规范 ZB B 43002—85

The Standard for Feeding and Management of High-Yielding Dairy Cows

（现已编入中华人民共和国农业行业标准 NY/T 1985）

本《规范》适用于全国国营、集体和个体专业户奶牛场高产奶牛群（或个体）的饲养与管理。

1 总则

1.1 制定本《规范》的目的，在于维护高产奶牛的健康，延长利用年限，充分发挥其产奶性能，降低饲养成本，增加经济效益。

1.2 本《规范》主要是针对一个泌乳期 305 d 产奶量 6 000 kg 以上、含脂率 3.4%（或与此相当的乳脂量）的牛群和个体奶牛。中等产奶水平的牛群或 305 d 产奶万千克以上的高产奶牛，也可参考使用。

1.3 本《规范》的各条内容必须认真执行。各地也可根据这些条款，因地制宜地制订适合本地区情况的“饲养管理技术操作规程”。

2 饲料

2.1 充分利用现有饲料资源，划拨饲料基地，保证饲料供给。一头高产奶牛全年应贮备、供应的饲草、饲料量如下：

a. 青干草：1 100～1 850 kg（应有一定比例的豆科干草）。

b. 玉米青贮：1 000～12 500 kg（或青草青贮 7 500 kg 和青草 10 000～15 000 kg）。

c. 块根、块茎及瓜果类：1 500～2 000 kg。

d. 糟渣类：2 000～3 000 kg。

e. 精饲料：2 300～4 000 kg（其中高能量饲料占 50%，蛋白质饲料占 25%～30%），精饲料的各个品种应做到常年均衡供应。尽可能研制供给适合本地区的经济、高效的平衡日粮，其中矿物质饲料应占精料量的 2%～3%。

2.2 每年应对所喂奶牛的各种饲料进行一次常规营养成分测定，并反复做出饲用及经济价值的鉴定。

2.3 大力提倡种植豆科及其他牧草。调制禾本科干草，应于抽穗期刈割；豆科或其他干草，在开花期刈割。青干草的含水量在 15%以下，绿色、芳香、茎枝柔软，叶片多，杂质少，并应打捆和设棚贮藏，防止营养损失；其切铡长度，应在 3 cm 以上。

2.4 建议不喂青刈玉米，应喂带穗玉米青贮。青贮原料应富含糖分（例如甜高粱等）、干物质在 25%以上。青贮玉米在腊熟期收贮。禾本科野草在结籽前收割。各种含水分较多的根茎类应经风干，或掺入 10%～20%的糠麸类饲料青贮。也可将豆科和禾本科草混贮，建议用塑料薄膜或青贮塔（窖）贮藏。制成的青贮料应呈黄绿色或棕黄色，气味微酸带酒香味。南方应推广青草青贮。

2.5 块根、块茎及瓜果类应尽量用含干物质和糖多的品种，并妥为贮藏，防霉防冻，喂前洗净切成小块。糟渣类饲料除单喂外，也可与切碎的秸秆混贮。

2.6　库存精饲料的含水量不得超过 14%，谷实类饲料喂前应粉碎成 1～2 mm 粗粒或压扁，一次加工不应过多，夏季以 10 d 内喂完为宜。

2.7　应重视矿物质饲料的来源和组成。在矿物质饲料中，应有食盐和一定比例的常量和微量矿物盐。例如骨粉、白垩(非晶质碳酸钙)、碳酸钙、磷酸二钙、脱氟磷酸盐类及微量元素，并应定期检查饲喂效果。

2.8　配合饲料应根据本地区的饲料资源、各种饲料的营养成分，结合高产奶牛的营养需要，因地制宜地选用饲料，进行加工配制。

2.9　应用定型商品配(混)合饲料时，必须了解其营养价值。

2.10　应用化学、生物活性等添加剂时，必须了解其作用与安全性。

2.11　严禁饲喂霉烂变质饲料、冰冻饲料、农药残毒污染严重的饲料、被病菌或黄曲霉污染的饲料、黑斑病甘薯和未经处理的发芽的马铃薯等有毒饲料，严密清除饲料中的金属异物。

3　营养需要

3.1　干奶期，日粮干物质应占体重 2.0%～2.5%，每千克饲料干物质含奶牛能量单位 1.75，粗蛋白 11%～12%，钙 0.6%，磷 0.3%，精料和粗饲料比为 25：75，粗纤维含量不少于 20%。

3.2　围产期，分娩前两周，日粮干物质应占体重 2.5%～3%，每千克饲料干物质含奶牛能量单位 2.00，粗蛋白占 13%，含钙 0.2%，磷 0.3%，分娩后立即改为钙 0.6%，磷 0.3%，精料和粗饲料比为 40：60，粗纤维含量不少于 23%。

3.3　泌乳盛期，日粮干物质应由占体重 2.5%～3%逐渐增加到 3.5%以上。每千克干物质应含奶牛能量单位 2.4，粗蛋白占 16%～18%，钙 0.7%，磷 0.45%。精料和粗饲料比由 40：60 逐渐改为 60：40，粗纤维含量不少于 15%。

3.4　泌乳中期，日粮干物质应占体重 3.0%～3.2%，每千克干物质含奶牛能量单位 2.13，粗蛋白占 13%，钙 0.45%，磷 0.4%。精料和粗饲料比为 40：60，粗纤维含量不少于 17%。

3.5　泌乳后期，日粮干物质应占体重 3.0%～3.2%，每千克含奶牛能量单位 2.00，粗蛋白占 12%，钙 0.45%，磷 0.35%，精料和粗饲料比为 30：70，粗纤维含量不少于 20%。

4　饲养

4.1　干奶期应控制精料喂量，日粮以粗饲料为主，但不应饲喂过量的苜蓿干草和玉米青贮。同时应补喂矿物质、食盐，保证喂给一定数量的长干草。

4.2　围产期必须精心饲养，分娩前两周可逐渐增加精料，但最大喂量不得超过体重的 1%。干奶期禁止喂甜菜渣，适当减少其他糟渣类饲料。分娩后第 1～2 天应喂容易消化的饲料，补喂 40～60 g 硫酸钠，自由采食优质饲草，适当控制食盐喂量，不得以凉水饮牛。分娩后第 3～4 天起，可逐渐增喂精料，每天增喂量 0.5～0.8 kg，青贮、块根喂量必须控制。分娩 2 周以后，在奶牛食欲良好、消化正常、恶露排净、乳房生理肿胀消失的情况下，日粮可按标准喂给，并可逐渐加喂青贮、块根类饲料，但应防止糟渣块根过食和消化机能紊乱。

4.3　泌乳盛期，必须饲喂高能量的饲料，并使高产奶牛保持良好食欲，尽量采食较多的干物质和精料，但不宜过量。适当增加饲喂次数，多喂品质好、适口性强的饲料。在泌乳高峰期，青干草、青贮应自由采食。

4.4 泌乳中、后期，应逐渐减少日粮中的能量和蛋白质。泌乳后期，可适当增加精料，但应防止牛体过肥。

4.5 初孕牛在分娩前2～3个月应转入成母牛群，并按成母牛干奶期的营养水平进行饲喂。分娩后，应增加20%的维持营养需要，第二胎增加10%。

4.6 全年饲料供给应均衡稳定，冬夏季日粮不得过于悬殊，饲料必须合理搭配。配合日粮时，各种饲料的最大喂量建议为：

a. 青干草：10 kg(不少于3 kg)。

b. 青贮：25 kg。

c. 青草：50 kg(幼嫩优质青草喂量可适当增加)。

d. 糟渣类：10 kg(白酒糟不超过5 kg)。

e. 块根、块茎及瓜果类：10 kg。

f. 玉米、大麦、燕麦、豆饼：各4 kg。

g. 小麦麸：3 kg。

h. 豆类：1 kg。

4.7 泌乳盛期、日产奶量较高或有特殊情况(干奶，妊娠后期)的奶牛，应有明显标志，以便区别对待饲养。饲养必须定时定量，每天喂3～4次，每次饲喂的饲料建议精、粗交替多次喂给，并在运动场内设补饲槽，供奶牛自由采食饲草。在饲喂过程中，应少喂勤添，防止精料和糟渣饲料过食。

4.8 夏季日粮应适当提高营养浓度，保证供给充足的饮水，降低饲料粗纤维含量，增加精料和蛋白质的比例，并补喂块根、块茎和瓜类饲料，冬季日粮营养丰富，增加能量饲料，饮水温度应保持在12～16℃，不饮冰水。

5 管理

5.1 奶牛场应建造在地势高燥、采光充足、排水良好、环境幽静、交通方便、没有传染病威胁和三废污染、易于组织防疫的地方，严禁在低洼潮湿、排水不良和人口密集的地方建场。

5.2 牛舍建筑应符合卫生标准，坚固耐用、冬暖夏凉、宽敞明亮，具备良好的清粪排尿系统，舍外设粪尿池。有条件的地方可利用粪尿池制作沼气。

5.3 在牛舍外的向阳面，应设运动场，并和牛舍相通。每头牛占用面积20 m^2左右。运动场地面应平坦，为沙土地，有一定坡度，四周建有排水沟，场内有荫棚和饮水槽、矿物质补饲槽，四周围栏应坚实、美观，运动场应有专人管理清扫粪便、垫平坑洼、排除污泥积水。

5.4 牛舍和运动场周围应有计划地种树、种草、种花，美化环境，改善奶牛场小气候。

5.5 奶牛场各饲养阶段的奶牛应分群(槽)管理，合理安排、挤奶、饲喂、饮水、刷拭、打扫卫生、运动、休息等项工作日程，一切生产作业必须在规定时间完成，作息时间不应轻易变动。

5.6 严格执行防疫、检疫和其他兽医卫生制度，定期进行消毒，建立系统的奶牛病历档案，每年定期进行1～2次健康检查，其中包括酮病、骨营养不良等病的检查，春秋季各进行一次检蹄修蹄。建议在犊牛阶段进行去角。

5.7 高产奶牛每天必须铺换褥草，坚持刷拭，清洗乳房和牛体上的粪便污垢，夏季最好每周进行一次水浴或淋浴(气温过高时应每天一至数次)，并应采取排风和其他防暑降温措施；冬季防寒保温。

5.8　高产奶牛每天应保持一定时间和距离的缓慢运动。对乳房容积大、行动不便的高产奶牛，可做牵行运动。酷热天气，中午牛舍外温度过高，应改变放牛和运动时间。

5.9　高产奶牛每胎必须有 60～70 d 干奶期，建议采用快速干奶法，干奶前用 CMT 法进行隐性乳房炎检查，对强阳性(＋＋以上)应治疗后干奶，在最末一次挤奶后向每个乳头内注入干奶药剂，干奶后应加强乳房检查与护理。

5.10　高产奶牛产前两周进入产房，对出入产房的奶牛应进行健康检查，建立产房档案，产房必须干燥卫生，无贼风。建立产房值班和交接班制度，加强围产期的护理，母牛分娩前，应对其后躯、外阴进行消毒。对于分娩正常的母牛，不得人工助产，如遇难产，兽医应及时处理。

5.11　高产奶牛分娩后，应及早驱使站起，饮以温水，喂以优质青干草，同时用温水或消毒液清洗乳房、后躯和牛尾。然后清除粪便，更换清洁柔软褥草。分娩后 1～1.5 h，进行第一次挤奶，但不要挤净，同时观察母牛食欲、粪便及胎衣的排出情况，如发现异常，应及时诊治。分娩两周后，应做酮尿病检查，如无疾病，食欲正常，可转大群管理。

6　挤奶

6.1　每年应编制每头奶牛的产奶计划，建议以高产奶牛泌乳曲线作参考，按照每头奶牛的年龄、分娩时间、产奶量、含脂率以及饲料供应等情况，进行综合估算。

6.2　高产奶牛的挤奶次数，应根据各泌乳阶段、产奶水平而定。每天可挤奶 3 次，也可根据挤奶量高低，酌情增减。

6.3　挤奶员必须经常修剪指甲，挤奶前穿好工作服，洗净双手，每挤完一头牛应洗手臂，洗手水中应加 0.1%漂白粉。

6.4　奶具使用前后必须彻底清洗、消毒，奶桶及胶垫处必须清洗干净，洗涤时应用冷水冲洗，后用温水冲洗，再用 0.5%烧碱温水(45℃)刷洗干净，并用清水冲洗，然后进行蒸气消毒。橡胶制品清洗后用消毒液消毒。

6.5　挤奶环境应保持安静，对牛态度和蔼，挤奶前先拴牛尾，并将牛体后躯、腹部及牛尾清洗干净。然后用 45～50℃的温水，按先后顺序擦洗乳房、乳头、乳房底部中沟、左右乳区与乳镜，开始时可用带水多的湿毛巾，然后将毛巾扭干自下而上擦干乳房。

6.6　乳房洗净后应进行按摩，待乳房膨胀，乳静脉怒张，出现排乳反射时，即应开始挤奶。第一把挤出的奶含细菌多，可弃去。挤奶时严禁用牛奶或凡士林擦抹乳头，挤奶后还应再次按摩乳房，然后一手托住各乳区底部，另一手把牛奶挤净。初孕牛在妊娠 5 个月以后，应进行乳房按摩，每次 5 min，分娩前 10～15 d 停止。

6.7　手工挤奶应采用拳握式，开始用力宜轻，速度稍慢，待排乳旺盛时应加快速度，每分钟压挤 80～120 次，每分钟挤奶量不少于 1.5 kg。

6.8　每次挤奶必须挤净，先挤健康牛，后挤病牛，牛奶挤净后，擦干乳房，用消毒液浸泡乳头。

6.9　机器挤奶真空压力应控制在 46.67～50.67 kPa，搏动器搏动次数每分钟应控制在 60～70 次，在奶少时应对乳房进行自上而下的按摩，并应防止空挤。挤奶结束后，应将挤奶机清洗消毒，然后放在干燥柜内备用。分娩 10 d 以内的母牛，或患乳房炎的母牛，应改为手挤，病愈后再恢复机器挤奶。

6.10　认真做好产奶记录，刚挤下的奶必须用过滤器或多层纱布进行过滤，过滤后的牛奶，应在2 h内冷却到4℃以下，入冷库保藏。过滤用的纱布每次用后应该洗涤消毒，并应定期更换，保持清洁卫生。

6.11　重视培训挤奶人员，并应保持相对稳定，不应轻易更换。

7　配种

7.1　建立发情预报制度，观察到母牛发情，不论配种与否，均应及时记录。配种前，除作表观、行为观察和精液鉴定外，还应进行直肠检查，以便根据卵泡发育状况，适时输精。

7.2　高产奶牛分娩后20 d，应进行生殖器检查，如有病变，应及时治疗。对超过70 d不发情的母牛或发情不正常者，应及时检查，并应从营养和管理方面寻找原因，改善饲养管理。

7.3　高产奶牛产后70 d左右开始配种，配种天数不超过90 d。初配年龄以15～16月龄、体重为成母牛60%以上为宜。

7.4　合理安排全年产犊计划，尽量做到均衡产犊，在炎热地区的酷暑季节，可适当控制产犊头数。

7.5　高产奶牛应严格按照选配计划，用优良公牛精液进行配种，必须保证种公牛精液的质量。

8　统计记录

8.1　奶牛场应按全国统一的制定记录表格，逐项准确地填写各项生产记录，包括产奶量、含脂率、配种产犊、生长发育、外貌鉴定、饲料消耗、谱系以及疾病档案（包括防疫、检疫）等。

8.2　根据原始记录，定期进行统计、分析和总结，用于指导生产。

A. 名词解释（补充件）

A.1　高产奶牛：305 d产奶（不足305 d者，以实际天数统计）6 000 kg以上，含脂率3.4%的奶牛。

A.2　初产牛：指第一次分娩后的母牛。

A.3　初孕牛：指第一次怀孕后的母牛。

A.4　围产期：指母牛分娩前、后各15 d以内的时间。

A.5　泌乳盛期：母牛分娩15 d以后，到泌乳高峰期结束，一般指产后第16～100天以内。

A.6　泌乳中期：泌乳盛期以后，泌乳后期之前的一段时间，一般指产后第101～200天。

A.7　泌乳后期：泌乳中期之后，干奶期以前的一段时间，一般指产后第201天至干奶前。

A.8　干奶期：指停止挤奶到分娩前15 d的一段时间。

A.9　粗饲料：指各种牧草、秸秆、野草、甘薯藤、蔬菜以及用其制作的青贮、干草等。

A.10　块根、块茎及瓜果类：指甘薯、甜菜、马铃薯、南瓜、胡萝卜、芜菁等。

A.11　青干草：指以各种野草或播种的牧草为原料调制而成的干草，不包括各种作物秸秆。

A.12　糟渣类：也称副料，主要有酒糟、粉渣、啤酒糟、豆腐渣、饴糖渣、甜菜渣、玉米淀粉渣等。

A.13　精饲料：指谷实类、糠麸类和饼粕类饲料。

A.14　矿物质饲料：主要包括食盐、骨粉、白垩、脱氟磷酸盐以及微量元素等。

A.15　日粮：一昼夜内，一头奶牛采食的各种饲料之总和。

A.16　饲养标准：指我国指定的奶牛饲养标准。

A.17　奶牛能量单位：我国奶牛饲养标准中，以 750 kcal 产奶净能作为一个奶牛能量单位。

A.18　CMT 隐性乳房炎检查法：美国加州乳房炎试验检查隐性乳房炎的一种方法。

B. 泌乳期各月产奶量统计表

kg

305 d 产奶量	1月	2月	3月	4月	5月	6月	7月	8月	9月	10月
6 500	24	28	27	26	24	21	20	18	16	13
7 500	28	31	30	29	27	25	23	21	20	18
8 500	29	35	34	33	31	29	27	25	21	20
9 500	31	39	38	37	35	33	31	28	23	21
10 500	33	43	43	41	39	38	34	30	26	21

注：这个材料系根据 19 个奶牛场 742 头高产奶牛各月产奶量的统计结果，由于地区、气候、饲养管理等条件不同且数据尚少，本表仅供参考。

附加说明：

1. 本《规范》由中华人民共和国农牧渔业部畜牧局提出。

2. 本《规范》由西安市农业科学研究所、中国奶牛协会饲料饲养组起草。

3. 本《规范》起草人为王福兆等 17 人。

附录Ⅴ 无公害食品 奶牛饲养管理准则 (NY/T 5149—2001)

1 范围

本标准规定了无公害牛奶生产过程中引种、环境、饲养、消毒、用药、防疫、牛奶收集和废弃物处理各环节应遵循的准则。

本标准适用于所有奶牛养殖场无公害牛奶生产的饲养与管理。

2 规范性引用文件

下列文件中的条款通过本标准的引用而成为本标准的条款。凡是注日期的引用文件，其随后所有的修改单(不包括勘误的内容)或修订版均不适用于本标准，然而，鼓励根据本标准达成协议的各方研究是否可使用这些文件的最新版本。凡是不注日期的引用文件，其最新版本适用于本标准。

GB 16548 畜禽病害肉尸及其产品无害化处理规程

GB 16567 种畜禽调运检疫技术规范

NY/T 388 畜禽场环境质量标准

NY 5027 无公害食品 畜禽饮用水水质

NY 5045 无公害食品 生鲜牛乳

NY 5046 无公害食品 奶牛饲养兽药使用准则

NY 5047 无公害食品 奶牛饲养兽医防疫准则

NY 5048 无公害食品 奶牛饲养饲料使用准则

奶牛营养需要和饲养标准(第二版)

3 术语和定义

下列术语和定义适用于本标准。

3.1 净道 non-pollution road

牛群周转、饲养员行走、场内运送饲料、奶车出入的专用道路。

3.2 污道 pollution road

粪便等废弃物、淘汰牛出场的道路。

3.3 牛场废弃物 cattle farm waste

主要包括牛粪、尿、死牛、褥草、过期兽药、残余疫苗、疫苗瓶和污水。

4 引种

4.1 引进种牛，应按照 GB 16567 进行检疫。

4.2 引进的种牛，隔离观察至少 30～45 d，经兽医检疫部门检查确定为健康合格后，方可供繁殖使用。

4.3 不应从疫区引进种牛。

5 牛场环境与工艺

5.1 奶牛场应建在地势平坦干燥、背风向阳,排水良好,场地水源充足、未被污染和没有发生过任何传染病的地方。

5.2 牛舍应具备良好的清粪排尿系统。

5.3 牛舍内的温度、湿度、气流(风速)和光照应满足奶牛不同饲养阶段的需求,以降低牛群发生疾病的机会。

5.4 牛舍内空气质量应符合 NY/T 388 的规定。

5.5 牛舍地面和墙壁应选用适宜材料,以便于进行彻底清洗消毒。

5.6 牛场内应分设管理区、生产区及粪污处理区,管理区和生产区应处上风向,粪污处理区应处下风向。

5.7 牛场净道和污道应分开,污道在下风向,雨水和污水应分开。

5.8 牛场周围应设绿化隔离带。

5.9 牛场排污应遵循减量化、无害化和资源化的原则。

6 饲养条件

6.1 饲料和饲料添加剂

6.1.1 饲料及添加剂的使用应符合 NY 5048 的规定。

6.1.2 奶牛的不同生长时期和生理阶段至少应达到《奶牛营养需要和饲养标准》(第二版)要求,可参考使用地方奶牛饲养规范(规程)。

6.1.3 不应在饲料中额外添加未经国家有关部门批准使用的各种化学、生物制剂及保护剂(如抗氧化剂、防霉剂)等添加剂。

6.1.4 应清除饲料中的金属异物和泥沙。

6.2 兽药使用

6.2.1 对于治疗患疾病奶牛及必须使用药物处理时,应按照 NY 5046 执行。

6.2.2 泌乳牛在正常情况下禁止使用任何药物,必须用药时,在药物残留期间的牛乳不应作为商品牛乳出售,牛乳在上市前应按规定停药,应准确计算停药时间和弃乳期。

6.2.3 不应使用未经有关部门批准使用的激素类药物(如促卵泡发育、排卵和催产等药剂)及抗生素。

6.3 防疫

牛群的免疫应符合 NY 5047 的规定。

6.4 饮水

6.4.1 场区应有足够的生产和饮用水,饮水质量应达到 NY 5027 的规定。

6.4.2 经常清洗和消毒饮水设备,避免细菌滋生。

6.4.3 若有水塔或其他贮水设施,则应有防止污染的措施,并予以定期清洗和消毒。

7 卫生消毒

7.1 消毒剂

消毒剂应选择对人、奶牛和环境比较安全、没有残留毒性,对设备没有破坏和在牛体内不应产生有害积累的消毒剂。可选用的消毒剂有:石炭酸(酚)、煤酚、双酚类、次氯酸盐、有机碘混合物(碘伏)、过氧乙酸、生石灰、氢氧化钠(火碱)、高锰酸钾、硫酸铜、新洁尔灭、松油、酒精和来苏儿等。

7.2 消毒方法

7.2.1 喷雾消毒

用一定浓度的次氯酸盐、有机碘混合物、过氧乙酸、新洁尔灭、煤酚等,用喷雾装置进行喷雾消毒,主要用于牛舍清洗完毕后的喷洒消毒、带牛环境消毒、牛场道路和周围和进入场区的车辆。

7.2.2 浸液消毒

用一定浓度的新洁尔灭、有机碘混合物或煤酚的水溶液,进行洗手、洗工作服或胶靴。

7.2.3 紫外线消毒

对人员入口处常设紫外线灯照射,以起到杀菌效果。

7.2.4 喷撒消毒

在牛舍周围、入口、产床和牛床下面撒生石灰或火碱杀死细菌或病毒。

7.2.5 热水消毒

用35～46℃温水及70～75℃的热碱水清洗挤奶机器管道,以除去管道内的残留矿物质。

7.3 消毒制度

7.3.1 环境消毒

牛舍周围环境(包括运动场)每周用2%火碱消毒或撒生石灰1次;场周围及场内污水池、排粪坑和下水道出口,每月用漂白粉消毒1次。在大门口和牛舍入口设消毒池,使用2片火碱或煤酚溶液。

7.3.2 人员消毒

7.3.2.1 工作人员进入生产区应更衣和紫外线消毒,工作服不应穿出场外。

7.3.2.2 外来参观者进入场区参观应彻底消毒,更换场区工作服和工作鞋,并遵守场内防疫制度。

7.3.3 牛舍消毒

牛舍在每班牛只下槽后应彻底清扫干净,定期用高压水枪冲洗,并进行喷雾消毒或熏蒸消毒。

7.3.4 用具消毒

定期对饲喂用具、料槽和饲料车等进行消毒,可用0.1%新洁尔灭或0.2%～0.5%过氧乙酸消毒;日常用具(如兽医用具、助产用具、配种用具、挤奶设备和奶罐车等)在使用前后应进行彻底消毒和清洗。

7.3.5 带牛环境消毒

定期进行带牛环境消毒,有利于减少环境中的病原微生物。可用于带牛环境消毒的消毒药有:0.1%新洁尔灭,0.3%过氧乙酸,0.1%次氯酸钠,以减少传染病和蹄病等发生。带牛环境消毒应避免消毒剂污染到牛奶中。

7.3.6 牛体消毒

挤奶、助产、配种、注射治疗及任何对奶牛进行接触操作前,应先将牛有关部位如乳房、乳头、阴道口和后躯等进行消毒擦拭,以降低牛乳的细菌数,保证牛体健康。

8 管理

8.1 总的管理

8.1.1 奶牛场不应饲养任何其他家畜家禽，并应防止周围其他畜禽进入场区。

8.1.2 保持各生产环节的环境及用具的清洁，保证牛奶卫生。坚持刷拭牛体，防止污染乳汁。

8.1.3 成乳牛坚持定期护蹄、修蹄和浴蹄。

8.2 人员管理

牛场工作人员应定期进行健康检查，发现有传染病患者应及时调出。

8.3 饲喂管理

8.3.1 按饲养规范饲喂，不堆槽，不空槽，不喂发霉变质和冰冻的饲料。应捡出饲料中的异物，保持饲槽清洁卫生。

8.3.2 保证足够的新鲜、清洁饮水，运动场设食盐、矿物质（如矿物质舔砖等）补饲槽和饮水槽，定期清洗消毒饮水设备。

8.4 挤奶管理

8.4.1 贮奶罐、挤奶机使用前后都应清洗干净，按操作规程要求放置。

8.4.2 乳房炎病牛不应上机挤奶，上机时临时发现的乳房炎病牛不应套杯挤奶，应转入病牛群手工挤净后治疗。

8.4.3 牛奶出场前先自检，不合格者不应出场。

8.4.4 机械设备应定期检查、维修和保养。

8.5 灭蚊蝇、灭鼠

8.5.1 搞好牛舍内外环境卫生，消灭杂草和水坑等蚊蝇滋生地，定期喷洒消毒药物，或在牛场外围设诱杀点，消灭蚊蝇。

8.5.2 定期投放灭鼠药，控制啮齿类动物。投放灭鼠药应定时、定点，及时收集死鼠和残余鼠药，做无害化处理。

9 病死牛及产品处理

9.1 对于非传染病及机械创伤引起的病牛只，应及时进行治疗，死牛应及时定点进行无害化处理，应符合 GB 16548 的规定。

9.2 使用药物的病牛生产的牛奶（抗生素奶）不应做为商品牛奶出售。

9.3 牛场内发生传染病后，应及时隔离病牛，病牛所产乳及死牛应做无害化处理，应符合 GB 16548 的规定。

10 牛奶盛装、贮藏和运输

应符合 NY 5045 的规定。

11 废弃物处理

11.1 场区内应于生产区的下风处设贮粪场，粪便及其他污物应有序管理。每天应及时除去牛舍内及运动场褥草、污物和粪便，并将粪便及污物运送到贮粪场。

11.2 场内应设牛粪尿、褥草和污物等处理设施，废弃物应遵循减量化、无害化和资源化的原则。

12 资料记录

12.1 繁殖记录:包括发情、配种、妊检、流产、产犊和产后监护记录。

12.2 兽医记录:包括疾病档案和防疫记录。

12.3 育种记录:包括牛只标记和谱系及有关报表记录。

12.4 生产记录:包括产奶量、乳脂率、生长发育和饲料消耗等记录。

12.5 病死牛应做好淘汰记录,出售牛只应将抄写复本随牛带走,保存好原始记录。

12.6 牛只个体记录应长期保存,以利于育种工作的进行。

附录Ⅵ　无公害食品　肉牛饲养管理准则（NY/T 5128—2002）

1　范围

本标准规定了无公害肉牛生产中环境、引种和购牛、饲养、防疫、管理、运输、废弃物处理等涉及肉牛饲养管理的各环节应遵循的准则。

本标准适用于生产无公害牛肉的种牛场、种公牛站、胚胎移植中心、商品牛场、隔离场的饲养与管理。

2　规范性引用文件

下列文件中条款通过本标准的引用而成为本标准的条款。凡是注日期的引用文件，其随后所有的修改单（不包括勘误的内容）或修订版均不适用于本标准，然而，鼓励根据本标准达成协议的各方研究是否可使用这些文件的最新版本。凡是不注日期的引用文件，其最新版本适用于本标准。

GB 16548　畜禽病害肉尸及其产品无害化处理规范

GB 16549　畜禽产地检疫规范

GB 16567　种畜禽调运检疫技术规范

GB/T 18407.3—2001　农产品安全质量　无公害畜禽产地环境要求

GB 18596　畜禽场污染物排放标准

NY/T 388　畜禽场环境质量标准

NY 5027　无公害食品　畜禽饮用水水质标准

NY 5125　无公害食品　肉牛饲养兽药使用准则

NY 5126　无公害食品　肉牛饲养兽医防疫准则

NY 5127　无公害食品　肉牛饲养饲料使用准则

种畜禽管理条例

饲料和饲料添加剂管理条例

3　术语和定义

下列术语和定义适用于本标准。

3.1　肉牛　beef cattle

在经济或体形结构上用于生产牛肉的牛品种（系）。

3.2　投入品　input

饲养过程中投入的饲料、饲料添加剂、水、疫苗、兽药等物品。

3.3　净道　non-pollution road

牛群周转、场内工作人员行走、场内运送饲料的专用道路。

3.4　污道　pollution road

粪便等废弃物运送出场的道路。

3.5　牛场废弃物　cattle farm waste

主要包括牛粪、尿、尸体及相关组织、垫料、过期兽药、残余疫苗、一次性使用的畜牧兽医器械及包装物和污水。

4　牛场环境与工艺

4.1　牛场环境应符合 GB/T 18407.3 要求。

4.2　场址用地应符合当地土地利用规划的要求，充分考虑牛场的放牧和饲草、饲料条件。

4.3　牛场的布局设计应选择避风和向阳，建在干燥、通风、排水良好、易于组织防疫的地点。牛场周围 1 000 m 内无大型化工厂、采矿场、皮革厂、肉品加工厂、屠宰厂、饲料厂、活畜交易市场和畜牧场污染源。牛场距离干线公路、铁路、城镇、居民区和公共场所 500 m 以上，牛场周围有围墙（围墙高＞1.5 m）或防疫沟（防疫沟宽＞2.0 m），周围建立绿化隔离带。

4.4　饲养区内不应饲养其他经济用途的动物。饲养区外 1 000 m 内不应饲养偶蹄动物。

4.5　牛场管理区、生活区、生产区、粪便处理区应分开。牛场生产区要布置在管理区主风向的下风或侧风向，隔离牛舍、污水、粪便处理设施和病、死牛处理区设在生产区主风向的下风或侧风向。

4.6　场区内道路硬化，裸露地面绿化。净道和污道分开，互不交叉，并及时清扫和定期或不定期消毒。

4.7　实行按生长阶段进行牛舍结构设计，牛舍布局符合实行分阶段饲养方式的要求。

4.8　种牛舍设计应能保温隔热，地面和墙壁应便于清洗和消毒，有便于废弃物排放和处理的设施。

4.9　牛场应设有废弃物贮存、处理设施，防止泄漏、溢流、恶臭等对周围环境造成污染。

4.10　牛舍应通风良好，空气中有毒有害气体含量应符合 NY/T 388 的要求，温度、湿度、气流、光照符合肉牛不同生长阶段要求。

5　引种和购牛

5.1　引进种牛要严格执行《种畜禽管理条例》第 7、8、9 条，并按照 GB 16567 进行检疫。

5.2　购入牛要在隔离场（区）观察不少于 15 d，经兽医检查确定为健康合格后，方可转入生产群。

6　饲养投入品

6.1　饲料和饲料添加剂

6.1.1　饲料和饲料原料应符合 NY 5197。

6.1.2　定期对各种饲料和饲料原料进行采样和化验。各种原料和产品标志清楚，在洁净、干燥、无污染源的储存仓内储存。

6.1.3　不应在牛体内埋植或在饲料中添加镇静剂、激素类等违禁药物。

6.1.4　使用含抗生素的添加剂时，应按照《饲料和饲料添加剂管理条例》执行休药期。

6.2　饮水

6.2.1　水质应符合 NY 5027 的要求。

6.2.2　定期清洗消毒饮水设备。

6.3 疫苗和使用

6.3.1 牛群的防疫应符合 NY 5126 的要求。

6.3.2 防疫器械在防疫前后应彻底消毒。

6.4 兽药和使用

6.4.1 治疗使用药剂时，执行 NY 5125 的规定。

6.4.2 肉牛育肥后期使用药物时，应根据 NY 5125 执行休药期。

6.4.3 发生疾病的种公牛、种母牛及后备牛必须使用药物治疗时，在治疗期或达不到休药期的不应作为食用淘汰牛出售。

7 卫生消毒

7.1 消毒剂

选用的消毒剂应符合 NY 5125。

7.2 消毒方法

7.2.1 喷雾消毒

对清洗完毕后的牛舍、带牛环境、牛场道路和周围以及进入场区的车辆等用规定浓度的次氯酸盐、有机碘混合物、过氧乙酸、新洁尔灭、煤酚等进行喷雾消毒。

7.2.2 浸液消毒

用规定浓度的新洁尔灭、有机碘混合物或煤酚等的水溶液，洗手、洗工作服或胶靴。

7.2.3 紫外线消毒

人员入口处设紫外线灯照射至少 5 min。

7.2.4 喷撒消毒

在牛舍周围、入口、产床和牛床下面撒生石灰、火碱等进行消毒。

7.2.5 火焰消毒

在牛只经常出入的产房、培育舍等地方用喷灯的火焰依次瞬间喷射消毒。

7.2.6 熏蒸消毒

用甲醛等对饲喂用具和器械在密闭的室内或容器内进行熏蒸。

7.3 消毒制度

7.3.1 环境消毒

牛舍周围环境每 2～3 周用 2%火碱或撒生石灰消毒 1 次；场周围及场内污染池、排粪坑、下水道出口，每月用漂白粉消毒 1 次。在牛场、牛舍入口设消毒池，定期更换消毒液。

7.3.2 人员消毒

工作人员进入生产区净道和牛舍要更换工作服和工作鞋、经紫外线消毒。外来人员必须进入生产区时，应更换场区工作服和工作鞋，经紫外线消毒，并遵守场内防疫制度，按指定路线行走。

7.3.3 牛舍消毒

每批牛只调出后，应彻底清扫干净，用水冲洗，然后进行喷雾消毒。

7.3.4 用具消毒

定期对饲喂用具、饲料车等进行消毒。

7.3.5 带牛消毒

定期进行带牛消毒，减少环境中的病原微生物。

8 管理

8.1 人员管理

8.1.1 牛场工作人员应定期进行健康检查，有传染病者不得从事饲养工作。

8.1.2 场内兽医人员不应对外出诊，配种人员不应对外开展牛的配种工作。

8.1.3 场内工作人员不应携带非本场的动物食品入场。

8.2 饲养管理

8.2.1 不应喂发霉和变质的饲料和饲草。

8.2.2 按体重、性别、年龄、强弱分群饲养，观察牛群健康状态，发现问题及时处理。

8.2.3 保持地面清洁，垫料应定期消毒和更换。保持料槽、水槽及舍内用具洁净。

8.2.4 对成年种公牛、母牛定期浴蹄和修蹄。

8.2.5 对所有牛用打耳标等方法编号。

8.3 灭蚊蝇、灭鼠、驱虫

8.3.1 消除水坑等蚊蝇滋生地，定期喷洒消毒药物，消灭蚊蝇。

8.3.2 使用器具和药物灭鼠，及时收集死鼠和残余鼠药，并应做无害化处理。

8.3.3 选择高效、安全的抗寄生虫药物驱虫，驱虫程序要符合 NY 5125 的要求。

9 运输

9.1 商品牛运输前，应经动物防疫监督机构根据 GB 16549 检疫，并出具检疫证明。

9.2 运输车辆在使用前后要按照 GB 16567 的要求消毒。

10 病、死牛处理

10.1 牛场不应出售病牛、死牛。

10.2 需要处死的病牛，应在指定地点进行扑杀，传染病牛尸体要按照 GB 16548 进行处理。

10.3 有使用价值的病牛应隔离饲养、治疗，病愈后归群。

11 废弃物处理

11.1 牛场废弃物的排放应符合 GB 16596 的要求。

12 资料记录

12.1 所有记录应准确、可靠、完整。

12.2 牛只标记和谱系的育种记录。

12.3 发情、配种、妊娠、流产、产犊和产后监护的繁殖记录。

12.4 哺乳、断奶、转群的生产记录。

12.5 种牛及肥育牛来源、牛号、主要生产性能及销售地记录。

12.6 饲料及各种添加剂来源、配方及饲料消耗记录。

12.7 防疫、检疫、发病、用药和治疗情况记录。

附录Ⅶ　牛场生产常用表格

表 1　奶牛各泌乳期产奶记录

母牛号：　　　　品种：　　　　出生：　　　　年　　月　　日　　　　　　　　　　　　　　　　　　　kg

胎次	产犊日期	产前停奶日数	泌乳日数	日泌乳量		脂肪		泌乳量	各月泌乳量											
				最高	平均	乳脂率/%	乳脂量		1	2	3	4	5	6	7	8	9	10	11	12

表 2　奶牛日粮调配表

年　　月　　日　　　　　　　　　　　　　　　　　　　　　　　　　　　　kg

牛别	产次/月龄	日产奶量	BCS	配合精料	青贮	青刈	甜菜	胡萝卜	干草	食盐	骨粉	牛奶

表 3　月份饲料消耗统计表

年　　月　　日　　　　　　　　　　　　　　　　　　　　　　　　　　　　kg

	本月饲养头数	青粗饲料			多汁、青贮饲料				精饲料				矿物质			
种公牛																
产奶母牛																
干奶母牛																
18 月龄以上育成牛																
12～18 月龄育成牛																
6～12 月龄育成牛																
1～6 月龄犊牛																
合　计																

表 4　母牛配种繁殖记录表

母牛号　　　　出生：　　　　年　　月　　日　　　　　　　　第一次配种：　　　年　　月　　日

发情	配种	与配公牛号	配种方式	精液稀释倍数	输精量	输精时精子活率	妊娠日期	预产期	实际产犊期	胎次	妊娠天数	犊牛情况		
年　月　日	年　月　日											牛号	性别	初生重

表 5　母牛分娩记录

母牛编号		过程记事	处理人员
分娩情况	进入产房时间		
	开始阵痛		
	破水时间		
	羊水色泽		
	羊水排出量/mL		
犊牛情况	出生时间		
	脐带		
	成活情况		
	性别		
	出生重/kg		
	毛色		
产后情况	温水给量/kg		
	温麸皮水给量/kg		
	初乳给量/kg		
	第一次挤奶时间		
胎衣情况	排出时间		
	胎衣色泽		
	有否残留		
	恶露情况		
犊牛	犊牛编号		
	调出日期		
	调出体重		

表 6　犊牛卡片

1. 登记

编号		名称		品种			代数	
性别		毛色		特征			出生年月日	
产地		入场时间		血统	父		等级	
					母		等级	

2. 增重

kg

初生体重	第一个月			第二个月			第三个月			第四个月			第五个月			第六个月			平均日增重
	体重	增重	平均日增重	体重	增重	平均日增重	体重	增重	平均日增重	体重	增重	平均日增重	体重	增重	平均日增重	体重	增重	平均日增重	

3. 饲料消耗

kg

生后	牛 乳	脱脂乳	混合料	干 草	多汁饲料		矿物质饲料	
					青 贮	块 根	食 盐	骨 粉
1 个月								
2 个月								
3 个月								
4 个月								
5 个月								
6 个月								
合 计								

4. 体尺测定

cm

测定时间（ 年 月 日）	体 高	腰 高	胸 深	体斜长	腰角宽	坐骨宽	胸 围	管 围

5. 血统

父 个体编号：　　品种：				母 个体编号：　　品种：				
年 度	高产女儿头数	平均产奶天数	平 均 产奶量/kg	年 度	胎 次	泌乳天数	实际产奶量/kg	日最高产奶量/kg

6. 鉴定成绩

鉴 定 时 间（ 年 月 日）	月 龄	等 级	外貌优缺点

7. 防检疫与病症

年 月 日	免疫注射种类	年 月 日	检疫种类	年 月 日	患病种类

表7　育成牛卡片

1.增重

kg

牛号	第9个月			第12个月			第15个月			第18个月			平均
	体重	增重	平均日增重	体重	增重	平均日增重	体重	增重	平均日增重	体重	增重	平均日增重	日增重

2.饲料消耗

kg

月龄	混合精料	干草	多汁饲料				能量饲料	蛋白质饲料	钙	磷
7～9										
10～12										
13～14										
15～18										
18～21										
21～24										

3.外貌结构

鉴定时间	头颈	胸	鬐甲背腰	中躯	尻部	乳房	四肢	全身发育	总计得分

4.体尺测定

cm

测定时间（年　月　日）	体高	胸深	体长	尻长	体高	坐骨宽	腰角宽	胸围	管围

5.鉴定成绩

测定时间（年　月　日）	月龄	等级	外貌优缺点

6.防检疫与疫病

年　月　日	免疫注射种类	年　月　日	检疫种类	年　月　日	患病种类

表8　种公牛卡片

牛 号：

品 种：　　出生：　年　月　日　　出生地：　　血 统：　　出生重：　kg

繁殖记录

年度	与配母牛数	平均授精次数	妊娠		繁殖		精液品质			后代品质		
			头数	%	头数	%	精液量/mL	精子数/亿	活力	一级	二级	三级

后裔测定成绩

牛场	同期同龄牛			公牛女儿			公牛女儿生产性能占同期同龄的百分比	
	头数	总产奶量/kg	总乳脂量/kg	头数	总产奶量/kg	总乳脂量/kg		
							产奶量/%	
							乳脂量/%	

体尺体重

月龄	测量日期	体高/cm	体斜长/cm	胸围/cm	管围/cm	体重/kg
6						
12						
18						
24						
36						
48						
60						

外貌鉴定等级

年　龄	整　体	体　躯	四　肢	等　级	优缺点评价

表9　种母牛卡片

牛 号：

品 种：　　出生日期：　　出 生 地：　　外貌评分：

父 号：　　品　　种：　　外貌评分：　　体　　重：

胎 次	产奶天数	实际产奶量/kg	305 d 产奶量/kg	乳脂率/%

生产性能

年　度	胎次	产 奶 天 数	实际产奶量/kg	305 d 产奶量/kg	实际产乳脂量/kg	305 d 产乳脂量/kg	平均乳脂率/%

产犊成绩

年　度	与配公牛			产犊情况		
	牛　号	品　种	胎　次	编　号	性　别	初生重/kg

体尺体重

	测量日期	体高/cm	体长/cm	胸围/cm	管围/cm	体重/kg
初 生						
6 月龄						
12 月龄						
13 月龄						
一 胎						
三 胎						
五 胎						

外貌鉴定

鉴定时间	胎 次	整 体	体 躯	乳 房	四 肢	等 级

参考文献：

[1]邱怀. 牛生产学. 北京：中国农业出版社，1995.

[2]莫放. 养牛生产学. 北京：中国农业出版社，2003.

[3]王根林. 养牛学. 北京：中国农业出版社，2002.

[4]冀一伦. 实用养牛科学. 北京：中国农业出版社，1999.

[5]昝林森.牛生产学.北京:中国农业出版社,2000.
[6]张玉,孙宪如,等.普通畜牧学.北京:中国农业出版社,1992.
[7]张开洲.畜牧学.北京:中国农业出版社,1992.
[8]孙国强,王世成.养牛手册.北京:中国农业出版社,1999.
[9]梁学武.现代奶牛生产.北京:中国农业出版社,2002.
[10]李瑞生,崔争争.科学养牛技术500问.合肥:安徽科技出版社,1999.
[11]昝林森.牛生产学实验实习指导.杨凌:西北农林科技大学(自编教材),2000.